高等学校教材

An Outline of Civil Engineering

土木工程概论

项海帆　沈祖炎　范立础　主编

人民交通出版社

内 容 提 要

本书内容共13章，全面地介绍了目前土木工程下属各分支和相关学科的概况，主要包括：建筑工程，桥梁工程，岩土、隧道和地下工程，道路和机场工程，港口工程，土木工程防灾，土木工程材料，高新技术应用，工程美学，土木工程专业人才的知识结构、素质和社会责任等。本书内容系统全面，文字叙述简明扼要，是一本难得的土木工程专业学生入门教材。

本书可作为高等院校土木工程、交通工程专业教材，也可作为土木工程相关专业技术、管理人员全面学习了解土木工程概论的参考书。

图书在版编目（CIP）数据

土木工程概论/项海帆，沈祖炎，范立础主编．—北京：人民交通出版社，2007.9

ISBN 978-7-114-06799-0

Ⅰ.土… Ⅱ.①项…②沈…③范… Ⅲ.土木工程－概论 Ⅳ.TU

中国版本图书馆CIP数据核字（2007）第136825号

高等学校教材

书　　名：土木工程概论
著 作 者：项海帆　沈祖炎　范立础
责任编辑：沈鸿雁
出版发行：人民交通出版社股份有限公司
地　　址：（100011）北京市朝阳区安定门外外馆斜街3号
网　　址：http://www.ccpress.com.cn
销售电话：（010）59757973
总 经 销：人民交通出版社股份有限公司发行部
经　　销：各地新华书店
印　　刷：北京市密东印刷有限公司
开　　本：787×1092　1/16
印　　张：19.25
字　　数：474千
版　　次：2007年9月　第1版
印　　次：2019年5月　第10次印刷
书　　号：ISBN 978-7-114-06799-0
定　　价：32.00元
（有印刷、装订质量问题的图书由本社负责调换）

《土木工程概论》编写人员名单

第一章	综述	沈祖炎
第二章	建筑工程	陈以一　童乐为
第三章	桥梁工程	项海帆
第四章	岩土、隧道及地下工程	黄宏伟　李镜培
第五章	道路与机场工程	凌建明　杨　轸
第六章	轨道交通工程	周顺华
第七章	港口工程	刘曙光　匡翠萍
第八章	土木工程防灾减灾	吕西林　葛耀君
第九章	土木工程材料	孙振平
第十章	高新技术应用	李　杰　孙利民
第十一章	工程美学	郑时龄
第十二章	土木工程专业人才的知识结构	沈祖炎　李元齐
第十三章	土木工程师的社会责任	范立础　顾祥林

前　言

1997 年 9 月，同济大学在原来结构工程学院的基础上扩展成立了土木工程学院，以适应本科按一级学科土木工程专业招生的形势。为了使入校的新生对土木工程学科有一个初步的认识，同时也让新同学尽早接受院士和老教授们的指导，使他们更加热爱自己选择的专业，我们从 1998 年起以讲座形式开设了《土木工程概论》课程。

《土木工程概论》课程每周一讲，除了介绍土木工程下属各分支和相关学科，如建筑工程，桥梁工程，岩土、隧道和地下工程，道路和机场工程，轨道交通工程，港口工程，土木工程防灾，土木工程材料的概况外，对高新技术应用，工程美学，土木工程师的知识结构、素质和社会责任等都有概括的讲述，以体现同济大学倡导的“知识、能力、人格”三位一体全面发展的素质教育模式，赶上现代工程教育的潮流。

2005 年，同济大学应高等学校土木工程专业指导委员会之约，编写了英文版的《土木工程概论》(Introduction of Civil Engineering)，作为大学本科土木工程概论课的参考阅读材料，同时也用作土木工程专业英语的教材，以提高学生的外语阅读能力，丰富专业词汇。

今年，是同济大学《土木工程概论》课程创立十周年。应人民交通出版社之约，我们决定将历年的讲座教材加工整理出版。参加本书编写的作者大都是学院内担任系主任的教授，他们都参与《土木工程概论》的授课工作，并具有丰富的教学经验。本书由项海帆、沈祖炎和范立础主编，三位主编除参与撰写外，还分工担任全书各章的审阅，全书由项海帆统稿。

全书各章突出学科发展的历史脉络，列举现代土木工程各学科中的重大技术创新和重要人物，以教育学生对原创者的尊重，启发学生的创新理念和动力。同时，在各章的结尾对学科发展的未来进行了展望，以引导学生面对新世纪的挑战，增强通过努力创新实现超越的决心和勇气，并推进学科不断向前发展。

我们期待本书的出版将能促进土木工程教育的改革，并为培育新一代具有创新理念和能力的土木工程师发挥重要的引导作用。

项海帆

2007 年 7 月

目　　录

第一章 综 述

1.1 土木工程与土木工程专业

1. 土木工程

土木工程,英文为 Civil Engineering,是 18 世纪末由英国的斯米顿(John Smeaton,图1.1)首先提出的土木工程师(Civil Engineer)而得来的。斯米顿在英国被称为土木工程之父,英文 Civil Engineering 直译为民用工程,主要用以区别军事工程(Military Engineering),后来逐渐成为一切为了生活和生产所需要的民用工程设施的总称[1],并发展成为一个学科。

我国国务院学位委员会在公布的学科简介中为土木工程所下的定义是:**土木工程**是建造各类工程设施的科学技术的统称。它既指工程建设的对象,即建造在地上、地下、水中的各种工程设施,也指所应用的材料、设备和所进行的勘测、设计、施工、管理、养护、维修等专业技术[2]。

图 1.1 英国工程师斯米顿(John Smeaton)

因此,土木工程涉及的领域十分宽广。从建设的对象看,土木工程包含建筑工程、地下工程、桥梁工程、隧道工程、道路工程、铁路工程、矿山建筑、港口工程、海洋工程、水利工程等,过去还包括给排水工程和建筑设备工程。从土木工程所用的材料看,可分成金属结构、混凝土结构、高分子材料结构、木结构、石结构、土结构等。从技术性质看,土木工程涉及到勘测、设计、施工、管理、养护、维修等。从职业分工看,有从事土木工程的工程技术人员、工程管理人员、研究人员和教师等。

2. 土木工程专业

为了培养土木工程所需的各类人员,世界各国在大学本科教学中都设立了土木工程专业。世界上最早培养土木工程师的大学是 1747 年法国创立的巴黎桥路学校。此后英国、德国等也相继在大学中设置了有关土木工程的专业。我国土木工程教育事业最早出现于 1895 年创办的北洋西学学堂(后称北洋大学,今天津大学)。之后,1896 年的南洋公学(今上海交通大学)、1897 年的浙江大学堂等也相继开展土木工程教育。同济大学于 1914 年设立了土木工程专业。现在土木工程专业也在我国教育部颁布的大学本科专业目录中。

我国高等学校土木工程专业教学指导委员会编制的土木工程专业教学指导性文件:《高等学校土木工程专业本科教育培养目标和培养方案及课程教学大纲》[3]中,对大学本科土木工程专业的**培养目标、业务范围、毕业生基本规格**和**基本要求**等都做了明确的指导性规定。

大学本科**土木工程专业的培养目标是**:"培养适应社会主义现代化建设需要,德智体全面发展,掌握土木工程学科的基本理论和基本知识,获得工程师基本训练并具有创新精神的高级专门人才。毕业生能从事土木工程的设计、施工与管理工作,具有初步的项目规划和研究开发能力”。这个培养目标说明我国对土木工程专业的毕业生不但要求有过硬的工程技术能力,还应有过硬的全面素质、品德和健全的体魄,能够为国家服务和做出创造性的贡献。

土木工程专业培养学生的业务范围是:“能在房屋建筑、隧道与地下建筑、公路与城市道路、铁路工程、桥梁、矿山建筑等的设计、施工、管理、咨询、监理、研究、教育、投资和开发部门从事技术或管理工作。”

土木工程专业毕业生的基本规格与基本要求是:

(1)在品德和政治思想方面的要求有:热爱社会主义祖国,拥护中国共产党的领导,理解马列主义、毛泽东思想和邓小平理论的基本原理;愿意为社会主义现代化建设服务,为人民服务;有为国家富强、民族昌盛而奋斗的志向和责任感;具有敬业爱岗、艰苦奋斗、热爱劳动、遵纪守法、团结合作的品质;具有良好的思想品德、社会公德和职业道德。

(2)在主要知识和能力方面的要求有:具有基本的人文社会科学理论知识和素养;具有较扎实的自然科学基本理论知识;具有扎实的专业基础知识和基本理论;具有综合应用各种手段查询资料、获取信息的基本能力;具有进行工程设计、施工、管理的初步能力;经过一定环节的训练后,具有研究和应用开发的创新能力。

(3)身体素质方面的要求为:形成健全的心理和健康体魄,能够履行建设祖国和保卫祖国的神圣义务。

从我国高等学校土木工程专业指导委员会制定的土木工程专业的培养目标、业务范围、毕业生基本规格和基本要求,可以看出所培养的学生是与土木工程具有十分宽广的领域以及在工程技术上有较高的要求相适应的。

1.2 土木工程发展简史

在公元前5000年新石器时代,虽然还没有“土木工程”一说,但已经出现原始的土木工程活动,比如从遗址中已发现用木骨泥墙构成的居室等,因此,可以认为土木工程是一个古老的学科。同时从土木工程的含义中也可以看到,只要人类存在就必然有土木工程活动,因此土木工程又是一个长盛不衰的学科。

土木工程的发展可分为**古代**、**近代**和**现代**三个阶段。阶段划分的依据,一般是建造材料、建造理论和建造技术的进步出现了根本性的突破,形成了划阶段的特征。

1. 古代土木工程

第一阶段为**古代土木工程**,具有很长的时间跨度,它大致从公元前5000年的新石器时代到17世纪中叶,前后约7000年。这一阶段土木工程的特征是:①建筑材料以天然材料为主,如土、石、木、草、竹等,辅以初级的人造材料,如砖、瓦、青铜、铁等。②建造理论主要是长期建造经验的总结,如公元前5世纪我国以记述木工、金工等工艺为主且兼论城市、宫殿、房屋建筑的土木工程专著《考工记》,公元1100年我国北宋李诫重新修编的《营造法式》,公元1世纪古罗马建筑师、工程师维特鲁威(Vitruvius)的《建筑十书》,公元15世纪意大利文艺复兴时期的建筑师、建筑理论家阿尔贝蒂(Alberti)的《论建筑》等,都是当时最为优秀的专门著作。③建造技术以手工工具为主,如斧、凿、钻、锯、铲、碾等,也发明了一些简单的施工机械,如打桩机、桅杆起重机等;同时技术上的分工也日益细微,有木工、金工、瓦工、泥工、土工、窑工、雕工、石工、彩绘工等。

在古代土木工程中，一些文明古国如中国、古希腊、古罗马、埃及、印度等都有不少传世杰作，有些还流传和屹立至今。

(1)**在房屋建筑方面**：约在公元前15世纪我国商代前期，已经出现能减小梁、柱受力的柱、额、梁、枋、斗拱组成的结构体系。这之后，经过历朝历代的积累、丰富、发展，逐渐形成我国特有的建筑风格。始建于公元1406年，建成于1420年的北京故宫，是世界上现存最大、最完整的古代木结构宫殿建筑群，占地72万m^2，有房屋8 700余间，总建筑面积达15万m^2，从整体规划到单体建筑都体现了中国古代建筑的优秀传统和独特风格，堪称世界一绝。公元前2世纪古罗马已出现穹顶结构，到公元2世纪已兴建了大量以石拱结构为主的建筑，其类型之多，结构设计之合理，施工技术之精湛，至今仍为世人赞叹。古罗马的这一建筑技术和建筑风格被西欧各国进一步发展，意大利的比萨大教堂建筑群、法国的巴黎圣母院大教堂，都是公元11～13世纪的著名建筑。公元15～16世纪文艺复兴时期的佛罗伦萨教堂和罗马的圣彼得大教堂(图1.2)堪称世界优秀建筑之精粹。

(2)**在桥梁工程方面**：公元前3世纪我国已有铁索桥和跨度达68m的木结构桥梁——咸阳渭河桥。公元6世纪我国隋朝建成的赵州桥(图1.3)，跨度37.02m，全长50.82m，矢高7.23m，桥面宽约10m。该桥是世界上最早的敞肩式拱桥，无论在结构受力、艺术造型和经济上都达到了极高成就，并于1991年被美国土木工程学会选为世界上第12个土木工程里程碑[4]。

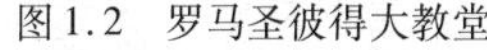
图1.2　罗马圣彼得大教堂

图1.3　赵州桥

(3)**在水利工程方面**：公元前5世纪我国已修筑了引漳灌邺工程。公元前3世纪中叶，我国在四川建成的都江堰(图1.4)是世界历史上最长的无坝引水工程，兼有灌溉、防洪、水运和供水等功能，使用至今，现在灌溉总面积已扩大到800余万亩，成都平原因此沃野千里。该工程规模之大，规划之周密，技术之合理，已被誉为世界上最早的综合性大型水利工程。公元7世纪初，我国隋朝开凿了世界历史上最长的大运河，共长2 500km。

(4)**在高塔工程方面**：高塔建筑可以说是我国古代土木工程的骄傲。公元11世纪建成的山西应县佛宫寺释迦塔(也称应县木塔)为9层高66m的木塔结构(图1.5)，至今犹存。该塔具有抗震防火和不受雷击的功能，曾经历经多次大地震而安然无损，也曾受战争炮火轰击起火而后很快自行熄灭，足以证明我国古代高塔建筑的辉煌成就。

(5)**在其他方面**：还必须提到人类的两项伟大工程，一项是我国举世闻名的长城(图1.6)，始建于公元前3世纪，高约12m，宽7～10m，翻山越岭蜿蜒6 700km，至今大部分仍基本完好，堪称世界杰作。另一项是建于公元前2700年到2600年间的埃及帝王陵墓建筑群及名扬天下的吉萨金字塔群(图 1.7),其中最大的金字塔塔基呈方形,每边长 230.5m,高约 146m,不愧为人间奇迹。

图 1.4 都江堰水利工程图

图 1.5 应县木塔

图 1.6 长城

图 1.7 埃及金字塔

2. 近代土木工程

第二阶段为近代土木工程,时间跨度从 17 世纪中叶到 20 世纪中叶,前后约 300 年时间。这一阶段土木工程的特征是:

(1)建造材料从天然材料为主转向人造材料为主,如 1824 年波特兰水泥的发明和 1856 年转炉炼钢的成功使混凝土和钢材成为土木工程的主要建造材料,推动了钢筋混凝土结构和钢结构在土木工程中的广泛应用,从根本上改变了土木工程的结构形式。

(2)建造理论从主要以总结长期建造经验向重视科学理论兼顾经验转变。这一转换可以从 1638 年意大利的伽利略(Galileo,图 1.8)用公式表达了梁的设计理论和 1660 年英国的虎克(Hook,图 1.9)提出虎克定律(Hook's law)为起点,以后许多研究者从多个不同的领域相继提出了开创性的新理论,如:1687 年英国的牛顿(Newton,图 1.10)提出了力学三大定律,为经典理论力学的发展奠定了基础;1744 年瑞典的欧拉(Euler,图 1.11)建立柱轴心受压时的屈曲理论,为结构和构件的稳定分析开辟了新天地;1773 年法国的库仑(Coulomb)提出了材料强度的概念和挡土墙上的土压力理论;1825 年的维纳(Navier)建立了结构设计的容许应力分析法,为结构设计理论提出了通用的方法;19 世纪末,里特尔(Ritter)应用极限平衡概念,提出了钢筋混凝土设计理论,1886 年美国的杰克逊(Jackson)提出了预应力混凝土的想法,后于 1930 年由法国的弗雷西内(Freyssinet,图 1.12)研制成功;20 世纪上半叶美国的克劳斯(Cross,图 1.13)提出了力矩分配法,使刚架结构的分析简便可行,促进了刚架结构的应用;同时期奥地利的泰沙基(Terzaghi)提出了土的固结、侧压力、承载力等理论,奠定了土力学学科的基础。在这些开创性研究的引领下,土木工程的建造理论发展成为一门完整的学科——结构工程。

图 1.8　意大利科学家伽利略

图 1.9　英国物理学家虎克

图 1.10　英国科学家牛顿

图 1.11　瑞士数学家欧拉

图 1.12　法国工程师弗雷西内

图 1.13　美国工程师克劳斯

在科学理论的指导下,土木工程的结构体系发生了本质性的变化,出现了许多受力合理、结构新颖、用料经济的前所未有的新结构。1886 年美国采用框架结构建造高层建筑,1889 ~ 1890 年法国和美国分别采用空间桁架结构建造铁塔和铁路铁桥,1825 年在英国出现了悬索桥,1825 年美国建成了铁路,1863 年英国建成了地下铁道,1921 年德国建成了高速公路。一些现代结构也开始出现,如 20 世纪 20 年代的悬索屋盖,20 世纪 30 年代的高拱重力坝,20 世纪 40 年代的近海石油钻探平台。

(3)建造技术从手工工具为主发展为大规模使用施工机械,一些性能优异的大型机械不断出现,并创造出各种极有成效的施工方法,人们开始能使用大型施工机械建造结构复杂或所处环境恶劣的土木工程。

在近代土木工程中,由于建造材料、建造理论和建造技术的进步,出现了不少举世瞩目的土木工程,如 1889 年在法国巴黎建成的埃菲尔铁塔(图 1.14),高 300m;1931 年在美国纽约落成的帝国大厦(图 1.15),共 102 层,高 381m;1937 年在美国旧金山建造的金门悬索桥(图 1.16),跨度 1 280m;1936 年美国建成的胡佛坝(Hoover Dam)是当时最高的重力曲形坝,这些工程至今仍不失为伟大的土木工程。

图 1.14　埃菲尔铁塔

图 1.15　帝国大厦

图 1.16　金门悬索桥

3. 现代土木工程

第三阶段为现代土木工程，时间起点可定为 20 世纪中叶。这一阶段土木工程的特征是土木工程与高新技术相结合。

(1)在建造材料方面，随着化学工业和冶金技术的不断发展，通过掺添加剂已能配置高性能和高强度的混凝土；用人造陶粒配制的混凝土是一种轻质高强的材料，可以建造更为经济的高层建筑;先进的冶金和轧钢技术已能生产优质高强的低合金钢,大规格宽翼缘工字钢以及冷加工成型的高效冷弯型钢,开创了现代钢结构的一个崭新的时代。高分子化学的发展,使高分子材料开始用于结构,出现了膜结构这一新结构形式。玻璃工业的发展,钢化玻璃的生产,使新颖的玻璃结构开始出现。

(2)在结构理论方面,电子计算机的诞生,完全改变了理论的面貌。凭借电子计算机的强大运算和绘图能力,分析理论已能超越线弹性而考虑材料非线性和几何非线性;已能脱离解析解的束缚,采用数值解对结构的受力进行仿真;已不但能作静力分析,也能作动力分析等等,使得到的计算结果更能符合结构的实际情况,因而使得结构更加经济和安全。设计理论也由容许应力设计方法进入到基于概率理论的可靠度设计方法。由于分析计算理论的进步,使结构设计更为自由,可以采取各种结构体系,各种结构形体。一些新颖的结构如任意曲面形式的网壳结构、各种形式的张拉结构、各种类型的斜拉桥、各种外型的索膜结构、各种不同深度的海洋石油钻井平台、各种不同岩土性质的隧道、地下铁道等,如雨后春笋般的到处涌现。

(3)在建造技术方面,从单一的使用施工机械发展到机—电—计算机的一体化。对于复杂的施工,实现了全过程自动监测和计算机控制,使施工质量大大提高,施工进度大大加快,无论是施工过程中需要上天、入地还是翻山、下海,都已不再成为施工的障碍。在钢结构施工中,焊接技术的引入和普遍使用,大大简化了钢结构的构造和制作,同时焊接连接又能最大限度地适应钢结构多变体型的需要,从而使钢结构的发展进入了一个新的阶段。

在现代土木工程中,体现时代特征的土木工程已不再是一些个体工程,它已与世界经济的高度发展联系在一起。

(1)在房屋建筑方面,随着经济的发展,人口的增长和城市化进程的加速,出现了一大批高度超过100m的高层建筑,其中最为引人瞩目的有:1974年美国芝加哥建成的西尔斯大厦,高443m;1996年马来西亚吉隆坡建成的石油大厦双塔楼,高452m;1998年我国上海建成的金茂大厦,高420m(图1.17);2004年我国台北建成的国际金融中心,高508m。

图1.17　金茂大厦

(2)在桥梁工程方面,为了适应经济的发展,各国都大量投资于基础设施建设,建造了大量跨度超过1 000m的悬索桥和跨度超过500m的斜拉桥,其中最为引人瞩目的有:1998年日本建成的明石海峡悬索桥,主跨长1 991m;1997年丹麦建成的大海带链悬索桥,主跨长1 624m;1999年我国建成的江阴悬索桥,主跨长1 385m;2005年我国建成的润扬悬索桥(图1.18),主跨长1 490m;1995年法国建成的诺曼底斜拉桥(图1.19),主跨长856m;1993年我国建成的上海杨浦斜拉桥,主跨长602m;1999年日本建成的多多罗斜拉桥,主跨长890m。

(3)在长距离海底隧道方面,由日本和丹麦自20世纪60年代率先启动的跨海工程,引发了世界各国海底隧道的兴建热潮,我国也有7个跨海工程正在兴建或规划中。日本已于1985年完成了穿越津轻海峡长达53.85km的青函海底隧道,埋深100m;1999年贯通的英吉利海峡隧道长 50.5km，埋深 45m。

(4)在高速铁路建设方面，高速铁路的出现使得时空距离不再遥远，1964 年日本建成了行车时速达 210km 的新干线高速铁路；1981 年法国建成巴黎到里昂的高速铁路，时速高达 270km；2004 年中国在上海建成了时速达 412km 的磁悬浮高速列车。

图 1.18 润扬悬索桥

图 1.19 诺曼底斜拉桥

(5)在大高坝工程方面，由于经济的高速发展，我国建设了许多水电站，其中三峡水电站(图 1.20)的发电容量高达 1 820 万 kW，创世界记录；在高度方面，有正在建设的雅砻江锦屏水电站，坝高 305m，为世界之最；澜沧江的小湾水电站坝高 292m，也为世人所瞩目。

图 1.20 三峡工程

(6)在大跨度空间结构方面，也有许多极具现代气息的建筑，如 1998 年英国建成的伦敦千年穹顶(图 1.21)，为 320m 覆盖跨度的索膜结构；2004 年我国建成的南京奥林匹克体育中心(图 1.22)，为与地面成 45°倾角的两个 360m 跨度桁架拱支承的空间结构；1996 年美国建成的亚特兰大佐治亚穹顶(图 1.23)，椭圆平面 240m × 193m 的索穹顶结构，用作奥运会主赛馆；

图 1.21 伦敦千年穹顶

图 1.22 南京奥林匹克体育中心

1997 年中国建成的上海体育场(图 1.24),为椭圆平面 288.4m×274.4m 的钢桁架悬挑结构支承膜的空间结构;1993 年日本建成的福冈体育馆,为直径 222m 的可开启球面网壳等。

(7)在高塔工程方面,目前世界上最高的建筑是电视塔。1976 年加拿大建成的多伦多电视塔,高 553m,是世界上最高的建筑;1994 年我国建成的上海东方明珠电视塔(图 1.25),在电视塔中高度位居第三,造型别致,已成为上海地标之一。

图 1.23　亚特兰大佐治亚穹顶

图 1.24　上海体育场

图 1.25　上海东方明珠电视塔

1.3　土木工程与人类生存的关系

从土木工程的定义可以看出,土木工程的基本任务是建造满足人类物质和精神生活需要的各种工程设施。1992 年联合国召开了全世界环境与发展首脑会议。在会议通过的《21 世纪议程》中,确定了可持续发展的战略方针,该方针的宗旨就是要在满足当代人类发展需要的同时,为后代留下一个可以持续利用的资源环境。这就说明,土木工程不但与当前的发展有关,而且与人类的生存有关。

现代社会的发展已经出现了影响人类生存的几大不良后果:①圈用耕地和破坏森林、植被;②污染环境和破坏生态平衡;③过度开发资源;④浪费能源;⑤诱发各种灾害。对于我国来说,要避免出现这些不良后果,关键是各级政府特别是中央政府要提出适合国情的可持续发展的战略方针,制定一系列切实有效的政策。土木工程师也应该负起自己的责任,在每一项土木工程中实施可持续发展的方针和政策。

1. 土木工程与资源

资源是人类生存和社会发展的物质基础。自然界固有的资源按大类分,有矿物资源、水资源、森林资源、土地资源、动植物资源等等。这类资源都是有限的，必须合理和有效地使用，同时还必须创造新的资源。

土木工程对国家的经济建设和人们生活具有深刻的影响，建造的工厂、矿山、铁路、公路、桥梁、机场、码头、水利设施、商场、办公楼、文体场馆、住宅、医院、学校等工程统称为国家的基本建设，在国民经济中占有很大比例，也是占用资源最多的领域。

土木工程中使用的建造材料以混凝土、砌体、钢材和木材为主，这些建造材料的制作都要开采矿物资源和砍伐森林资源。在《21 世纪议程》确定了可持续发展战略方针后，建材工业提出了提倡生产和使用"绿色建材"的思想。绿色建材指采用清洁卫生的生产技术，少用天然资源和能源，大量使用由工业或城市废弃物生产的无毒害、无污染、无放射性、有利于环境保护和人体健康保护的建筑材料。绿色建材应有如下特征：

(1)生产建材时所用原料尽可能少用天然资源，大量使用尾矿和其他废弃物。

(2)采用低能耗制造工艺和无环境污染的生产技术。

(3)在产品配置和生产过程中，不得使用甲醛、卤化物溶剂或芳香族碳氢化合物；产品中不得含有汞及其化合物的颜料和添加剂。

(4)产品的设计是以改善生产环境、提高生活质量为宗旨，即产品不仅不损害人体健康，而且有益于人体健康，产品具有多种功能。

(5)产品可循环或回收利用，无污染环境的废弃物[4]。

钢材与其他材料相比，较为符合绿色建材的标准，因此1997 年在我国建设部颁发的《中国建筑技术政策》(1996 年～2010 年)中明确提出了发展钢结构的要求。2005 年 7 月 20 日公布的。经国务院常务会议审议批准的《钢铁产业发展政策》，对我国建筑用钢的发展提出了指导性意见。2006 年上海市勘察设计行业协会和上海市金属结构行业协会联合提出了"以钢代木，保护地球生态资源；以钢代混凝土，促进绿色环保建筑"的口号。

2. 土木工程与能源

能源是维持人类生存和社会发展的保障。人类使用的能源中最主要的是电力，目前电力中大多数为火力发电，需要使用煤和石油等矿物资源。因此，为了人类的生存和社会的发展，需要节约能源和发展新能源。

土木工程所耗费的能源出自两个方面，一方面是土木工程所用建造材料在生产过程中消耗的能源，另一方面是土木工程建造完毕后使用期间耗失的能源。与土木工程有关的能耗占总能耗相当大的比例，节约能源大有可为。

混凝土、混凝土砌块和钢材是土木工程主要使用的建造材料，而混凝土是由砂、石子和水泥组成。水泥和钢的生产会耗用大量能源，生产过程中排放的废气还会污染大气，因此均应想方设法减少能耗和污染源。除了在建造材料生产中改进生产工艺外，土木工程在建造材料使用中也大有可为。例如在配制混凝土时掺加电厂废料粉煤灰；采用空心砌块或采用由粉煤灰和矿渣制成的硅酸盐砌块，以降低水泥用量、减少能耗和减轻环境污染；钢材可以采用高强度钢或高效的截面形式和结构体系以减少钢材的用量，同样可以减少能耗和减轻环境污染。

土木工程使用期间能源的耗失是由不注意建筑的隔热保温造成的。为了减少能源的耗失，提出了节能建筑，即能有效利用能源、并能用新型能源取代传统能源的建筑，如采用太阳能技术、利用地热、应用风力发电、潮汐发电、提高围护结构的保温性能等等。国外发达国家以政府法令规定建筑节能，瑞典、加拿大、美国、德国等已修建了万余幢超级节能房，节能效率比传统建筑提高了75%。

3. 土木工程与环境

环境是保证人类生存质量和社会发展的基础条件。人类生存环境的恶化，主要来自两个方面：一个是环境污染，另一个是生态环境的破坏。环境污染有固体废弃物污染、水污染、大气污染、噪声污染、光污染和电磁污染等。土木工程如不加限制地采用不符合绿色建材要求的建造材料，则这种材料的大量生产会不断加剧水和大气的污染；土木工程在施工过程中不采取必要的措施，也会发生水污染和产生大量的固体废弃物，造成污染。有些特殊使用要求和装饰要求的土木工程，如设计时不考虑环境保护的要求，就会产生持续的有关污染。环境污染产生的危害是缓慢的，但却是渐进的和累积的，当发展到一定程度就会出现致命的后果。

生态环境的破坏往往是由大量砍伐森林、破坏植被、缩小江湖面积造成的，这与土木工程的选址直接有关。破坏生态环境产生的后果在早期并不明显，但最终将酿成恶果，后果不堪设想，届时想要改变就为时已晚。因此，土木工程选址的决策至关重要，特别对于重大土木工程都应作立项的可行性研究和对环境影响进行专项评估。

4. 土木工程与土地

土地是人类赖以生存和社会得以发展的载体。土地除了提供人类居住和经济建设必要的地盘外，还兼有提供人类生存必需的粮食用地、水资源必需的河流湖泊、矿物资源必需的矿区、生态环境必需的森林和海洋等等，因此必须对土地的合理使用进行科学部署。但是，供人类居住和经济建设必要的土地总是有限的，而人口却与日俱增，经济建设又是日新月异。现代土木工程的进步已经具备初步解决这一矛盾的能力，采用的方法就是“上天”、“入地”、“下海”。所谓上天，就是建筑向高空发展，在人口稠密的大城市建造一定数量的高层和超高层建筑，达到节约用地的目的，已经没有困难。现在已有学者提出建筑物向更高、更宏伟的方向发展的建议。所谓入地，就是向地下发展，开发地下空间。日本由于人多地少的特点，已经在地下空间的利用方面走在了各国前面。自20世纪50年代开始日本就已经大规模开发利用浅层地下空间，到20世纪80年代已经开始研究50～100m深层地下空间的开发利用问题。目前我国对地下空间的利用尚处于初级阶段。所谓下海就是向海洋延伸，建设人工岛。由于这一工程需要大量的资金投入，技术上也有难度，至今还处于探索阶段，由于海洋面积约为陆地面积的2.5倍，因此可以预计迟早会走出这一步。另外，迈向太空也正在人类的探索之中。

5. 土木工程与灾害

灾害是人类生存和社会进步的主要敌人。灾害有自然灾害、人为灾害和人为与自然组合的灾害。自然灾害分突发性灾害和渐进性灾害两类，与土木工程有关的突发性灾害有地震、风灾、洪水、泥石流等，渐进性灾害有海平面上升、地面下沉、环境污染等，人为灾害有火灾、燃气爆炸、恐怖袭击等。有些灾害表面上是自然灾害，其根源却是人为造成的，如有些洪水灾害是与破坏流域植被、滥伐森林引起的水土流失有关，这类灾害可称为人为与自然组合的灾害。

为了减少在灾害发生时人们生命和财产的损失，土木工程应具有足够的抗灾能力。防洪墙不坍塌就能将洪水灾害的损失减至最少，房屋不倒塌就能将地震灾害的损失降至最低，输电线路铁塔不破坏就能将风灾害的损失大量减少，土木工程不建在滑坡地带就能使滑坡和泥石流无法形成灾害。凡此种种不胜列举。为此，土木工程应根据所建地区可能发生灾害的情况进行抗灾设计，如抗震设计、抗风设计、抗爆设计、抗洪设计等等。

1.4 土木工程的展望

1. 关于土木工程技术进步的展望

土木工程技术由3个要素组成：建造材料、建造理论和建造技术。

（1）关于建造材料的展望

①建造材料将大力开展“绿色建材”的研制。传统混凝土的使用将受到限制。“绿色”高性能混凝土和自修复混凝土等将受到广泛研究和应用。“绿色”高性能混凝土是用工业废渣为主的细掺料代替大量水泥并以大量纤维增强来克服混凝土的脆性的一种材料。自修复混凝土是在混凝土中灌以树脂、掺入空心纤维，当混凝土开裂时能自动流出树脂封闭裂缝。轻质高强混凝土也是今后的一个发展方向。

②金属材料将向高强度发展并提高耐大气腐蚀和耐火性能。这种高强度高性能的金属材料可以是钢材也可以是其他合金材料，能减少金属材料的用量。金属材料的另一个发展方向是开展智能材料的研究，使结构由不变的、无智能和无生命的向可变的、有智能和有生命的方向发展。

③其他新型材料如纳米建筑材料、高分子复合材料、化学合成材料等，在不久的将来必将出现可观的进展。

（2）关于建造理论的展望

①土木工程的计算机仿真分析和虚拟技术的应用将是今后需要重点研究和加以应用的课题。计算机仿真分析应以整个结构体系甚至整个土木工程为对象，对其安全性、适用性、耐久性、经济性和对环境的影响等进行仿真分析，也可以对原型结构在各种灾害作用下的反应作出仿真，借助虚拟技术演示真实情况，达到优化方案科学决策的目的。

②对重大土木工程设置“健康”监测系统，建立“健康”档案，以便及时根据土木工程在使用过程中出现的不正常现象找出问题所在，及时维修和解决，确保土木工程使用安全，延长其使用寿命。

③开展对各种灾害作用的研究。由于结构工程学科的发展，结构分析理论日趋完善，已能通过精细分析，对结构性态的描述得到相当精确的结果。但是，对各种灾害作用的大小、灾害形成的机理和变化的情况却不甚了解，这影响了分析结果的可信度。因此，对各种灾害作用进行研究已是当务之急。

④开展对整个结构体系可靠度的研究。目前设计采用的可靠度只是构件的可靠度，设计者并不知道结构可靠度是多少，因此，结构设计的结果并不一定十分合理和经济。

（3）关于建造技术的展望

①计算机技术在建造过程中的应用将是今后发展的重点，包括钢结构构件的计算机辅助制造（CAM）。这样才能加快建造进度、缩短建造工期、确保工程质量。

②建筑机器人的开发将提到议事日程上来，其应用也将日益普遍。建筑机器人的使用将使土木工程的施工过程高度机械化和智能化，必将推动土木工程施工过程的发展进入新的阶段。

2. 关于土木工程建造场所的拓展

今后土木工程的建造必将从地球表面向其他方面拓展[4]。

(1)向高空拓展

日本在1992年曾有人提出“一个工程师的梦”。梦想建造X-SEED4000超整体都市结构，即高4 000m的空中城市(图1.26)，有效面积5 000万~7 000万m^2，可容纳50万~70万居民，这虽然还只是一个梦想，但说明已有人在探索向超高空拓展的问题。

(2)向地下拓展

城市向地下拓展可以有效地解决用地紧张、生存空间拥挤、交通阻塞、环境恶化等一系列的城市病。地下空间还具有低噪声、低能耗、防震防空袭等特性。地下空间也有许多不足之处，容易造成人的不良心理反应，因此应重视地下空间的开发。

今后地下空间开发的趋势是：尽一切可能把可转入地下的设施转入地下，并向深层发展。

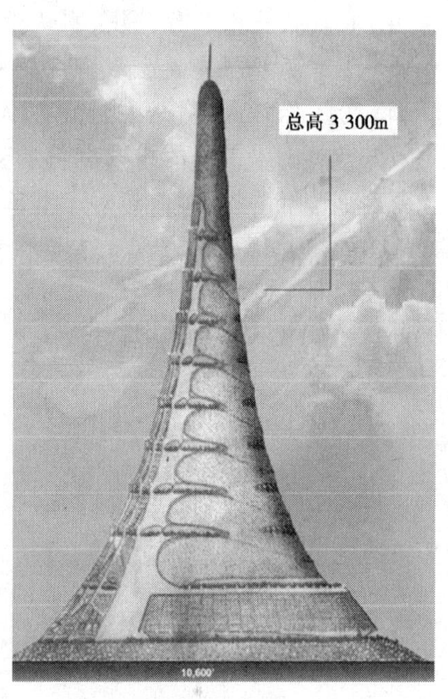

图1.26　空中城市

(3)向海洋拓展

向海洋拓展包括两个方面：一是向海洋要地，建设人工岛，二是开发海底。海洋面积约占地球表面积的70%，向海洋要地拓展的潜力极大，我国从20世纪60年代起已经建成鸡骨礁人工岛和张巨河人工岛。现在我国还在进一步研究建造海上人工岛的可行性，用现代技术建造人工岛将是土木工程的新任务。海底具有丰富的矿床，对弥补大陆资源的缺乏将起到重要作用。海底开发中的深海勘探、深海采矿也将对土木工程提出新的挑战。由于向海洋拓展需要投入巨大的资金，技术上也存在巨大的困难，目前还只是一种尝试。可以预料，今后土木工程在向海洋拓展中必定大有所为。

(4)向太空拓展

20世纪50年代以来，太空科学技术迅速发展，已建立了太空站，宇宙飞船已经可以在地球与太空站之间往返，人类实现了太空旅游。要把人类的活动舞台扩展到太空、扩展到另一个星球，还有很远的路要走，需要人类的共同努力，其中也有土木工程师应尽的一份责任。

参考文献

[1] J. M. Roesset, J. T. P. Yao. State of the art of structural engineering. Journal of Structural Engineering, Vol. 128, No. 8, August, 2002. 965~975.

[2] 中国土木工程学会. 中国土木工程指南(第二版). 北京：科学出版社，2000，1~29.

[3] 高等学校土木工程专业指导委员会. 高等学校土木工程专业本科教育培养目标和培养方案及课程教学大纲. 北京：中国建筑工业出版社，2002，1~2.

[4] 丁大钧，蒋永生. 土木工程概论. 北京：中国建筑工业出版社，2003.

思考讨论题

1. 您能从建设的对象说出土木工程覆盖的领域吗?

2. 从土木工程的发展简史,您对科学和技术的进步在人类社会发展中的作用是否又有了新的认识?

3. 您是否了解我国古代土木工程的伟大成就?

4. 在现代土木工程阶段,您认为我国的土木工程处于世界上什么地位?

5. 土木工程与人类生活密切相关,您能简要而具体地说出其中的关系吗?

6. 为了保持人类社会能持续发展,土木工程应在哪几个方面起作用?

7. 您对土木工程的未来有何展望?

8. 通过本章的学习,您对土木工程专业是否有了进一步的认识? 您是否认为土木工程是重要而伟大的,您是否热爱土木工程专业,您是否立志要成为一名出色的土木工程师?

第二章 建筑工程

2.1 概 述

1. 建筑物的功能和安全

目前为止的史料还不能让人们了解人类最早的土木工程行为是什么？也许是将一根倒地的圆木横在途经的河流上，因此诞生了史前第一座人造“桥梁”；或者是对某个天然洞穴作最简单的掘进而形成的“房屋”，从而拉开了伴随人类进化、进步的土木工程事业的序幕。但可以推测，“房屋建筑”一定是人类演化历史上最早的“土木工程”之一。中国陕西省西安市附近的半坡遗址是文字史前人类居住文明的典型(图2.1)，可以作为这一判断的佐证。

(a) 有墙柱、灶坑、排水沟的遗址

(b) 遗址内的先民居所模型

图2.1 半坡遗址

时至今日，土木工程设施已是所有文明社会不可或缺的组成部分。但林林总总的土木工程设施中，就其普遍性和与人类活动的密不可分性而言，房屋建筑仍是最基本的要素之一。例如任何人类聚集地，都有称之为“住宅”的建筑，无论是城市中的公寓、宿舍或乡间的别墅，都可列入其中。住宅是人类活动最基本的物质保障之一，它起着遮风避雨、隔热御寒的基本功用，人们在其中生活、休养生息。即使人类已经进入太空，所谓“空间站”，其基本功能也离不开这些要素。

建筑物的功能，就是指建筑物的用途。首先从宏观着眼，可以就房屋建筑的主要用途加以区分：和人们日常生活直接关联的，有住宅、商场、学校、医院等；与生产交通有关的，有各类工厂、电站、仓库，有各种车站、空港、码头以及交通枢纽等；和文化事业有关的，有图书馆、影剧院、音乐厅、体育场、展览馆、广播电视塔等；与社会活动有关的，有办公楼、会议厅、宾馆、酒店等等。我们可以按不同的分类方法把各种用途的建筑名称列出好几页，这些建筑名称，实际上表述了人们对某类建筑物特定功能的需求。

如果从使用者的立场出发,则会关注建筑物的具体功能实现。人们会考虑到内部空间的大小、分割是否方便某一类的使用功能(例如一个面积数百平米的房间可以用作舞厅,但作为家庭居室,确实是难以接受的),保暖、隔热、防潮等措施能否满足基本要求,以及还会关注光照的要求(绝大多数人不希望终日生活在灯光下)、隔声或传声的要求(例如当人们在教室、会议室里时,并不期待室内的声音传到室外,也不希望室外的谈笑声、脚步声干扰自己的思绪),建筑物内部交通便捷和连接方便的要求等。人们的需求,直接指向建筑物的功能(图 2.2)。

(a)隔热、遮阳

(b)保温、御寒

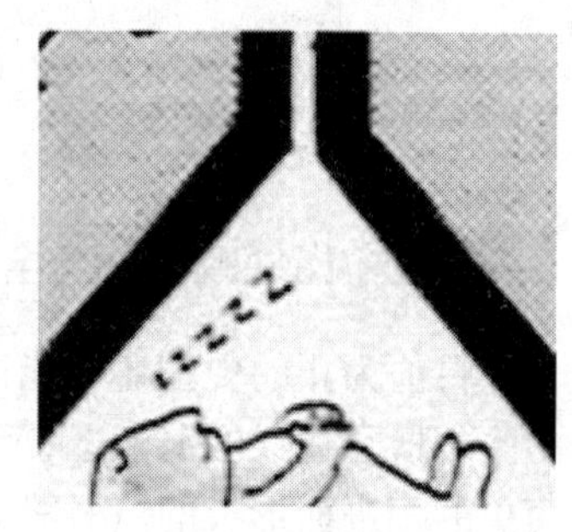

(c)防雨、阻噪

图 2.2　建筑物的使用功能

可以把上面这些功能都称之为建筑的使用功能。要保障建筑物使用功能的实现,最重要的前提,是建筑物的安全。如果楼房倒塌了,所有建筑功能都将随之而去,一切均无从谈起。

在这里,不妨把现代化的办公楼建筑物作为一个有机系统来加以观察:外墙和屋顶是她的肌肤,受到灰尘玷污同样需要洗涤以保持亮丽;她曾经仅依靠外界的光影和声音接受能量和信息,现今则可借助于进户管线输送的电力、水、气焕发生机,其中同样有一套向外排泄废物(生活废水、各种垃圾)的子系统,密布于建筑物中的各类管线,与人类身体中的循环系统一样惟妙惟肖;人们正在为建筑物研发和配置具有自感应、自调解和远程控制功能的智能设备,使她更加充满灵气;此外,建筑物有自己的骨架,那就是由柱子、梁和承重的楼板、墙体形成的结构体系。健康的人体,必然具有健壮的骨骼系统;有一种病,因骨膜化骨障碍之故,造成骨质松脆,稍受外力作用,就会引起骨折,使内部脏器失去保护,医学上称为脆骨病或成骨不全,俗称“玻璃人”。与人体一样,建筑物的结构体系,也必须足够坚固而有韧性,才能保证建筑物使用功能得以实现。

建造于地表的建筑物,首先受到重力作用,建筑物自身的重量,安放其中的家具、设备、生活和生产办公用的周转物资的重量,都对建筑物施加了力;每日发生在其间的人类活动,同样带来重力。此外,人类的活动还会对建筑物产生动力作用。因同样的重力原因,寒冷地带冬季的积雪压力、雨季中屋顶和墙面受到积水的压力(如果排水系统不畅通的话),是另外两个典型例子。在建筑物外表面,风会产生压力或吸力。还有一些意外事件会给建筑物带来冲击,如地震、爆炸(因事故或破坏事件引发)等。上述这些外力或冲击一般称为荷载或作用(图 2.3),分别经过建筑物的墙板、楼板或屋顶,传递到梁—柱结构体系。在这些外力作用下,结构体系能够保持其完整性,不

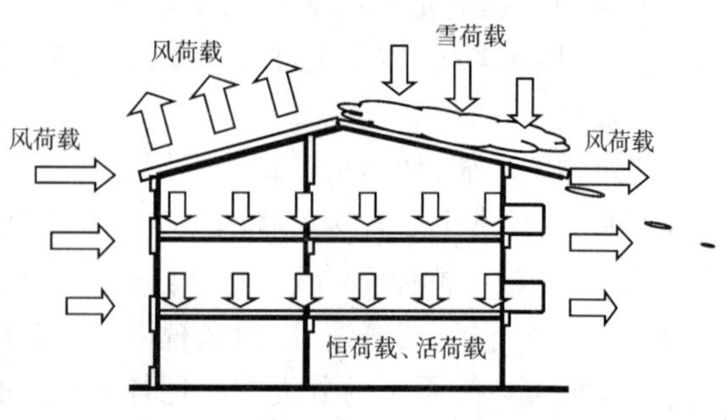

图 2.3　建筑物承受外界作用的示意图

至于发生局部坍塌或连续性的倒塌,是建筑物安全的最基本要求。

2. 设计者和建造者

在现代,任何一个建筑物的建造必须先进行设计。如在本节 1. 中所述,建筑物需要满足人们对其多种功能的要求,这就需要各种专门领域的专家参与设计工作。这些专家包括:建筑师(对建筑物的内外空间、交通、日照、采光以及外观表现等进行设计)、结构工程师(设计承重结构系统)、电气工程师和设备工程师(对水、暖、电、气的供给及其设备配置进行设计)。一个重要的或者规模庞大的建筑物单体的设计,可能还需规划、交通、环境、地质等领域的专家介入。其中,结构工程师肩负的结构设计任务,是保证建筑物安全的最重要的工作。

当人们说到"结构工程师"时,这个词可以包含多种解释。广义的,可以认为所有的土木工程师都是结构工程师,因为结构系统及其安全性是所有土木工程的基本问题。但在土木工程这一大领域内,工程师们还有更细的分工,于是有一系列狭义的称呼,例如岩土工程师专司对工程地质条件的判别和处理,建造师负责工程项目的施工,而这时所称的结构工程师,主要从事建筑物、桥梁等的结构分析与设计。

事实上,结构工程师不仅是建筑物结构系统的设计者,也是其建造者。首先,对复杂、大型结构的设计需要包含施工过程中逐步形成的结构系统的受力分析,例如,一个半成品的结构不仅荷载不同于建成后结构所承受的荷载,其传递荷载的方式以及对外界作用的抵抗能力也和建成后的结构不同。就这一点而言,结构设计包含着施工设计的部分工作。其次,结构工程师要对施工方案进行审查,提出建议。许多结构工程师需要在建设现场检验建筑材料质量、监控施工过程、分析和处理施工检测采集的数据,解决可能危及结构安全的隐患。优秀的结构工程师,不仅有很强的力学功底,而且熟悉施工建造中的实际问题。

这里我们可以举出埃菲尔的例子(Alexander Gustave Eiffel,1832~1923 年,图 2.4)。当时,为纪念法国大革命 100 周年,法国政府决定建造一个纪念性质的建筑物。在 700 多个应征方案中,埃菲尔和他的团队提出的铁塔方案脱颖而出。在之前,世界上最高的建筑物是美国首都 169.3m 高的华盛顿纪念碑。埃菲尔的方案,不仅让建筑物的高度一下子跃升到 300.5m,而且提出全部用铁来制造这样一个"摩天巨人"。其时距今约 120 年,近代钢铁业不过刚刚发端,几乎所有的建筑物都是石材或木材构筑的。铁塔的设计图达 1 700 张,交给工厂的加工详图有 3 600 余张;塔重7 000t,由约 18 000 个部件组成。继基础施工完成后,铁塔施工历时 21 个月,终于在法国大革命 100 周年的 1889 年落成。即使在建筑机械十分发达的今天这也堪称高速了,更何况是 120 年前。更加令人称道的是,整个施工过程没有发生一起死亡事故。这样一系列骄人纪录的产生,工程师埃菲尔功莫大焉。他曾在许多国家建造铁路桥梁,也是纽约自由女神像内金属骨架的设计者和建造者,他不仅主持了铁塔的设计,也是施工建造的直接组织者。

图 2.4 法国工程师埃菲尔

2.2 结构体系的发展

任何建筑物不管它的外观是多么的雄伟,还是普通得毫不起眼,都需具有与之匹配的、能承受荷载的内在骨架，这“骨架”就是结构。结构可以用各种方式来构筑，包括结构所采用的材料和构成结构的形式，如此就形成了各种结构体系。不同的结构体系具有不同的受力方式、传力途径和承载能力，合理的结构体系将保证建筑物的安全性和经济性。建筑物用途众多，形式丰富，结构体系也必然顺应建筑物的承载要求而千变万化，这就为结构工程师创新开拓提供了广阔的舞台。在这本入门书籍里，以高层建筑和大跨建筑为例作些初步介绍，展示结构体系的发展历史与创新思想。

1. 高层建筑结构体系

“欲与天公试比高”似乎是人类与生俱来的一种渴求。公元前3000年后的古埃及王朝所兴建的金字塔，高度就已能达到146.6m，相当于今天三四十层楼高的建筑。试想将那些每块重达2~3t的巨大石块由地面自下而上垒至这样的高度，就会感悟人类为了攀高而发挥到极致的智慧和力量。但是，金字塔毕竟不是一个可供人们实际使用的建筑物，其内部基本是一个实心体（例如胡夫金字塔，相对将近270万m^3的体量，从整体上可以忽略内部的通道和灵室）。

人们对房屋建筑的需求，首先是对其包容的空间的需求。随着工商业的发展，人口集聚，集镇都市开始成长。特别是大型、特大型城市兴起后，土地资源的紧张，自然发展出对高层建筑的需求，在有限的土地上建造尽可能多的室内空间，这是推动高层建筑发展最主要的动因。这样一种对建筑物内部空间的需求，就使得房屋建筑的结构与金字塔大相径庭，尽管金字塔体也是一种结构形式。

结构形式本质的差别在哪里呢？

图2.5(a)是金字塔的一个剖切面。上部石块的重力传递到紧贴着的下部石块，压力依次向下传递。只要结构材料——石块能够承受得住压力，结构就能站立。沙漠的风沙将侵蚀石材表面，但要撼动这样一座实心人造山，则显得无能为力。用图2.5(b)所示的3层建筑来说明楼房受力的概念。由于留出了室内空间，楼面建筑材料的重量，包括面层、楼板、吊顶，以及在楼板上的家具、人群的重量就没有下方紧贴着的支承物了，荷载须经由楼板或者梁传到侧墙。

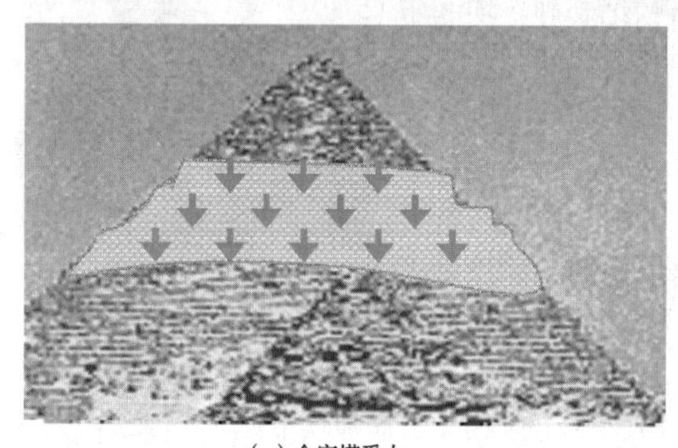

(a)金字塔受力

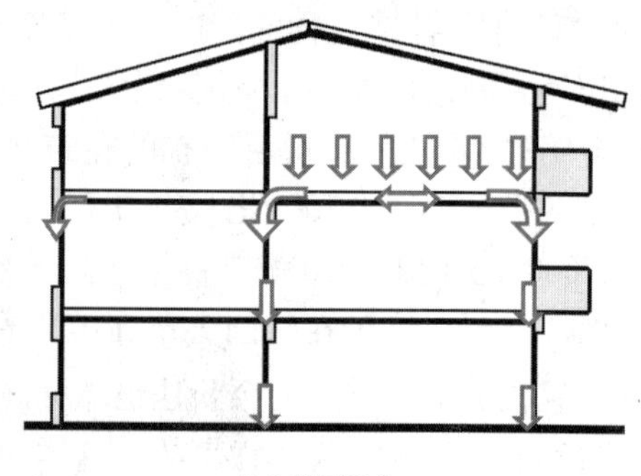

(b)楼层受力

图2.5　金字塔和楼层建筑受力的比较

随着楼层的增高，墙体必须变厚，这就是早年砖砌结构、石砌结构的情况。墙太厚，室内空间就小。另一件糟糕的事情是，用于承重的墙体还不能随意设窗，进深稍大些的室内就需人工照明。解决这一问题的出路是用另一种结构形式来代替墙体承重的结构，柱—梁构件形成的框架体系应运而生。柱子之间的墙体，无论是外墙还是内隔墙，都可以是不承重的。采用木制构件的框架体系早已有之,中国古代的许多宫殿寺庙都是采用承重的木柱和木梁建成的,例如北京的故宫。但是,木材的强度还不足以建造高层建筑。1824 年英国工程师阿斯普丁(Joseph Aspdin,1779 ~1855 年,图 2.6)作为最初的发明者取得了波特兰水泥的专利,不久得到广泛使用。水泥与石子、砂子和水搅拌并结硬后,就形成了称为混凝土的人造石材,具有很高的抗压强度;同一时期,钢铁开始规模化生产,以受压见长的混凝土材料中组合抗拉性能特别优异的钢材又形成了钢筋混凝土材料,这就使得高层建筑中的框架体系能够实现。钢铁材料在建筑结构中的直接应用,更对高层建筑的建造起推波助澜之效。可以说近代高层建筑的兴起,不仅是城市化发展的需求,也因为新材料的出现而使然。

图 2.6　英国工程师阿斯普丁

另一方面,楼层越往上增加,风的影响就越大。首先,风会使建筑物倾覆,这在体量极大、风作用的合力点远低于结构重心的金字塔中是不会发生的(图 2.5a)。早在 1931 年,建筑师和工程师们创造当时世界第一高楼纽约帝国大厦(Empire State Building)之前,业主竖起一支铅笔问首席建筑师兰姆(William Lamb)的问题就是:“你能够把它竖起多高而不致倾倒?”帝国大厦的建造者们给出的答案是:381m。这一高度保持了世界第一的纪录长达 41 年! 为了防止倾覆,建筑物就要牢牢地“钉”在地上,这是通过牢靠的基础来实现的。高层建筑设在地表以下的地下室可能深达数十米;不仅如此,基础底部还往往连着伸入地下更深处的“桩”结构。

此外,建筑物在强风作用下发生摇晃、摆动,结构构件如柱子会发生弯曲变形,楼层之间会有我们看不见却实际存在的相对位移,这种变形过大,会造成结构的损伤乃至破坏。这是如金字塔那样的实心体不用担忧的问题。高层建筑的结构体系抵抗摇晃、摆动、变形的能力,可以称之为“刚度”。20 ~30 层的建筑,柱子自身的刚度就能满足结构的需求。如果建造更高的建筑,当然可以设想把柱子加得很粗很粗;不过我们已经知道,这又会与人们对建筑物内部空间的需求发生矛盾。工程师们根据力学原理和自身经验,创造出了依靠墙体提供刚度的结构体系(图 2.7a)。但这样一来,是不是又回到原来高墙厚壁的原点了呢? 不是的。过去阻碍楼层建高的墙体是用于承受重力荷载的,现在的墙体则主要是抵抗水平地施加在高层建筑上的荷载——风的作用。高层建筑里电梯井、楼梯间周围的墙体正好被利用起到这种作用,而重力荷载主要仍靠柱子来承受。这样一种利用墙体抵抗水平荷载的结构体系被称为“框架—剪力墙

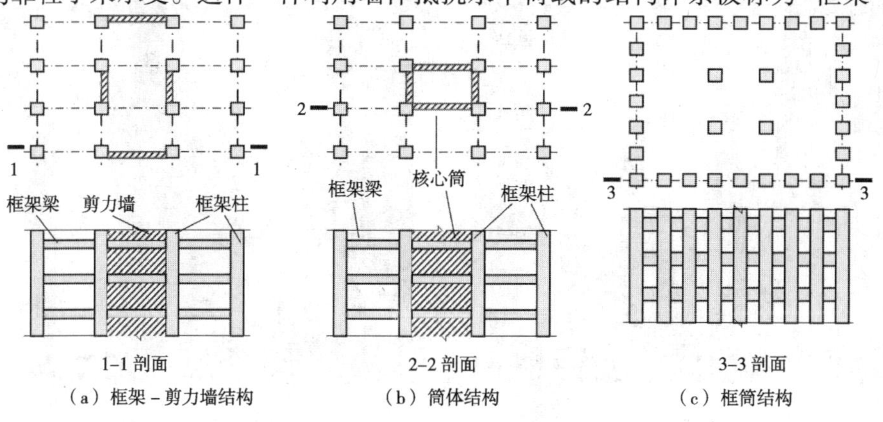

(a) 框架 – 剪力墙结构　(b) 筒体结构　(c) 框筒结构

图 2.7　高层建筑结构体系的创新

结构”。这种墙体在建筑物内形成封闭的样式时，又构成了“筒体结构”（图 2.7b）。

继帝国大厦之后，1972 年美国纽约的曼哈顿岛上竖起了一对塔楼，成为纽约新的地标性建筑，其高度分别为 417m 和 415m，这就是纽约的世界贸易中心大厦（World Trade Center，简称 WTC）。WTC 的结构体系是一个创新之作，设计者采用柱子作为承重构件，但绝不是普通的框架结构：建筑物四周排列着的巨大钢柱只有 3m 间距，相邻的柱子在楼层处用截面高度很大的钢梁互相连接，密集的钢格子使得框架构面如同墙体一样工作，四周的密集柱梁形成了框架筒（图 2.7c），可以承受极大的荷载作用。而在外围框筒和核心框筒之间，则用轻型楼层结构联系。这确实是一个值得称道的结构作品，它以后的倒塌则属于另外的话题。

WTC 好不容易从帝国大厦那里争来了世界第一的头衔，却只保持了不到两年。这里需要提到一位非常杰出的工程师卡恩（Fazlur Khan，图 2.8）。他把利用三角形稳定性来提供结构抗风能力的概念发挥到一个新的高度，1969 年他设计的西雅图汉考克大厦（John Hancock Center）建造完成，立柱和斜撑综合在外墙面上，共同抵抗竖向重力荷载和水平风荷载，大大提高了结构体系的承载效率（图 2.9）。汉考克大厦虽未得到冠军，也已高达 344m。紧接着，还是这位工程师与他的合作伙伴葛莱汉（Bruce Graham）一起设计了芝加哥希尔斯大厦（Sears Tower）。这一次他们把由柱子构成的 9 个高度不同的筒体连在一起，随之，土木工程界接受了“成束筒”这样一种结构体系。希尔斯大厦的高度达到了 422m（图 2.10），这一高度保持的世界第一纪录从 1974 年延续到 1997 年。从此之后到笔者著书时，世界第一高楼的竞争开始向亚洲转移。竞争如此激烈，以致一些设计时瞩目于世界第一纪录的高楼，还未等建造完毕已经只能屈居第二或第三了。

图 2.8　结构工程师卡恩

图 2.9　汉考克大厦

图 2.10　希尔斯大厦

高层建筑面对的挑战,不仅来自风。另一个虎视眈眈的自然界对手就是地震。地动山摇,何况楼乎?楼就不仅是摇晃的问题,更有倒塌的危险。很长一段时期,人们以为有地震危险的区域是不适合建造高层建筑的。还是以金字塔为例,重心低的建筑物不容易倾倒确实是一个常识。可是,房子毕竟不是金字塔。即使都是低矮房子的地震灾区,人们照样看到墙倒柱断,生灵涂炭。1976 年中国唐山发生大地震,房屋几乎夷为平地,基本都是 6 层楼以下的建筑物,主要因为房屋倒塌,造成 24 万生命的丧失!

随着动力学、塑性力学等力学理论的完善和应用,以及对地震震害的深入研究,工程师们认识到,建筑物要有效防止在地震作用下的破坏,不在于楼层的高低,而在于其有没有相应的强度(承载能力)和经受较大变形时不丧失这一强度的性质(变形能力)。而物理学的知识告诉人们,力(强度)和位移(变形)的乘积是能量。结构体系有没有足够的能力吸收地震作用输入的能量,是建筑物会不会在地震作用下发生倒塌的最关键的因素,人们把它称为耗能能力。因为地震发生的原因是地壳运动积聚能量的释放,建筑物受地震作用的本质就是地面运动向建筑物输入了能量。从这个意义上说,高层建筑能够有效抵抗风作用,也应能够承受地震作用;究其根本,风也是自然界对建筑物的一种能量输入。基于这样一种理解,经过不断的实践和发展,今天高层建筑在地震频发区也照样能够建造起来了。

一开始,在地震区建造的高层建筑中工程师们主要利用结构体系自身的非弹性变形来消耗地震输入能量。大地震发生时,结构体系有一些局部损伤,但不至于倒塌。而今,许多领域的工程师们互相合作,材料工程师们发明了各种直接用于耗能的材料,机械工程师们制造了专用于吸收能量的设备,结构工程师不仅设法将这些材料或设备组合到结构体系中去,将建筑物中便于检查、更换的那些部件做成耗能部件,而且利用结构体系的特点,创造了许多新的耗能结构构件和形式。

除去自然界中的恶劣环境对高层建筑安全性带来的威胁,人为过失甚至故意破坏(战争、爆破、纵火等)也向高层建筑结构体系的安全性提出了必须应对的课题。事实上,结构工程师对于结构的安全性是丝毫不敢懈怠的,已经建成的重要建筑,都有很强的结构承载能力。1945 年 6 月,美国空军一架 B25 轰炸机拦腰撞向纽约帝国大厦,将 79 层砸了个大窟窿,飞行员和另外 13 人丢了性命,大楼却巍然不动。1993 年 2 月 26 日,极端分子在纽约 WTC 大厦引发爆炸,大楼的供电系统短时中断,部分墙体受损,地面留下约六七十米宽的弹坑,但大楼的主体结构安然无恙。不幸的是 WTC 大厦没能逃过 8 年后的一劫:2001 年 9 月 11 日,两架被恐怖分子劫持的波音客机分别撞击两幢双子楼,大楼在 1 个多小时后轰然倒地。从结构设计的角度看,WTC 大厦倒是经受住了飞机的撞击,即使部分柱子被巨大的冲击力折断,结构体系还是挺住了。可是两架飞机倾倒的数十吨汽油引起剧烈燃烧,钢材软化后彻底失去了承载强度,这是 WTC 大厦倒塌最根本的原因。

“9·11”事件后,工程师们特别关注高层建筑结构体系在事故环境下的安全性。新的结构体系不仅要抵抗人们已经熟悉了的外界作用,还要在意外冲击发生导致一部分结构破坏后,结构主体能够保持不发生连续性的破坏。结构体系的防火设计也变得越来越重要。

在非常简单地描绘了高层建筑结构体系发展的图景后,还想强调这一过程与结构学相关的力学理论的发展密不可分。直到现在,人们还没有发现古代工匠们在建造房屋之前对之有过系统的力学计算(结构分析)。关于结构体系的力学学说,是由许多科学家和工程师们的创造性劳动逐步形成的。前面已经说明建造高层建筑结构体系时必须面对风和地震的作用,这两者都在高层建筑结构体系中引起弯矩。现就与“弯矩”有关的概念看看力学学说的发展。

1638 年,伽利略(Galileo Galilei,1564 ~1642 年)在《新科学对话》中首次分析了悬臂梁(图 2.11a),这在结构分析史上具有里程碑的意义。但当时他认为悬臂梁上的应力是均匀分布的(图 2.11b),现在我们知道均匀分布的应力是不能合成弯矩的,而在当时,由于认识水平的局限,几乎又过了 50 年才形成了弯曲应力是三角形分布的概念(图 2.11c)。这一点虽然有了巨大的进步,但应力的合力仍然多出一个轴力未被平衡。又过了快 30 年,即 1713 年,双三角形分布的应力图像(图 2.11d)才被认识到,经实验科学证明,这一概念是正确的。这就是今天所有土木工程专业的学生们从材料力学教程中所学到的基于平截面假定的应力分析知识。后来随着弹性力学的发展,又发现其实受横向力作用的悬臂梁截面上的应力(严格的称呼为正应力)分布除了与弯矩有关,还与剪力(悬臂梁内与横向力相平衡的一种内力)有关,应力不是严格的直线分布,而呈现非线性,边缘应力比直线分布假定来得要大(图 2.11e)。在某种尺度的截面中,这一影响就比较显著,如果不加考虑,不仅影响计算的精确性,而且带来不安全的因素。悬臂梁是最为基本的一种结构样式,从整体上,高层建筑就是一根竖起的悬臂梁;对简单悬臂梁力学性能的透彻理解,足以帮助解释高层建筑结构体系的许多基本特性。例如在由间隔密集的柱子和截面高度很大的横梁构成的"框筒结构"中,角柱的内力和中柱的内力是非线性分布的,其规律就与考虑剪力影响后梁截面上的正应力分布规律相同。但是毕竟高层建筑结构的构成与一根简单的悬臂梁有着天壤之别,前者每一根构件的受力都远比悬臂梁复杂,在线性代数、有限元法等数学、力学工具充分发展起来,而且有了高速计算机可以将这些理论用于大规模的结构体系分析之后,对高层建筑结构体系才能真正进行准确的力学计算,这时,才有可能建造安全的高层建筑。

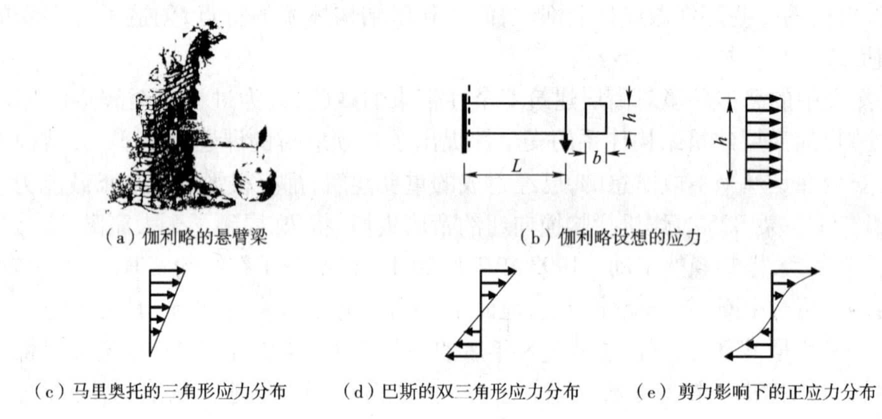

(a)伽利略的悬臂梁　(b)伽利略设想的应力

(c)马里奥托的三角形应力分布　(d)巴斯的双三角形应力分布　(e)剪力影响下的正应力分布

图 2.11　悬臂梁受力概念的发展

2. 大跨度建筑结构体系

现在让我们把话题转向大跨度建筑。用一个宏大的顶盖遮断自然界的风暴雨雪,而内部可供人们祭祀、拜神、集会、议政、竞技、歌舞,……,大概是和建造高层建筑的追求一起平行发展起来的人类又一种向往。人类文明史尤其是近现代时期中,不断发生着突破更大跨度的冲刺。

从结构的概念来阐述,大跨度建筑面临的第一挑战就是如何负担沉重的屋盖。作为科学家的伽利略最早理性地指出这一问题。还是在 1638 年的那本杰出的著作《新科学对话》里,他就分析到,如果动物的体量增大 3 倍,则其骨骼的截面只增大 3 倍是不够支承所增加重量的。这一原理在房屋建筑中也一样。假如屋盖支承在柱子上,而屋盖的容重不变,则当屋盖的体积尺寸增大 3 倍,柱子的截面尺寸也只增大 3 倍的话,柱子中的压应力就增大了 $3^3/3^2=3$ 倍。如果放大前的柱子强度刚好可以承受当时上部屋盖的重力,则放大后的屋盖必定压垮这个截面已经放大了相同倍数的柱子。我们可以算出,按上述屋盖体积增大的倍数,为了保持承载力,柱子截面尺寸应当放大约 5.2 倍。这就是所谓平方—立方定律。

伽利略时代还没有科学地认识到荷载在结构构件中引起的弯矩和应力应当如何分析。事实上,屋盖内部在自身荷载作用下产生弯矩,这一弯矩与屋盖厚度增加呈线性关系,与屋盖跨度增加成平方关系,而屋盖本身抵抗弯矩的承载能力只与屋盖厚度的增加成平方关系,而与屋盖跨度的增加无关,这样又形成了另一个平方—立方关系。假如某个尺度的实体屋盖已经达到了其自身的强度极限,就难以指望其跨度有多大增加。

在以石材为主要建筑材料的古代西方,建造大跨度建筑物的物理限制已经由上述平方—立方定律揭示了。但是,位于意大利首都罗马圆形广场北部的万神庙堪称建筑史上的奇迹。它的前身建于公元前 27 年,图 2.12 的圆形穹顶则于公元 113 ~ 128 年间重建时完成。该穹顶的直径达到 43m,基座以上高 22m。穹顶使用了混凝土,其砂浆的质量非常优异;结构材料的选择和级配也十分仔细,例如基础和墙的下部用重的玄武岩,中间用砖及凝灰岩,穹顶用最轻的浮石。选材上的合理,使得屋顶结构自身的重力可以减轻,结构形式更是该建筑的一项伟大创造:穹顶改变了平板式屋盖的受力方式,屋顶的重力不是由屋顶结构的弯矩来平衡,而是由空间形式的拱——穹顶内部的压力来平衡(图 2.12c)。穹顶下方的墙体用层层重叠的砖墩加固,厚达 6m,可以承受穹顶传来的推力。万神庙的奇迹,主要在于结构形式的更新,这样就避开了平方—立方定律制造的难题。虽然尚未确切地知道当初的建造方法,也不知道这一结构真正的设计者和建造者,但是古代罗马人显然已经把握了拱形结构的用途。万神庙的穹顶结构跨度记录直到 19 世纪后才被打破。

(a) 万神庙外观

(b) 内景

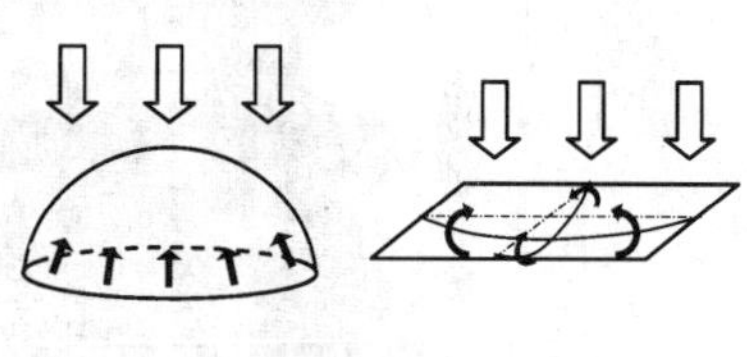
(c) 穹顶受力和平板屋盖受力的比较

图 2.12　著名的古代大跨度结构——万神庙

以木材为主要建筑材料之一的古代中国,可以用梁柱方式构建房屋。木梁的质量较轻,可以实现较大的跨度,但梁长受到树木生长高度的限制。一般树材高度为 10 ~ 20m,要建更大的房子,梁与梁之间就要立柱,形成了由横梁、立柱、顺檩等主要构件而构成的木构架建筑结构。其中,抬梁式是一种重要的木构架,就是在立柱上设梁,梁上又抬梁(图 2.13),宫殿、坛庙、寺院等大型建筑物常采用此结构方式。传统木结构材料的主要缺陷是木节、腐朽、裂纹等,它们大大降低了木材的强度,对木材抗拉和抗弯性能的影响尤为显著。传统的木材构件通过榫卯连接、齿连接、键连接以承压、承剪的受力方式来相互联系而形成结构,对受拉木构件的连接、拼接不像受压木构件那样容易实现。这些天然的缺陷,制约了木结构建造大跨度建筑的可能性。

建于明代的北京天坛祈年殿，是明清两代皇帝祈祷五谷丰登的圣地。此殿为上屋下坛，殿高32m，直径30m，三重檐逐层向上收束成伞状，矗立于高约6m、占地5 900m^2、由三层白石雕栏环抱的圆形祈谷坛上，大有拔地擎天之势，成为北京的象征之一（图2.14）。整个大殿共有28根大木柱和36根枋桷支承穹顶屋盖。最中央4根立柱象征春夏秋冬四季，中间12根木柱代表一年12个月，外围12根檐柱意喻一昼夜12个时辰。

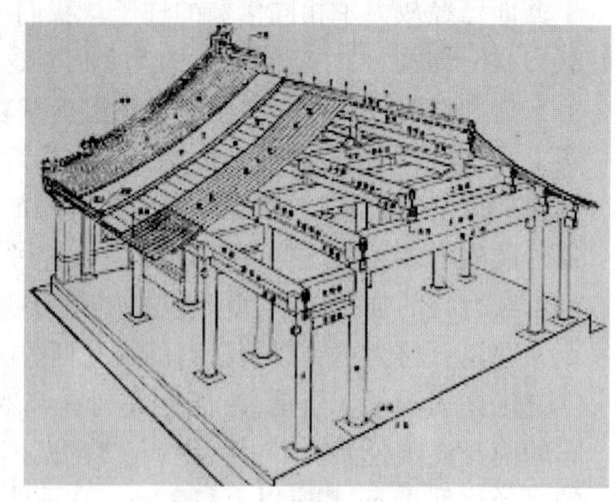

图2.13　抬梁式木构架

真正大跨度建筑物的建造，是近代以后的事情。就在埃菲尔铁塔引领建筑物向高度发展的同时，以“水晶宫”为标志的大跨度建筑结构开始得到了发展。

水晶宫因其屋顶和外墙全部覆盖玻璃而名，它其实是一个展览馆，为1851年英国伦敦的万国博览会（是今日世界博览会之鼻祖）而建（图2.15）。当时，直到1850年，展览馆的建筑方案还迟迟确定不下来，因为应征的数百个方案所需的建造期都不能满足博览会开幕的时间要求。这时一位园艺师出身的设计者根据自己建造温室的经验提出了一个方案：用预制铁件组成结构框架支撑玻璃。展览大厅的宽度为22m，也就是它的最大跨度，整个建筑占地约7万m^2，建设时间仅用了6个月！这位设计师的名字叫帕克斯顿（Sir Joseph Paxton, 1801～1865年），应当说他的方案是十分大胆的，因为此前的

（a）外观

（b）内部

图2.14　北京天坛祈年殿

温室建筑，规模要小得多。但是，当时随着工业革命的发展，铁制框架结构已经在欧洲的火车站顶棚中得到较广泛的使用。除了这样的背景条件，帕克斯顿的成功更离不开自己积累的工程实践经验和对新材料（铁、玻璃）性质和优点（特别是预制化和标准化）的超前认识和实践。1837年的一个偶然机会，帕克斯顿发现一片大的绿叶竟可承载自己7岁女儿的体重。经细致观察发现，原来叶子的背面有粗壮的茎脉，纵横交错，既美观又可负重。这个发现给了他建筑设计的全新灵感，以后他为朋友建造温室时，用铁栏和木制拱肋做骨架，取玻璃作为墙面，

首创了新颖的温室。这种建筑结构既简洁明快，又可预先制造、组合装配，成本低施工快。

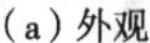
(a) 外观

(b) 内观

图 2.15　英国伦敦的水晶宫

从跨度上看，水晶宫还不如万神庙。但水晶宫建成后，其结构形式为工程界广泛接受，成为近代大跨度建筑的先锋。1855 年，巴黎万国工业博览会采用半圆形铁制拱架，跨度达到 48m，超越万神庙而成为当时世界上跨度最大的建筑。之后，与埃菲尔铁塔同年，1889 年，世界最大跨度建筑的桂冠被巴黎万国博览会机械馆摘取，跨度达到 115m。机械馆的结构形式是所谓的三铰拱（图 2.16），115m 跨度的拱架每隔一定间距布置一个，围成了 115m × 420m 的空间，其内部没有一根柱子。

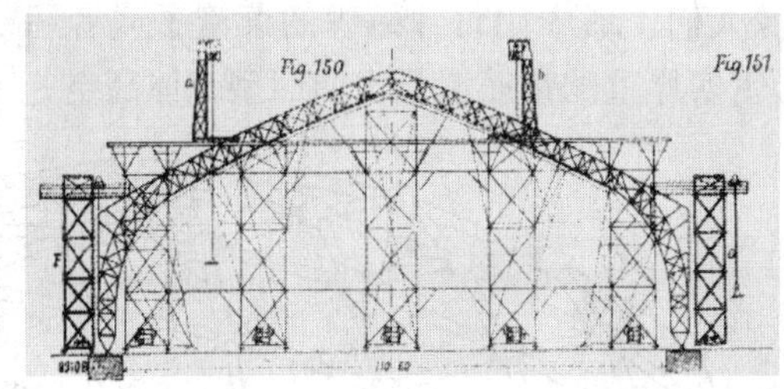

图 2.16　巴黎万国博览会机械馆

从水晶宫到机械馆，采用的都是格子式的结构，用今天的结构术语表达，就是以桁架构件为基本单元组成的结构体系。桁架最大的优点是把实心受弯构件截面中央那些应力较小的部分（图 2.11d）去掉。这样一来，在保持截面最有效的承载部分的同时，大大减轻了结构自身的重量。基于这种基本样式，以后又逐渐发展起了空间交叉桁架、空间平板网架等效率更高的结构形式。

作为穹顶结构的现代发展，其脉络大概分为两支：一是现代薄壳结构，另一是糅合了格子式结构特点的空间网壳结构。薄壳是一种连续曲面的薄壁壳体结构，将其应用于建筑是大自然中禽蛋壳、甲鱼壳等可以承重给予人们的灵感。小小薄薄的蛋壳非常神奇，可承受母禽的体重，且在孵化过程中不被压破。薄壳结构常用于屋顶，也可将屋顶与墙面连成整体。壳体既可承重，又可遮风挡雨起围护作用，两种功用合二为一。薄壳的“薄”，是相对跨度而言的。曲面的薄壳要比同样厚度的平面薄板结构强度和刚度大得多，可建造更大跨度、更多空间的建筑，这就是空间结构的优越性。薄壳结构通常采用钢筋混凝土整体浇灌而成，采用木或钢模板可建造出各种新颖奇特的曲面造型，世界著名的澳大利亚悉尼歌剧院（图 2.17），就是球面薄壳应用的典范，风姿绰约的外观造型如同一组海滩上的贝壳。

第一个现代薄壳建筑始建于20世纪20年代的奥地利，以后50年代薄壳结构在国际上流行。目前世界上跨度最大的薄壳建筑，为1957年建于法国巴黎的工业技术中心展览馆（图2.18），平面图是一个等边三角形的建筑，高48m，每边跨度达到218m，总面积9万m^2，采用双层薄壳，壳的厚度仅60～120mm，壳体底部厚顶部薄，厚度只是跨度的1/2 000左右。薄壳结构分析难度高，在当时还未使用计算机的年代，设计这样大跨度的薄壳结构是个奇迹，展现了设计师高超的技术水平。

图2.17　澳大利亚悉尼歌剧院

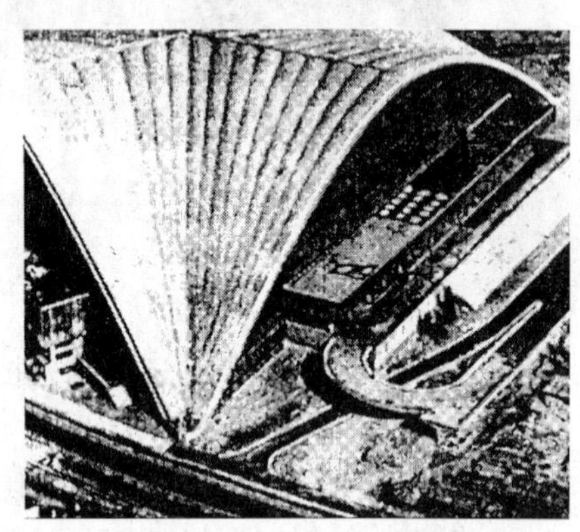

图2.18　法国巴黎展览馆

如果将薄壳结构连续密实的表面挖成一系列孔洞，就形成了网壳结构。网壳结构是各种曲面型空间网格状结构的统称，是在一个空间曲面上有规则地布置一系列离散的杆件并将它们互相连接而形成的结构（图2.19）。这就像人们生活中用竹片编织的菜篮子或者用铁丝编制的鸟笼。薄壳结构虽好，但弱点也很明显，密实厚重的钢筋混凝土曲面型壳体高空施工非常复杂，又耗时费工。人们发现将一根根细长轻巧的杆件有技巧地布置，再覆盖轻薄的层面材料，同样能做成薄壳结构所要表现的建筑曲面，还能建造更大跨度的空间，这样网壳结构就自然地脱颖而出了。如果将网壳结构的表面做成平面，就演变成了平板网架，或简称网架。因此，网壳、网架结构又可合称为空间网格结构。网格结构中的杆件可采用钢材、钢筋混凝土、铝合金、木材等材料制作，但应用轻质高强的钢材更适宜建造大跨度建筑。人们喜欢应用网壳、网架结构建造大跨度的建筑，是看重其许多优点，例如，受到外力后结构中的杆件或者受拉，或者受压，受力简单均匀，与不均匀受力的受弯构件相比，能充分发挥材料的效用；杆件轻巧又可事先预制，运输吊装方便，可在现场像搭积木似地装配，以小构件组装成宏大的空间结构；杆件不同的布置很容易营造出绚丽多彩的建筑外观和网格几何图案。

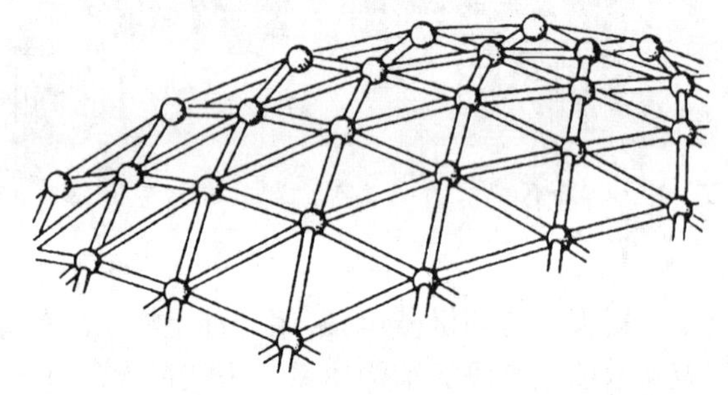

图2.19　网壳结构的构成

建筑上的网壳结构起源于19世纪铁路桁架桥梁的应用，当时铁路桥梁的发展不但促进了桁架结构形式的丰富，也提升了现代桁架结构的分析水平。早在1880年，富尔（August Foppl）发表了有关空间框架结构理论的专著，该专著曾帮助埃菲尔（Alexander Gustave Eiffel）分析他于1889年设计建造著名的法国埃菲尔铁塔。著名的电话发明者贝尔（Alexander Graham

Bell)被公认为最早于1907年发明了网壳结构，他曾经迷恋飞行器，受此影响而转向研究高强而又轻型的结构体系(图2.20)。以后网壳结构的研究十分活跃而富有成果，许多国家的学者互相取长补短，研发了一系列特色多样的网壳结构体系(包括杆件的布置形式和连接方式)，也获得了相应的专利，促进了网壳结构的受力更合理，用料更经济，连接更高效，施工更方便。自20世纪40年代以来，网壳结构开始在国际上流行，广泛应用于体育场馆、会展中心、大剧院、航站楼等大跨度建筑。至今为止，世界上跨度最大的单层网壳结构为20世纪90年代建造的日本名古屋体育中心的穹顶屋盖(图2.21)，直径为230m。

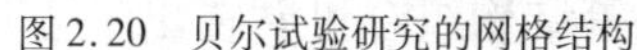

图2.20　贝尔试验研究的网格结构

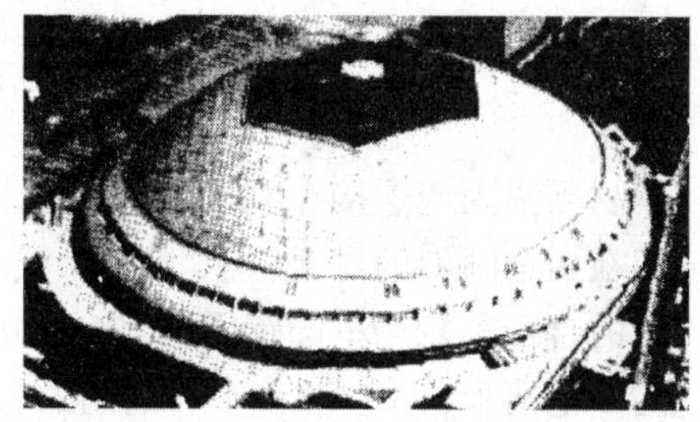

图2.21　日本名古屋体育中心网壳屋盖

我国现代意义上的网壳结构建造于20世纪50、60年代，为数不多。1956年建成的天津体育馆钢结构网壳(跨度52m)和1961年建成的同济大学钢筋混凝土结构网壳(跨度40m)是其中的典型代表。以后平板网架结构却在我国因其有较多的研究和成熟的技术而得到更广泛的应用。1967年建成的首都体育馆(矩形99m×112m)和1973年建成的上海体育馆(直径110m)为平板网架结构应用的杰出代表。网架结构应用于大跨度单层工业厂房十分经济适用，在我国已形成迅速发展的一个应用重要领域，1991年第一汽车制造厂建造了单体面积近8万m^2(189.2m×421.6m)的厂房，成为目前世界上面积最大的网架结构。随着我国经济和文化的建设发展，人们对建筑造型的审美品位以及多样化的要求日益提高，20世纪80年代后期，伴随着北京亚运会场馆的建设，各种曲面造型的网壳结构又得到进一步发展。因此，目前我国有“网壳网架王国”之称。

空间结构具有千姿百态的形式，极富灵活性。张拉结构是另一支异军突起的现代大跨度结构。组成结构的元素—构件有刚性与柔性之分。刚性构件很刚硬，受到外力或者变化的外力后不容易察觉其形状的变化，既能受拉，也能受弯受压；柔性构件则相反，很柔软，受到外力后发生较大的变形，外力移动后形态也显著改变，能受拉但不能受弯受压。前述的薄壳、网壳、网架等属于由刚性构件组成的结构，张拉结构则可由索、膜等柔性构件组成结构体系。古时我们的祖先取绳索织网捕鱼、做吊床休息、建索桥过河，用帆布搭帐篷露宿，这些都是现代索、膜结构的发祥之源。现代索、膜结构中的索是由一组强度比一般钢材高达4~5倍的钢丝或钢绳做成；膜材不是以往传统的帆布，而是一种合成纤维或玻璃纤维制成的高强度、非燃烧、薄薄的织物，具有良好的透光、防水、防火、耐久、自洁(灰尘难以黏着渗透，雨水容易冲刷干净)等性能。

索、膜结构常常需事先对索、膜材料施加足够的拉力，使它们张紧成形而承载。这就像张紧塑料绳的网球拍才有击打网球之力、绷紧的雨伞布才能遮风挡雨一样。图2.22(a)是一平面内相隔一定距离放置的两根曲率相反的索，将它们在索上某些位置连接起来，然后对其中任何一根索的两端施加拉力，即会自然而然地造成另一根索中产生拉力。同理，取一群索，分两个正交方向、反向曲率布置索，构成马鞍形曲面的索网(图2.22b)。当对某一方向的索施加拉力，就会自动地致使另一方向的索产生预拉力，这就形成了能承载的索结构（图 2.22c）。如果马鞍形的曲面由连续的膜材形成，就变成了膜结构（图 2.22d）。全部受拉的张拉结构是不存在的，其中或多或少有受压构件伴随，否则，整个结构无法维持平衡，因此张拉结构中的索或者

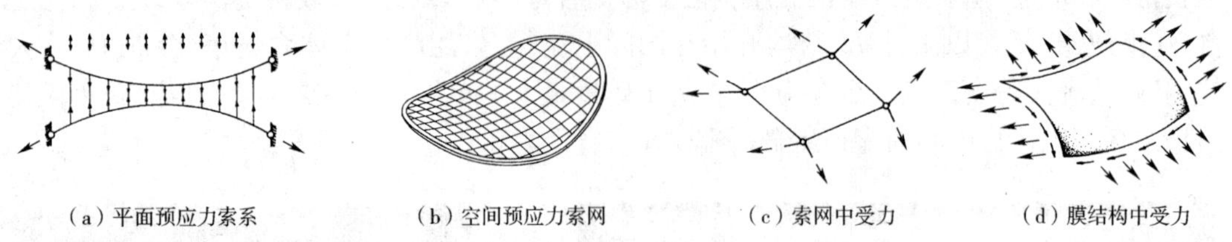

（a）平面预应力索系　（b）空间预应力索网　（c）索网中受力　（d）膜结构中受力

图 2.22　索、膜受力示意图

膜材须锚固或连接在刚性的边界或者地面上，或者张紧的柔性边界上。例如，索网的边界被锚固在两个倾斜的拱上（图 2.23a），或者被锚固在内外两个闭合的圆环上（这就像我们日常生活中的自行车轮胎里的钢圈）（图 2.23b）；膜材被挂在竖起的桅杆上，并连接在张紧的悬索上，如同一把雨伞（图 2.23c）。若封闭的膜材里充入有高压空气，使其表面张拉绷紧，则可成为充气膜结构。索、膜之间，以及与桁架、刚架、拱、网架、网壳等结构组合可营造出千姿百态、体系繁复的大跨度空间结构。

（a）拱边界　（b）圆环边界　（c）索边界

图 2.23　索、膜边界的锚固示意图

现代悬索结构于 19 世纪首先应用于桥梁，20 世纪中叶索、膜结构才在建筑中登台亮相。1952 年美国结构工程师塞弗德（Fred Severud）和建筑师诺威基（Matthew Nowicki）联手设计北卡罗莱纳州的 Raleigh 体育馆，它是世界上第一座现代悬索结构的屋盖，成马鞍形，平面直径 91.5m，索网支承在一对与地面成 20°倾角的抛物线拱上（类似图 2.23a）。这一别具特色的新型结构对传统建筑结构的设计理念产生了深远的影响，以后欧洲、美洲、日本、中国都在 Raleigh 体育馆屋盖原型的基础上，建造了一大批大跨度的悬索结构。至今为止，世界上跨度最大的悬索结构为 1983 年建造的直径为 135m 的加拿大卡尔加里滑冰馆。

Raleigh 体育馆以后 10 多年，在欧洲，德国建筑师澳托（Frei Otto）对索膜结构的发展做出了开拓性的贡献，他悉心钻研，建立了物理分析模型，发展了自己的设计方法。1967 年他为加拿大蒙特利尔世博会德国馆设计了一个大帐篷（图 2.24），这是一个被公认为真正意义上的索膜结构体系，无论是建筑还是结构都极具创新价值。不规则的平面沿着湖边蜿蜒变化，预应力的双曲型索网挂在不同斜度和高度的桅杆上，1 万 m^2 轻质透光的膜材作为屋面围护结构连接在索网上，建筑、结构、景观互相融合。

在美国，盖格（David Geiger）是推动索膜结构发展的先驱。1970 年日本大阪举办世博会，他被任命设计美国馆。起初的方案因建造费用太高未能得到国会财政支持而放弃，盖格大胆创新，首次发明了有加劲索的充气膜结构屋盖（图 2.25），跨度达到 140m × 84m（椭圆形），然

（a）外观

（b）内景

图2.24　加拿大蒙特利尔世博会德国馆索膜帐篷

（a）外观

（b）内景

图2.25　日本大阪世博会美国馆充气膜结构屋盖

而造价仅为初始方案的50%。该膨胀的膜结构如同一个大气球，覆盖整个张拉的屋面，并成为那一时期体育建筑的主流。盖格曾感叹应用这种结构形式的屋盖，恐怕跨度就无极限可言了。以后盖格又有新的创新，发明了支承于周边受压环梁上的一种索杆张拉穹顶体系，即索穹顶，为张拉整体结构的思想创立和应用做出了重要贡献。1986年以他的名字命名的盖格公司将索穹顶结构成功应用于汉城奥运会的体操馆（直径120m）和击剑馆（直径90m）。1996年美国亚特兰大奥运会的主体育馆是至今建造的世界上最大的索穹顶体育馆（图2.26），平面呈椭圆形（193m×240m）。

（a）外观

（b）内景

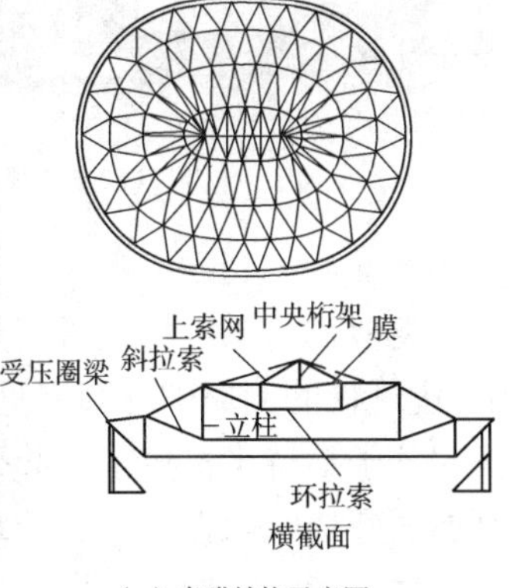

（c）索膜结构示意图

图2.26　美国亚特兰大奥运会主体育馆的索膜穹顶

大跨度空间结构尽管体系繁杂多样，但抵抗荷载的方式和机理可大致概括为三类：

（1）利用结构的抗力，例如网架类结构，它们需依靠结构自身的厚度来增强跨越能力，还

具有梁受弯后上压下拉的影子,结构厚度增加意味着材料的显著增加;

(2)利用形体的抗力,例如拱、壳体类结构,它们利用结构向上拱的曲线形体将弯矩的受力状况转换为压力,提升结构的跨越能力可通过适当增加结构矢高的途径来达到,无需增加结构的厚度,这种结构体系就有了较高的效率,较大的跨度,不足的是受压结构存在容易失稳的问题;

(3)利用材料的抗力,例如索膜张拉类结构,它们充分利用索、膜材料的高强度性能;最轻的体形、最高的效率、最强的跨越能力也就非它莫属了。毫不夸张地说,21 世纪的大跨度建筑将是预应力张拉结构体系的世界。

2.3 结构设计理论的演变

1. 结构安全性

前述的法国埃菲尔铁塔巍然屹立已 120 年。1999 年曾遭遇一次特大暴风雨袭击,塔顶测得的实际风速竟高达 59m/s(风速达到 32m/s 就是 12 级台风)。虽然塔顶在风中摆动了约 9cm,结构则完好无损,这是结构保持其良好安全状态的成功典范。相比之下,埃菲尔铁塔的近邻、法国巴黎戴高乐机场的候机楼建筑就不那么幸运。2005 年 5 月,戴高乐机场候机楼发生坍塌,致使数位候机乘客死亡,大批航班延误,造成巨大经济损失。这一事故并非由于人为破坏,也不是因为不可抗拒的自然灾害。事后调查认为,建筑物设计和施工中的缺陷是导致坍塌的主要原因。图 2.27(a)是坍塌现场的照片,图 2.27(b)则是未破坏的候机楼。从中看出,建筑物坍塌后,结构体系丧失了完整性。

(a)坍塌现场

(b)未倒塌的建筑

图 2.27　戴高乐机场候机楼的倒塌

类似戴高乐机场候机楼那样的悲剧并不普遍。但是,在地震、暴风等超常自然灾害情况下,建筑物的倒塌破坏则屡见不鲜。此外,2001 年 9 月 11 日纽约世界贸易大厦(WTC)因恐怖极端分子劫持飞机撞击引起燃烧而倒塌的事件,把提高建筑物在极端环境下的安全性的要求更加强烈地昭示在人们眼前。无论是建筑物的设计者还是建造者,都要把建筑物的安全放在第一位。建筑物的安全性,最核心的问题就是结构体系的安全可靠性。

从结构工程师的角度考虑,并用略微专业化的语言来描述,保证建筑物结构系统的安全,就要避免如下状态的发生:

(1)整个结构或结构的一部分作为刚体失去平衡。

(2)结构构件或连接因为超过材料强度而破坏。

(3)结构转变为机动体系。

(4)结构或构件丧失稳定。

(5)地基丧失承载能力而破坏。

以一栋3层楼建筑(图2.28a)为例。将其梁—柱(也就是所谓的结构构件)抽象成“框架”(图2.28b),这就是该建筑物结构系统的简图。假如2层楼上作用的荷载太大,梁两端材料部分裂开或压碎,就说该构件发生了上述第(2)种破坏。如果两端材料彻底断裂,梁上负担的重力就无法经梁—柱传递到基础,这根梁将掉下来(图2.28c),那就是第(1)种情况所说结构的一部分(这里就指这根梁)失去了平衡。

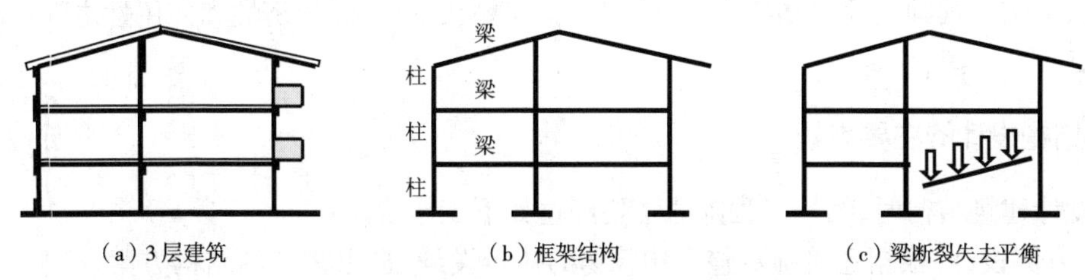

(a)3层建筑　(b)框架结构　(c)梁断裂失去平衡

图2.28　结构破坏的说明

再稍加详细地说明上述第(3)种情况。结构在荷载作用下会发生变形,只是通常这种变形很小,人们并不觉察。假如上例这幢建筑能承受12级狂风,当建筑物遇到这样规模的狂风作用时,结构变形放大后如图2.29(a)所示。已经假定建筑物能够承受这样大的荷载,则狂风过后结构就恢复到原来的样子,可以说结构仍然是完好的。现在再假定某日这一建筑物所在地遭受了大地震。如果地震作用实在太大,结构的变形也非常大,超出了其能够承受的程度,在所有梁的端部构件,材料就会超过其弹性极限而发生不可恢复的“塑性”变形,这时构件的截面将可以发生转动(其物理原因在土木工程的结构课程中有详细阐述);不仅梁端如此,柱子的底部(柱脚)也发生类似情况。原来完好的结构,变成类似于各个角点上都由可以转动的铰链连成的四边形架构(图2.29b)。从生活经验知道,四边形架构如果受到一个推力,就会发生不确定的变形(图2.29c),称这个结构转变为机动体系。在建筑物自身重力荷载的作用下,机动体系是要塌掉的,这就是地震中许多建筑物遭受破坏的原因。

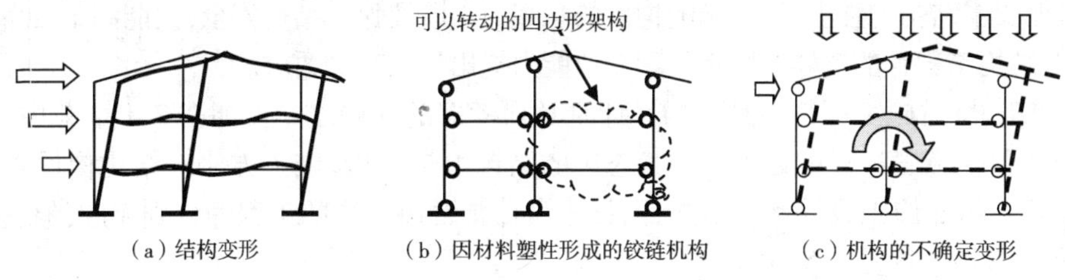

(a)结构变形　(b)因材料塑性形成的铰链机构　(c)机构的不确定变形

图2.29　结构体系变成机构的说明

结构工程师的主要任务,就是针对建筑物的特定要求,设计出合适的结构系统;而这一结构系统在预期的荷载作用下,预期的使用年限中,在正常使用和维护的情况下,是不应发生上述各种破坏的,也即是能够满足结构安全性要求的。

结构体系发生破坏,一定是其不够坚固,是否可以将其设计得无比坚固,足以抵抗任何可能造成破坏的外界作用呢?这种愿望,将受到很多条件的限制。

首先是经济性的限制。社会固然要求建筑物足够坚固,但人们建造房屋时的活动不仅是一项技术活动，也是一项经济活动，不计成本地建造“坚不可摧”的结构系统，实在是不可能的。前面已经提到了地震作用，直到现在，人类还无法准确预报每一次地震的发生；虽然人类有过几次值得骄傲的地震预报，例如1975年辽宁海城地震，中国地震专家们历经数月，成功地在地震发生前19个小时作出了预报，其精准度真是令人叹服，但在频繁发生的地震中，这实在凤毛麟角。另一事实是，绝大多数地区能够对建筑物造成破坏的地震，发生的可能性大概数百年一次。而一般建筑物的寿命一般是50~70年。人们建造房屋时，是否值得每幢建筑都能抵抗发生周期远大于房屋寿命的地震作用？更何况人们无法预测这数百年一次的地震究竟有多大！

其次是使用性的限制。人们可以设想，只要采用正确方法设计的结构柱梁，尺度越大，承载力也会越高，但大尺度的结构构件，可能与人们要求的使用空间发生冲突。

所以结构工程师要完成结构设计的任务，就需要在安全性、经济性和使用性之间找到最佳的平衡点。

2. 结构设计的主要步骤

在设计建筑结构时，结构工程师通常要经过如下工作阶段：

(1)**方案设计**：根据建筑师对整个建筑物的初步设计，提出相应的结构方案。这个方案包括地面上方的承重结构系统的构成方式和结构系统埋在地面下方的基础的形式、结构材料、结构系统主要要素（柱、梁、墙、板等构件）的大体尺寸等。结构方案是在和建筑师的互动中逐步完成的。这一阶段又可以再细分为**初步设计**和**扩大的初步设计**两个步骤。

(2)**技术设计**：结构工程师要详细计算作用在建筑物上的荷载（包括重力作用在内的各种外部作用力，或统称作用），采用力学分析方法计算出各种荷载对结构系统产生的效应，例如结构构件内因平衡外部荷载作用而产生的反作用力（称为内力）、构件单位面积上的力（应力）、构件以及结构系统的变形等，然后可以根据材料的强度、构件和结构系统的承载力以及一定的评价尺度，进行结构的安全性校核。如果安全性不能满足要求，工程师就需要重新设计构件；如果安全性太过富裕，也需进行设计调整。根据计算结果，结构工程师要将最后确定的构件和组装绘成施工图纸。可能由于这个缘故，人们也称这一阶段为施工图设计。这个过程虽由结构工程师完成，但时常遇到与经济性、使用性相关要求的协调。比如说，设备工程师要在室内安放管道，如果和结构构件穿插布置，就可以节省空间，从整体来说，能够降低能耗和日后的经常性费用。但这样的布置可能要求结构构件上开洞，影响构件的承载力。既要保证结构安全，又能满足设备工程师的要求，对结构工程师的整体认识水平和专业能力提出了很高的要求。

(3)**施工设计**：施工可行性是结构设计时必须考虑的问题之一。如在2.1.2节中提到，这部分工作还包括施工过程中处于成型状态中的结构力学分析，施工方法对结构构件受力和变形的分析等。虽然施工设计和方案设计、技术设计常常由不同的工程师分别完成，但它也是结构设计的一部分。

3. 结构设计理论的发展和演变

在建筑结构的进化和革新史中，力学理论发展、材料科学进步、制造技术提高起了重要作用。结构工程师在不断把其他学科的最新成果应用到自己领域中来的同时，更在不断深化结构设计学的基本理论，创造更加合理的设计方法。

结构安全性是结构工程师们最为关心的内容，当选择了结构体系、结构材料和结构构件的尺寸之后，结构安全性的概念可以用是否满足如下简单的公式来表达：

$$荷载(作用)的效应 \leqslant 结构的抵抗能力 \tag{2.1}$$

符合公式要求的结构是安全的,否则是不安全的。换个说法,结构工程师应当在合理的经济范围内,使得结构具有足够的抵抗能力。

检验上式是否满足,首先需要计算公式的左端项,这就是结构分析(力学计算)的任务。自然界施加给建筑结构的荷载,有的表现为静态效应,有的表现为动力效应。前者是不随时间而变化、或者虽然与时间变化有关,但不计其变化的影响也不会带来明显误差,例如由于建筑材料等的重力作用而引起的荷载,以及一般情况下的风荷载;后者则如地震作用,引起结构的动力响应,使结构产生惯性力。很长一段时间,人们只掌握静态分析的力学方法,对动力荷载作用只能做出大致的估计。直到20世纪50年代,动力学方法才被应用到结构分析中来,并变成了结构工程师训练中一门必不可少的基础性课程。**从静力学的应用到动力学的应用,是结构分析中一个非常重要的进步,**为设计能够抵抗地震作用的结构奠定了可靠的基础。现在在我国建筑结构的抗震设计中,就规定对较为复杂的结构体系必须进行动力分析。无论采用静力分析还是动力分析,最终工程师们可以确切地知道结构或构件中的内力、应力以及它们的变形,这就是所谓的荷载作用效应。

上式的右端项——结构的抵抗能力,同样需要计算。人们在这方面的知识也经历了不断积累和深化的过程,人们先从结构材料被拉断或压碎、进而造成结构破坏的经验中,得到强度的概念,即结构材料抵抗外力破坏的能力;当材料的强度大于荷载作用在结构构件内引起的应力,结构是安全的。不管对何种材料,人们最先掌握的材料强度是材料的弹性极限,在此范围内,荷载引起结构构件内的应力、变形等与荷载的数量关系都是成比例的,称之为线性关系。后来,塑性力学发展起来,人们认识到许多结构材料在使用过程中都可以超过自身的弹性极限;若材料具备一种性能,即经历很大的变形还不发生断裂、开裂时,就可以利用超越弹性极限后的那部分承载潜力。利用塑性力学的方法,一个矩形截面的悬臂梁可以承受的弯矩相比仅按弹性极限来计算的情况,可以提高50%。这样结构材料的利用效率就大大提高了。**在结构设计中利用塑性力学是结构分析理论的又一个重大进步。**

关于式(2.1)的左端项和右端项,还可以说出更多例子。例如18世纪时,欧拉(Leonhard Euler,1707~1783年)分析了柱子在轴心压力作用下,当应力还未达到材料的强度就会突然发生弯曲而不能继续承载的现象,这种现象被称为“失稳”。这使人们拓展了对结构破坏模式的认识,从此在结构安全性校核中,工程师们知道必须进行稳定性计算:荷载在结构构件中引起的压力,不仅不能超过材料的强度极限,也不能超过构件的稳定承载力。这个概念后来又被应用到结构体系中去,特别成为建造大跨度建筑结构体系时必须非常重视的一个问题。在某种意义上,为了保证结构体系不致破坏,结构工程师必须先认识其可能的破坏模式(结构破坏的宏观特征),揭示其破坏机理(破坏的原因),掌握对应该类破坏的承载能力。**从防止强度破坏拓展到防止失稳破坏是结构设计概念和设计理论的一个质的重大进步。**

为了计算荷载作用效应,必须先知道荷载究竟有多大。荷载究竟多大?这个看似简单的问题,其实非常复杂。假设建造一个办公楼建筑,建成后,办公楼的各个层面上将会有多少家具、多少设备、多少文件、以及多少人在活动?显然在设计结构的时候,工程师们并不确切知道。为解决这个问题,可对以往的办公楼建筑进行统计。可是统计的结果 定千差万别。取统计中最大荷载的数据,是否能确保新建楼房将来不超过这一荷载,无疑是未知的;即使不超过,又有另一种担心:是否会造成结构设计太浪费?这就是荷载作用的不确定性。荷载作用的不确定性还表现在其他很多方面,例如,这个办公楼的每个层面是否同时都会在使用(荷载同时存在),是否当一部分房间被使用、一部分房间不在使用时,结构的状况反而更不安全(不幸恰恰有这种情况存在)?至于说到建筑结构上受到风的作用、可能遇到的地震作用,那就更不确定了。即使是建筑物自身的重力荷载,材料的密度是否恒定?许多材料密度变化很小,但房屋建筑每一部件的尺寸难以做到与设计要求完全相同,更难办的是,设计时部件还没有造出来,完全不知道它们将如何变化!

公式(2.1)的右端项也是不完全确定的。现代建筑结构基本上采用钢筋混凝土或钢材,每一批混凝土由于配料上的差别、养护环境的差别,强度都会不同。即使是钢材,不同炉子炼出的钢强度也是不同的,因为化学成分、冶炼温度、冷却速度等等都有一定的差异,甚至同一炉的钢在后续工序中的处理条件差异必然带来强度上的差别。设计时工程师们一定不知道将来真正使用的材料到底强度是多少。

结构工程师们从实践中逐渐认识到这种种不确定性对结构设计的影响,很自然,**确定性的结构设计理论慢慢让位给基于概率论的设计理论,这是上世纪结构设计学的又一个重大的进步**。结构工程师们还深刻体会到,结构设计不仅面对上述关于荷载和抗力两方面的不确定性,用于进行结构分析和承载能力计算的模型,包含着一系列的假定、简化、适用条件等。合理的理论模型和实际结构物之间也是有差距的,这是近似性问题。结构设计中必须充分考虑这些因素。从确定性的安全性概念(安全或不安全,yes or no 的非此即彼逻辑)被基于概率论的安全性概念(安全性是一定可能性、或者说较高可能性——意义上的安全)替代,首先是一种设计观念的变更,同时也带来设计方法的变化。

进入 21 世纪之前,工程师们又在前述基础上,进一步发展了基于性能要求的设计理念。一个建筑物的结构体系,要保证多种功能要求;对应这些不同功能要求的结构保证措施,是否必须用一个不变的安全性水准来控制呢?例如关乎建筑物内生命安全的结构性能,应当是其可靠性最高,破坏的可能性极小;关于财产安全的结构性能的保证率可以较次,等等。

世纪之交,结构设计理论的发展面临又一个新的发展趋势,就是所谓全寿命设计。一幢建筑物从开始建造到终结,有许多与人类生命相似的过程。其开始的立项、论证、设计,属于孕育出生阶段;施工完成,投入使用,算作呱呱坠地;随斗转星移,四季轮回,时间流逝,不免楼板开裂、墙体脱落,类似肌肤溃破;材料性质慢慢变化,结构构件、连接等出现不同程度的损坏,承载力渐渐降低,好比筋骨损伤,人老气衰,这时需要检修、加固,仿佛人之看病吃药。但迄今为止的设计,重点全放在一个预想完好的结构体系上面,结构建造之后,如何进行结构的“健康”诊断,如何针对一定症状找出病灶之所在,又如何进行已有一定服役期的结构的预期寿命评估,作出或维修、或改造、或加固、或拆除的决定,还缺乏理论依据、分析手段、检测设备等。这些正需要新一代结构工程师去研究和开发。

2.4　施工技术的进步

精心设计的建筑物,如果没有办法将其建造成型,那永远只是纸上谈兵。土木工程施工就是将建筑师和结构师的理念和构思转化为现实的过程,也就是根据图纸的设计要求将建筑物建造出来。从远古时代穴居巢处到今天的摩天大楼,从农村的乡间小道到大都市的高架道路,从穿越地下的隧道到飞架江海的大桥,都需通过“施工”的手段来实现。

在古代,乃至西方工业革命之前,土木工程施工主要依靠人力、畜力和一些简单的工具(如杠杆、滚木等)。如果要建造比较庞大的工程,则是一个极其艰苦的过程,需动员大量的人力物力，采用“人海战术”，以成千上万劳动者的血泪甚至生命为代价。

兴建于公元前2760年的胡夫金字塔，是历史上最大的一座金字塔，被列为世界七大奇观的首位。该塔原高146.6m，四周底边各长230m，由于几千年的风雨侵蚀，现高138m，长220m，占地面积约5.29万m^2，体积约260万m^3，是由约230万块石块砌成，全部石块总质量为685万t。2000年前“西方史学之父”希罗多德曾记载，建造胡夫金字塔的石头是古埃及人从阿拉伯山和尼罗河中用铜凿和木楔人工开采而来。胡夫强迫所有的埃及人做劳工，每10万劳工分成一组，每组要劳动3个月。巨石通过水路用驳船被运到建筑地点，场地四周天然的沙土被堆成斜面，借助畜力、绳子、石头做的滑橇和滚木装运石头，将其沿着斜面拉上金字塔(图2.30)。就这样，堆一层坡，砌一层石，逐渐增加金字塔的高度。建造胡夫金字塔整整花了20年时间，考古学家曾经在金字塔周围发现了成百上千的古埃及“建筑工人”的骸骨，许多遗骸上可以发现因长期重体力劳动造成手臂骨骼的损伤，有不少人生前受过工伤，有的甚至被截肢，古代金字塔施工的艰难程度可见一斑。

(a) 建造中的金字塔

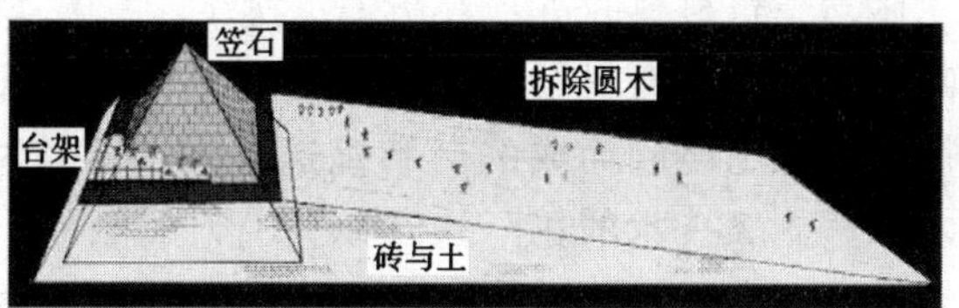

(b) 即将建成的金字塔

图2.30 埃及胡夫金字塔的建造示意图

长城是世界上修建时间最长、规模最大的军事防御工程(参见图1.6)，自公元前7世纪开始，延续不断修筑了2000多年，分布于我国北部和中部的广阔土地上，总计长度达6 700km，被誉为“上下两千年，纵横十万里”，工程之浩大，令人叹为观止。长城建造过程中所付出的代价是相当沉重的(图2.31)，秦始皇时期劳工从山上采石，制成方砖；森林地带则以各种木料为模，中间填入泥土夯实而成；在戈壁滩则将土、沙和卵石混合筑成墙。筑城材料或以绳拉驴驮，或由劳工一个接一个地运到工地，异常辛苦。有个民间故事非常著名，就是孟姜女哭长城，千古流传。传说孟姜女是位美丽的年轻女子，无意中遇到了一位俊朗书生，两人相亲相爱，结为夫妻。婚后不久，秦始皇在民间征集民夫为其修建长城，孟姜女之夫不幸被抓走，一去三年，音讯皆无。孟姜女惦念丈夫，不顾自己身体纤弱，历尽千辛万苦，来到长城脚下寻找丈夫，但其丈夫不堪劳累早已去世。孟姜女闻此噩耗，悲痛欲绝，泪水流淌成河，竟把一段长城给冲垮了。

图2.31 修建古长城想象图

随着社会文明的发展，人类对建筑的规模和质量不断提出新的需求，出现了专门从事建筑营造的工匠。春秋末年的能工巧匠鲁班(图2.32)被尊崇为中国土木工程“祖师爷”，以其聪明才智发明了许多灵巧的施工工具，提高了劳动效率，将我国古代“建筑工人”从枯燥繁重的劳动中解脱出来。相传锯子就是鲁班的发明之一，有一次鲁班要建造一座庞大的宫殿，需大量木料，鲁班和徒弟们每天上山伐木。他们只有斧子，效率很低，如果不能按期完成工程就要受到君主的处罚。鲁班正在焦虑之时，突然脚下一滑，他急忙伸手抓住路旁的一丛茅草，不料手被茅草划破了，渗出血来。“怎么这不起眼的茅草这么锋利呢?”他忘记了伤口的疼痛，扯起一把茅草仔细端详，发现小草叶子边缘长着许多锋利的小齿。他想：要是我也用带有许多小锯齿的工具来锯树木，那肯定比用斧子砍省力多了！于是鲁班请铁匠打制了边缘上带有锋利小锯齿的铁片，验证能很快把树木锯断。鲁班给这一新发明的工具起了一个名字，叫做“锯”。

图2.32　鲁班像

对土木工程施工的发展起关键作用的，往往首先是土木建筑材料。每当出现新的优良建筑材料时，就带来施工技术和理论的飞跃式发展。可以说土木工程施工方法和技术随着建筑材料的进步经历了三次飞跃。人类早期只能依靠泥土、木料、石材及其他天然材料从事建造活动，后来发明了**由泥土烧制而成的砖和瓦这些人造建筑材料，成为土木工程施工技术的第一次飞跃，**突破了天然建筑材料的束缚。我国在公元前11世纪的西周初期制造出瓦片，而最早的砖出现在公元前5世纪至公元前3世纪战国时期的墓室中。在欧洲建筑中采用烧制的砖也有3 000年的历史。砖和瓦一经出现，便广泛大量地用来修建房屋和城防工程等。直至今天的各种建筑物，到处可见它们的身影。“砌砖”用现在的土木施工专业术语讲，就是砌筑工程(图2.33)。使用砖和砌块所建造的结构，称为砌体结构。砌体结构虽然取材方便，施工简单，成本低廉，但施工至今仍以手工操作为主，劳动强度大、生产效率低，砌筑质量完全取决于操作工的技术水平，同时烧制砖瓦占用大量农田，破坏人类生态环境。如今采用先进的砌体材料、改善砌筑工艺，是砌体结构及其施工的发展方向。

图2.33　砌体结构的施工

1824年英国工程师阿斯普丁发明了波特兰水泥，1845年以后投入工业化生产，随之产生了现代混凝土。近代钢筋混凝土结构的雏形源于1850年的巴黎，法国人拉布鲁斯特在建造圣日内维夫图书馆的拱顶时，首次利用交错的铁筋和混凝土组成整体结构获得成功。**混凝土的出现给建筑物、构筑物创造了新的结构形式，促进了土木工程施工的新技术和新理论，形成第二次飞跃发展。**

在土木工程施工中现代混凝土结构占据了主导地位，对人力、物力的消耗和施工周期都有重要的影响。混凝土是由波特兰水泥、水、砂和石子通过一定比例组成的混合物，配制时具有一定流动性，一般经过28天的时间才结硬具有牢固的强度。在建筑工地制作钢筋混凝土构件的过程如同制作蛋糕一般，构件的形状由模板所围成的模子形成，将搅拌好的混凝土，浇入已放置好钢筋的模子中，然后经过一段时间的养护最终制成所需的构件，这一过程被称为现浇混凝土结构的施工。混凝土可在现场搅拌，也可在工厂制作成为商品混凝土，由搅拌车运输到建筑工地（图2.34）。为使浇注的混凝土构件密实没有空隙，需用振动器进行振捣。

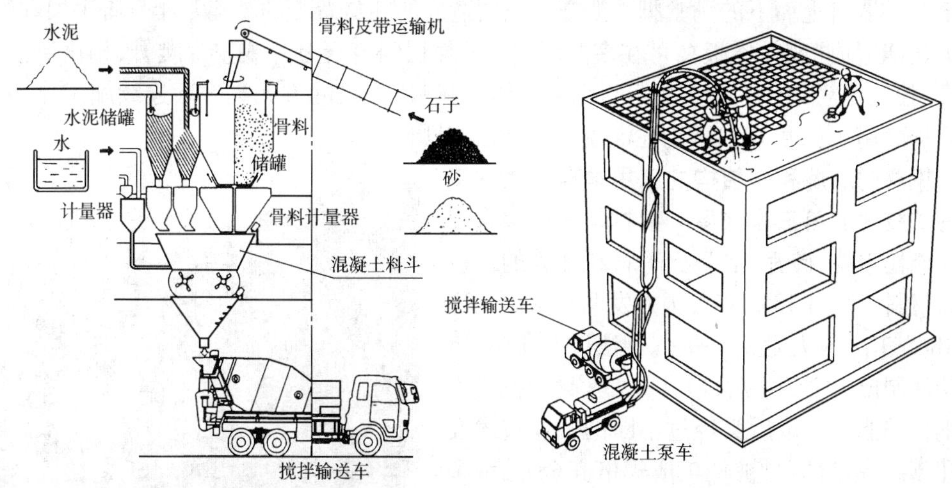

图2.34 现浇混凝土结构的施工

模板可由木材、钢板、硬塑料等材料做成，在现浇混凝土结构施工中扮演着重要角色。模板系统要有足够的强度和刚度来承受施工期间尚未结硬和形成强度的混凝土重量，同时模板还应能重复使用。有人突来灵感，发明可滑移升降的模板系统来施工现浇混凝土墙体，即当浇灌的混凝土硬化后使用千斤顶将模板向建筑高度方向提升，再施工后续的混凝土。这样既加快施工速度，又减少施工过程中的模板数量。滑模技术始创于20世纪初期，源于液压滑模千斤顶和集中控制设备的研制成功。目前国内外滑模技术已广泛应用于浇注剪力墙结构和筒体结构的高层建筑物以及高耸构筑物的施工，图2.35展示的是日本东京火力发电所200m高的烟囱施工。

（a）建造时的烟囱

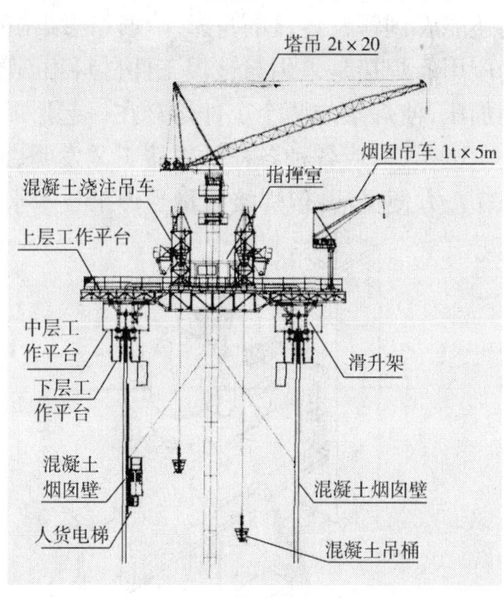

（b）滑升模板装置图

图2.35 日本东京火力发电所烟囱的滑升模板施工技术

搭建脚手架是建筑施工中必不可少的。脚手架工程已从传统的竹木用铅丝绑扎，发展到目前标准化的成套钢管扣件式脚手架，坚固耐用，装拆方便。搭建的脚手架需满足工人操作、建筑材料堆放和运输的要求，安全可靠。20 世纪 70 年代欧洲兴起了整体爬升脚手架技术（图 2.36），使用电驱动吊车或液压千斤顶等提升设备，使脚手架沿着外墙或柱子整体向上爬升，克服了外墙自上而下的满堂脚手架施工方式造成的耗材费工的缺陷。爬升脚手架和模板系统联姻还能形成“爬升模板”，可在多高层建筑的楼层间自行分片或整片爬升，相比滑模，其施工管理、控制更简单（爬模与滑模的区别是前者以一段一段的方式提升不连续施工，后者为缓慢提升连续施工），可在白天浇注混凝土，夜晚爬升脚手架。

钢材的冶炼和钢结构的应用孕育了土木工程施工技术的第三次飞跃。钢材是一种综合结构性能比木材、砖瓦、混凝土等材料优秀的绿色环保材料。随着 1855 年英国人发明转炉炼钢法和 1865 年法国人发明平炉炼钢法以及 1870 年成功轧制出工字钢之后，形成了工业化大批量生产钢材的能力。以后又经过不断的工业技术发明和创新，钢材原料被加工成规格齐全、品种多样的用于结构的产品，例如钢板、型钢、钢丝、钢索等。于是钢结构在土木建筑领域的各种结构体系的建构筑物中得到蓬勃发展的应用也就不足为奇了。钢结构的制造以及现代高层、大跨度建构筑物的吊装极大地促进了土木工程施工机械、技术和施工组织设计朝着更高水平的发展。

图 2.36　脚手架整体爬升技术

钢结构建筑物的建造一般经历构件在工厂制造、运输到建造工地、现场连接、吊装成整体结构的过程。早期钢结构中构件之间的连接以及拼接，采用铆钉技术。在钢构件上钻孔，将烧红的圆形铆钉插入，并压合从而完成连接。我国现存的于 1900 ~ 1940 年建造的钢桥、煤气柜等结构还能看到铆钉连接的身影。现代钢结构的崛起得益于金属焊接制造技术以及螺栓连接方式的应用。焊接是采用与被焊工件材料相匹配的焊条（或焊丝），通过导电产生的高温或者再辅助加压，使焊条与两个工件熔合在一起形成整体的制造工艺和连接方式。20 世纪初现代焊接技术诞生，以后各种各样的焊接工艺发明、创新层出不穷。钢结构的焊接通常由人工操作（图 2.37），方便灵活，但焊接质量受焊工技术水平影响较大，焊缝内外容易产生不良的焊接缺

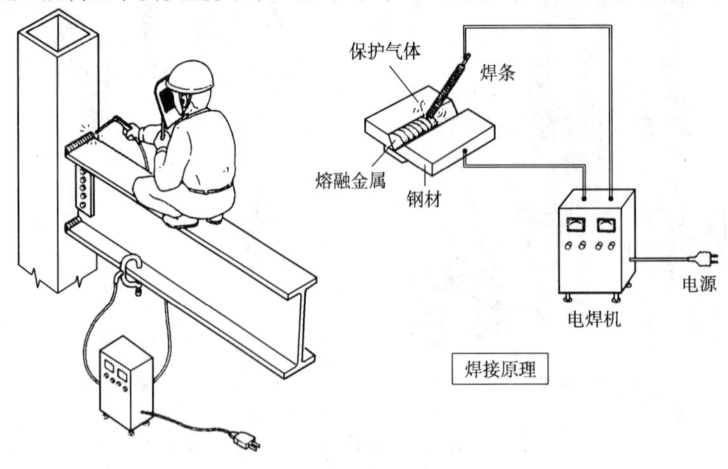

图 2.37　焊接施工

陷。目前焊接完全可由半自动化或者全自动化的机电设备来操作,焊缝质量既快又好,就像人们用缝衣机缝制衣服一样。焊缝内的裂纹、气孔、夹渣等焊接缺陷,会使连接处的焊缝强度低于被连接的工件,形成薄弱环节。为了解焊缝内部是否存在缺陷,人们又研发了利用超声波、X射线、磁粉等无损探伤技术的检测仪器(图2.38)。1934年高强度螺栓连接出现,因其连接强度高、安装方便、可装可拆的特色,也就顺其自然地淘汰了铆钉连接方式。钢结构工厂预制(焊接制作)、工地拼装(螺栓连接)的高效优质建造方式已成为工程结构所追求的施工模式。

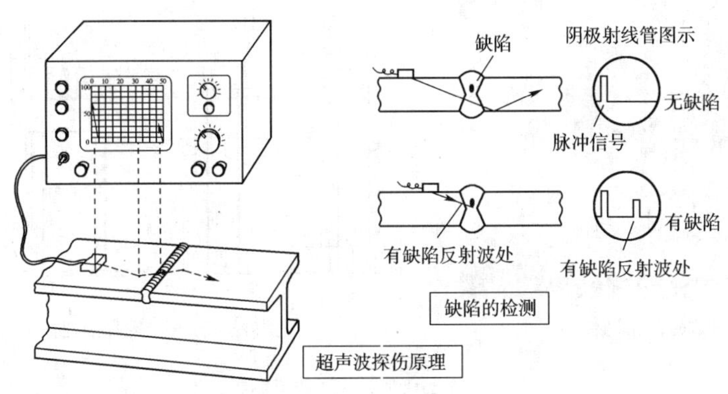

图2.38 超声波无损探伤检测焊缝质量

世界瞩目的奥运会、世界杯足球赛、世博会等的主办权历来受到各国的激烈竞争,有力地促进了主办国的城市建设,一些标志性的体育场馆、会展中心、机场航站楼、观光电视塔、豪华宾馆拔地而起。尽管钢结构非常适合建造这些建筑物,但复杂的体形、超大规模的跨度、高耸入云的高度、紧迫的完工时间,使得施工难度格外艰巨。面临挑战,也刺激了施工方法、技术、设备改革和创新,施工组织管理水平的提升,施工周期和造价的降低。钢结构施工,可以搭建脚手架,全部散件拼接,但是效率低;也可地面单元制造,空中单元拼装,但是空中操作不容易;也可地面整体制造,空中整体吊装,但是质量大需大吨位的起重机。应因地制宜,根据具体情况,选择合理施工方案。为了使施工安全可靠、快速方便,人们研发了如顶升、提升、吊升、滑移等施工方法及其配套技术。例如日本爱知县的双拱瞭望塔(图2.39),高139m,先在地面建造好整个瞭望塔,然后吊装施工双拱,最后用液压千斤顶整体顶升瞭望塔。顶升过程中再施工瞭望塔之下的电梯。上海大剧院钢结构屋盖为空间框架结构,长100m,宽90m,高11.4m,总重达6 075t。在施工时先在地下室顶板上拼装,然后依靠4个电梯井筒,在其上设置钢平台,以钢绞线承重、计算机控制液压千斤顶集群提升的方法,将钢屋盖整体一次提升到位(图2.40)。上海东方明珠电视塔钢天线桅杆的安装也采用了提升技术。天线桅杆全长118m,总重

(a)双拱施工

(b)顶升瞭望塔

(c)瞭望塔顶升到位

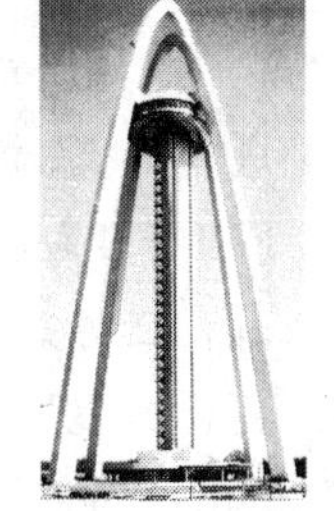

(d)建成后的双拱瞭望塔

图2.39 日本爱知县的双拱瞭望塔顶升施工技术

450t,是目前世界上最长最重的天线桅杆。它在地面组装后,整体提升到标高为350m的电视塔混凝土单筒体顶部安装就位。大跨度的网架、刚架结构,经常依靠高效的滑移技术来安装就位(图2.41)。在建筑一端的组装台上制作好单榀桁架(或刚架),然后应用机械设备和轨道将其水平滑移到建筑的另一端,再重复制作安装其他的桁架,并将它们之间连系起来,最终形成结构整体。

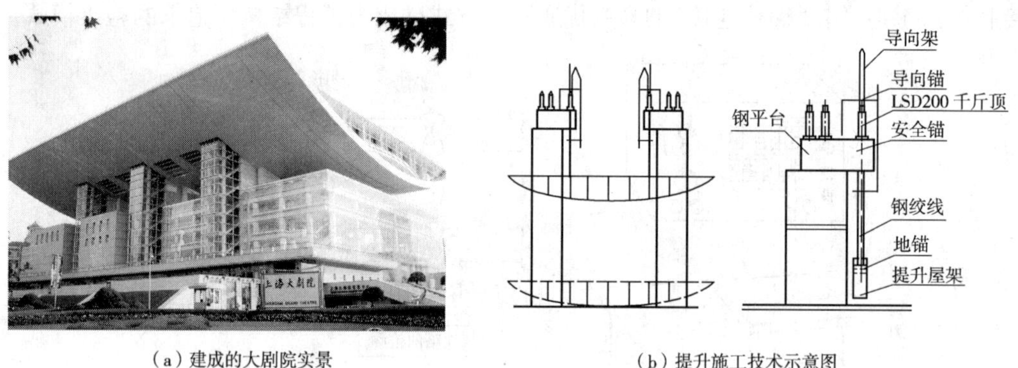

(a)建成的大剧院实景　　(b)提升施工技术示意图

图2.40　上海大剧院屋盖提升施工技术

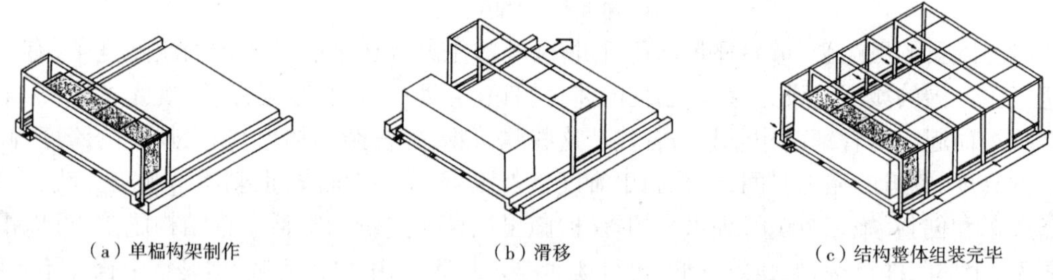

(a)单榀构架制作　　(b)滑移　　(c)结构整体组装完毕

图2.41　大跨度网架结构滑移施工技术安装

目前土木工程施工不再姓“土”,其方法和设备正在走“先进理论指导、高科技支撑”的道路,更加突现出机械、电子、信息一体化的发展模式,倡导绿色环保节能的施工理念。

参考文献

[1] 成冈昌夫.新体系土木工学别卷土木资料百科.东京:技报堂,1990.

[2] Fuller Moore著,赵梦琳译.结构系统概论.沈阳:辽宁科学技术出版社,2001.

[3] 斋藤公男著,季小莲,徐华译.空间结构的发展与展望.北京:中国建筑工业出版社,2006.

[4] 吴焕加.现代西方建筑的故事.天津:百花文艺出版社,2005.

[5] http://www.minqin.gansu.gov.cn/dzj/dz25.htm:1975年海城地震成功预报的回顾与思考.

[6] Dupre, J. and Johnson, P., Skyscrapers, Black Dog& Leventhal, New York, 1996.

[7] 大不列颠百科全书(国际中文版).北京:中国大百科全书出版社,1999.

[8] 日本建筑构造技术者协会编,王跃译.图说建筑结构.北京:中国建筑工业出版社,2000.

[9] 约翰.奇尔顿著,高立人译.空间网格结构.北京:中国建筑工业出版社,2004.

[10] Brian Forster等著,杨庆山等译.欧洲张力薄膜结构设计指南.北京:机械工业出版

社,2007.

[11] Oresset, J. M, and Yao, J. T. P. : State of the Art of Structural Engineering, Journal of Structural Engineering, ASCE, Vol. 128, No. 8, 2002, pp. 965 -975.

[12] Bradshaw, R. etal. Special Structrues: Past, Present, and Future, Journal of Structural Engineering, ASCE, Vol. 128, No. 6, 2002, pp. 691 -709.

思考讨论题

1. 建筑物应具有哪些基本功能?
2. 建筑物可能会承受哪些荷载或作用?
3. 一幢建筑物的建成与哪些专业人员有关?他们的基本任务是什么?
4. 建造高层建筑给结构工程师带来哪些方面的难度与挑战?
5. 简述用于建造大跨度建筑的三种结构形式及其代表性建筑的名称。
6. 列举三个在建筑结构发展过程中具有创新的历史人物及其贡献。
7. 建筑结构设计涉及哪些阶段性工作?
8. 结构设计理论发展过程中有哪些重大突破性的进步?
9. 简述混凝土结构、钢结构施工的基本内容。
10. 例举三个先进的土木工程施工技术及其特点。

第三章 桥梁工程

3.1 概　　述

在人类文明的发展史中,桥梁的发展占有重要的一页。中国是一个有五千年文字记载历史的伟大国家,长江、黄河和珠江流域孕育了中华民族,创造了灿烂的华夏文明。中国古代桥梁的辉煌成就曾在世界桥梁发展史中占有重要的地位,为世人所公认。18 世纪的英国工业革命推动了现代科学技术的迅速发展,19 世纪又发明了炼钢法和作为人造石料的混凝土,使欧美各国相继进入近代桥梁工程的新时期。19 世纪中叶的鸦片战争使中国沦为半殖民地半封建的国家,帝国主义列强为掠夺中国的资源在中国修筑铁路、开挖矿山、设立租界,也引入了近代桥梁技术。1937 年建成的钱塘江大桥是第一座由中国工程师主持设计和监造的近代钢桥。新中国成立后,在原苏联专家的帮助下修建了武汉长江大桥,并引进了当时先进的桥梁技术。中国在 20 世纪 80 年代的改革开放迎来了桥梁建设的黄金时期。在学习发达国家创新技术的基础上,通过自主建设造就了中国桥梁的崛起和 90 年代的腾飞,取得了令世人瞩目的成就。可以说,中国桥梁已走上了复兴的道路,正在从桥梁大国向桥梁强国迈进,有希望在 21 世纪的自主创新努力中重现辉煌。

3.2 中国古代桥梁的辉煌和衰落(公元前 16 世纪 ~ 公元 19 世纪)

四大发明是中国对人类文明的重大贡献,而在古代桥梁方面,中国的祖先也有许多创造性成就为世界所公认。英国科技史学者李约瑟博士在他所著的《中国科学技术史》和《中华科学文明史》中对中国古代的梁桥、浮桥、拱桥和索桥等桥型的发展都作了详细的评述和考证。

1. 石梁桥

我国历史上最早记载的梁桥为钜桥。该桥建于商代(公元前 16 ~ 11 世纪),“周武王伐纣,克商都朝歌,发钜桥头积粟以账济贫民”。古代的石梁桥一般跨度都在 10m 以下,最大的石梁长达 23.7m。迄今仍保留的中国古代石梁桥当推始建于宋绍兴八年(1138 年)的福建泉州安平桥(图 3.1),该桥共 362 孔,全长 5 里(2 223m);更早的泉州洛阳桥始建于宋皇祐五年(1053 年),全长 1 097m,有 47 个桥孔,建在晋江的出海口。意大利人马可・波罗在 1275 年所著游记中对此都有记述。

2. 浮桥

诗经载“亲迎于渭,造舟为梁。”公元前 12 世纪(前 1127 年左右)周文王迎亲,在渭河上修建了浮桥。春秋战国以至秦汉,因战争的需要曾多次在黄河、渭河、洛河上架设浮桥,并采用铁链代替竹索为舟船间的联系。

图3.1　泉州安平桥

据西方历史记载,最早的浮桥始于公元前5世纪的"波斯浮桥"。公元前493年,波斯王大流士进军希腊,为横渡博斯普鲁斯海峡,用360艘战船顺流排列,七天七夜间有200万人通行过桥。

3. 石拱桥

在天然形成的拱形石洞的启发下,公元前6000年的两河流域先民就开始用砖坯砌成拱圈。应该说,四大文明古国都先后掌握了用砖块和石块修筑拱门和拱桥的技术。据推测,中国在商朝已有建造拱桥的可能。古代的拱桥最初都是半圆拱,公元前1世纪的罗马人建造了许多著名的输水渡槽拱桥,世称"罗马石拱桥",至今尚存30余座。其中最著名的有公元14年罗马人在今法国南部建造的高50m、最大跨度24m、全长262m的渡槽拱桥(图3.2),以及公元2世纪在今西班牙Segovia建造的全长达876m、共119孔的双层渡槽拱桥。

公元7世纪时,由于阿拉伯文化的传入,欧洲曾出现过尖顶拱渡槽。到中世纪后,又回到传统的半圆拱。直到公元1187年,法国才出现了小于半圆的扁平圆拱(图3.3)。

图3.2　古罗马渡槽拱桥

图3.3　法国扁平圆拱桥

中国隋朝的杰出工匠李春于公元595~606年修建的河北赵州安济桥(见图1.3)是我国古代石拱桥的杰出代表。该桥主跨37.02m,矢高7.218m,拱肩两侧砌有两个小拱(称为腹拱)形成空腹的拱桥,不但减轻了自重,而且有利于排洪。这种中国首创的"敞肩圆弧拱"直到14

世纪才出现在欧洲,这可能和13世纪“马可波罗游记”中所传递的中国古代桥梁信息有关。

4. 伸臂式木梁桥

用木梁像斗拱那样多层叠置外挑,或加上斜撑以增加悬挑的能力直至在跨中合龙形成跨度可达30余米的拱形桥梁,这种工艺是中国古代工匠的独创,在西部的川、藏地区和东南的浙闽地区至今仍可见到。最著名的当推宋代张择端所绘“清明上河图”中北宋都城汴京(今河南开封)的虹桥(图3.4)。该桥桥跨约18.5m,桥宽9.6m,拱矢约4.2m,当时称“贯木”架桥法。在元朝时,这种桥型曾被蒙古军队带至欧洲,架设了一座跨越多瑙河的桥梁。

图3.4 汴京虹桥

5. 索桥

用天然的植物纤维(如藤、麻和竹条)制成索桥是中外亚热带地区的古代先民的自然创造。中国约在3000年前已开始建造索桥。《汉书·西域传》中已有“以绳索相引而渡”的记载,可见西域的藏、彝等少数民族对中国首创的索桥作出了重要贡献。

四川灌县都江堰的珠浦桥(图3.5)是现存中国古代竹索桥的杰出代表。中国是最早发明冶铁技术的国家之一,据推测,在隋唐时代(6世纪)就有了铁索桥。1665年徐霞客的《铁索桥记》详细描述了贵州境内一座长约122m的铁索桥,法国传教士于1667年出版了一本《中国奇迹览胜》,书中也介绍了中国铁索桥。英国李约瑟博士指出:这两本书直接启发了西方建造铁索桥的尝试。

四川泸定县的大渡河铁索桥(图3.6)始建于清康熙44年(1705年),是中国铁索桥的代表。该桥跨长101m,桥宽2.8m,采用13根粗如碗口、平均长127.45m的铁链作为承重索,其中9根做桥面,4根做两边的扶手;每根大铁链由841~903个大铁环连接而成,每个铁环长17~20cm,环环相扣,共11 571个扣;上铺木板桥面,是由川入藏的重要通道。

我国的先民于公元前2100年的夏朝进入奴隶社会时代,比两河流域的苏美尔人晚了近两千年,比古埃及建造金字塔的时代也晚了近六百年。然而,中国奴隶社会的技术发展较快,商代的青铜冶炼和铸造技术已达到极高水平。到了周代,因周公(武王之弟)推行德政和随后冶铁技术的发明和应用,使中国在春秋晚期,即比西方早八百多年通过政治改革进入了生产力更为进步、技术更为发达的封建社会时代。这可能是中国古代科技在从公元前5世纪至意大利文艺复兴约两千年间能长期领先于西方的重要原因。

自13世纪的意大利人马可·波罗到17世纪俄皇彼得大帝的来华使团,许多西方使者都对中国桥梁发出了赞叹(如对北京的卢沟桥,苏州、杭州、扬州和泉州的著名石拱桥和石梁桥以及西部地区的铁索桥等),他们在旅行游记中描绘了这些美丽壮观的中国桥梁,在西方广为传布,并给予了极高的评价。

图3.5　都江堰的珠浦桥

图3.6　四川泸定铁索桥

自15世纪以后,意大利文艺复兴引起的欧洲思想解放和科学启蒙,为18世纪的英国工业革命奠定了基础,西方随即进入了近代科学技术和桥梁发展的新时代,而中国长达2000多年的封建社会却造成了科学技术的停滞和中国桥梁的衰落。

3.3　中国近代桥梁的引进和发展(1880~1980年)

1. 世界近代桥梁的发展概况(1660~1950年)

从17世纪中叶到20世纪中叶的300年间,是近代土木工程迅猛发展的时期。1638年,意大利学者伽利略在他出版的著作《关于两门新科学谈话和数学证明》中,最早论述了材料的力学性质和梁的强度,用公式表达了梁的设计理论。1660年英国学者虎克建立了材料应力和应变关系的虎克定律。1687年英国学者牛顿的力学运动三大定律奠定了土木工程的理论基础。此后,在18世纪,1744年瑞士数学家欧拉建立了柱的压屈公式,成为结构稳定的理论基础。1773年法国工程师库仑对材料的强度、梁的弯曲、拱的计算以及挡土墙的压力理论都作了系统的研究,为近代桥梁工程的发展创造了重要的条件。

1779年,英国工程师Abraham Darby(1750~1790年)设计建造的第一座跨度30.65m的铸铁拱桥——Coalbrookdale桥(图3.7)的问世标志着西方用木石建造桥梁时期的终结。而在中国,早在唐朝中叶,即公元6世纪已出现的铁链索桥可以说是东方结束木石时代的另一种表现形式,比西方早了一千多年。

1760年开始的英国工业革命后科学技术迅猛发展,也包括近代炼钢法的诞生,使19世纪成为铁路和钢桥的时代。1850年,英国工程师R. Stephenson设计建造的第一座跨度141m的钢箱梁桥Britannia桥(图3.8)问世。在木桁架的启发下,1857年德国工程师Gerber建造了跨度131m的第一座钢桁架桥。与此同时,记载中国铁索桥的文献也传入欧洲,出现了西方用钢缆为主索的柔性钢悬索桥,成为现代大跨度悬索桥的先声。1883年由移居美国的德国工程师John Roebling(1806~1869年)(图3.9)设计建造的纽约布鲁克林桥(图3.10)——主跨486m

的公路悬索桥和 1890 年由英国工程师 Sir Benjamin Baker（1840～1907 年）和 John Fowler（1817～1898 年）设计建造的苏格兰福思湾桥——主跨 520m 的铁路悬臂钢桁架桥（图3.11）代表了 19 世纪钢桥的最高成就，桥梁的跨度从 1801 年建成的伦敦泰晤士河跨度 183m（600ft）

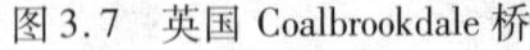

图 3.7 英国 Coalbrookdale 桥

图 3.8 英国 Britannia 桥

的铁拱桥，到世纪末钢桥跨度已突破了 500m。这是一个了不起的成就，凝聚了许多桥梁先驱者的智慧和艰辛。

进入 20 世纪后，建筑材料技术也迅猛发展。1867 年发明的钢筋混凝土逐步从房屋建筑应用到桥梁建设，成为广泛应用的新型建桥材料，1875 年法国人莫尼埃建成了第一座跨度为 16m 的钢筋混凝土梁桥。第一次世界大战后的 20 年代，美国率先出现了兴建高速公路和城市交通基础设施的高潮，中小跨度的钢筋混凝土桥和大跨度钢桁架桥、钢拱桥和钢悬索桥大量兴建。欧洲各国在 30 年代也建造了许多公路桥梁，以适应日益增多的汽车交通。

图 3.9 德国工程师（J. Roebling）

由于养护方便，在 100m 以内的中小跨度桥梁范围内，钢筋混凝土简支梁桥、带挂孔的悬臂梁桥以及拱桥逐步代替了小跨度钢桥，成为 20 世纪上半叶中小跨度桥梁的主流桥型。

20 世纪 30 年代的另一个重要成就是大跨度悬索桥和拱桥的发展和创新。悬索桥的跨度从 19 世纪末的不足 500m，到 1931 年的华盛顿桥（$L=1\ 006$m）（图 3.12），已突破了千米。1937 年建成的旧金山金门大桥（图 3.13）更达到了 1 280m 的跨度。

图 3.10 美国纽约布鲁克林桥

图 3.11 苏格兰福思湾桥

拱桥施工过去都采用满堂支架。在水流湍急的山谷中和有洪汛的大河上建造拱桥，常常会因支架被冲毁而造成事故。30 年代欧洲的一座拱桥首创一种不用支架的钢筋混凝土拱肋分段悬拼施工技术获得成功,这种被称为“米兰法”的无支架施工工艺是桥梁史上一次重要的创新,改变了过去在支架上施工、最后落架的传统方式。

图 3.12 华盛顿桥

图 3.13 旧金山金门大桥

美国悬索桥的发展不能忘记移居美国的德国和瑞士桥梁大师所做贡献:他们是 19 世纪的 Roebling 和 20 世纪的瑞士工程师 O. H. Ammann(1879 ~ 1965 年)(图 3.14),前者发明了主缆施工的“空中纺线法”,并建造了 10 座悬索桥,其中包括布鲁克林桥;后者则设计了华盛顿桥和主跨达 503.6m 的 Bayonne 钢拱桥(图3.15),他同时又是金门大桥的顾问工程师,该桥由美国工程师 Joseph Strauss(1870 ~ 1938 年)负责设计和建造。

图 3.14 瑞士工程师(O. H. Ammann)

1940 年美国华盛顿州塔科马悬索桥的风毁成为桥梁风工程研究的起点,并由此创立了桥梁风振理论和大跨度桥梁抗风设计的基本框架,也为此后更大跨度的悬索桥和斜拉桥的建设创造了条件。

20 世纪上半叶中还必须提到的拱桥成就有:由瑞士工程师 Robert Maillart(1872 ~ 1940 年)设计的镰刀形拱桥——Salginatobel 桥(图 3.16,1930 年)、由澳大利亚工程师 John J. C. Bradfield (1867 ~ 1943 年)设计建造的主跨 503m 的悉尼钢拱桥(图 3.17,1932 年)和主跨 260m 的瑞典 Sandö 钢筋混凝土拱桥(图 3.18,1943 年)。

图 3.15 Bayonne 钢拱桥

图 3.16 Salginatobel 桥

2. 列强入侵时期的技术引进(1880 ~ 1911 年)

15 世纪的意大利文艺复兴引起欧洲的科学启蒙和思想解放,进而 18 世纪的英国工业革命使欧美各国率先进入近代桥梁工程的新时代。

中国自 13 世纪科技就开始停滞不前,17 世纪的明朝末年,虽然已有了资本主义的萌芽,并由西方的传教士引入了近代科学技术。然而,清朝政府奉行夜郎自大、闭关锁国的愚昧政策,终于在1840年的鸦片战争中惨败,使中国遭到列强侵凌,沦为半殖民地半封建的弱国,蒙受了百年耻辱。

图3.17　悉尼钢拱桥

图3.18　瑞典 Sandö 钢筋混凝土拱桥

鸦片战争以后,中国被迫开放商埠。帝国主义列强开始在中国设立租界,进而修筑铁路,开挖矿山,大肆掠夺中国的资源,也引入了西方的桥梁技术。中国第一条铁路是1881年由英国人金达(C. W. Kinder)主持建造的、由唐山至胥各庄全长10km的铁路,其中包括全长671m、跨越滦河的铁路桥。詹天佑作为金达的助手,力主采用气压沉箱法代替桩基,发挥了重要的作用。1889年,外商在唐山设立了中国第一座水泥厂,开始建造混凝土桥梁墩台和钢筋混凝土梁桥,以替代原始的石砌墩台和石拱桥。

与此同时,在上海、天津、宁波、广州的租界中,西方的工程师也主持建造了一些钢桥,如上海的外白渡桥(图3.19),1907年由英国克利夫兰(Cleveland)公司承建;天津的开启桥(图3.20,1927年,原名万国桥,后改名为解放桥);宁波的甬江桥、广州的海珠铁桥(图3.21)等,以及哈尔滨由俄国工程师建设的松花江桥(图3.22,1901年)。

图3.19　上海外白渡桥

图3.20　天津解放桥

图3.21　广州海珠铁桥

图3.22　哈尔滨松花江桥

1889 年,清政府正式宣布兴建铁路,制定了官办、借外债修建铁路的政策。西方列强为了掠夺和控制中国的资源,谋求修建经营铁路的利益,纷纷争夺在中国的筑路权。在津浦铁路和京汉铁路的修建中,德国孟阿恩公司(Mashinenfabrik Augsburg—Nürnberg,Germany)设计和建造了全长 1 255.2m 的济南泺口黄河桥(1909 年,图 3.23),该桥共 12 孔,主孔跨径达 164.7m,是当时国内最大跨径的铁路桥。比利时工程师沙多主持建造了郑州黄河桥(1905 年),该桥全长 3 015m,共 105 孔钢桁梁,是当时国内最长的铁路桥。与此同时,在西北边陲兰州德国工程师又建成了连接河西走廊的兰州黄河桥(1903 年,图 3.24),使黄河上有了三座大桥。

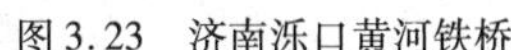

图 3.23　济南泺口黄河铁桥

图 3.24　兰州黄河桥

1905 年清政府决定自筹资金,由詹天佑主持修建京张铁路。1909 年后,詹天佑又先后主持了川汉铁路和粤汉铁路的修建工作。到 1911 年辛亥革命前后,全国已陆续建成铁路9 300余公里,主要有关内外(京潘)铁路、京汉铁路、津浦铁路、沪宁铁路、胶济铁路、京张铁路等。

当时,长江仍是天堑,津浦铁路和当时京沪线在南京的连接,京汉铁路和粤汉铁路在武汉的连接都要依靠火车轮渡。在清朝末年,国内一些低等级公路上的桥梁大都是木桥和石拱桥,少数采用由铁路借鉴来的钢梁桥。

3. 民国时期的发展(1911 ~ 1949 年)

辛亥革命以后,孙中山先生在“建国大纲”中制定了宏伟的交通建设计划。1911 ~ 1927 年间,民国政府交通部继续实行借款筑路政策,从外国采购铁路器材,共新修铁路 2 000km,初步形成了铁路运输骨架。在第一代接受了西方教育的中国工程师的努力下,我国开始自主建设浙赣铁路、湘桂铁路、陇海铁路西段等工程,引进了西方近代桥梁技术,其中特别引以自豪的是茅以升先生主持建设的由 16 孔 65.84m 钢桁架组成、全长达 1 453m 的杭州钱塘江大桥。

茅以升先生聘请了留美归国的罗英担任总工程师和梅旸春任正工程师,自主设计了大桥。他们日后都成了中国桥梁界的精英和骨干,发挥了重要的作用。虽然限于条件,不得不请英国道门朗公司承包上部结构钢桁架的制造和安装,下部结构中的沉箱基础则请丹麦康益洋行承建。但由中国工程师主持设计,用浙商投资的经费建造的钱塘江公铁两用大桥(图 3.25)仍是中国桥梁史的一座丰碑。

1937 年罗英(1890 ~ 1964 年)调任湘桂铁路桂南段工程局局长兼副总工程师,桂柳段的关键工程是柳江桥,由梅旸春(1901 ~ 1962 年)负责设计。原计划采用钢筋混凝土圬台,向国外定制了 10 孔 60m 跨度的钢桁梁,不幸的是 1938 年秋,武汉和广州相继沦陷,国外运抵香港的钢桁梁已无法运进。为支持抗日战争中的军用物资的运输,梅旸春决定改用旧钢板梁和钢轨组成 6 联 18 孔,全长 581.6m 的“钢轨桥”。1944 年衡阳失守,10 月桂林沦陷。为阻止日军入侵，于11月9日炸毁了柳江桥，这是罗英继钱塘江大桥后自行炸毁的第二座大桥。

罗英在抗战胜利后历任广州、重庆、成都等地公路部门的领导工作，解放后先后在上海、北京任交通部门的总工程师和武汉长江大桥技术顾问委员会委员。梅旸春在抗战胜利后任中国桥梁公司武汉分公司经理。解放后被任命为铁道部设计局副局长，1953年调任武汉大桥局副总工程师，1958年起任大桥局总工程师。

图3.25　钱塘江大桥

在20~30年代，上海租界的工务局在建设跨越苏州河的乍浦路桥、四川路桥（图3.26）、河南路桥和西藏路桥（泥城桥）（图3.27）时，采用当时先进的钢筋混凝土悬臂梁桥（带挂孔）结构，成为中国城市桥梁建设中的代表作。

图3.26　上海四川路桥

图3.27　上海西藏路桥

此外，自1895年创办了天津北洋西学堂（北洋大学，今天津大学）、1896年的北洋铁路官学堂（唐山交通大学、西南交通大学）以及上海南洋学堂（上海交通大学）后，中国近代土木工程教育事业开始起步，到1937年抗日战争爆发，40年间培养了一大批桥梁工程师，为中国近代桥梁工程的发展做出了重要的贡献，其中也包括浙江大学（1897年）、东南大学（1902年）和同济大学（1907年）等校土木系的毕业生。

在中国公路建设方面应当特别提到1931年留学回国的赵祖康先生，他被任命担任“全国经济委员会”的公路专员，制定了中国公路建设规划，并负责“苏、浙、皖三省公路专门委员会”的工作，1932年又增加了湘、鄂、赣、豫四省，扩充为七省公路专门委员会，决定新建11条公路干线，到1936年，共新建公路21 000km，使全国公路总里程达到10万km，其中包括许多桥梁。

在赵祖康的带领下，许多年轻的土木工程师积极投身于30年代中国公路网的建设，他们中的很多人成为新中国桥梁建设的领导骨干。

抗日战争开始后，退守陪都重庆的国民政府为国防交通运输的需要，又在西部地区兴建和改造了许多公路，如成渝、川陕、川黔、川康、黔滇以及重要的滇缅公路。一些转入内地的桥梁工程师投身于交通建设，建树了重要的功绩。

4. 新中国建设初期的成就（1950～1980年）

新中国成立后，随着国民经济和交通事业的兴起，桥梁建设也得到了蓬勃的发展，在第一个五年计划中开始建设长江第一桥。在原苏联专家的帮助下，采用了新型的管柱基础和先进的钢梁制造和架设技术。1957年，9孔128m、全长1 155.5m的武汉长江大桥（图3.28）建成通车，武汉长江大桥是新中国桥梁史上的一个里程碑，为我国现代大跨度钢桥和深水基础工程的发展奠定了基础。1968年底建成的南京长江大桥（图3.29）是由我国工程师独立主持设计和施工的第二座长江大桥，由梅旸春任总工程师，王序森主持设计工作。与武汉长江大桥相比，南京长江大桥跨度增大为160m，采用带下加劲的第三弦杆的连续钢桁梁桥。由于桥址地质条件复杂，采用四种不同的深水基础形式，是我国完全自主建设长江大桥的一个里程碑。

图3.28　武汉长江大桥

图3.29　南京长江大桥

在60年代，由于三年自然灾害的影响，资金和钢材十分匮乏，我国各省公路部门不得不大力发展造价低廉，用钢少，而且可以使用人力资源的各种拱桥，使拱桥成为这一时期中国公路桥梁的主要桥型。1961年，云南长虹石拱桥（图3.30）突破了100m跨度；发源于无锡农桥的双曲拱桥也逐步试用于公路和铁路桥，1968年建成的主跨150m的河南前河桥（图3.31），达

图3.30　云南长虹石拱桥

图3.31　河南前河桥

到了这种桥型的最大跨度。与此同时，由原苏联引入的预应力混凝土技术也从第一座铁路梁式桥逐渐向公路桥梁上推广，1964 年建成了第一座带挂孔的预应力混凝土 T 形刚构桥——主跨 50m 的河南五陵卫河桥。河南省还自主发展了源于当地打井技术的钻孔桩基础，钻孔深度不断加大，并推广于不同的地层，成为中国应用最多的一种经济合理的基础形式。

由于双曲拱桥的整体性和耐久性较差,在向软土地基上公路重载桥梁的推广中出现了一些问题,70 年代初创造了一种适合软土地基上建造拱桥的轻型钢筋混凝土桁架拱桥,其代表作为 1976 年建成的主跨 75m 的浙江宁海越溪桥和 9 孔 50m 的河南嵩县桥。与此同时,在云、桂、贵、川等西南山区,发展了便于无支架施工的钢筋混凝土箱形拱桥,如 1973 年建成的主跨 100m 的四川宜宾岷江大桥,主跨 116m 的云南红旗桥(图 3.32,1974 年)和主跨 105m 的广西来宾桥(1978 年)。

图 3.32　云南红旗桥

1972 年因开发油田的需要而建设的山东北镇黄河公路桥(图 3.33),是我国比较少见的公路钢桥。该桥主桥为 4 孔 112m 连续钢桁架,引桥为多孔 33m 预应力混凝土简支梁,钻孔桩的入土深度达到创纪录的 107m。该桥在中国公路钢桥发展中占有重要的地位。

60 年代末,西方的斜拉桥技术传入我国,上海和重庆两地的研究部门开始尝试建造这种新型桥梁,并于 1975 年分别建成了主跨 54m 的上海新五桥和主跨 75.8m 的四川云阳汤溪河桥,这两座试验桥的建成是 80 年代我国斜拉桥大量发展的基础。

1976 年,中国发生了灾情惨痛的唐山大地震。为修复遭地震破坏的桥梁,全国有关单位进行了桥梁抗震研究。第一座按高烈度抗震设防,跨度 40m 的预应力混凝土连续梁桥——河北滦县滦河公路桥于 1978 年建成,它标志着我国桥梁抗震设计理论和桥梁抗震设计技术的研究进入了发展的新阶段。

1980 年,当时国内跨度最大的预应力混凝土 T 型刚构桥,主跨 174m 的重庆长江大桥(图 3.34)建成通车,这是当时最大跨度的公路桥梁。

图 3.33　山东北镇黄河桥

图 3.34　重庆长江大桥

3.4　世界现代桥梁发展中的主要技术创新(1950~2000 年)

第二次世界大战结束后,一些欧美发达国家开始筹划宏伟的高速公路网建设和城市化进程,并于 20 世纪 60~70 年代形成了建设的高潮。许多现代桥梁的新技术(新材料、新结构、新理论、新工法)都是在这一时期发明和创造的。下面简要介绍各个年代中世界现代桥梁的主要技术创新。

1. 20 世纪 50 年代

法国工程师 Engene Freyssinet(1879~1962 年)(图 3.35)于 1928 年即已首创了预应力混凝土的概念和设计理论,并于 1933~1938 年建造了少量最初的预应力混凝土桥梁,后因二次大战而没有得到发展。同样,德国工程师 Dishinger 在 1938 年提出的现代斜拉桥设计构思也没有立即得以实现。在战后为修复和重建被毁坏的大量钢桥,预应力混凝土桥和斜拉桥终于在 50 年代开始崭露头角,成为战后桥梁发展史上两个最伟大的创新成就,并且在此基础上发展了许多现代施工工法。

法国 Freyssinet 公司开发了一整套预应力材料,锚固、防腐、施工张拉设备等体系,为预应力混凝土结构的发展奠定了基础。

1952 年,德国工程师 Finsterwalder 在建造跨越莱茵河的 Worms 桥($L=114.2$m)(图 3.36)时,首创了预应力混凝土悬臂梁桥挂篮悬浇的节段施工新技术取得成功,这一新技术使预应力混凝土梁式桥突破了 100m 跨度。

图 3.35　法国工程师 E. Freyssinet

德国工程师 Dishinger 于 1956 年在瑞典成功地建造了第一座现代斜拉桥——主跨 182.6m 的 Strömsund 桥(图 3.37)后,斜拉桥在德国得到了推广,德国在莱茵河上建造一系列的桥梁,如杜塞尔多夫北桥($L=260$m, 1958)和科隆 Severin 桥($L=301$m,1960)。钢斜拉桥这一桥型以其便于悬臂拼装、经济及美观等优点在许多桥梁设计竞赛中战胜了其他桥型,并迅速在欧美各国推广,跨度从 100 余米逐步向 300m 发展,到 60 年代末杜塞尔多夫 Knie 桥的主跨已达到 319m。

德国工程师 Fritz Leonhardt 教授(1907~1999 年)(图 3.38)在 50 年代首创了各向异性钢桥面板,他将船上甲板的构造经过改造以适应车辆荷载,代替了战前钢桥上较笨重的叠置式钢筋混凝土桥面,大大减轻了自重。另一方面,也可以保留钢筋混凝土桥面,但与钢梁通过剪力器共同工作的结合梁桥是另一种创新体系,对于中小跨度桥梁也是施工十分简便和经济的新桥型。

图 3.36 Worms 桥

图 3.37 Strömsund 桥

上述这些 50 年代的创新在修复德国原有钢桥上部结构的工作中发挥了十分重要的作用。相应地,现代斜拉桥设计理论、各向异性桥面板计算理论、结合梁设计理论以及预应力混凝土结构设计理论(收缩徐变影响,预应力损失,配索方式等)的逐步成熟和完善也为 60 年代战后世界各国第一次建设高潮的到来准备了理论基础。

图 3.38 德国工程师 F. Leonhardt

2. 20 世纪 60 年代

欧美各国在 20 世纪 60 年代兴建高速公路的高潮中建造了许多桥梁,出现了桥梁建设的黄金时代。

预应力夹片锚和抗疲劳的高应力幅冷铸镦头锚的问世,预应力混凝土的节段施工工艺在挂篮悬浇法以后又出现了预制节段悬拼工艺,以及在移动托架上或用架桥机悬挂的拼装工艺,是预应力技术发展的高峰时期。

在钢桥方面,高强度螺栓的摩擦型连接取代了传统的铆钉连接,从此栓焊结构成为大跨度钢桥的新形式。

德国 Leonhardt 教授首创的斜拉桥工程控制的“倒退分析法”在 50 年代由他设计的 Düsseldorf 北桥(图 3.39)中首先得到了成功应用,使斜拉桥这一高次超静定结构的线形和内力状态控制建立在科学分析的基础上,进一步促进了 60 年代斜拉桥的推广和发展。1963 年德国工程师 Jahuke 设计了跨度达 250m 的费曼(Fehmarn)海峡公铁两用提篮拱桥(图 3.40)。

在 60 年代采用先进创新施工技术建造的大跨度桥梁有:

(1)德国 Bendorf 桥($L=208$m),预应力混凝土悬臂梁桥,挂篮现浇施工(1964 年),使预应力混凝土梁式桥第一次突破了 200m。

(2)法国 Oleron 岛跨海大桥(图 3.41),全长 3km 的预应力混凝土连续梁桥,上层移动支架(又称造桥机)进行预制构件节段的悬拼施工(1964 年),由法国工程师 Jean Müller(1925 ~

2005 年)(图 3.42)首创。

图 3.39　Düsseldorf 北桥

图 3.40　Fehmarn 提篮拱桥

图 3.41　Oleron 岛跨海大桥

(3)德国工程师 Wittfoht 于 1960 年首创下层移动托架法(图 3.43)施工工法,这种技术特别适合于跨越深谷的高桥墩连续梁桥。在桥墩顶部开槽,使下承的移动托架穿行向前形成施

图 3.42　法国工程师 J. Müller

图 3.43　下层移动托架法施工的桥梁

工支架，在托架上进行上部结构拼装或浇筑。

(4)由 Leonhardt 教授于 1962 年首创的顶推法施工技术。这种技术将节段预制工厂设置在桥头，在前端钢鼻梁的帮助下，逐段向前顶推，直至完成全部多跨连续梁的浇筑和架设，所有工作都在桥头工厂中完成，在运输和安装条件比较困难的山谷地区是一种经济合理的工法。以后又发展到曲线长桥的顶推施工(图 3.44)。

20 世纪 60 年代的另一个重大创新是英国式流线型箱梁桥面悬索桥的问世。英国 Freeman and Fox 公司在设计主跨 988m 的 Severn 桥(图 3.45)时，最初采用的仍是美国传统悬索桥的桁架加劲梁桥面，但在进行节段模型风洞试验时不慎将桁架模型吹断，有一位工程师建议尝试一下制作简单的流线型扁箱桥面。风洞试验证明：这种流线型扁平钢箱桥面具有很好的气动性能，而且由于自重轻，不仅节省造价，又便于施工安装，加上用钢筋混凝土桥塔替代原来的钢塔，于是就诞生了新一代的英国式悬索桥，并且成为以后悬索桥结构形式的主流。

图 3.44　顶推施工

图 3.45　英国 Severn 桥

3. 20 世纪 70 年代

20 世纪 70 年代可以说是预应力技术发展的成熟期。与此同时，斜拉桥已开始由德国向欧洲各国以及加、美、日等国推广，特别是在法国，斜拉桥和预应力技术的结合出现了采用预应力混凝土桥塔和桥面的 P. C. 斜拉桥。其中最著名的是法国 Jean Müller 设计的 Brottone 桥（图 3.46，1977 年），主跨为 320m，它采用 P. C. 箱梁和单索面体系，塔梁固结置于万吨级的盆式支座上。最大的拉索达到 1 000t 级的索力，创造了另一种刚梁柔塔的法国风格 P. C. 斜拉桥。

德国则在 60 年代建造了许多钢斜拉桥的基础上于 1979 年建成了主跨达 368m 的杜塞尔多夫市 Flehe 桥(图 3.47)，这是第一座采用混合桥面的独塔不对称斜拉桥，由 Leonhardt 教授的事务所设计。岸跨的 P. C. 梁和主跨的钢梁在塔位处对接，悬拼的长度是创纪录的，可以说在 70 年代德国的斜拉桥技术已经突破了 700m。

在 70 年代的创新成果中还应当提到瑞士著名工程师 Christian Menn 教授(1927 ~)的许多设计创新，其中主要有：

(1)板拉桥(矮塔斜拉桥)：Sunniberg 桥(图 3.48)，由 C. Menn 教授设计。这种将预应力索放在等高度连续梁之外的体外索结构，是一种造型独特、介于连续梁和斜拉桥之间的新桥型。

(2)连续刚架桥——Fegire 桥(图 3.49,1979 年由 C. Menn 教授设计)

这种免去庞大的支座,利用双薄壁桥的柔性克服温度效应,同时又可削去负弯矩尖峰的新体系使预应力混凝土梁式桥的跨越能力进一步提高。最著名的则是 1983 年建成的主跨达 260m 的澳大利亚门道桥。

图 3.46 Brottone 桥

图 3.47 杜塞尔多夫市 Flehe 桥

图 3.48 Sunniberg 桥

图 3.49 Fegire 桥

4. 20 世纪 80 年代

20 世纪 60 年代末,日本和丹麦两个岛国开始实施宏伟的跨海工程计划。日本以 1973 年建成的主跨 712m 的关门桥为起点,同时建设东、中、西三条线组成的本四联络线工程;丹麦则从 1970 年建成的主跨 600m 的小海带桥开始,将丹麦的几个岛连成一片。日本和丹麦作为新崛起的两个桥梁大国,在 80 年代的跨海工程建设高潮中成为技术创新的主角。

20 世纪 80 年代中,由于预应力索在水泥灌浆防腐的管道内发生严重锈蚀,引起了国际桥梁界的关注。一种原用于加固桥梁的体外预应力索新技术得到了发展,并逐渐代替了体内预应力配索。在箱梁内侧布置预应力索具有可检查、易更换的优点,并且由于取消了箱壁中的预留管道,使壁厚减薄,自重减轻,又提高了混凝土的质量,是一种具有竞争力的预应力新技术。

与此同时,沿用水泥灌浆防腐工艺的斜拉桥拉索也出现了套管内的水泥保护层因收缩和后期活载作用发生断裂,使防腐失效的问题。为解决这一问题,日本借鉴电缆外热挤绝缘 PE 保护层的工艺开发了一种采用防老化的高密度聚乙烯材料的热挤防腐索套的平行钢丝索,这一新型斜拉索是完全在工厂中制成的成品索,得到了施工单位的欢迎,为推动斜拉桥向大跨度发展做出了贡献。

美国和英国悬索桥的主缆施工一直沿用19世纪由Roebling发明的“空中纺缆法”工艺。80年代,日本在建造本四联络桥中的悬索桥时,首创预制平行钢丝索股的施工技术,将排成正六边形的127根钢丝索股一次牵拉就位,大大提高了主缆施工效率。

在20世纪80年代的技术创新中还应当提到:

(1)高性能混凝土的应用

随着预应力技术在混凝土桥梁中的应用,也促进了高性能混凝土的发展。混凝土的标号从50年代的C20和C25,通过水泥磨细和掺加硅粉等技术逐渐提高到80年代的C60和C80,80年代末已出现采用C100和C130的试验结构。高性能混凝土的使用不但减轻了自重、增大了桥梁的跨越能力,同时也提高了混凝土抗腐蚀、抗风化等耐久性指标,成为推进预应力桥梁发展的重要动力。

(2)脊骨梁大挑臂城市高架桥

美国在20世纪70年代出现第一代装配式脊梁桥。小型的预制中间脊梁和独柱墩形成城市立交桥的骨架,然后安装两侧的预制悬臂板并用横向预应力索形成二车道宽约8~10m的桥面。到80年代已发展到第三代四车道($B=18\sim20$m)的中间脊骨小箱梁和大挑臂的高架桥。这种桥型可以在不影响原有地面交通条件下施工,而且造型美观,适合于曲线形的跨城市高架桥。

(3)用纤维加筋塑料(FRP)的加固技术

20世纪80年代初许多混凝土桥梁的裂缝影响了桥梁的耐久性。为了进行加固和维护,发明了一种用纤维加筋的塑料薄片条的维修技术以替代用钢板粘贴、钢筋混凝土护层以及布置体外预应力索的传统方法,取得了很好的效果。

(4)混合结构的新发展

在传统的结合梁基础上发展了在支点处可用双层上下结合的连续结合梁桥、钢筋混凝土边梁和钢横梁的横向结合桥面和斜拉桥岸跨PC梁和中跨钢梁纵向结合的桥面结构等多种混合结构形式,把钢和混凝土两种材料的优点结合起来发挥各自的特长。此外,为了减轻自重用钢腹板或钢桁架替代全混凝土实腹板,形成了一种既经济又便于施工的混合结构桥梁。

5. 20世纪90年代

在20世纪末90年代,世界桥梁工程进入了一个冲刺阶段,标志着20世纪桥梁建设最高水平和跨度纪录的几座大桥相继完成,其中也包含着所采用的一些新材料和新工艺。它们是:

- 法国诺曼底大桥的平行钢绞线拉索和施工控制技术
  $L=856$m,斜拉桥,1995年(图3.50)
- 丹麦大海带桥塔墩防撞技术
  $L=1\ 624$m,悬索桥,1997年(图3.51)
- 日本明石海峡大桥　1860MP高强度钢丝、塔墩深水基础和钢桥塔减振技术

图3.50　诺曼底桥

$L = 1\ 991\text{m}$,悬索桥, 1998 年(图 3.52)

图 3.51　丹麦大海带桥

图 3.52　明石海峡桥

- 挪威 Stolmasundet 桥的连续刚架桥的预应力悬臂施工技术

  $L = 301\text{m}$,P. C. 连续刚架桥,1998 年(图 3.53)

图 3.53　Stolmasundet

- 瑞典厄勒松海峡大桥 9 000t 巨型浮吊整孔架设技术

  $L = 490\text{m}$,公铁两用斜拉桥,1998 年(图 3.54)

图 3.54　厄勒松桥

- 日本多多罗大桥长拉索防雨振措施

  $L = 890\text{m}$,斜拉桥,1999 年(图 3.55)

此外，还应提到在计算机高速升级换代的同时，IT 技术和数值计算已逐渐在大桥规划设计、结构分析、施工控制和管理以及健康监测和养护等方面发挥重要的作用。由于超大跨度桥梁的日趋轻柔，跟踪变形后状态的非线性分析、考虑极限状态的全过程弹塑性稳定分析、全断面和复杂部位的三维空间分析，强震作用下的坍塌过程分析以及考虑全耦合非线性风振分析等都取得了重要的进步，桥梁结构分析向着更符合实际情况的精细化方向发展。这些理论上的改进和创新以及相应的软件开发对推进大跨度桥梁的不断发展并为复杂自然条件下的跨海工程做好技术准备都是十分重要的。

图 3.55　多多罗桥

3.5　中国现代桥梁的崛起

中国在 80 年代初进入了改革开放的新时期，率先起步的广东省出现了桥梁建设的高潮，吸引了全国各地同行的积极参与。中国的桥梁工程技术人员在学习和引进发达国家在 60 年代所创造的新材料、新技术和新工艺中认识到存在的巨大差距，通过实践和应用取得了进步，其中也包含一些为符合国情所进行的局部改进和创新，应当说，基本上是一种跟踪性的发展和提高。

1. 80 年代的学习和追赶

20 世纪 80 年代，中国进入了改革开放的新时期，经济开始复苏。交通建设作为先行官也得到了政府的重视，特别是率先开放的广东省，成了 80 年代初桥梁建设的一块宝地，引来全国许多省市的桥梁工作者投身于那里火热的工地。

60 年代传入中国的现代斜拉桥技术终于在 70 年代初于四川、上海和山东三地同时开始修建试验桥，其中四川云阳汤溪河桥于 1975 年 2 月首先建成，是中国第一座主跨为 75.84m 的斜拉桥。由于当时国内尚无平行钢丝拉索的产品，该桥采用钢芯缆索制成斜拉索，而另一座主跨 54m 的上海新五桥则用粗钢筋为拉索。

1980 年建成的四川三台涪江桥，主跨已达 128m，斜拉索采用 24ϕ5 高强度钢丝组成，外涂沥青后缠包玻璃丝布，待全桥完成后再用三层环氧树脂缠绕三层玻璃丝布防腐，工艺十分繁复，是早期斜拉桥采用的拉索防腐系统。

1982 年,上海泖港桥(主跨 200m)和山东济南黄河桥(主跨 220m,图 3.56)相继建成。前者也用多层玻璃丝布的拉索防腐工艺,至今仍继续使用,而后者改用铅皮套管压注水泥浆的新防腐工艺,却在 15 年后被证明防腐失效而被迫于 1997 年进行换索。

1987 至 1988 年间建成了多座斜拉桥,如南海西樵桥($L = 124.6$m),天津永和桥($L = 260$m),南海九江桥(2×160m),重庆石门桥(200m + 230m)和广州海印桥($L = 175$m)。拉索的防腐系统改用 PE 管压浆工艺，其中广州海印桥的拉索于 1997 年发生断索事故，调查表明管道压浆工艺未能保证拉索顶部的饱满，造成拉索锈断，被迫在使用仅 12 年后全面换索。

唯一例外的是东营黄河桥($L = 288$m,图 3.57),该桥的拉索采用由日本进口的新一代热挤 PE 护套的成品拉索,也是我国第一座采用钢塔和钢桥面的斜拉桥。

图 3.56　山东济南黄河桥

图 3.57　东营黄河桥

在上述斜拉桥经验的基础上,上海桥梁界迎来了兴建第一座跨越黄浦江的大桥的机遇。由于李国豪教授的大力倡导,时任上海市市长的江泽民同志决定自主建设,并采用了同济大学推荐的结合梁斜拉桥方案。上海南浦大桥(主跨 423m,图 3.58)的胜利建成具有里程碑意义,它增强了中国桥梁界的信心,促进了 90 年代在全国范围内自主建设大跨度桥梁的高潮。

图 3.58　上海南浦大桥

上海南浦大桥的建设还带动了我国预应力工艺和拉索生产的自主化。柳州建筑机械总厂在上海同济大学、上海建工集团基础公司和广东省公路局的合作下,开发了 OVM 锚具,成为国内预应力锚具的主流，替代了国外VSL公司的产品。上海浦江缆索厂为南浦大桥研制了新一代的PE热挤护套成品拉索，以后也成为国内斜拉桥拉索的主要供应商。

在斜拉桥迅速发展的同时，预应力混凝土梁式桥也有了长足的进步。1984年我国建成了主跨111m的湖北沙洋汉江桥和广东顺德容奇桥(3孔90m)，前者用挂篮悬浇施工，后者则用5 000kN浮吊预制组拼而成，开创了80年代预应力混凝土连续梁桥的先河。随后，1985年建成了哈尔滨松花江大桥(7孔90m)，1986年又建成了主跨达120m的湖南常德沅水桥。

1988年，广东省同时建成了采用节段预制悬臂拼装施工的七孔110m一联的江门外海桥，以及主跨达180m的预应力混凝土连续刚构桥——番禺洛溪桥(图3.59)。可以说，这两座桥代表了80年代我国梁式桥建设的最高水平。

图3.59　番禺洛溪桥

80年代，在拱桥方面出现了两种新型的结构——钢管混凝土拱以及无风撑的下承式系杆拱桥。前者以四川旺苍东河桥(主跨115m，1990年建成，图3.60)和广东高明桥(2×100m中承式拱，1991年建成)为代表；后者则以芜湖元泽桥(主跨75m，1991年建成)和广东惠州水门大桥(三跨40m+60m+40m，1991年建成)为代表。无风撑拱圈的侧向稳定性由吊杆的非保向力效应保证，反映出国际的新潮流。

最后，还应当提到1982年建成的陕西安康汉江斜腿刚架桥(图3.61)，这座主跨176m的铁路钢桥是迄今世界同类桥梁跨度之冠，它代表着全国铁路系统设计、施工、科研单位的集体

图3.60　四川旺苍东河桥

图3.61　西安康汉江斜腿刚架桥

智慧和水平。

总之，整个20世纪80年代，中国的桥梁技术在梁桥、拱桥和斜拉桥的全方位上都取得了突飞猛进的成果，其中广东洛溪桥和上海南浦大桥占据着特别重要的地位，起着示范作用，为90年代取得更加辉煌的桥梁建设成就奠定了基础。

2. 90年代的跟踪和提高

在80年代所取得的成就鼓舞下，中国桥梁工程界在90年代开始了向着世界先进水平的攀登。

1991年开工的上海杨浦大桥（图3.62）是第一次攀登。杨浦大桥为主跨602m的结合梁斜拉桥，在1994年建成时居世界斜拉桥跨度之首，现名列第三，它是中国大跨度桥梁的又一个里程碑。

图3.62 上海杨浦大桥

第二次攀登开始于汕头海湾大桥，这是中国第一座现代意义上的悬索桥的建设。汕头海湾大桥主跨虽仅452m，但采用混凝土桥面的悬索桥不仅居世界同类桥型的跨度之冠，而且由于桥面较重，其主缆和锚碇都相当于900m左右的钢桥面悬索桥，为随后建设的广东虎门大桥（$L=888$m，图3.63）、西陵长江大桥（$L=900$m）和江阴长江大桥（$L=1\ 385$m，图3.64）起了示范的作用，意义十分重大。

在拱桥方面，我们实现了第三次攀登。继主跨312m的广西邕江桥（1996年）和主跨330m的贵州江界河桥（1995年）之后，主跨达420m的四川万县长江大桥（图3.65）的建成，使我国的拱桥记录跃居世界首位。这座采用钢管混凝土拱作劲性骨架的箱形拱桥，运用现代非线性分析和施工控制技术，充分考虑了多种材料混合使用，分层分段逐步施工中的各种非线性时变因素以及所引起的内力和应力的重分布，对该桥在施工和运营阶段的强度、变形和稳定性进行了全过程分析。

图3.63 广东虎门大桥

图3.64 江阴长江大桥

在钢桥方面，九江长江大桥（图3.66）的建成是继武汉长江大桥和南京长江大桥之后我国钢桥的第三个里程碑。该桥采用国产优质高强度、高韧性钢，完成了由铆焊结构向栓焊结构的过渡。此外,在九江长江大桥中成功地采用了多种形式的深水基础形式,为我国大江大河的桥梁建设积累了丰富的经验。

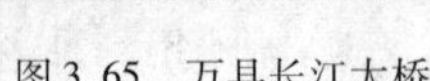

图3.65　万县长江大桥

图3.66　九江长江大桥

由于上述几个方面的示范和带头作用和国家对交通建设的大规模投入,中国的桥梁建设出现了“遍地开花”的繁荣景象。90年代全国建造了许多大跨度斜拉桥,著名的有:铜陵长江大桥($L=436$m,1995年),武汉长江公路桥($L=400$m,1995年),重庆长江二桥($L=444$m,1995年)以及上海徐浦大桥($L=590$m,1996年)。此外,广东虎门辅航道桥($L=270$m,1997年,图3.67)建成时创造了连续刚架桥的纪录跨度。

香港的回归使青马大桥($L=1\ 377$m,1997年,图3.68)、汲水门桥($L=430$m,1997年)和汀九桥($L=475$m$+448$m,1998年)成为中国桥梁大家庭的成员,增强了中国桥梁的实力。

图3.67　广东虎门辅航道桥

图3.68　香港青马大桥

3. 21世纪初的创新和超越

中国桥梁在20世纪最后20年通过自主建设取得了令世人惊叹的进步和成就,正在和发达国家一起,面向21世纪更加宏伟的跨江跨海大桥工程建设。经过20世纪80年代“学习和追赶”和90年代“跟踪和提高”两个发展阶段,中国桥梁界在21世纪初应当进入一个“创新和超越”的新时期,即通过创新的设计和施工,实现跨越式发展,以提高中国桥梁的国际竞争力。下面分别介绍几座有代表性的新建大桥。

(1)南京长江二桥(2001年)

南京长江二桥是目前中国最大跨度的斜拉桥(图3.69)。南京二桥的塔墩采用“复合式基础”,即把双壁钢围堰、承台和钻孔桩群组

图3.69　南京长江二桥

成整体来抵抗船撞力，实际上采用过分大的跨度已经大大减少了船撞的几率。由于桥下通航净高较小，和首创平行上塔柱的日本多多罗桥相比，使塔的桥下高度和桥面以上的塔高之间的比例过小，造成“矮腿”的效果，影响了塔型的美观。

长拉索在全桥合龙后就出现了强烈的风雨激振，临时决定在拉索上加绕螺旋线后抑制了振动，这一经验为此后直接生产带螺旋条的成品索提供了重要的依据。

南京二桥的长悬臂施工控制，采用较先进的“神经网络控制技术”进行索力和标高的双重控制，取得了较高的合龙精度。钢箱梁的正交异性桥面板工地接头采用钢面板焊接和U形纵肋拴接的形式，是一次新的尝试，具有推广价值。钢桥面的铺装是长期没有解决的难题。南京二桥引进了美国的环氧沥青混凝土的铺装技术，通过力学分析和试验研究，实现了国产化配方的改进和设备研发，工程质量优良，填补了国内空白。经过多年的寒暑季节考验，在限制超载车辆条件下桥面运行情况良好，已在此后的多座大桥中推广应用。

(2)上海卢浦大桥(2003年)

主跨达550m的上海卢浦大桥是一座创世界纪录跨度的钢拱桥。300m以上拱桥一般都采用桁架拱以减小拼装质量以利悬拼施工。上海卢浦大桥大胆地采用了倾斜的箱形拱以获得“提篮拱”的美学造型。从侧倾稳定性的分析看，平行拱面也可获得足够的稳定安全系数，而在倾斜的拱面上进行质量达480t的拱肋节段悬拼，则是巨大的挑战。卢浦大桥的施工单位采用巨型临时塔吊和扣索系统，并通过大量压重措施，同时引进了国外的吊装设备克服了困难，使拱肋得以合龙。在上海的软土地基上修建大跨度拱桥必须采用强大的系杆平衡拱的推力。在施工中将有多次体系转换，将临时扣索的拉力转移到水平的系杆拉索中去。施工全过程的控制技术应当是一项非常具有特色的创造性工作(图3.70)。

图3.70　上海卢浦大桥

拱肋是一个钝体断面，虽然拱的空气动力稳定性是十分安全的，但在均匀流状态的风洞试验中观察到拱肋的强烈涡振。虽然上海城区的湍流强度较大可能会抑制涡振的发生，但仍通过计算流体力学方法选择了一种效果最好，又不影响美学的“隔离膜”气动抑振措施，在拱肋上预设了今后视需要安装隔离膜的连接装置。而且，在拱顶处的观光平台已部分地起到了对涡振的抑制作用。

从桥梁建成后的效果看，虽然多费了一些钢材和施工费用，经济指标并不好，但却证明了500m以上箱形拱桥也是可行的。与古典的桁架拱相比，箱形肋拱可能更具有现代气息。

(3)润扬长江大桥(2005 年)

主跨 1 490m 的润扬长江大桥南汊悬索桥是中国最大跨度的悬索桥(图 3.71)。在江阴长江大桥经验的基础上建造润扬长江大桥,应该说上部结构的难度不大,主要的挑战来自基础工程。50m 深的北锚碇采用嵌岩的地下连续墙(图 3.72)。虽然地下连续墙施工在建筑工地是成熟的技术,但对于平面尺寸为 69m×50m 的巨大桥梁基础仍是一个挑战性的任务。施工单位运用信息化监测的施工方式,对连续墙体和周围土体的各种信息进行实时的监控和正反演分析,保证了基础施工的快速和安全。

图 3.71　润扬长江大桥全景

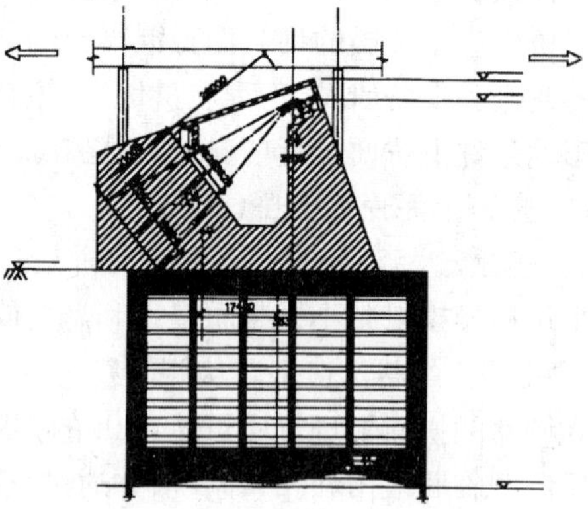

图 3.72　润扬长江大桥的北锚碇

同样,南锚碇所采用的冰冻法技术是传统的煤矿竖井施工技术,但在大尺寸的桥梁基础中使用也是一项大胆的创举,承担了巨大的风险。施工中通过排除险情,终于获得了成功。桥塔施工中引进了国外的模板技术,大大提高了混凝土的外观和内在质量,取得了进步。由于选用的桥面高度较小,虽然可减少侧向风载,但也降低了扭转刚度,使抗风稳定性尚不能满足要求,为此,首次采用中央扣和中央稳定板的措施解决了这一问题。

主缆的防腐首次引进了日本的干空气除湿新技术。此外,在锚碇、基础、索塔、桥墩和引桥箱梁等混凝土工程中都采用了添加粉煤灰的技术,提高了耐久性,可望保证大桥 100 年的使用寿命。

(4)南京长江三桥 (2005 年)

南京长江三桥采用人字形弧线的新颖塔型,应当承认这是从香港昂船洲大桥国际竞赛的第二奖方案中得到的启示。为了加快施工速度,桥面以上的塔柱采用钢结构,以便于在工厂精确制造,同时也带来了上下塔柱连接处钢混结合段的构造难题。建设者经过研究,选择了在钢塔柱上开孔,与穿过的钢筋和现浇混凝土形成 PBL 剪力键,作为传递荷载的主要构件。矩形钢塔柱截面经过风洞试验选择了最佳的切角处理以抑制可能的驰振和涡振。可以说,南京三桥的钢桥塔是一项有创意的设计(图 3.73)。

南京长江三桥塔位处的水深超过 40m, 进行传统的钢套箱施工有较大的风险, 施工单位通过精心组织顺利完成了基础施工。高 215m 的钢塔柱的空中安装, 邀请了有经验的法国公司承担, 顺利实现了封顶。虽然钢塔柱较一般混凝土塔顶费用高, 但获得了施工速度快的回报。

(5)上海东海大桥 (2005 年)

东海大桥是我国第一座在广阔海域建造的大桥,具有里程碑意义,并将为今后的跨海大桥建设提供宝贵的经验。为了使洋山深水港尽早开港,提高上海航运中心的国际竞争力,在短短

图 3.73　南京长江三桥

的三年半时间里，东海大桥建设者面对海上环境恶劣、大型预制构件的整体吊装以及保证 100 年使用基准期等挑战，克服了重重困难，按期完成了任务（图 3.74）。

在东海大桥建设中，建设者通过研制海上混凝土及各项防腐技术和设计措施，提高了在海洋环境下混凝土的耐久性。装备了 2 500t 浮吊，将大型混凝土预制构件（承台、墩身、箱梁）的整体吊、运、装能力从过去不足千吨提高到 2 000t 的较高水平，而且保证了工程质量（图 3.75）。在海域施工必须采用 GPS 定位技术，建造大型耐风浪的施工平台，在施工管理上也要通过创新加以变革才能保证施工的顺利进行，这些都是东海大桥建设的成功经验。

图 3.74　东海大桥全景

图 3.75　2 500t 浮吊安装

东海大桥的两座斜拉桥虽然跨度不大，但都采用具有创意的设计，主航道桥采用单索面和结合箱梁桥面配以倒 Y 形桥塔的布置，而颗珠山桥则采用平行索面的结合梁桥面，桥塔的上横梁则采用轻型的钢管横撑。全桥统一的桥面铺装和新型伸缩缝为大型集装箱车辆通行提供了优良的行车条件。

此外，正在施工的超千米的苏通长江大桥、全长达 36km 的杭州湾大桥以及跨度 320m 的重庆石板坡连续刚构桥都有一些创新的技术发展，值得我们很好地去总结。

3.6 从桥梁大国走向桥梁强国

中国作为一个发展中国家,在技术发展的进程中同发达国家相比存在着差距,这是我们必须承认的现实。建造一座桥梁要采用各种技术,而技术有先进和落后之分,采用几十年前的落后技术也能建造出今日的新桥。因此,引进和采用先进技术,为克服出现的问题或适应特殊的条件创造新的技术是每一个工程师应当树立的创新理念。中国对于新建桥梁所作的技术总结,更多地是强调规模和尺度,希望在跨度上取胜,如多少个"第一"、"之最"和"首次在国内采用"等。然而,仅仅尺度的超越并不就是技术的创新和超越,我国桥梁建设者应该在今后的工作中努力加强技术创新。

技术以发明和创造为核心,并通过发明和创造使某一专业技术不断推陈出新,不断向前发展和进步。国外的一些著名设计公司都在国际设计竞赛中获奖或中标,而著名的施工企业则掌握了许多技术发明专利,并主持重大国际工程建设。这些品牌企业的技术领导人都在国际学术组织或重要国际会议中发挥主导的作用,而我们还缺少这些强国的标志。我国在改革开放20余年来虽然取得了令世人瞩目的进步和成绩,但在国际化和国际竞争力方面仍有明显的差距。

年轻一代的桥梁工程师一定不要满足于规模大和速度快的成绩,而要在创新、质量和美学上狠下工夫,要抓住中国大规模桥梁建设的机遇,加强创新理念,努力进取,争取每做一项工程就有一、二个技术发明和创造,在新材料、新体系、新结构、新工法、新理论和新方法上有所突破。这样,中国桥梁的进步将更快更扎实。同时还要学好外语,到国际舞台上去表演,宣讲我们所取得的创新成果,因为只有真正创新的成果才能赢得国际同行的赞服,才能真正提高中国桥梁的国际地位;只有在和国际同行的竞赛中获胜,才能实现真正意义上的超越,才能从桥梁大国成长为真正的桥梁强国。

参考文献

[1] F. Hart: Milestones in the history of bridge construction, IABSE Symposium, 1979 Zurich.

[2] 项海帆. 中国桥梁. 香港建筑与城市出版社、同济大学出版社,1993.

[3] 项海帆、范立础. 中国桥梁五十年回眸. 建设部文集,1999.

[4] 项海帆、范立础. 桥梁工程建设发展成就.《中国土木工程发展与成就》大型画册,中国土木工程学会,2000.

[5] 项海帆. 中国桥梁建设的成就和不足. 第一届全国公路科技创新高层论坛论文集,2002 综合卷 23-28.

[6] 项海帆. 世界桥梁发展中的主要技术创新. 广西交通科技,2003,28(5): 1-7.

[7] 项海帆. 中国大桥. 北京:人民交通出版社,2003.

[8] R. Maurer: Spannbetonbrücken, Erfahrung und Zukunft des Baues, Universität Leipzig, 2004.

[9] 项海帆. 中国桥梁史话. 地图. 2004(5):16-20.

[10] 项海帆. 从桥梁大国走向桥梁强国.《中国公路》2006 年专辑.

思考讨论题

1. 中国古代科技和桥梁从辉煌走向衰落的主要原因是什么?

2. 请在世界近代桥梁的成就中列出三项最重要的里程碑。

3. 在中国近代桥梁的发展中最重要的进步是近代工程教育在大学中的兴起,你是否同意? 如不同意,你认为最重要的进步是什么?

4. 世界现代桥梁最主要的成就有哪几方面? 你认为哪几个国家做出了最重要的贡献?

5. 在中国现代桥梁的崛起中起决定因素的是什么? 自主建设是否是最重要的?

6. 中国是桥梁大国,如何走向强国? 强国的主要标志是什么? 有人认为中国已经是桥梁强国,你的意见如何?

第四章　岩土、隧道及地下工程

4.1　概　　述

岩土工程一词译自 Geotechnique 或 Geotechnical Engineering，早期曾译为"土工学"，20 世纪 50～60 年代后译为"岩土工程"。关于岩土工程的定义，中国土木建筑百科词典的释义为："以工程地质学、岩体力学、土力学与基础工程学科为基础理论，研究和解决工程建设中与岩土有关的技术问题的一门新兴的应用科学"。美国地质协会的《地质词典》及《韦伯斯特大词典》则将岩土工程定义为："运用科学方法和工程原理，使地球更适应于人类居住条件，以及为了勘探资源与利用资源的一门学科"。目前比较为我国工程技术界所普遍接受的是在《岩土工程基本术语标准》中的岩土工程的定义，即"土木工程中涉及岩石、土的利用、处理或改良的科学技术"。这一定义包含以下三个层次内容：

（1）岩土工程是以土力学与基础工程、岩石力学与工程等为理论基础，并和工程地质学密切结合的综合性学科。

（2）岩土工程以岩石和土的利用、整治或改造作为研究内容。岩土工程研究土和岩石并不是从地学或农业的角度，而是从工学的角度，以工程为目的研究岩石和土的工程性质。当岩土的工程性质或岩土环境不能满足工程要求时，就需要采取工程措施对岩土进行整治和改造，不仅涉及对岩土性质的认识，而且需要研究如何采用有效的、经济的方法实现工程目的。

（3）岩土工程服务于各类主体工程的勘察、设计与施工的全过程，是这些主体工程的重要组成部分。

岩土工程研究的主要对象是岩体和土体。与其他工程材料如钢材、塑料、混凝土等人工材料不同，岩土体是自然、历史的产物，其形成过程包含了一系列物理的、化学的和生物的作用。岩石出露地表后，经过风化作用而形成土，它们或留存在原地，或经过风、水及冰川的剥蚀和搬运作用在异地沉积形成各种土层，如：残积土、黄土、砂土、坡积土、洪积土、冲积土、湖相沉积土、海相沉积土、冰川沉积土等。除了由岩石风化形成土外，植物分解也形成土。岩土体在其形成和存在的整个地质历史过程中，经受了各种复杂的地质作用，因而有着复杂的结构和地应力场环境，其工程性质往往具有很大的差别。

岩土工程学科是土木工程学科的一个重要分支学科，也是寓于各主体工程之中的学科。例如，它服务于建筑工程，就是建筑工程的一部分；服务于桥梁工程，就是桥梁工程的组成部分。岩土工程是它所服务的学科的组成部分，没有不从属于主体工程的岩土工程。但岩土工程又有其特有的、不同于上部结构的自身规律和研究方法，将它们的共同规律从各种主体工程中归纳出来进行研究有助于更好地解决各类工程中的岩土工程问题，这是岩土工程之所以能发展成为一门学科的客观基础。

隧道及地下工程(Tunnel and Underground Works)是指从事研究和建造各种隧道及地下工程的规划、勘测、设计、施工和运营养护的一门应用科学和工程技术，是土木工程专业的一个分支；也指在岩体(层)或土体(层)中修筑的各种类型的通道和地下构筑物，包括交通运输方面的铁路、道路、运河隧道、地下铁道和水底隧道等;工业和民用方面的市政、防空、采矿、储存和生产等用途的地下工程;军事方面的各种坑道(或地道)、发射井等;水利发电工程方面的地下发电厂房,其他各种水工隧道;以及为解决城市土地利用、环境保护等方面综合开发利用的各种功能的地下空间,如地下街、各构筑物间的联络通道等。为了实现隧道及地下工程安全、快速和经济施工,根据工程的形式、断面大小、地质条件、周围环境、工程用途、工期及施工水平等,有多种多样的隧道工程施工技术,主要包括:传统矿山法(也称钻爆法,Drill and Blast Method)、新奥法(New Austria Tunneling Method,简称 NATM)、隧道掘进机法(Tunnel Boring Machine,简称 TBM)、盾构法(Shield Tunnelling Method)、沉管法(Immersed Tube Tunnel)、明挖法(Cut and Cover)、盖挖法(Top - down)、顶管法(Pipe Jacking)等。随着时代的发展以及科学技术与人们观念的进步和更新,这些施工方法在工程实践中得到不断总结与发展,而它们之间又相互依存,相互促进。

隧道及地下工程的特点:

(1)工程对象多、行业广泛:其涉及建筑工程、市政工程、交通工程、水电工程、能源工程、国防工程。

(2)建设环境复杂:赋存环境地质条件复杂,不确定性强。

(3)投资大、风险高:一般工程规模大、造价高,不可遇见因素多,风险高。

(4)隐蔽性好、防灾害能力强:可以防空袭爆炸冲击破坏、抗台风、洪涝、地震、干旱、酷暑、低湿;防泥石流、沙尘暴、地面下沉、滑坡、地质灾害及防虫、防盗等。

(5)冬暖夏凉、舒适安静,外界干扰少,适宜作地下影剧院、医院、图书馆、旅馆、游泳池、养殖场、精密仪表车间、地下工厂等。

(6)运营保养费低、采暖、空调、维修费用低。

(7)保护自然生态环境、土地多重利用,改善城市空间质量和促进城市功能联合等。

4.2 岩土力学的沿革

1. 萌芽期的岩土力学(1773 ~ 1923 年)

18 世纪 60 年代的欧洲工业革命和 19 世纪中叶的第二次工业革命,推动了社会生产力的发展,出现了水库、铁路和码头等现代工程,提出了许多有待解决的岩土工程问题,如地基承载力、边坡稳定、支挡结构物的稳定性等;同时施工机械的出现,也为现代岩土工程的发展提供了物质条件;工程中出现的事故和难题促使人们进行土力学理论探索和岩土工程的技术创新,开始出现土力学的许多经典理论,这个过程延续了大约 160 年,为 20 世纪太沙基土力学体系的形成准备了条件。

图 4.1 法国科学家库仑(Charles Augustin de Coulomb,1736 ~1806 年)

有关土力学的第一个理论是 1773 年由法国科学家库仑(C. A. Coulomb,图 4.1)建立并后来由摩尔(O. Mohr)发展了的土的 Mohr-Coulomb 强度理论,它为土压力、地基承载力和土坡稳定分析奠定了基础。1776 年库仑发表了建立在滑动土楔平衡条件分析基础上的土压力理论。1846 年,柯林(Collin)用曲线的滑裂面对土坡稳定进行了系统研究，发表了关于斜坡稳定性的理论。1856年，法国工程师达西(H. Darcy)通过室内渗透试验研究，建立了有孔介质中水的渗透理论，即著名的达西定律。1857年英国学者朗肯(W. J. M. Rankin)提出了建立在土体的极限平衡条件分析基础上的土压力理论，它与库仑理论被后人并称为古典土压力理论，至今仍具有重要理论价值和一定的实用价值。1869年俄国学者卡尔洛维奇(Карлович)发表了世界上第一本《地基与基础》教程。1885年法国学者布辛内斯克(J. V. Boussinesq，图4.2)和1892年弗拉曼(W. Flamant)分别提出了均匀的、各向同性的半无限体表面在竖直集中力和线荷载作用下的位移和应力分布理论，迄今仍为计算地基中应力的主要方法。1889年俄国学者库迪尤莫夫(Кудюмов)首次应用模型试验研究地基破坏基础下沉时地基内土粒位移的情况。20世纪初，土力学继续取得进展，1920年普朗德尔(L. Prandtl)根据塑性平衡的原理，研究了坚硬物体压入较软的、均匀的、各向同性材料的过程，导出了著名的极限承载力公式。这些早期的著名理论奠定了土力学的基础。

图4.2 法国学者布辛内斯克(Valentin Joseph Boussinesq，1842～1929年)

20世纪初，岩土力学的理论与工程应用取得了较好的发展。当时，瑞典、巴拿马、美国、德国等相继发生重大滑坡塌方事故，表明当时的一些分析方法不能满足处理事故的要求，于是纷纷成立了专门委员会或委托专家进行调查研究。例如，瑞典为处理铁路沿线不断出现的塌方问题，在国家铁路委员会内设立岩土委员会；巴拿马为处理可能堵塞巴拿马运河的一段河道边坡事故，成立了专门委员会；美国土木工程师协会设立了研究滑坡的特别委员会；德国为处理基尔运河施工中的滑坡事故设立了调查委员会；德国的克莱(K. Krey)开始对挡土墙和堤坝所受的土压力进行广泛的调查研究。此外，瑞典由于Stigbetg码头的破坏，成立了港口特别委员会，对该码头滑动原因进行分析，促成了著名的瑞典圆弧滑动法的产生。1920年，瑞典国家铁路委员会的岩土委员会成立了一个岩土试验室，它可能是世界上第一个岩土试验室。

2. 经典土力学的形成与发展(1923～1963年)

约1913年土力学发生转折的时候，也正是太沙基(K. Terzaghi，图4.3)对土力学进行探索研究并形成飞跃的阶段。1906～1912年间，年轻的太沙基在所从事的结构工程和水电站工程工作中，看到许多地基工程的意外事故，发现当时对于土的力学性质的认识远未能解决实际工程问题，于是下决心对土的力学性质进行长期的试验研究，在1921～1923年间形成了土力学的有效应力原理和土的固结理论。1925年是土力学发展道路上的里程碑，太沙基出版了他的经典著作《土力学》，此书是用德文发表的，书名为《Erdbaumchanik auf Bodenphysikalischer Grundlage》，尔后，又在Engineering News Record期刊上以“土力学原理”为标题发表系列文章，扼要介绍他所研究和发现的成果。这些成果最终奠定了他作为土力学创始人的地位，并使他被公认为土力学和基础工程方面的权威。

图4.3 土力学家太沙基(Karl von Terzaghi，1883～1963年)

在太沙基以前，土木工程中的许多土工问题并无合理的计算分析方法，多数仅凭经验设计，因而常发生意外事故。太沙基首次将各种土工问题归纳成为系统的有科学依据的计算理论。然而,太沙基的功绩并不局限于他对土力学的理论贡献,他将土力学理论广泛应用于大量实际工程,其中包括英国的 Mission 大坝,1965 年,为表示对太沙基的敬意,该坝被命名为 Terzaghi 大坝。同时,他深刻地洞察到土的力学性质不可避免地受各种复杂因素的影响,他一贯倡导必须注意全面调查实际的工程地质情况并加以综合判断。正如太沙基所说的那样,直到 20 世纪 30 年代,地基勘探的唯一办法是根据工长的靴子后跟在基槽土面留下的痕迹作出地基承载力的判断。由于太沙基的倡导和推动,建立了一套野外勘探与室内试验的方法,使土的力学性质的研究和地质条件密切结合,从根本上改造了初期的土力学,填补了地质学和土木工程学之间的空白。太沙基于 1948 年对初期的土力学作了如下的评价:"土力学创始于 1776 年库仑土压力理论的发表,是个很有才能的开端,但在后来的一个世纪里就几乎没有什么进步,研究工作多少局限于改进干的纯净的无粘性的砂作用于挡土墙背的计算方法,针对此课题所发表的一些论文和课题实际的重要性很不相称。在工程实践中,大多数施工难点与事故是由于渗流所产生的压力引起的,但这些压力并未受到重视。因此,它们对于要面对实际的工程师来说,用处不大,这些理论多半在教室里才会有用处。"正是太沙基最早对砂土管涌现象进行研究,继而试验探索高塑性粘土的固结规律,解释了滨海粘土受压后长期缓慢的沉降及其强度逐渐增长的内在原因和规律,并从此使土力学对自然界许多复杂现象的研究得以逐渐深入。20 世纪中叶,太沙基的《理论土力学》以及太沙基和派克(R. B. Peck,图 4.4)合著的《工程实用土力学》是对土力学的全面总结,使岩土工程技术具有了坚实的理论基础,从感性走向理性并对岩土工程的发展产生了深远的影响。

在此期间,费伦纽斯(W. Fellenius)提出了著名的瑞典圆弧法分析土坡的稳定性,而曾是太沙基最重要助手的卡萨格兰德(A. Casagrande,图 4.5)对土力学也做出了很大的贡献。卡萨格兰德在土的分类、土坡的渗流、抗剪强度、砂土液化等方面的研究成果影响至今,如黏性土分类的塑性图中的"A 线"即是以他(Arthur)命名的。卡萨格兰德培养了包括简布(N. Janbu)等著名土力学人才,简布在土的压缩性研究、边坡稳定性等方面为土力学的发展作出了杰出的贡献。

图 4.4 Ralph Brazelton Peck (1912 ~ 年)

图 4.5 Arthur Casagrande (1902 ~ 1981 年)

此后,太沙基、斯开普顿(A. W. Skempton)、迈耶霍夫(G. G. Meyerhof)、威锡克(A. S. Vesic)和汉森(B. Hansen)等对地基承载力理论分别进行了修正、补充和发展,提出了各种地基极限承载力公式;泰勒(D. W. Taylor)和简布发展了土坡稳定性理论;比奥(A. M. Biot)建立了土骨架压缩和渗透耦合的三维固结理论等。这些成就为现代土力学的发展提供了重要理论依据。

3. 现代土力学的发展

现代土力学的概念最早出现在 20 世纪 50 年代初，当时主要考虑了土体两个基本特性——压硬性和剪胀性。例如斯开普顿(Skempton)提出的著名公式 $u_w = B[\Delta\sigma_3 + A(\Delta\sigma_1 - \Delta\sigma_3)]$，其中孔隙压力系数 $A \neq 1/3$ 就是土的剪胀性的体现。而简布提出的模量公式 $E_i = Kp_a[\sigma_3/p_a]^n$ 中对 σ_3 的考虑就是压硬性的体现。

随着土力学理论的发展和工程实践的不断深入，人们已越来越不满足于将土体视为理想弹性介质或理想刚塑性介质这样简单化的描述。另一方面，现代电子计算技术的蓬勃发展也为采用复杂的计算模型提供了可能，从而为现代土力学的建立创造了客观条件。1963 年，罗斯科(Roscoe，图 4.6)发表了著名的剑桥模型，提出了第一个可以全面考虑土的压硬性和剪胀性的数学模型，创建了临界状态土力学，他的成就标志着现代土力学的诞生。

图 4.6　K H Roscoe(1914 ~ 1970 年)

经过 40 多年的努力，目前现代土力学理论已渐趋成熟，并且在下列几方面取得了重要进展：

(1)非线性模型和弹塑性模型的深入研究和大量应用；

(2)损伤力学模型的引入与结构性模型的初步研究；

(3)非饱和土固结理论的研究；

(4)砂土液化理论的研究；

(5)剪切带理论及渐进破损问题的研究；

(6)土的细观力学研究等。

在这个时期，经典土力学中的一些课题也取得很大进展，包括土与结构共同作用、土体极限分析中的不均匀和非线性问题、土工数值分析和土工测试技术等，特别是原位测试技术和离心模型试验技术已取得长足发展并得到广泛应用。时至今日，现代土力学理论的基本轮廓已逐渐清晰。

4.3　岩土工程的演变

1. 早期的岩土工程

从一些历史遗址考古中发现，在人类处于穴居或巢居的时代，原始人就已经利用土、木、石等自然资源以谋求改善生存和生产条件，人类的活动从一开始就离不开岩土工程。

我国北京周口店发现的“北京猿人”洞穴可能是迄今所知世界上最早的与岩土工程有关的遗址。1999 年，在福建三明市万寿岩发现 18 万年前的旧石器时代早期古人类活动洞穴遗址(图 4.7)，总面积达 1 200 余平方米，在古代这却是一项庞大的岩土工程项目。我国夏代大禹治水，分土地为九个等级，从疏导入手，换来九州平安，这是在 4 200 余年前的一项非凡的防治水患的岩土工程。

我国古代最早的浅基础遗迹，可以追溯到陕西西安市半坡村的新石器时代遗址(图 4.8)和殷墟遗址出土的房舍的土台和石础。至仰韶文化时期(距今约五六千年)，我们的祖先开始烧制石灰并利用土、石改善居住条件。由此起源并经长期演进而产生了至今仍在我国一些地方的民居和道路路基中广泛应用的灰土、三合土夯实垫层。西方最早的石灰窑大约在公元前 2000 年建于美索不达米亚平原的幼发拉底河和底格里斯河之间的地带。烧制和使用石灰的技术，后来很快从我国与美索不达米亚传播至世界各地。石灰胶泥乃成为世界各地砌筑砖石基础的良好的胶结材料，并且导致出现了沿用至今的砖砌大放脚独立基础和条形基础。

最近，在河南新密市古城寨村发现一座保存相当完好的 4 000 多年前的古城址，据推测，很可能是黄帝的故都。该城址东南部原为低洼地带，筑城时大面积填土夯实以筑墙基，其最深处达 10m 之深，墙基宽度大多在 60m 至 100m 之间。

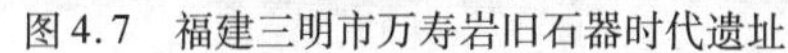

图 4.7　福建三明市万寿岩旧石器时代遗址

图 4.8　陕西西安市半坡村新石器时代遗址

距今 1 300 多年的隋朝石匠李春主持修建的赵州石拱桥，是世界桥梁史上一座杰出的名桥，其桥台设置于密实粗砂层上，地基处理非常合理，以致保存完好并使用至今。

用石灰作基础工程的材料，保存至今的古代著名的工程实例，有我国的万里长城（图 4.9）和西藏佛塔，埃及的金字塔和古罗马的加普亚军用大道等。

图 4.9　秦长城遗址

长城是古代的军事工程，始建于公元前 5 世纪，秦始皇时代连接起来的北京八达岭长城是驰名中外的伟大历史遗迹，而其基础的稳固有赖于对岩土的正确处理。最近，在河南南阳发现的大规模古石城是战国时代楚国长城的遗址，应是我国最早的长城。在江南，浙江临海保存着始建于东晋（距今 1 600 余年）的古城墙墙基，长达 4 671m，并有 7 道城门，8 座敌台，17 座平台，其形态、功能与八达岭长城十分相似。埃及的金字塔距今已有 4 500 年的历史，它规模宏伟，结构精密，塔内除墓室和通道外都是实心，顶部呈锥角。金字塔历经多次地震都岿然不动，完好无损，它被誉为当今最高的古代建筑物和世界八大奇迹之首，第一座胡夫金字塔原高 146.59m，相当于 40 层楼高，由于几千年的风化剥蚀,目前高为138m,数千年以来它一直是地球上最高的建筑物。

始于隋朝(公元6世纪)开凿的我国大运河跨经长江、淮河和黄河流域,秀逸万里,举世闻名。若没有处理好岩土问题,岂能穿越地质条件迥然不同的辽阔地区而成为亘古奇迹?

我国桩基础的使用,可以追溯至距今六、七千年的河姆渡文化期,在河姆渡遗址发掘中,到处可见数量众多的木桩及木构件,据考证为“干阑式”建筑遗迹(图4.10)。另外,还可以见到以木桩支护水井上部的基坑(图4.11)。

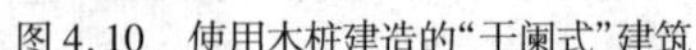

图4.10 使用木桩建造的“干阑式”建筑

图4.11 河姆渡遗址使用木桩支护基坑

至今保存完好的、建于隋朝(公元6世纪)的河南郑州超化寺塔,是在淤泥中打入木桩形成的塔基;建于五代(公元10世纪)的山西太原晋祠圣母殿也支承在木桩上;五代的杭州湾大海塘大规模地采用了木桩加石承台;明、清时代的北京御桥、南京石头城都采用了木桩基础。

在国外,桩的应用历史也非常早。1981年美国肯塔基大学考古学家在太平洋东南沿岸智利的蒙特维尔德附近的森林里发现了一间支撑于木桩上的木屋,经放射性碳14测定,证明至少已有12 000年至14 000年的历史。

这些早期的岩土工程实例足以说明我们的先辈创造了岩土工程的辉煌业绩。只是由于当时生产力水平的制约,这一历史时期自史前一直延续到18世纪60年代,经历了漫长的岁月。在这个时期,特别是史前时期,缺乏对地质勘探的认识和手段。我国古代虽有“堪舆学”与“择地术”,为房屋建筑选择场地,但只能讨论场地地面,没有可能了解地基的深部。由于对地质条件缺乏了解,因地基基础问题而引发的工程病害或事故并不少见,给先民留下了许多力不从心的遗憾。在此阶段,国内外尚无地基基础的设计可言,主要凭工匠的经验。由于缺乏设计和施工计划,有些工程常常是边建边改,甚至历经几次停工才建成。如著名的意大利比萨斜塔(图4.12),奠基动工于1173年而竣工于1372年,历时整整200年,竣工时塔身就倾斜了2.1m,其后倾斜不断加剧以致不得不进行纠倾处理,为岩土工程界留下了许多值得探讨的课题。

2. 近代岩土工程

1885年,美国芝加哥建成了世界上第一座具有现代意义的钢结构高层建筑,10层的家庭保险公司大楼,高55m。1902年,美国辛辛那提建成16层的登格尔斯大楼,是世界上第一座钢筋混凝土高层建筑。随后,在美国纽约等城市,乃至世界各地,兴起了建造高层建筑之风。大量高层建筑和桥梁的兴建,对地基承载力提出了更高的要求,桩基础也开始大量被采用。在19世纪末,芝加哥在遭受特大火灾后的重建工程中成功地采用了“人工挖孔桩”。这种桩型是对桩基技术乃至岩土工程技术的一大贡献,100余年来一直受到世界各地的青睐。1899年,俄国工程师斯特拉乌斯(Страус)首先提出了混凝土灌注桩的建议。1901 年,美国工程师莱蒙德(Raymond)也独立地提出了沉管灌注桩的设计,此概念很快流传至世界各地。

图 4.12　意大利比萨斜塔

瑞典的打桩技术发展很早,大约早在中世纪,已由手工木槌、石槌渐渐发展至改用绞盘提升锤头,然后让其自由坠落冲击桩顶,这就是今日所称的落锤法施工。随着打桩数量的增加和深度的加深,落锤式打桩机渐渐显得不相适应。至 1782 年,蒸汽打桩锤应运而生。至 1911 年,导杆式柴油打桩锤问世。大约又过 20 年,高效的筒式柴油打桩锤问世。

瑞典学者 Christopher Polhem 可能是最早研究打桩技术和桩基承载力的学者之一。早在 18 世纪上半叶,他写道:“对一根桩,必须知道三件事,即锤的质量、锤击时桩锤的提升高度以及锤击时桩的下沉量”。他认为,如果知道了这三个因素,就能得到桩的承载力的大小和计算出需要桩的数量,而毋须深究其理论关系。他的观点与后来许多国家的学者所研究制订的打桩公式的本质是一致的。

图 4.13　京张铁路

自 19 世纪 80 年代开始,我国开始了以铁路工程、水利工程建设为代表的岩土工程活动,至 1911 年清政府被推翻时,总共完成铁路 4 300 多公里,其中京张铁路(1905 ~ 1909 年,图4.13)由我国杰出的铁路工程师詹天佑自己设计并主持施工完成。1923年,我国上海建成了第一座10层现代高层建筑——字林西报大楼(现改名友邦大厦,图4.14),标志着我国基础工程进入了一个新的发展阶段。

补偿基础的原理早在19世纪就已为欧美一些国家的学者在实际中运用。1908年加拿大维多利亚市的皇后旅馆较早地采用了补偿基础,比著名的墨西哥的拉丁美洲大厦(1957年)整整早半个世纪。

在近代,由于施工机械的产生而使岩土工程的施工技术发生了根本的变化,奠定了近代岩土工程技术的物质基础,大型的、机械化的施工实践为岩土工程理论的产生提供了丰富的工程经验。为了解决挡土墙、土坡、地基承载力等土体稳定性问题和地下水的渗流问题,库仑、达西、朗肯等科学家相继通过试验、观察和数学力学的分析计算,提出了一系列著名的理论和方法,奠定了近代岩土工程的理论基础。

3. 现代岩土工程

自20世纪中叶以来,随着土木工程的高速发展,岩土工程不论在世界上或在我国,都有了史无前例的发展。世界上最高的100多幢高层建筑中,有90多幢建成于20世纪最后的40年中;世界上25座200m以上的高坝中,23座是在1960年以后建成的;24座大型地下厂房全部建于60年代以后,可见,在现代岩土工程领域,无论其研究对象、学科内涵和应用范围都已发生了巨大的变化。

图4.14　字林西报大楼

(1)岩土工程领域的拓展

随着经济建设的发展,岩土工程所涉及的领域由传统的水利工程(堤坝)、建筑工程(基础、基坑)和公路铁路工程(路基、边坡、桥梁基础、隧道)扩大至地震工程、海洋工程、环境保护、地热开发、地下蓄能、地下空间开发利用等领域,许多重特大工程项目无不包含了大量的岩土工程内容。

上海洋山深水港(图4.15)位于杭州湾口长江口外的崎岖列岛,是具备15m以上水深的天然港址。2005年底洋山深水港区一期工程建成投产,规划至2010年,北港区可形成约11km深水岸线,布置30多个泊位,最大通过能力超过1 500万标准箱。总体规划共可形成陆域面积20多平方公里,深水岸线20余公里,布置50多个大型泊位。一期港区工程的1 600m水工码头和配套的大小桥梁工程中采用了大量的桩基础,陆域形成工程中采用了强夯、排水固结等多种地基加固方法。

三峡工程是举世瞩目的跨世纪工程,其中包含大坝稳定性、环境地质和地震风险评估等重大岩土工程课题。在长达30多年的前期论证与研究工作中,先后对南津关、石牌、三斗坪和太平溪四个坝区进行了大量基岩工程性质的现场及室内试验研究及岩体稳定性的分析研究工作,为坝址的选定和工程可行性论证提供了丰富的资料和充足论据,最后确定三斗坪的坝址,是以对三斗坪基岩的大量钻探、取芯、试验和研究的成果为依据的。

三峡永久船闸是目前世界上最大的通航建筑物(图4.16),闸室段总长1 617m,整个闸室均在花岗岩的山体中深切开挖修建,最大开挖深度达174.5m,最大坡度1∶0.3,船闸边坡集长度、高度、陡度和重要性于一体。由于三峡工程特殊的重要性以及建成以后极高的安全要求,不仅需要保证船闸高边坡的整体稳定,不允许施工期间出现大的滑坡、塌方或崩塌,运行期间不发生过量的变形或任何的松动、掉块与开裂之外,还要保证在工程建成以后仍具有长期的稳定性。这些目标的实现都是以岩石力学的试验研究以及实施正确的工程施工方案为条件的。

图4.15　上海洋山深水港

图4.16　三峡工程双线五级船闸

在三峡工程的施工过程中,还有许多关键技术需要岩土工程技术的支持。例如二期深水高土石坝围堰,堰高90m,堰体填料主要为风化砂,其中60m需在水中抛填施工,施工难度大,在深水中抛填的堰体密度控制是设计和施工的难题。通过土工离心模型试验,模拟60m深水抛填风化砂在重力作用下形成的密实度和坡角,为设计和施工提供了质量控制的依据。

(2)岩土工程发展条件的成熟

钢材、水泥以及其他新材料的大量推广应用,改变了土木工程和岩土工程的基本面貌,黏土砖、石料、灰土、三合土等传统材料渐渐退出历史舞台。土工合成材料的产生以及在岩土工程中的广泛使用,为重大工程和岩土工程疑难问题的解决提供了新的技术途径和方法。

机械、电子工业的发展为岩土工程提供了各种重型的、自动化的施工装备,改变了岩土工程大量手工劳动的状况,提高了劳动生产力,为解决大型、深层、深水条件下的岩土工程施工技术创造了物质条件,促进了桩型和地基处理方法的不断创新。

目前已广泛应用于工程中的各种基础工程施工机械设备种类繁多,包括各种挖土作业机械、夯土作业机械、锤击打桩机、振动打拔桩机、沉管桩机、制作钻孔灌注桩的各种螺旋钻机和循环钻机及其配套设备、桩身多节扩孔和扩底设备;超大(直径可达5m)、超深(深度可达400m)可分别用于陆地软硬土层及江河外海、港口等各种条件作业的钻机及其配套设备(图4.17)等。近年来,各种新型施工机械和施工工艺不断涌现,如用于基坑工程的冲击式、抓掘式地下连续墙成槽设备(图4.18)、多轴式SMW工法搅拌桩机等。

(3)岩土工程理论与技术的突破

由于可供利用的良好的浅层天然地基逐渐减少,当采用浅基础时往往有赖于对不良地基先作加固处理,因此各种地基处理技术蓬勃兴起,成为浅基础施工的先导技术(图4.19、图4.20)。

近年来深基础主要是桩基础的类型不断增加。如今桩已有打入、置换和原土搅拌三大类基本工艺,百余种桩型,可适应各类地质条件和各类工程结构的不同需求。与此同时,桩的截面(或直径)和长度不断增加,用桩数量急剧增加,据粗略估计,近10余年我国每年用桩量高达5 000万根,堪称用桩大国。

图4.17　江河、港口桩基施工

图4.18　地下连续墙成槽设备

图4.19　上海某吹填土地基强夯排水处理

图4.20　上海某港口地基振冲加固处理

由于建(构)筑物不断向高空和地下发展,城市交通工程不断向多层次、立体化发展,为了满足高耸建(构)筑物的稳定性和开发利用城市地下空间的要求,基础和地下结构的埋置深度不断增加,基坑开挖的深度和体量不断增大,而随着许多大型工程的成功将岩土工程学科理论和相关技术推向了一个新的高度。

润扬长江公路大桥是至今为止我国已建成桥梁中规模最大、建设标准最高、技术最复杂、科技含量最高的现代化特大型桥梁工程。其北锚碇基础是润扬大桥工程中的控制性项目,基坑平面尺寸69m×50m,深度达50m,为国内外罕见的超深基坑工程(图4.21),而南锚碇基础则采用了先进的冻结帷幕施工方法(图4.22)。

1998年竣工的上海金茂大厦,基础底板埋置在地下15~18m深度,地下连续墙埋深36m,基坑面积20 000m^2,开挖土方320 000m^3,是我国近年施工的深大基坑中的一例(图4.23)。

于2005年2月开工建造的上海环球金融中心是以办公为主,集商贸、宾馆、观光、会议等设施于一体的综合型大厦,设计高度492m,地上101层,地下3层,总建筑面积约37.73万m^2,基坑采用筒形支护、中心岛施工法(图4.24)。

随着城市化的加速和工业生产的发展,各种废弃物对环境造成的污染已经达到人类不能容忍的程度。面对如此庞大数量的废弃物,世界各国都非常重视,投入了大量人力物力开展各项研究。目前对于城市废弃物的处置方式主要有资源化、焚烧处理和岩土工程处理法等。其中资源化、无害化是比较理想的处理方法，但需要消耗大量能源，进程也比较缓慢，废物利用的速度远远跟不上排放的速度，而且还有不少种类的废弃物目前无法进行这种处理。焚烧法也不是

图4.21　润扬大桥北锚碇基础

图4.22　冻结帷幕施工方法

图4.23　上海金茂大厦深大基坑

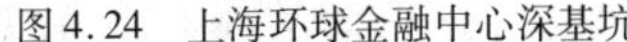

图4.24　上海环球金融中心深基坑

最终处置的方法。岩土工程处理方法最大的优点是处理量大、能源消耗低,但主要缺点是占用较多的土地,需要有严格的环境监测配套,保证填埋场不造成二次污染。随着环境岩土工程理论的发展,城市废弃物填埋场的设计方法日趋成熟。近年来世界各地包括上海建造了大量的新型废弃物填埋场(图4.25)。在这些新型填埋场工程中,无论选址、工程设计和工程施工环节,都包含了岩土安全、环境保护、环境改善以及环境美化等先进理念。

图4.25 上海老港生活垃圾卫生填埋场

综上所述,现代岩土工程已经取得了十分辉煌的成就,但由于岩土条件的特殊性、复杂性和岩土工程类型的极其多样性,岩土工程的发展是极不平衡的。人们对于岩土特性的认识还远不能满足工程实践的要求,岩土工程设计仍然是在很大的不确定性条件下进行的,随着工程规模和难度的增大,岩土工程中新的技术问题不断出现,工程事故仍时有发生。面临21世纪社会、经济和科学技术的飞跃发展,岩土工程将在充满矛盾和挑战中进入新的发展历史时期。

4.4 隧道及地下工程的发展历史与技术进步

几十万年前,北京猿人利用周口店天然溶洞作为栖身之处,我们的祖先在远古时代,就利用双手和简单工具,模拟天然洞穴形状修建了黄土窑洞和地下墓穴。各文明古国曾修建了大量的地下墓室,灌溉、给水、排水隧洞,采矿巷道及地下粮仓等。在现代社会,世界范围内大量兴建城市地铁、地下商场、地下街、地下道路、地下储藏库、矿山工程等,地下工程的规模愈来愈庞大。上世纪 80 年代，国际隧道协会（International Tunnel Association，简称 ITA）提出"大力开发地下空间，开始人类新的穴居时代"的口号。纵观隧道及地下工程的历史与发展，从某种意义上来讲，隧道及地下工程建设的历史即是人类文明发展的历史，其发展历程可分为古代、近代和现代三个时代。

1. 古代隧道及地下工程

古代隧道及地下工程，是指从旧石器时代到公元 17 世纪，主要特点是利用天然材料，如岩石、土体等，辅以初级的人造材料，如砖、瓦、青铜、铁等。这一时期的隧道及地下工程基本全部依赖手工或简单机械来完成。

窑洞是人类利用地下空间的一个重要里程碑。黄土窑洞是我国历代劳动人民在长期生活实践中，认识、利用、改造黄土的智慧结晶。它起源于古猿人脱离巢居而"仿兽穴居"时期，历经上百万年。由于窑洞建造施工简单，且具有冬暖夏凉特点，因此在我国西北地区黄土地带广泛采用，至今在河南、山西、陕西、甘肃等省，窑洞仍是当地民居的形式之一（图 4.26）。

图 4.26　地下窑洞

中国汉代在今陕西褒城修建隧道时，曾用火煅石法（用柴烧炙岩石，然后泼以水或醋，使之粉碎）开通了长 14m、宽 3.95 ~ 4.25m、高 4 ~ 4.75m 的石门隧洞。秦始皇陵修建于公元前 206 年，从已发掘的兵马俑坑群规模来看，它可能是我国历史上最大的地下陵墓工程，被称为世界人类历史上的第八大奇迹。公元 7 世纪，我国隋朝在洛阳东北建造了近 295 个地下粮仓，面积达 600m × 700m，其中第 160 号仓直径 11m、深 7m、容量 445m^3。在魏晋及南北朝时期，我国石工技术达到了很高水平，相继建成了著名的云冈石窟、龙门石窟、敦煌莫高窟（图 4.27），以及甘肃麦积山和河北邯郸响堂山石窟等，这些石窟岩洞形成了大型的雕刻艺术空间。

地处戈壁滩的新疆吐鲁番，修建有举世闻名的坎儿井（图 4.28）。坎儿井最早出现于公元前 200 年，但吐鲁番的坎儿井大多修建于清朝时期，总数近千条，全长约 5 000km，形成了一套完整的地下水利系统，享有"地下长城"之美誉，与万里长城、京杭大运河并称为中国古代三大工程。

国外最早的地下工程当属著名的埃及采矿穴和罗马的下水道。世界上第一座交通隧道是公元前 2180 年 ~ 公元前 2160 年在巴比伦城中的幼发拉底河下修建的人行隧道。公元前 30 年，奈波耳附近修建了道路隧道。然而在公元 5 世纪到 16 世纪，国内外的隧道及地下工程发展基本处于停滞阶段。

图 4.27　敦煌莫高窟

图 4.28　新疆坎儿井

2. 近代隧道及地下工程与新技术诞生

近代隧道及地下工程时期是指从 17 世纪到第二次世界大战前后。在这一时期,木、石、砖等建筑材料特别是混凝土、钢材和钢筋混凝土等得到广泛应用,重要的是在工程设计中运用了力学与结构的概念和原理。在施工技术方面,由于火药的使用出现了矿山法(Mine Tunnelling Method)(又称钻爆法,Drill and Blast Method)隧道施工方法;工业革命的发展促进了机械替代人力的开挖方法,如隧道掘进机法(Tunnel Boring Machine,简称 TBM)、盾构法(Shield Tunnelling Method)及顶管法(Pipe Jacking Method)等。

在这一阶段完成的工程主要分为两类:一类是用于交通运输,一类则是用于人防工事,尤其是第二次世界大战期间兴建了一大批地下工事。

(1)传统矿山法

从 17 世纪炸药和 18 世纪蒸汽机的使用,矿山法开始应用于隧道开挖,促进了隧道及地下工程的迅速发展。传统矿山法因最早应用于采矿而得名,它主要采用钻眼、装药、放炮、出渣、支护等循环或利用臂式掘进机来完成隧道施工,采用炸药爆破岩石是其特点,因此也常被称为钻爆法。

近代修建的隧道几乎全部采用传统矿山法修建。如 1613 年英国建成伦敦地下水道;1679 年法国修建了 Midi 运河中的 Malpas 隧道(图 4.29),长度 173m;1681 年修建了地中海比斯开湾长 170m 的连接隧道;1826 ~ 1830 年英国修建了长 770m 的泰勒山单线铁路隧道和长2 474m 的维多利亚双线铁路隧道;1843 年英国在伦敦建成越河隧道;1863 年伦敦建成世界第一条城市地下铁道;建于 1857 ~ 1871 年的仙尼斯双线隧道长 12.8km,穿越阿尔卑斯山连接法国和意大利的公路隧道;建于 1871 ~ 1881 年的圣哥达双线铁路隧道,长 15km,穿越连接瑞士和意大利 3 200m 高的圣哥达山峰(图 4.30);辛普伦隧道是连接瑞士和意大利的一座铁路长隧道,长 19.8km,其中第一号隧道建于 1896 ~ 1906 年,第二号隧道建于 1912 ~ 1921 年。美国最长的隧道是 1925 ~ 1928 年修建的长 12.54km 的喀斯喀特隧道。

中国第一座铁路隧道是 1887 ~ 1889 年台湾省台北至基隆窄轨铁路上的狮球岭隧道,长 261.4m。八达岭隧道位于(北)京包(头)铁路青龙桥车站附近,这座单线隧道全长 1 091m,由我国杰出的工程师詹天佑亲自规划督造(图4.31),自1907年开工,在中国技术人员和工人的努力下,仅用18个月,于1908年竣工。八达岭隧道是中国自行设计和施工的第一座越岭隧道,在中国近代隧道修建史上写下了重要的一页。

图4.29 法国Malpas运河隧道(1679年)

图4.30 瑞士Saint Gothard隧道(1882年)

第二次世界大战中,参战国修建了大量的地下军事工程。这些地下工程多采用传统矿山法修筑。到1946年,德国已建143座坑道式工厂。中国抗日军民在河北省焦庄及冉庄等地构筑了四通八达的地道工事(图4.32),电影《地道战》中的地道工事就是一个实例。

图4.31 八达岭隧道(1908年)

图4.32 河北冉庄地道(1942年)

(2)新技术的诞生

传统矿山法的大量采用,也逐渐暴露出其严重的安全和工期问题,如爆破容易扰动隧道周围岩石,产生塌方安全事故和导致长隧道钻爆施工工期长等问题。因此在近代,诞生了多种新的隧道开挖方法及施工技术。

隧道掘进机(Tunnel Boring Machine,简称TBM)方法是隧道施工的革命性技术创新,这是一种利用回转刀具开挖(同时破碎和掘进)隧道的机械装置。掘进机上还安装有支护、吸尘、通风、导向等辅助设备,能完成多种作业,因此又称为联合掘进机。世界上第一台可连续掘进的TBM是美国工程师Charles Wilson于1851年设计的,由于滚刀设计问题无法克服,致使TBM在很长时间内并没有得到发展。

对穿越江河水下的通道施工中，为能有效地预防土体的塌陷和水的灌入，法国工程师 Brunel（图 4.33）在蛀虫钻孔的启示下于 1818 年发明盾构法（Shield Method）隧道施工方法，亦称掩护筒法，并于 1825 年在英国泰晤士河隧道中首次成功使用（图 4.34）。盾构法是在土层或松软岩层中修建隧道的一种方法，一般采用盾构顶进，而后拼装预制管片形成衬砌隧道。

图 4.33　法国工程师 Marc Isambard Brunel（1769 ~ 1849 年）

穿越江河的另一种重要手段也是在这一时期提出的，即沉管法（Immersed- tube Method），又称沉埋法。所谓沉管法是在水底预先挖好沟槽，把预制好的管体浮运到沉放现场，按顺序沉放到沟槽中，并回填覆盖而成的隧道（图 4.35）。沉管法修筑隧道最早于 1810 年在伦敦泰晤士河试验，该隧道的两个孔道由砖石圬工砌成，外径 3.4m。由于管段防水问题的困扰，试验一直未能成功。直到 1894 年美国在波士顿市修建了世界上第一座混凝土（砖）结构的沉管隧道，以及 1904 年建成的底特律水底铁路隧道才宣告沉管法的成功诞生。

图 4.34　最早采用盾构法修建的隧道（1818 年）

图 4.35　沉管隧道修建示意图

3. 现代隧道及地下工程与技术进步

现代隧道及地下工程是指从第二次世界大战之后到现在，主要特点是地下工程的数量和规模迅速增大，不但修建了众多的铁路隧道、公路隧道、水底隧道，还出现了种类繁多的地下商业街、地下商场、地下车库、共同沟等，甚至出现了地下城市。在这一阶段，由于对岩土体介质的认识及工业化的大力发展，隧道建设技术快速发展。20 世纪 50 年代，逐渐形成了各类隧道及地下工程的规划、设计和施工的基本原理，并在土木工程中形成一个独立的学科分支。下面结合国内外大型工程介绍主要的隧道施工方法。

（1）岩石隧道与矿山法和新奥法

由于传统矿山法施工机具简单，而且对不同岩石具有广泛的适用性，加上施工成本较低，因此在岩石隧道施工中被广泛采用，即使到现在，矿山法仍然占据岩石隧道施工的主导地位。国外典型的采用矿山法施工的隧道有日本的青函海底隧道和意大利—法国的勃朗峰隧道。

日本青函海底铁路隧道（Seikan Tunnel）横穿津轻海峡连接日本青森和北海道的函馆，是世界上包括陆地长度在内单行最长的隧道。该隧道于 1964 年开挖调查坑道，经过 7 年的各种海底科学考察研究，最终选定安全的隧道线路，并于1971年4月正式动工开挖主坑道，历时12个月，于1983年1月27日先导坑道贯通，1988年3月13日青函隧道正式通车，前后历经24年，耗资7 000亿日元。青函隧道由3条隧道组成，主隧道全长53.85km，其中海底部分长23.3km，陆上部分本州一侧为13.55km，北海道一侧为17km；主隧道宽11.9m，高9m，断面$80m^2$。除主隧道外，还有两条辅助坑道：一是调查海底地质用的先导坑道；二是搬运器材和运出砂石的作业坑道，这两条坑道高4m、宽5m，均处在海底。现在，先导坑道用于换气和排水，漏到隧道的海水会被引到先导坑道的水槽，然后再用高压泵排出地面。作业坑道则用作列车修理和轨道维修的场所。穿越隧道需要30min。青函海峡隧道纵剖面见图4.36，隧道典型剖面见图4.37。

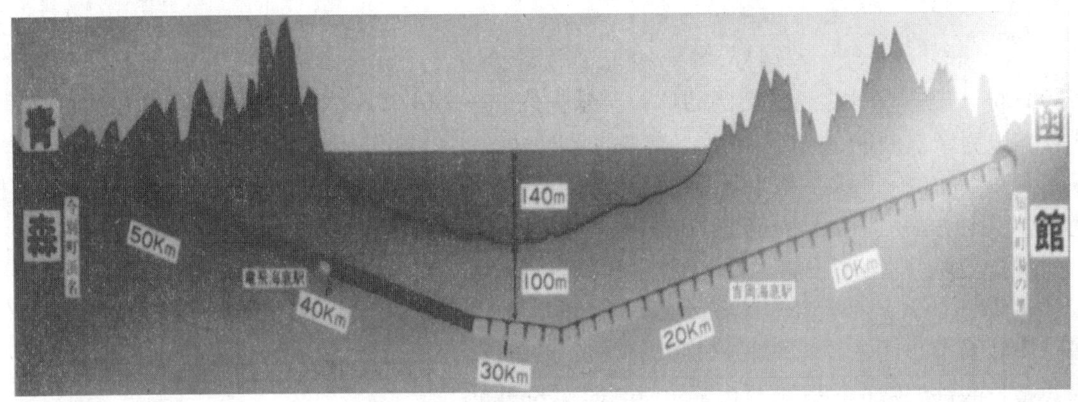

图4.36　青函海峡隧道纵剖面图

另外一座采用矿山法修建的公路隧道为勃朗峰隧道（Mont Blanc Tunnel），修建于法国和意大利交界处的阿尔卑斯山的最高峰——勃朗峰（图4.38）。隧道于1957年动工开凿，1965年7月16日建成通车。隧道全长11.6km，宽8.6m，高4.35m，约2/3在法国境内，由法意两国共同管理。

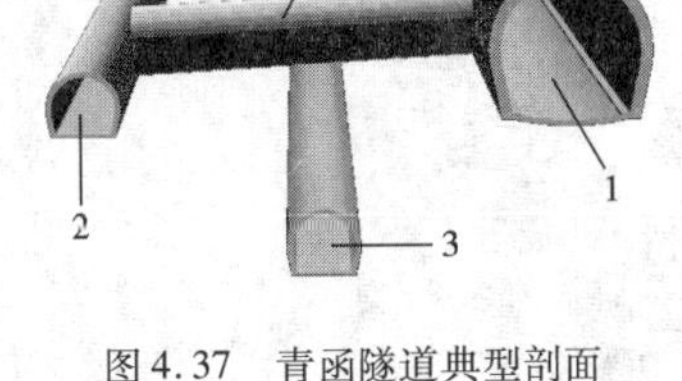

图4.37　青函隧道典型剖面

1-主隧道；2-服务隧道；3-导坑；4-联络通道

尽管矿山法在岩石隧道施工中广泛采用，但它也存在明显的缺点，除了掘进速度和效率相对较低外，最大的问题就是对周围岩石的扰动大。另外，施工作业条件差、工人劳动强度大、安全性差等也是困扰矿山法的诟病。为克服这些缺点，人们不断地探索和完善隧道矿山法，具有代表性的革新是新奥法。目前，传统的矿山法已逐渐被新奥法所取代。

新奥法（NATM）是新奥地利隧道施工方法（New Austrian Tunneling Method）的简称，最早是由奥地利Rabcewicz等人在传统矿山法的基础上，总结支护施工经验，并结合岩体力学理论于1948年提出来的。该方法于1956年获专利权，1963年正式命名为NATM。与传统隧道施工方法不同，NATM强调发挥周围岩石的自承作用，以薄层柔性支护与围岩结合形成的支护系统取代厚层的混凝土衬砌支护，改善了结构受力性能，减少了开挖量和圬工量，在经济性和安全性方面，均优于传统的矿山法。

新奥法于20世纪60年代引进我国，并以其快速、节省、安全及其高度灵活性与优越性越来越受到学者和工程人员的青睐，在几乎所有重点隧道工程施工中都采用了新奥法。

在我国，最早成功应用新奥法施工的标志性隧道当属大瑶山铁路隧道，该隧道于1981年11月开工，1987年建成通车。大瑶山隧道是中国当时已通车的最长双线电气化铁路隧道（图

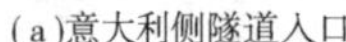

(a)意大利侧隧道入口

(b)隧道内部

图 4.38　勃朗峰隧道

4.39),位于广东省粤北瑶山山区的坪石至乐昌间,全长 14 295m。该隧道埋深 70 ~ 910m,双线铁路电力牵引断面,由于采用截弯取直的长隧道设计方案,隧道建成后,比既有铁路坪石至乐昌距离缩短约 15km。大瑶山隧道的修建,标志着隧道先进的设计和施工方法——“新奥法”在中国的成功运用,也为该工法在中国的推广奠定了基础。

被誉为“亚洲第一长隧”的我国甘肃乌鞘岭隧道于 2006 年 3 月 30 日正式开通运营,是我国铁路历史上首次长度突破 20km、亚洲最长的陆地铁路隧道,全长 20.05km,是我国长距离隧道施工技术进步的重要标志(图 4.40)。2007 年动工建设的石太铁路专线其中包括我国迄今为止最长的铁路隧道——太行山隧道,全长 27.839km。

图 4.39　大瑶山隧道(1987 年)

图 4.40　乌鞘岭隧道(2006 年)

我国自行设计施工的高速公路特长隧道——秦岭终南山公路隧道单洞全长 18.02km,为双洞 4 车道,建设规模世界第一,长度居亚洲第一、世界第二,被誉为“亚洲第一隧道”(图4.41)。该隧道是国家高速公路网包头到茂名线控制性工程隧道。隧道于 2007 年 1 月 20 日建成通车,至此秦岭天堑变通途,西安至秦岭深处的柞水县城行车时间由原来的 4h 缩短为 40min。

我国大陆首条海底隧道翔安隧道 2006 年 4 月 30 日在厦门动工,预计 2010 年建成。隧道全长 9km,跨海主体工程长约 6km,双向 6 车道,采用新奥法施工,工程总投资约 32 亿元。

(2)隧道掘进机(TBM)

1956 年,美国的 James Robbins 仿照一百年前 Charles Wilson 的设计,成功解决了第一台 TBM 的刀具问题。从此,TBM 得到了广泛的推广与应用。目前世界上每年开挖的隧道有 30% ~40% 是由 TBM 来完成的。TBM 相比传统矿山法具有高效、快速、优质、安全等优点,其

图4.41　陕西秦岭终南山隧道(2007年)

掘进速度一般是传统钻爆法的4~10倍。此外,采用TBM掘进还有利于环境保护和节省劳动力,提高施工效率,整体上比较经济。另外,TBM掘进技术体现了计算机、新材料、自动化、信息化、系统科学、管理科学等高新技术的综合集成,在一定程度上反映了一个国家的综合实力与科技水平。典型隧道掘进机如图4.42所示。

随着科学技术的发展与进步,TBM的类型不断增多。以围岩地质条件划分,有硬岩TBM、软岩TBM和软硬兼容TBM;以开挖直径划分,有微型TBM(250~3 000mm)、中型TBM(3 000~8 000mm)和巨型TBM(>8 000mm);以护盾形式划分,有敞开式TBM、双护盾或多护盾式TBM、盾构TBM等。同时TBM的适用范围也不断扩大,从松散软土、淤泥,到极坚硬的岩石都可应用,而且还能适用于一些较为复杂的地质条件。

图4.42　岩石隧道掘进机

最著名的采用隧道掘进机修建的隧道莫过于英法海底铁路隧道。英法海峡隧道(The Channel Tunnel)又称欧洲隧道(Eurotunnel),横贯多佛尔海峡,从英国的福克斯通到法国的桑加特。隧道于1987年7月正式动工,1993年12月完工,1994年5月正式投入运营,历经7年修建,总投资128亿美元。隧道施工采用了11台TBM同时开挖,在开挖过程中,其中一台Robbins TBM创造了月成洞1 719.1m的当时世界纪录。隧道由三条长约50km的平行隧洞组成,总长度约148km,见图4.43~图4.45。英吉利海峡海面宽约37km,三条隧道中,两条交通隧道长度分别为49.33km和49.36km,成洞直径7.6m,开挖洞径为8.36~8.78m;中间服务隧道长49.32km,成洞直径4.8m,开挖洞径为5.38~5.77m,主要用于管理、维修等。高速火车时速260km,穿越隧道只需要26min,从巴黎到伦敦的时间由原来的5h缩短为3h。英法海峡隧道的建成,亦是融英、美、法、日、德等先进国家隧道施工技术于一体的最高成就。

另外,丹麦斯多贝尔特大海峡跨海工程全长18km,1988年动工,1998年完成通车,总投资折合人民币490亿元。其中的海底隧道长7.9km,由2条外径8.5m的隧道组成,见图4.46。隧道最大埋深75m,采用4台直径8.78m的混合型隧道掘进机施工。由于隧道穿越的地层为冰碛和泥灰岩,均为含水层,渗透水量大,因而比英法海峡隧道的掘进施工更为困难。工程中曾发生涌水险情,采用海底井管降水、冻结、气压等辅助施工法解决了困难。

图 4.43 英法海峡隧道(1994 年)

图 4.44 英法海峡隧道入口

图 4.45 英法海峡隧道内部结构

我国首次采用隧道掘进机施工的秦岭铁路隧道,该隧道位于安康铁路线上,全长为 18.46km,是至今为止已建成通车的我国最长的单线铁路隧道,同时也是国内外采用隧道掘进机施工的第三座长隧道(第一座是英法海峡隧道,第二座是瑞士费尔爱那铁路隧道)。秦岭隧道断面设计为圆形,开挖直径 8.8m,成洞直径 7.7m。左线隧道采用 2 台德国 Wirth 公司专门设计的开敞式全断面掘进机施工,从南北两个洞口相向掘进,掘进机直径 8.8m,刀盘装有 73 把盘形滚刀,刀圈直径 432mm。掘进机整机全长 256m,总质量约 1 300t。隧道于 1997 年 12 月开工,2000 年 5 月竣工。TBM 创造了月掘进 528.1m 的全国最高记录,平均月掘进进尺达到 288m。秦岭隧道开创了我国应用隧道掘进机的先河。

图 4.46 丹麦斯多贝尔特大海峡隧道(1998 年)

(3)盾构法隧道

盾构法隧道经过 100 多年的应用与发展,尤其从上世纪 60 年代开始,盾构经历了气压盾构—泥水加压盾构—土压平衡盾构的发展历程，目前盾构法已能适用于各种条件下的施工。我国盾构机主要用于软弱和富水地层（上海）、普通地层（北京）和复合岩土地层（广州）。

在国外，日本东京湾跨海公路（Trans-Tokyo Bay Highway）是典型的采用盾构法施工的海底公路隧道工程，全长15.1km，由海底隧道、桥梁和人工岛三部分组成，其中隧道长10km（图4.47）。隧道由2条外径13.9m的单向公路隧道组成，最大埋深50m，采用8台直径为14.14m的泥水平衡盾构掘进机施工（图4.48），分别从浮岛（Ukishima）联络道、川崎和木更津（Kisarazu）人工岛出发。盾构设计采用最先进的自动掘进管理系统、自动测量管理系统和管片自动拼装系统，8台盾构在海底实现了对接，体现了高新技术在隧道工程中的应用。该隧道于1997年12月竣工，1998年通车，标志着当时盾构隧道施工最先进的技术水平。

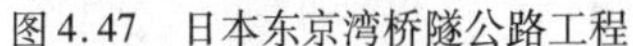

图4.47　日本东京湾桥隧公路工程

图4.48　东京湾隧道采用的盾构机

在城市道路隧道方面，具有代表性的是从20世纪60年代起上海采用盾构法施工的越江公路隧道，先后建成打浦路越江隧道、延安东路过江隧道南北线、黄浦江隧道、大连路隧道、翔殷路隧道等，图4.49为1965年8月至1970年9月建造的上海市打浦路越江隧道，隧道为单管双向车道，全长2 761m，在黄浦江底掘进1 322m，是国内采用盾构法施工的第一条水底公路隧道。图4.50为2001年5月25日通车的上海大连路隧道，为双管双向四车道。

图4.49　上海延安路城市道路隧道

图4.50　上海大连路城市公路隧道

上海复兴东路公路隧道于2004年9月29日通车，是我国第一条双层、双管越江隧道（图4.51），也是世界上当时第一条建成通车的双层公路隧道。该隧道西起浦西复兴东路、光启路，东至浦东张扬路、崂山东路，全长2 785m，总投资15.9亿元人民币。隧道采用双层、双管设计，大幅提高了隧道空间的利用率，为双层式隧道的发展提供了可资借鉴的经验。

在盾构法修建隧道方面，值得提出的是目前在建的世界最大直径的上海长江公路和地铁

图 4.51　上海复兴东路双层公路越江隧道(左为上层隧道,右为下层隧道)

共用桥隧工程。该工程起自浦东五号沟、与郊区环线相接,过长江南港水域,经长兴岛,再过长江北港水域,止于崇明陈家镇,接陈海公路,路线全长约 25.5km。南港水域以隧道方式穿越,单管隧道上部为 3 车道公路,下部为单向地铁通道。隧道江中段纵剖面呈"W"形,江中段纵坡按 0.3%、0.87% 布置,路域段采用 2.9% 纵坡,见图 4.52 所示。包括浦东岸边段、江中段和长兴岛岸边段 3 部分,全长 8 955.26m,投资额约 63 亿人民币。掘进采用德国海瑞克公司制造的大型盾构机,直径达到 15.43m,是目前直径最大的盾构机,见图 4.53。隧道结构的外直径为15.0m,内直径为 13.7m,衬砌采用钢筋混凝土管片,管片环的宽度为 2.0m,厚度为 0.65m,见图 4.54。

(a)隧道纵断面图

(b)隧道横断面图

图 4.52　上海长江隧道工程纵横断面

图 4.53　长江隧道盾构机

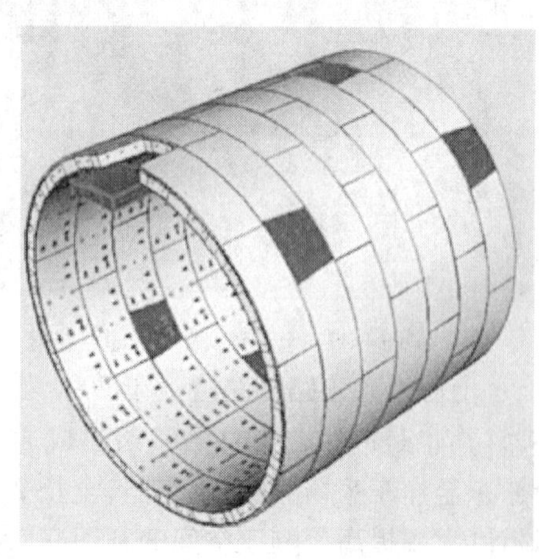

图 4.54　长江隧道管片结构

(4)沉管法隧道

沉管隧道历史至今已逾百年,世界各国采用沉管法修建或在建的水下隧道已达150余座。多数地基条件均适于沉管法施工,并能适应于纵向发生不均匀沉陷的地基。此种施工法也完全适用于地震地区。由于管段是预制的,因而沉管隧道质量更可靠,断面利用率更高。沉管隧道最主要的缺点是在沉管阶段对于河道上的船舶交通会造成影响。

沉管隧道预制管段由早期的单层或双层钢壳作为模板和防水结构,逐渐过渡到采用钢壳和聚合物防水层相结合。20世纪90年代以后,欧洲国家的预制钢筋混凝土管段基本上以本体自防水为主。

我国大陆第一条在软土地基上采用沉管法建造成功的水下隧道为浙江宁波甬江隧道,该隧道全长1 018m,其中隧道沉管长419.58m,1994年12月建成(图4.55)。

采用沉管法修建的上海外环线越江隧道工程(泰和路隧道),其规模为亚洲第一、世界第三,是继荷兰Drecht隧道之后的世界上第二条八车道公路隧道,见图4.56。该隧道位于距吴淞口约2km的吴淞公园附近,东起浦东三岔港,西至浦西吴淞公园,工程全长2 870.127m,为双向八车道水下公路交通沉管隧道,设计车速80km/h,工程总造价19亿元。隧道江中段共由7节管段组成($4\times100m+3\times108m$),隧道横断面宽43m,横截面积约为400m^2,面积与一个标准足球场差不多。该隧道规模大、工期紧、技术复杂,是集多领域施工技术于一体的综合性系统工程,为世界特大型沉管隧道在复杂条件下的施工积累了宝贵经验。

图4.55 浙江宁波甬江沉管隧道

图4.56 上海外环沉管隧道结构示意图

(5)轨道交通隧道工程

在轨道交通建设方面,世界城市地下铁路轨道交通一百多年来发展很快,尤其是在日本、欧洲、北美等国家和地区。具有代表性的城市有:纽约、巴黎、伦敦、东京、莫斯科等。

纽约市公共交通占总交通量的53%,到内城的客运80%采用大容量交通工具。市区地铁共有27条,长443km,所有车站通宵服务。巴黎轨道交通承担巴黎公共交通70%运量,市内和郊区汽车承担30%。地铁有15条线,共199km,是内城公共交通的骨干。伦敦作为世界上第一个建成地铁的城市,现在已拥有了总长408km的地铁网,其中160km在地下,共有12条路线,274个运行车站。东京地铁总里程排名世界第四位。莫斯科拥有遍及全市的立体交叉地铁网,总长243km,140多个车站,由一条环线和8条放射线组成,日运量高达800多万人次,居世界之首。

我国自1965年北京修建第一条地铁以来,内地已有北京、上海、广州、深圳、天津、长春、大连、武汉、重庆、南京10个城市陆续修建了地铁及轻轨线路,已建成投入运营的有18条线路,运营里程达到420km。这些线路的修建为缓解城市交通拥堵状况起到了重要的作用。以北京

第一条地铁为例,1971 年北京地铁年客运量为 828 万人次,1995 年年客运量达到 5.58 亿人次,占全市公交总量的 14%。在此期间年客运量增长了 67.4 倍,平均年递增 20%。香港地铁作为世界范围内唯一一家赢利运营的地铁机构,成为一个带有独自特色的地铁系统。

为了构筑国际化大都市现代化交通体系,上海从 20 世纪 90 年代开始大力发展轨道交通。经过 10 多年的建设,上海已经建成并投入运营的轨道交通 1、2、3、4 号线,形成了总长 115km 左右、"十字加环"的"申"字形初始线路,日承担客运量 120 万人次,约占公交客运总量的 11%,初步显示了轨道交通快速和大运量的优势。图 4.57 为上海运营中的某地铁车站。

图 4.57　上海某地铁车站

(6)地下空间综合开发与利用

近年来,开拓地下空间资源和发展其经济效益,是当前各国在隧道及地下工程领域中总的发展趋势。世界各国非常重视城市地下空间的开发与综合利用,修建了大量的地下存储库、地下停车场、地下商业街、地下文娱体育设施和用地下管线等连接为一体的地下综合建筑群体。日本从 1930 年开始建设地下商业街,60 年代以后,大规模开发利用地下空间,至 1985 年共建有 76 处地下街,总面积达 82 万 m^2,其中 27.4% 用于交通通道,29.3% 用于商店,26.6% 为地下停车场。地下空间利用为缓解城市用地紧张起到了重要作用。加拿大的蒙特利尔市坐落于一个小岛上,人口 290 多万,降雪期达 6 个月。为了节省空间,方便市民,市府修建了长达 17km、建筑面积 91 万 m^2 的地下街,有 142 家餐馆、1 024 个商铺、24 家电影院、4 家剧院、26 家银行在地下街营业。巴黎市中心列·阿莱广场的地下街道总面积约 40 万 m^2,除商铺外,还有大型歌剧院、地下仓储、地下体育馆、地下图书馆、地下医院、地下原油储备库、地下博物馆、地下观光隧道、地下粮库等。图 4.58 和图 4.59 分别为典型城市地下空间开发利用示意图,及已

图 4.58　城市地下空间综合开发与利用

图 4.59　法国巴黎某地下综合开发与利用

经修建好的法国巴黎某地下综合开发实例。

挪威 Gjovik 奥林匹克山会堂是 1994 年为冬季奥运会冰曲棍球比赛建设的多功能地下空间(图 4.60),其地下空间跨度达到 61m,是世界上最大的地下空间利用工程,也是地下工程公共利用的全世界最高标志。

图 4.60 挪威 Gjovik 奥林匹克山会堂(1994 年)

中国地下商场、商业街的建设也正如火如荼地展开,在北京、上海、西安等城市的地下交通枢纽(图 4.61)、地下商场(图 4.62)、地下观光隧道、地下停车库等都已初具规模。可以预见在不远的将来,地下空间的开发将成为一个城市现代化程度的象征。

图 4.61 城市地下综合交通枢纽工程

图 4.62 上海某地下商场

4.5 展 望

1. 工程实践的新要求与岩土力学发展趋势

岩土力学的发展经历了从经验逐步过渡到理论的过程,随着人们对土的力学特性的认识越来越深入,已经发现了许多新的现象,例如应力路线的依赖性、强剪缩性和反向剪缩等。许多问题不但经典土力学理论无法解释,现有的非线性和弹塑性本构理论也无能为力。因此,不少学者正在探索新的研究思路,包括从细观结构上开拓新的研究途径。目前随着计算机的计算速度和存储能力的飞速发展以及计算方法的日益完善,数值模拟方法已经成为一个强有力的工具,在土力学的计算与分析中数值分析方法也发展很快,包括有限元、边界元、颗粒流等数值计算方法的发展，促进了计算土力学以及土的本构模型的研究和发展。反馈分析法来源于太沙基和派克提出的“观察法”，一方面用现代先进技术进行原体观测，同时在现代计算技术的基础上建立联系理论、经验与现场观测资料的专家系统，通过这一途径改进当前或今后的工程设计，无疑是今后土力学发展的一个重要内容。

由于土的特性多变，人们越来越不满足于一个土层具有一定力学指标的定值研究方法，从20世纪70年代开始的土的随机性研究正方兴未艾。此外与之相对应的基于可靠度的研究理论，以及基于风险的研究理论为岩土力学注入了新的活力。

2. 岩土工程与地下工程的发展态势

岩土工程的发展将围绕现代土木工程建设中出现的岩土问题并将融入环境科学、材料科学等其他学科取得的新成果。岩土工程涉及土木工程建设中岩石与土的利用、整治或改造等工程问题，其基本内容还是岩体或土体的稳定、变形和渗流问题。纵观当前的工程实际，今后将在各种基础工程设计计算理论与方法、岩土工程测试技术、地基处理与加固技术、环境岩土工程以及特殊岩土工程等领域取得更大发展。在基础工程设计理论方面，对以复合基础为代表的不同介质相互作用分析方法等的建立与完善，设计出各种新型的基础形式等。随着相关学科的发展，岩土工程测试技术将发生飞跃，各种电子量测技术、光学量测技术、航测技术、磁场测试技术、遥感测试技术和虚拟测试技术等都有可能在岩土工程测试方面找到应用的结合点。在地基处理与加固领域，各种新材料、新机械、新工艺将不断涌现，如新型高压喷射注浆法、新型土工合成材料和三维土工加固方法等将在工程建设中得到应用。环境岩土工程是岩土工程与环境科学密切结合的一门新学科，它主要应用岩土工程的观点、技术和方法为治理和保护环境服务。人类生产活动和工程活动造成许多环境公害，如采矿造成采空区坍塌，过量抽取地下水引起区域性地面沉降，工业垃圾、城市生活垃圾及其他废弃物，特别是有毒有害废弃物污染环境，基坑工程土方开挖和预制桩挤土效应对周围环境的影响等。另外，地震、洪水、风沙、泥石流、滑坡、地裂缝、隐伏岩溶引起地面塌陷等灾害对环境造成破坏。上述环境问题的治理与预防给岩土工程师提出许多新的研究课题。随着城市化、工业化发展进程加快，环境岩土工程研究越来越得到重视，也必将在保持良好的生态环境和保持可持续发展方面作出更大贡献。展望岩土工程的发展，还要重视如下特殊岩土工程问题：库区水位上升引起周围山体边坡稳定问题，越江越海地下隧道中岩土工程问题，超高层建筑的超深基础工程问题，特大桥、跨海大桥超深基础工程问题，大规模地表和地下工程开挖引起岩土体卸荷变形破坏问题，以及沙漠化治理中的岩土工程问题等。

随着隧道及地下工程的开发与利用，新的问题层出不穷，如材料的耐久性、地下空间规划利用的合理性、复杂条件下的施工以及设计计算的理论等等。对于水下隧道而言，材料的耐久性问题更为突出，由于海水中腐蚀性离子的存在，对水下构筑物的影响巨大，直接表现为影响结构的使用寿命，严重的还会造成结构失效，人员伤亡。由于人们对地表建筑以及环境保护的要求越来越高，隧道及地下工程在施工过程中的精细化程度便成为一个制约地下工程发展的关键问题。如何做到最大程度地保护周围地层不受扰动、如何做好地层的超前预报，都成为工程实践提出的新要求。

随着人类生存条件的改善，地下空间的开发越来越受到重视，在各种地层里建造地下构筑物都成为可能。对于基础工程而言，如何在各种复杂的地质条件下设计施工，以及针对具体的工程，如何设计出合理的基础形式成为地下工程的新的研究课题。

3. 未来隧道挑战

随着城市化的飞速发展,用地面积日益紧缺、环境保护愈加重要,人民回归自然的呼声日益剧增。新型隧道及地下工程的方式层出不穷。例如穿越深水的通道形式,提出的概念性悬浮隧道,正在逐渐走入人们的视野。它是由浮在水中一定深度的管状结构、锚固在水下基础的锚缆杆(或水上浮箱)装置以及与两岸相连的构筑物组成,这是一种新的跨越海峡、大江湖泊、水道的交通结构物,见图4.63。但迄今为止,世界上还没有建成一座真正的悬浮隧道,这对未来的隧道界是一个挑战。另外,在相当长的时间内,隧道施工尤其是大断面、长距离、高水压等复杂条件下的隧道施工技术仍然具有一定的挑战性。

在隧道运输方面,近年来人们提出了"真空隧道输运"设想,即在隧道内部形成真空,减小气体摩阻力,通过急速挤压真空条件下超快输送容器来实现运送工作。瑞士人提出在半真空的隧道内,以时速400km/h的速度,在城市密集区的地下运送旅客。另外,有人还提出利用火箭喷射助力设备,驱使输送设备在隧道内完成运送任务。目前法国、美国等大城市已经开发了地下物流系统,从而实现隧道快速货运(图4.64)。

图4.63 悬浮隧道

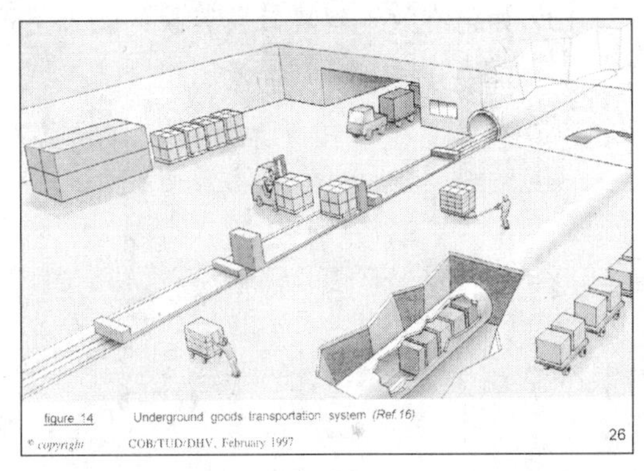

图4.64 城市地下物流枢纽

参考文献

[1] 高大钊. 岩土工程的回顾与前瞻. 北京:人民交通出版社,2001.

[2] 沈珠江. 理论土力学. 北京:中国水利水电出版社,2000.

[3] 卢肇钧. 太沙基传. 见:陈善蕴编. 卢肇钧院士科技论文选集. 北京:中国建筑工业出版社,1997:174-178.

[4] I. K. Lee 等著,俞调梅等译. 岩土工程. 北京:中国建筑工业出版社,1986.

[5] 孙钧. 世纪之交岩土力学研究的若干进展. 见:岩土力学数值分析与解析方法. 广州:广东科技出版社,1999.

[6] 高渠清. 高渠清隧道及地下工程论文选集. 北京:中国铁道出版社,1996.

[7] 王毅才. 隧道工程. 北京:人民交通出版社,2001.

[8] 关宝树,国兆林. 隧道及地下工程. 成都:西南交通大学出版社,2000.

[9] 上海隧道工程股份有限公司施工技术研究所科技情报室. 世界三大海底隧道工程,1999.

[10] 刘建航,侯学渊. 盾构法隧道. 北京:中国铁道出版社,1991.

[11] 王建宇. 隧道工程的技术进步. 中国铁道科学,1999,20(4):30-36.

[12] 陈韶章. 沉管隧道设计与施工. 北京:科学出版社,2002.

思考讨论题

1. 岩土介质与人工材料相比有哪些特点?

2. 岩土力学与岩土工程的关系如何?

3. 岩土力学的三个发展阶段取得了哪些主要成就?

4. 建筑工程与港口、水利工程中的岩土工程问题有什么差异?

5. 超高层建筑、特大型桥梁等的基础形式有哪些发展?

6. 隧道和地下工程与地面工程相比在哪些方面存在不同?

7. 对于穿越江河的隧道工程,可能采用的隧道施工方法有哪些? 并需要考虑哪些关键点?

8. 新奥法(NATM)施工的主要核心点是什么?

9. 隧道和地下工程主要施工方法有哪几类? 选择施工方法依据哪些因素?

10. 如何有效地解决日益紧缺的城市用地和城市交通环境污染问题?

第五章 道路与机场工程

5.1 中外古代道路发展概况

道路伴随人类活动而产生，又促进人类社会的进步与发展，是人类文明的象征，科技进步的标志。人类建造道路的历史至少有几十个世纪，没有人能够真正说出世界上第一条道路是何时或在何处建成的。远古时期，人们经常沿着动物的足迹或最省力的路径行走，被不断践踏的地方就成为小径，日复一日，年复一年，小径逐渐演变成为一般的道路。

公元前20世纪的新石器晚期，中国就有记载使役牛、马为人类运输而形成的驮运道。相传，是中华民族的始祖黄帝发明了车轮，并以“横木为轩，直木为辕”制造了车辆，继而产生了行道，故尊称黄帝为“轩辕氏”。商朝（公元前16世纪～前11世纪），中国人已懂得夯土筑路、用石灰稳定土壤。从殷商的废墟地，也发掘出用碎陶片和砾石铺筑的路面，并出土了大型的木桥。周朝（公元前11世纪～前5世纪）的道路规模和水平已有了相当的发展，出现了较为系统的路政管理，人们已将道路分为城区和郊区：城区道路分“经、纬、环、野”四种，南北之道为经，东西之道为纬；城中有九经九纬呈棋盘状，围城为环，出城为野；郊外道路按宽度递减分为道、路、涂、畛、径五个等级。“季春之月，令司空官，周视原野，开辟道路，毋有障塞”；“列树以表道，立鄙食以守路”。可见，自古以来我国就重视道路的规划、修建和养护。

战国时期（公元前475年～前221年），在山势险峻之处凿石成孔，插木为梁，上铺木板，旁置栏杆，换为栈道，成为当时道路建设的一大特色。秦朝（公元前221年～前206年），秦始皇统一中国后，立即修建了以首都咸阳为中心、遍布全国的驰道网，这种驰道可与古罗马的道路网相媲美。秦始皇还统一了车轨距的宽度（宽6秦尺，折合1.38m），使车辆制造和道路建设有了法度。汉朝（公元前202年～公元220年），西汉王朝曾派张骞两次出使西域，远抵大夏国（今阿富汗北部），致力于沟通中国与中东及欧洲各国的经济和文化，开创了举世闻名的丝绸之路。隋朝（公元581～618年），建造了规模巨大（数千里）的御路。唐朝（公元618～907年），唐太宗下诏书于全国，保持全国范围内的道路畅通，实行道路保养。当时的道路布置井然、气度宏伟，影响远及日本。

公元960～1911年，在宋、元、明、清几个朝代中，道路工程技术均有不同的提高。如清代，在低洼地段，出现高路堤的“叠道”，在软土地区用秫秸铺底筑路，如同当今的土工材料加筋，对道路建设有不少新贡献。从清朝末年始，世界近代道路发展的重点转向西方。

公元前20世纪，阿拉伯埃及共和国为建筑金字塔和狮身人面像，把大量巨石从采石场运到工地，由此建造了道路。另外，一些城镇的广场和道路由平光的石板砌成，也有一些道路用砖铺设基层，涂以灰浆，再铺上石质路面。巴基斯坦信德省印度河右岸著名古城遗址 Mohenjo Daro 城（公元前15世纪前）布有排列整齐的街道，主要道路为南北向，宽约10m，次要道路为东西向。公元前12世纪，亚述国王提格拉·帕拉萨一世为便于战车行驶，下令修筑长距离道路。公元前6世纪，希拉达塔斯记载过他曾旅行经过皇家大道，这条道路连接波斯民族的古都苏沙和安娜托力亚，总长 1 600km，当时的皇家信差往返两地只需 9 天。

传说非洲古国迦太基人（公元前 600 ~ 前 146 年）曾首先修筑有路面的道路，后来为罗马所沿用。古罗马时代，道路得到惊人的发展，实现了以罗马为中心，四通八达的道路网。在北美，随着印加帝国（公元1000 年左右 ~ 公元1572 年）版图的扩张，统治者不仅修建了固若金汤的城池，还建造了四通八达的大道，几乎囊括了印加帝国所有疆域，贯穿各种地形。

5.2 国内外著名古代道路

1. 丝绸之路

丝绸之路是公元前 2 世纪至十三、四世纪期间，横贯亚洲的陆路交通干线，是中国与印度、古希腊、罗马以及埃及等国进行经济、文化交流的通道，这条道路在世界道路发展史上占有重要地位。根据历史上这条道路运送的物品以中国的丝绸为大宗，19 世纪德国地理学者 F. 李希霍芬将其命名为"丝绸之路"。

西汉年间（公元前 202 年 ~25 年），张骞出使西域，开辟了以长安（今西安）为起点，经我国甘肃、新疆，到中亚、西亚，再到地中海各国的陆上通道。实际上"丝绸之路"路线并不完全固定，也非一条，其基本走向定于两汉时期，包括南道、中道、北道三条路线，如图 5.1、图 5.2 所示。

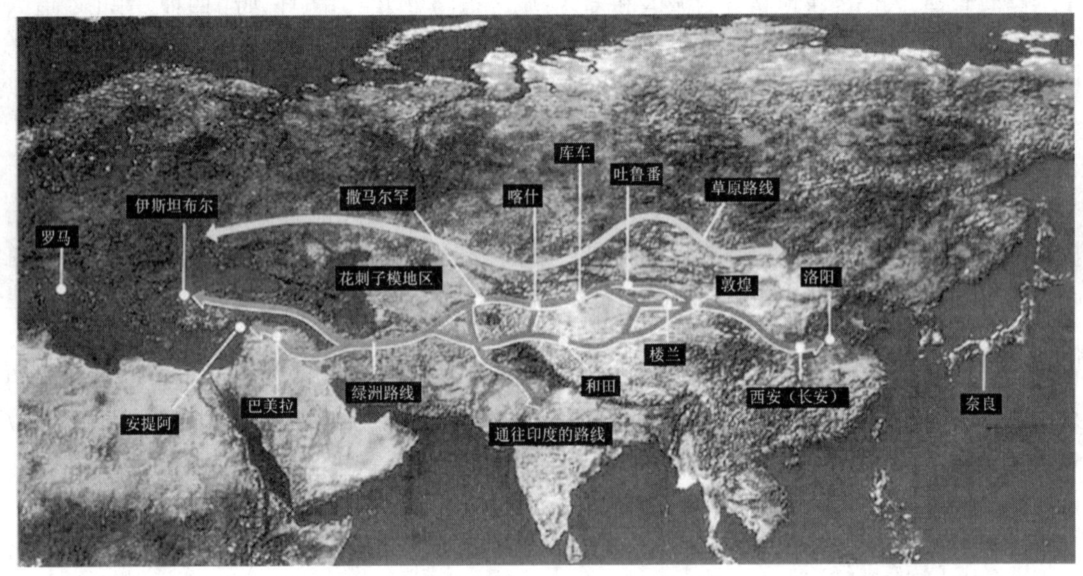

图 5.1　丝绸之路交通线路示意图

通过丝绸之路，中国除出口丝绸外，还陆续将四大发明以及凿井和桃、梨种植等技术传播到阿拉伯和欧洲各地。同时西方文化对中国的音乐、舞蹈、绘画、雕刻等也产生了深远影响，并将佛教和伊斯兰教传入了中国。丝绸之路也极大地推动了东西方在数学、天文、历法和医药学等方面的交流，并促进了东西方人民的友好往来。

作为一条延续几千年、横跨欧亚非大陆的交通干道，丝绸之路对世界的经济发展与社会进步产生过巨大的作用，她实际上也是一条文化之路、文明之路。

图 5.2　盘陀遗址——古丝绸之路必经之地

2. 古罗马帝国道路

与以往所见的古城不同,罗马拥有庞大的道路系统(图 5.3,图 5.4),古罗马帝国修建道路对维护帝国兴盛的作用巨大。以首都罗马为中心,用道路把意大利、英国、法国、西班牙、德国,以及小亚细亚部分地区、阿拉伯和非洲北部地区联成整体,以维持其在该地区的统治地位。这些区域被分成 13 个省,有 322 条联络干道,总长度达 78 000km,形成以罗马为中心、辐射全国的道路网,故有“条条大道通罗马”一说。

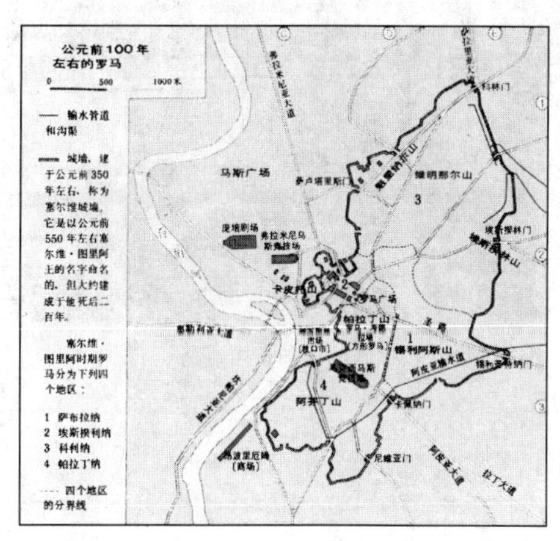

图 5.3　古罗马道路网

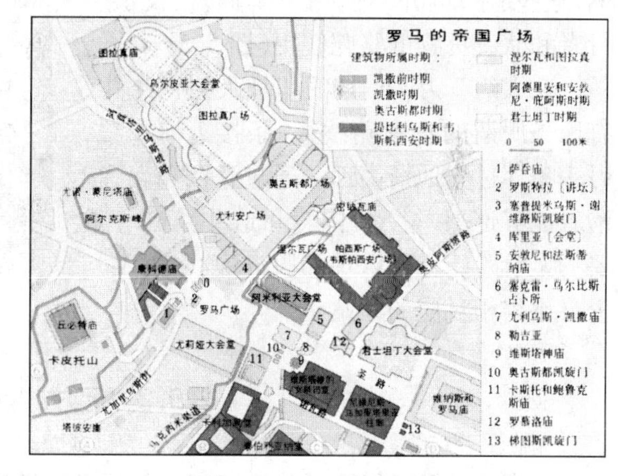

图 5.4　古罗马帝国广场及道路网

罗马大道网以 29 条主干道为主,其中最著名的一条是由罗马东南方向越过亚平宁山脉通往布林迪西的阿庇乌大道,全长约 660km,兴建于公元前 400 年前后,历经 68 年的时间完成,实现了罗马与非洲北部和远东地区的沟通。

罗马大道的主要特征,一是路面高于地面,主要干道平均高出 2m 左右,以利瞭望和行车安全,也因此成为现代英语所袭用的“highway”一词的来源;二是两点之间常常不顾地形的艰险,恒以直线相连,工程浩大,至今尚留有隧道、桥梁、挡土墙的遗迹。其中一些主要军用大道宽达 11 ~ 12m,道路中间宽 3.7 ~ 4.9m 的部分用硬质材料铺砌成路面,以供步兵使用;两边填筑了高于路面、宽约 0.6m 的堤道,可能为军官指挥所用;外侧每边尚有 2.4m 宽的骑兵道。

古罗马帝国道路的施工方法是先开挖路槽,然后分四层用大小不同的石料拌以泥浆或灰浆砌筑,总厚度可达1m。路面形式不尽相同,如较高级的阿庇乌大道,曾从160km以外运来边长1~1.5m的不整齐石板,镶砌于灰浆之中;有些道路则用大理石方块或厚约18cm的琢石铺砌。正因为道路建设对古罗马帝国的兴盛起到了巨大的作用,所以罗马人修建了凯旋门,以纪念恺撒、图拉真等人的筑路功绩。随着罗马帝国的衰亡,道路也随之破败。可以说,国家的兴衰和道路的状况有着密切的联系。

3. 北美印加帝国道路

印加帝国为巩固和发展自己的统治,在所有疆域的各种地形建造了四通八达的大道。沙漠地区的大道两侧都建有防护墙;深山峡谷区域的大道上都凿出了蜿蜒的石阶;高原上的大路两旁设有石墙;而在沼泽地区,高高的土路堤使人们能顺利通行。对于山区的河流和峡谷,如果跨度小,就简单地用木头或木块搭桥,如果跨度大且谷深,则架设牢固的桥梁;主要大道又引申很多支线,由此连接着城镇和乡村。通过这一浩大的工程,印加帝国成功地建立了全国性的、有效的道路交通网络。印加人并不使用车辆,这些道路也并不适用于车辆,仅仅供步行者和驮着货物的骆驼使用(图5.5)。

在大约2万km长的印加大道网络中,有两条所谓的皇家路线,一条接近海岸线,另一条穿过安地斯高地。通过这两条路,统治者能够巡察整个帝国。和这些路同等重要的是沿路建立的管理和服务中心,以及与一日旅程相对应的驿站。

图5.5 楼梯式的印加帝国道路

5.3 西方近代道路

直到公元18世纪,近代道路工程开始在欧洲兴起。1693年,法国人于贝尔·戈蒂埃出版了《论道路建筑》一书,阐述了行车路的建造方法。1716年,法国成立了桥梁道路工程师协会。1747年,第一所桥路学校在巴黎建立。

首先用科学方法改善道路工程的是拿破仑时代的法国工程师 Trsaguet P. M. J.(特雷萨盖),由于他的努力,筑路技术向科学化和近代化迈出了第一步。他曾于1764年研究了新的筑路方法,10年后在法国得到普遍采用,其主要特点是减薄了路面的厚度,底层用较大的石料竖向铺筑,用重夯夯实;用同样方法铺筑第二层后,再用重夯夯击并将小石块填满大孔隙;最上层撒铺坚硬的碎石,形成有拱坡的厚约7.5cm的面层。他重视养护,被认为是首先主张建立道路养护系统的人。在他的影响下,法国的筑路热情得到激发,并于拿破仑当政期间(1804~

1814 年)建成了著名的法国道路网。因而,当时法国尊称特雷萨盖为道路建设之父。

John. Metcalf(梅特卡夫)是与近代英国道路系统相关的杰出人物(图 5.6)。他认为良好的道路必须有良好的路基和排水系统,并认识到雨水是引起大多数道路病害的根源,从而提出采用凸面的路表使雨水迅速排到路侧的边沟中,以保证排水通畅。他用一捆一捆的石束在哈德斯菲尔德和曼彻斯特之间的沼泽地上铺设道路,以保证路基的稳定,该法颇似斯蒂芬森后来在泥炭土上铺设的铁路。英国工程师 Tomas. Telford(特尔福德)于 1815 年建筑道路时,采用了一层式大石块基础的路面结构:用平均高约 18cm 的大石块铺砌在中间,两边用较小的石块以形成路拱,用石屑嵌缝后,再分层摊铺 10cm 和 5cm 的碎石,借助开放后的交通进行压实,其要求较特雷萨盖更为严格。后来将这种大块石基础称为特尔福德基层。

图 5.6　英国工程师约翰·梅特卡夫

1816 年,英国另一位工程师 John Loudon McAdam(马克当,图 5.7)对碎石路面做了认真的研究,认为路面损坏的原因主要是选用材料不良、准备工作不够、铺筑工艺欠精,以及设计不合理等。他主张取消特尔福德所发明的笨重的大石块基础,代之以小尺寸的碎石材料。方法是用7.5cm 大小的碎石铺设两层,每层 10cm 厚,其上再铺一层 2.5cm 的碎石作面层,并获得了成功。因而,今天仍将这种碎石路面称为马克当路面。

图 5.7　英国工程师 John Loudon McAdam(J·L·马克当)

马克当首先科学地阐述了路面结构设计的两大基本原则,一是道路承受交通荷载的能力主要依靠天然土基,并强调土路基要具备良好的排水条件;二是用有棱角的碎石,使其互相嵌锁结成整体,形成坚固的路面。这些原理仍为当今的道路工作者所肯定。根据当时的交通情况,路面厚度一般小于 25cm 即可适应。相比于罗马时代,路面厚度减薄了 3/4,节约了大量人力和材料。路面施工的压实则主要依靠车辆和常用工具整平来完成。马克当还为汽车时代交通与道路的关系提出了正确的见解。他认为:道路的建设应该适应交通的发展,而不应该为了维持落后的道路而限制交通。这一主张对此后的公路发展起了很大的作用。

1858 年美国人 E. W. Black(布莱克)发明了轧石机,促进了碎石路面的发展。后来又出现用马拉的滚筒压实路基路面的方法。1860 年在法国制造出的蒸汽压路机进一步促进并改善了碎石路面的施工技术和质量,加快了施工进度。20 世纪初,碎石路面被世界公认为当时最优良的路面而推广于全球。

5.4　现代道路的发展

19 世纪汽车问世之前,路面大多用石块、石板、卵石或木块铺筑。18、19 世纪的科技进步促进了碎石路面的快速发展。1854 年,法国在巴黎首次采用瑞士产的天然岩沥青修筑沥青路面;1865 年英国在因佛内斯首次修筑水泥混凝土路面。同时,高质量的石块路面、砖块路面和木块路面在城市街道也盛极一时。

1883 年 G·W·戴姆勒和 1885 年 C·F·本茨分别发明了汽车,1888 年 J·B·邓洛普发明充气轮胎，马克当的碎石路面以及后续的沥青路面、水泥混凝土路面成为现代道路的象征，由此揭开了以汽车交通为主的现代道路工程的新时代。

20 世纪以来，随着汽车和筑路机械工业的发展，公路路面在设计、施工、养护等技术方面都日臻完善，高等级的沥青路面和水泥混凝土路面迅速发展起来。

1. 工业化与现代公路发展

自 20 世纪 50 年代起，世界发达国家的现代化公路交通迅猛发展。一方面，由于工业实行专业化改组，农村产业结构和商品构成发生了变化，货物运输从以原材料为主变为以制品为主，门对门的公路运输方式显示其独特优势；另一方面，由于汽车工业的发展及人民生活水平的提高、旅游事业的发展，私人小客车和公路公共客运也迅速发展，中短距离运输的每公里运输成本及油耗均低于铁路，使公路交通承担的客货运量及周转量已居各种运输方式之首。目前，世界主要发达国家的公路旅客运输在交通运输体系中占有绝对优势，客运周转量占 80% 左右。

二次大战后，大批军事工业转向民用，各种汽车的性能大为提高。车型、吨位实现了系列化、多样化，以适应各种客、货运输的需要。货运汽车实现大吨位、专用化及拖拉运输后，大大提高了汽车运输的效益和地位。

为适应公路运输的发展需要，在公路建设方面，国外大力发展高速公路，以改善和提高各级公路的各项技术经济指标，形成了高质量的公路网。除增加公路建设投资外，还采用各种先进技术以降低造价，提高公路建设的效率，特别是高等级公路及大跨径桥梁的设计施工技术、建筑材料的研究及施工机械化方面均有很大发展，计算机辅助设计和辅助施工更进一步提高了效益和效率。

2. 高速公路诞生与发展

高速公路是指具有四个或四个以上车道，并设有中央分隔带，全部立体交叉，全部控制出入，并具有完善的交通安全设施和管理、服务设施，专供汽车高速行驶的公路。世界各国的高速公路尚没有统一的标准，命名也不尽相同。

(1) 高速公路的诞生

1832 年，焦油沥青路面第一次在英国出现。以后的几十年中，贯入式沥青路面、沥青混凝土路面等相继出现，使提高车速成为可能。在政治、经济、社会、军事等各种因素的推动下，公路高速化在 20 世纪初开始酝酿。1924 年，意大利建造了第一条 320mile（1mile = 1 609. 344m）的高速公路，但它并不符合现代高速公路的标准。

世界上第一条真正意义上的高速公路诞生于德国。德国整个国家的现代化交通政策可追溯到 1919 年通过的德国宪法（魏玛共和国宪法）。根据这一宪法，1921 年在柏林修建了一条“汽车、交通及练习公路”（简称 AVUS）。这条公路拥有上下行分离的行车道并且取消了平面交叉口，可以被看作是高速公路的雏形。1929 ~ 1932 年，德国修建了从波恩至科隆的长约 20km 的世界上第一条高速公路。

(2) 国外高速公路发展历程

1933 年，德国通过了“关于设立帝国高速公路企业”法律，规划了 4 800km 长的高速公路网，1957 年通过“联邦长途公路扩建计划”，从 1959 年至 1970 年制订了三个四年建设计划，促进了德国公路的大发展。至 1996 年，德国高速公路里程超过了 1. 1 万 km。

美国于 1937 年建成了加州高速公路，国会于 1956 年通过立法，正式开始全国高速公路网

(州际与国防公路系统)的建设。至1993年,美国高速公路总里程已达8.75万km,为世界上拥有高速公路最多的国家,其中纽约至洛杉矶高速公路全长4 156km,其长度为世界之冠。高速公路连通全国除夏威夷和阿拉斯加以外所有各州5万人以上的城镇,对美国的社会经济发展产生了重大影响。

加拿大的高速公路里程曾仅次于美国。虽然其从1967年才开始修建,但高速公路发展速度较快。截至1995年年底,加拿大已经修建了1.6万km高速公路,占全国公路网总长度的1.8%。

日本于1957年颁布了《高速公路干道法》,1963年,日本第一条高速公路——名神高速公路建成通车。日本高速公路建设起步晚,但发展速度快。到1997年已建成高速公路5 677 km,初步形成以东京为中心,纵贯南北的高速公路网。

其他工业化国家,如英国、法国、意大利、俄罗斯等都已经建成或正在建设自己的高速公路网。各国高速公路统计如表5.1所示。

各国高速公路里程统计

表5.1

国家	年份	公路总里程(万km)	高速公路通车里程(km)	高速公路占总里程比例(%)
美国	1997	634.82	88 727	1.4
加拿大	1995	90.19	16 571	1.84
德国	1998	65.61	11 400	1.74
法国	1998	89.33	10 300	1.15
西班牙	1997	34.69	9 063	2.61
意大利	1997	65.47	6 957	1.06
日本	1997	115.22	6 114	0.53
英国	1998	37.16	3 303	0.89
荷兰	1998	12.56	2 235	1.78
韩国	1998	8.70	1 996	2.29

(3)中国高速公路发展概况

约20年前,当欧美发达国家对高速公路已经司空见惯的时候,中国大陆才有了第一条高速公路。1988年10月31日,长度为18.5km的上海至嘉定(沪嘉)高速公路建成通车(图5.8);1990年,我国建成了第一条水泥混凝土路面高速公路——哈(哈尔滨)大(大庆)高速公路;2003年,第一条沙漠高速公路——榆(榆林)靖(靖边)高速公路建成通车。

图5.8 上海沪嘉高速公路

中国高速公路发展创造了世界奇迹,18年里建成的高速公路相当于发达国家半个世纪修建的里程数,如图5.9所示。至2006年底,我国高速公路通车总里程已突破了4.52万公里,比居于世界第三位的加拿大多出近两倍。

2004年12月17日,国务院审议并通过了

《国家高速公路网规划》。路网采用放射线与纵横网格相结合的布局方案，形成由中心城市向外放射以及横连东西、纵贯南北的大通道，由 7 条首都放射线、9 条南北纵向线和 18 条东西横向线组成，简称为“7918 网”。在 2013 年 6 月 20 日，交通运输部在国务院新闻办举行的新闻发布会上正式公布了《国家公路网规划(2013 年 - 2030 年)》，在新的规划里国家高速公路网进一步完善，在西部增加了两条南北纵线，成为“71118”网，规划总里程增加到了 11.8 万公里，如图 5.10 所示。

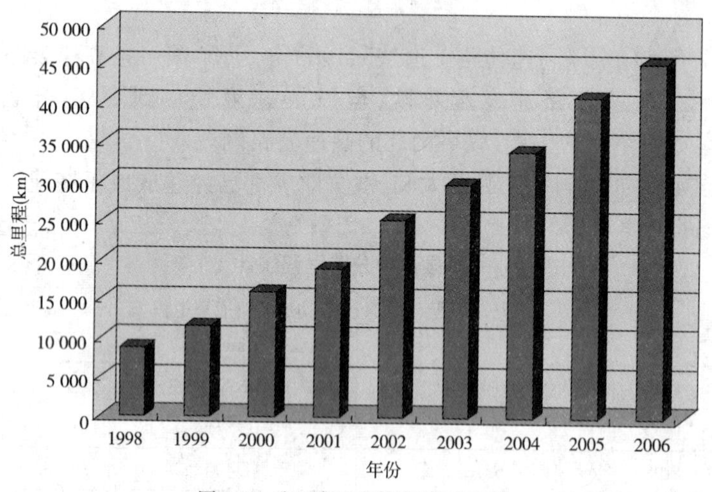

图 5.9 我国高速公路的发展历程

图 5.10 国家高速公路网布局方案

3. 现代城市道路

为保证汽车快速安全行驶，现代城市道路发生了新的变化。除道路布置有了多种形式外，路面也由土路改变为石板、块石、碎石以及沥青混凝土和水泥混凝土路面，以承担繁重的车辆交通。

现代城市在急剧膨胀之前，城市规模不大，道路在空间形态上仍较小。这一时期的城市道路作为人们聚集场所的一部分，通常绿树成荫，可安心纳凉休闲，具有较强的生活属性，交通属性则并不十分突出。随着现代城市人口与空间规模的不断增大以及交通方式的机动化，道路交通逐渐演变成为一个多层次的复杂系统。

现代的城市道路是城市总体规划的主要组成部分。为了适应城市的人流、车流，城市道路一般具有：①适当的路幅以容纳繁重的交通；②坚固耐久、平整抗滑的路面以利车辆安全、舒适、迅捷的行驶；③少扬尘、低噪声以利于环境卫生；④便利的排水设施以便将雨雪水及时排除；⑤充分的照明设施以利居民晚间活动和车辆行驶；⑥道路两侧要设置足够宽的人行道、绿化带、地上杆线、地下管线。典型的城市道路断面形式如图5.11所示。

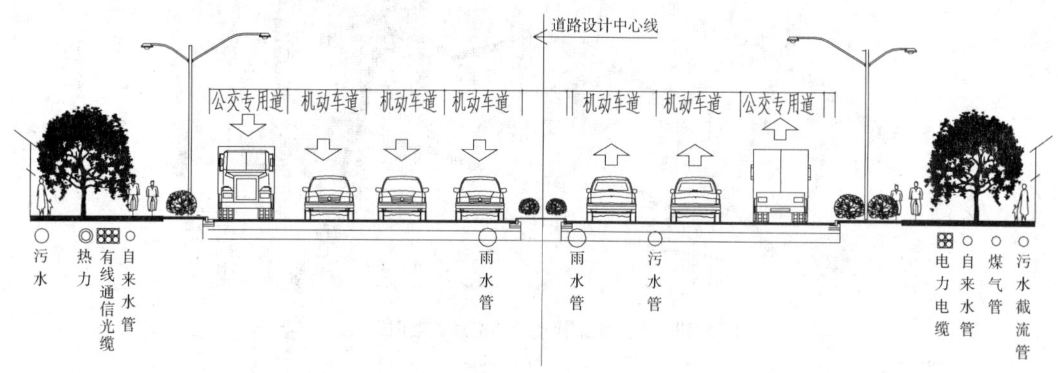

图5.11　城市道路典型横断面形式

城市各重要活动中心之间要有便捷的道路连接，以缩短车辆的运行时间。城市的次要部分也须有道路通达，以利居民活动。城市道路纵横交错形成网状，产生了许多交叉路口，所以需要采取各种措施（如设置色灯信号管制、渠化交通、立体交叉等）以保证交通顺畅。城市交通工具种类繁多，速度快慢悬殊，为了避免互相干扰，要组织分道行驶，用隔离带、隔离墩、护栏或划线等方式加以分隔。城市公共交通须设置停车站台以供乘客上下。同时，要为行人横过交通繁忙的街道设置过街天桥或地道，以保障行人安全并避免干扰车辆通行；在交通不繁忙的街道上可画过街横道线，供行人伺机沿横道线通过。

此外，城市道路还为地震、火灾等灾害提供隔离地带、避难处所和抢救通道（地下部分可作人防之用）；为城市绿化、美化提供场地；为城市环境需要的光照通风提供空间；为市民散步、休息和锻炼提供方便。

随着城市空间越来越紧张，城市道路逐渐向空中和地下发展，形成完善的立体道路系统。

（1）现代城市道路系统构成

不同规模的城市在交通方式的需求、乘车次数和乘车距离等方面有很大差异，反映在道路上的交通量也不尽相同。大城市将城市道路分为四级，即快速路、主干路、次干路和支路；中等城市可分为三级（不含快速路）；而小城市人们的出行活动主要是步行和骑自行车，对道路交通和道路网的要求不同于大城市。

以上海市为例，目前已形成“三环十射”的城市快速道路交通骨架网络系统，以承担市区大容量、中长距离交通为主要功能，具有全封闭、全立交、连续流的特点，如图5.12所示。

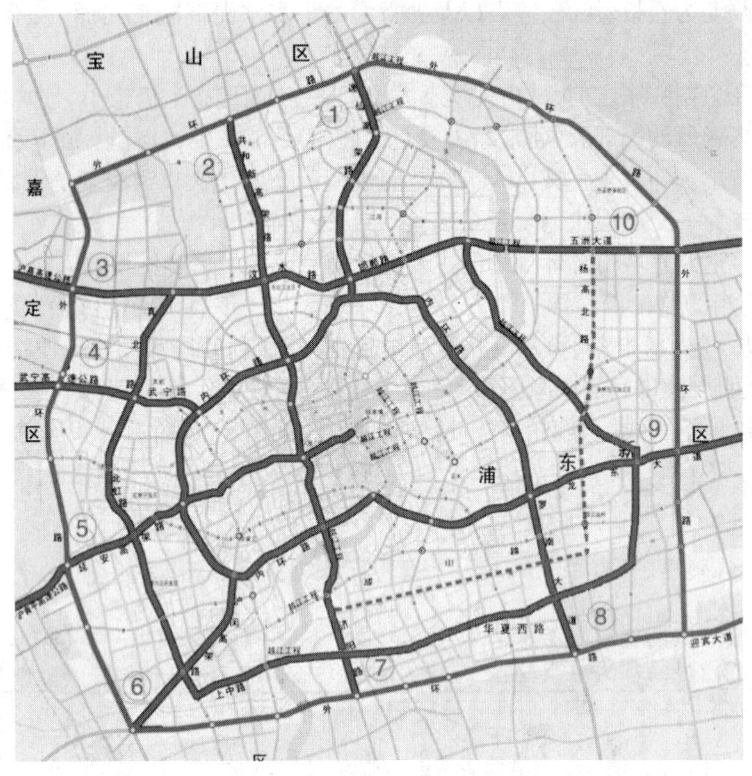

图 5.12 上海城市快速道路交通骨架网络系统

(2)高架道路

高架道路是用高出地面 6m 以上的系列桥梁组成的城市空间道路。与地下道路相比,虽然两者均可负担客货运输,能与地面道路衔接,但高架道路造价相对便宜,且视野开阔、空气清新、行车舒适。因此,欧美各国 30 年前就已开始发展高架道路,日本、香港也有 10 ~ 20 年的经验。我国广州于 1987 年 9 月修建了人民路高架,上海于 1994 年建成内环线浦西段高架道路(图 5.13)。

图 5.13 上海高架道路

(3)地下道路

国外对城市道路地下空间的开发利用较早,日本、美国等国家已基本形成较为完整有效的体制和法律法规。日本东京1932年就建造了神田须田町地下商业街,目前已经是地铁形成网络,地下街设施遍布地下。

上海已着手进行城市地下道路的建设。按照规划,上海城市地下道路的发展分为深、浅两层。浅层地下道路主要是在城市局部地区建设,规模较小,埋深在15m以内,目的是解决局部地区的交通瓶颈问题。深层地下道路埋深约30m,目的是解决上海市各分中心之间的交通以及上海与周边地区的连接问题。这是考虑到上海地质条件的特点而设定的。

(4)立交

立交是为保证交通互不干扰而在道路、铁路交叉处建造的桥梁,广泛应用于高速公路和城市道路中的交通繁忙地段。互通立交按其交通功能分为部分互通式和完全互通式。其中部分互通式常用的有菱形和部分苜蓿叶形;完全互通式有苜蓿叶形、喇叭形、定向式(或部分定向式)、环形及以上几种的组合式。图5.14为上海城市外环线莘庄立交。

图5.14　上海城市外环线莘庄立交

(5)步行街

步行街是指全路段车辆封闭,允许行人步行的道路。步行街是一个城市商业集中的路段,也是一座城市最繁华的路段。上海南京路步行街如图5.15。

4. 21世纪丝绸之路——亚洲公路网

早在1959年,亚太经合组织就制订了建造亚洲公路网的计划,但直到2004年4月才有了实质性进展,26个成员国在上海举行的亚太经合组织第六十次会议上,共同签署了《亚洲高速

图 5.15 南京路步行街

公路网政府间协定》,并于 2005 年 7 月 4 日正式生效。目前,这个协定的签署国已有中国、日本、韩国、俄罗斯、印度、泰国、越南、缅甸、老挝等 28 个国家。

总耗资 440 亿美元的亚洲公路网将贯穿 32 个国家,实现亚洲与欧洲的连接。工程全部竣工后,亚洲的港口、机场和主要的旅游景点将连成一片,为商贸和旅游业提供更多的便利,以此带动地区经济的发展。公路网同样使"泛亚洲共同体"的梦想变得更为现实。所谓的"泛亚洲共同体"类似于现在的欧盟,即在社会、政治和经济方面具有同一性。

《亚洲高速公路网政府间协定》最终确定了穿越亚洲的线路图(图 5.16)、道路的基本技术标准,以及公路沿线的线路标志。根据规定,亚洲公路将使用 2 个英文首字母"AH"后缀数字代

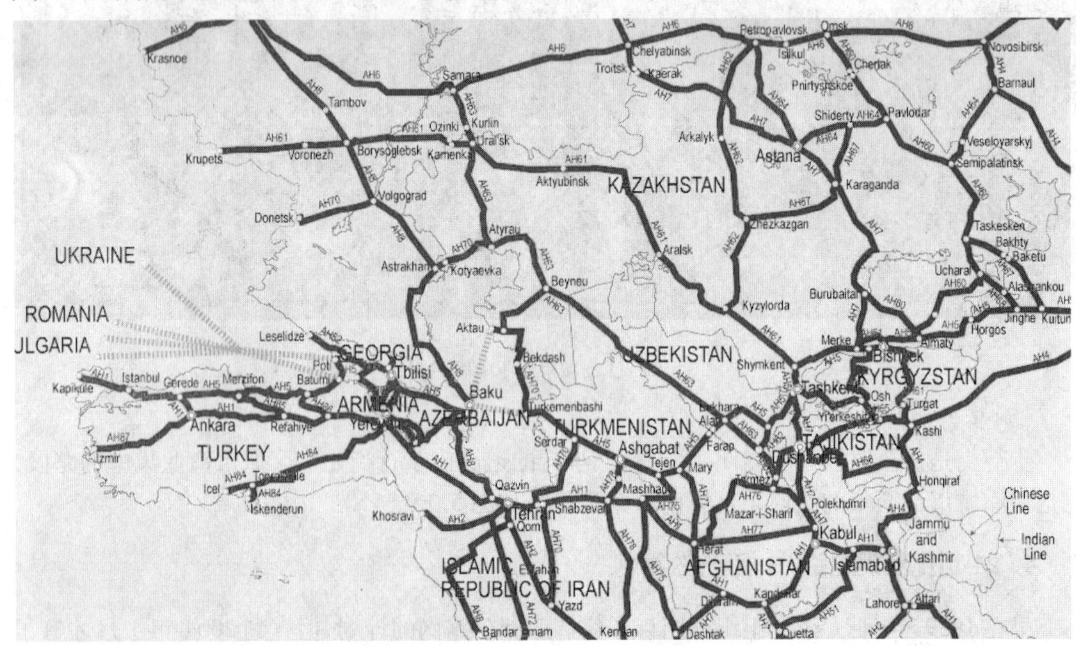

图 5.16 亚洲公路网(中亚部分)线路图

码来表示地区和次地区。按照工程建设计划,中国所占的路段全长25 579km,印度为11 432km,泰国为5 111km。亚洲公路网项目已推动地区政府加大对基础设施的投入。

亚洲公路网的总投资目前已超过260亿美元,但仍需要180亿美元的资金。公路网中83%的路段已经过慎重考虑,但仍有许多问题有待解决,比如与交通相协调的边境通关手续、外国车辆穿越亚洲的自由程度等。但可以相信,年轻的亚洲公路网将在21世纪突显其重要的社会经济意义,与历史上著名的"丝绸之路"相比,可以说有过之而无不及。

5.5 民用机场的诞生与发展

1. 人类飞行梦想与航空器

鸟儿飞过,天空没有留下痕迹,却使人类有了飞行的梦想,并为这一梦想的实现不断努力。

1783年,蒙特哥菲尔(Montgolfier)兄弟偶然发现了氢气的存在,将人类航空探索推进了一大步。同年11月21日,在法国国王路易十六的面前,两位勇敢的化学家罗泽尔和德尔朗登上了蒙特哥菲尔兄弟发明的热气球,这是人类历史上第一次气球载人的自由飞行。

1852年9月24日,法国工程师Henri Giffard(吉法尔)乘着自己发明的世界上第一艘飞艇从巴黎马戏场起飞,以8km的时速飞行到28km外的德拉普。

随着飞行事故的不断增加和研究的逐步深入,人们开始意识到这些轻于空气的航空器存在较大的局限性,并逐渐把注意力转向重于空气的航空器研究上。

Leonardo da Vinci(达·芬奇)是第一个系统运用科学知识对重于空气的航空器飞行问题进行研究的人,并曾设计出了降落伞和直升机的雏形。而George Cayley(凯利)则被后人誉为"航空之父",他为重于空气的航空器创立了必要的飞行原理。1891年,德国航空开拓者Otto Lilienthal(李林塔尔)发表了《鸟类的飞行——航空的基础》一文,并正式开始研究滑翔飞行。

在前人不懈努力的基础上,Wilbur Wright(威尔伯·莱特)和Orville Wright(奥维尔·莱特)两兄弟(图5.17)将自由飞行的梦想变成了现实。1903年12月17日清晨,在美国北卡罗来纳州基蒂霍克村外不远的空旷沙滩上,静静地停放着一个又高又长、带着巨大双翼的怪家伙,这是人类历史上的第一架飞机——"飞行者"(图5.18)。第一次试飞是由弟弟奥维尔驾驶的,飞机摇摇晃晃在空中飞行了12s后,在36m远的地方降落下来。不过后来得到世界公认的第一次自由飞行则是由哥哥威尔伯·莱特驾驶的第四次飞行,飞机在空中用59s的时间飞行了260m。

图5.17 莱特兄弟

图5.18 莱特兄弟发明的飞机

此后,飞机制造技术得到了迅速发展。1939 年德国第一次展示了涡轮喷气式飞机;1943 年德国制造出第一架喷气式战斗机;1947 年美国人查克·耶格尔驾驶贝尔 X—1 型飞机第一次以超过音速的速度飞行;1969 年协和式超音速飞机进行处女航;1970 年波音 747 大型喷气式客机完成第一次试飞。

2. 民用机场的发展历程

伴随莱特兄弟试飞"飞行者"号的成功,美国北卡洛莱纳州基蒂霍克村附近的海滩便成为了世界上的第一个"机场"。从此,机场作为飞机起降和停放的平台,开始了其从小到大、从简单到复杂、从单一功能到多种功能的发展历程。

(1)活塞式飞机与初期民用机场

1903 年以后的 30 年内,飞机在军事领域得到广泛应用,性能不断提高,结构不断完善,但仍然保持着双翼机的形式。此时,活塞式航空发动机的功率虽已增大,但还不足以使飞机达到较高的飞行速度。当时制造飞机的材料仍以木材和蒙布为主,结构比较笨重。为了保证飞行安全,仍然需要机翼面积较大的双翼机。1930 年以后,冶金和机械制造技术的进步使活塞式发动机不断完善,飞机的功率增大、质量减轻。同时,强度高、质量轻的硬铝合金问世和结构分析技术的完善,实现了活塞式飞机由双翼机向单翼机的转变。到 20 世纪 30 年代末,飞机速度已提高到 500km/h。图 5.19 为由一战时轰炸机改装的民航飞机。

这一时期的机场也经历了相应的发展。初期的机场飞行区比较简陋,多数跑道为铺草皮的土质场地,呈圆形、方形或接近方形的矩形,其直径或长度约 600 ~ 1 200m,经常不能保证飞行。当时提供给旅客使用的建筑物也只不过一幢房子,甚至一个棚子;机场占地面积较少,通常只有 0.5 ~ 1.5km^2。

由于飞机质量和轮胎压力的不断增大,原来的机场已不能满足飞机的使用要求,特别是在雨雪等不良天气条件下。为了满足跑道强度、空管、通信和一定数量旅客进出机场的要求,塔台、混凝土跑道和候机楼应运而生,现代机场的雏形开始崭露头角。例如上海龙华机场,在 1934 年就铺筑了一条长 1 220m 的水泥混凝土跑道,这是当时中国最好的跑道。

第一个为民航运输而设计的机场是靠近伦敦的可罗伊登机场(图 5.20),它的前身是一战

图 5.19　由一战时轰炸机改装的民航飞机

图 5.20　可罗伊登机场

时为抵抗德国飞艇和飞机而建的小型军用机场，1920 年改为民用。随着航空运输的发展，可罗伊登机场原有的规模和功能已不能满足要求，因此进行了重新规划和设计。1928 年 5 月 2 日，包括飞行区、航站楼、飞机修理库、宾馆等设施在内的新机场正式投入运营。

这一时期，由于飞机对净空要求不严，且对周围噪声影响不大，为了便于旅客出入机场和城市，通常机场离城市较近。

(2)喷气式飞机与五、六十年代机场

第二次世界大战后，国际间的交往开始增加，飞机的航程、载重和速度都有大幅增长，客货运输量也不断增长，客观上对机场有了更高的要求。1944 年 11 月，52 个国家的代表出席了在芝加哥举行的会议，讨论有关国际民用航空问题，会议产生了国际民用航空公约。1947 年，国际航空组织(ICAO)正式成立，在接下来的 20 世纪 50 年代，国际民航组织为全世界的机场制定了统一标准和推荐要求(主要有国际民用航空公约的附件 14-机场、附件 16-环境保护等文件)，使世界的机场建设和管理大体上有了统一的标准。

1949 年 7 月 27 日，英国德·哈维兰公司研制的"彗星"号喷气式客机首次试飞，平均时速 721km，远远超过任何活塞式客机(图 5.21)。与活塞式客机相比，喷气式客机飞行速度更快、乘坐更舒适、航程更远、载客量更大。1957 年，波音公司研制出性能更为优异的波音 707 喷气客机，使该公司一跃成为民用飞机领域的霸主，并确立了喷气式客机的历史地位。

图 5.21　第一驾喷气式民航飞机"彗星号"

喷气式民航客机的投产，使飞机开始真正成为大众的交通运输工具，同时也使得机场发生了质的变化。由于飞机起降速度的增加，雷达技术和仪表着陆系统配合空中交通管制开始出现在机场里；机场的跑道、滑行道和停机坪则需要加固和延长，以满足飞机起降的要求，图5.22 为 1963 年建的墨尔本机场。客货运量的不断增加要求对原有的候机楼、停机坪、进出机场的道路进行改建和扩建。航班数量的增加使噪声对居民区的干扰成了突出问题，于是对飞机的噪声限制和机场的规划建设有了更高的要求。为了机场的可持续发展，机场的规划建设与发展需要和城市的规划建设与发展有协调、统一的考虑。这一阶段，机场已逐步成为可供各类飞机起降，服务设施完善的航空运输中转站；航空运输也开始成为地方经济，乃至整个社会的一个重要组成部分。

(3)大型宽体喷气式运输机和现代化机场

图 5.22　墨尔本 Essendon 机场(1963 年)

1970 年 1 月,波音公司首架 B747(图 5.23)交付泛美航空公司投入航线运营,开创了宽体客机航线服务的新纪元。此后,L—1011"Tristar"(美)、A300(欧洲)、伊尔—86(苏)等第一批宽体飞机相继问世。2005 年 4 月 27 日,空客 A380(图 5.24)在地图卢兹完成了首次试飞,成为世界航空工业史上迄今为止的最大的商用客机,可搭载 555 名以上的旅客,最大飞行距离达 15 000km。

图 5.23　首架宽体式飞机 B747

图 5.24　目前最大的商业客机 A380

随着大型宽体喷气式运输机和航空运输量的迅速增加,机场开始向大型化、综合化和现代化的方向发展。

①飞行区不断扩大和完善,保证飞机在各种气候条件下安全起降

首先,跑道道面的强度、平整度、抗滑和排水等性能得到了很大提高,一些机场开始建设多条跑道以满足飞机起降的要求(图 5.25)。其次,机场现代化程度不断提高,在跑道及其两端设置了日益完善的助航灯光及无线电导航设施,可以保证飞机在夜间及各种气象、气候条件下安全起飞和着陆。此外,飞行区由圆形或方形改成长条形,跑道长度进一步增加,机场占地面积也随之增大,如美国达拉斯・沃斯堡里焦纳尔机场占地已达 70.8km^2。

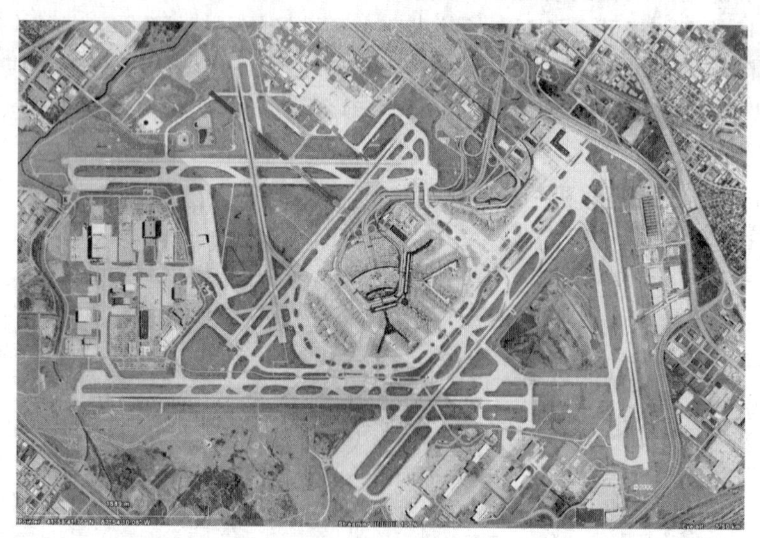

图 5.25　芝加哥 O'Hare International Airport

②航站楼日益综合化和现代化,保证旅客方便、舒适

在喷气式飞机时代前期,航站楼的建筑设计大胆,侧重艺术表现力,使航站楼成了新的城市观光点。如今,航站楼不仅有美观的建筑设计,而且越来越多地为航空公司的运营效率和旅

客的舒适方便考虑。目前，大型机场的航站楼面积通常为数万平方米，有的达数 10 万 m^2。候机楼内设有电子显示牌，旅客可随时掌握各个航班的动态；设有自动扶梯和升降机，有的还设有自动运客设施，以减少步行距离、加速旅客流通；多数候机楼设有登机桥，以便旅客上下飞机。旅客除了可以在航站楼内办理离港和出港手续之外，还可以享受餐饮、购物、观光、娱乐等服务，感觉就像是在一座小城市里(图 5.26)。

图 5.26　旧金山国际机场新航站楼内

③机场离开城市一定距离，有先进客运系统与城市连接

由于喷气式飞机，尤其是大型喷气式飞机对机场净空要求严格，而且噪声大，因此现代机场必须离开城市一定距离。为了便于旅客进出机场和城市，其间通常设置高速公路、铁路或地铁等便捷的交通设施。根据规划，上海虹桥国际机场综合交通枢纽将包括高速铁路、沪宁城际轨道交通、城市轨道交通、低速磁浮和高速磁浮线路，以及公交、出租等多种交通方式，将形成大型集散中心。

3. 当代机场系统的构成

机场是飞机起降、停驻、维护的场所。运输机场一般具备的功能包括：①保证飞机安全、及时起飞和降落；②安排旅客和货物准时、舒适地上下飞机；③提供方便和迅速的地面交通连接市区。

为实现地面交通和空中交通的转接，机场系统包括空域和地域两部分。前者即航站区空域，供进出机场的飞机起飞和降落，后者由飞行区、航站区和进出机场的地面交通三部分组成，如图 5.27 所示。

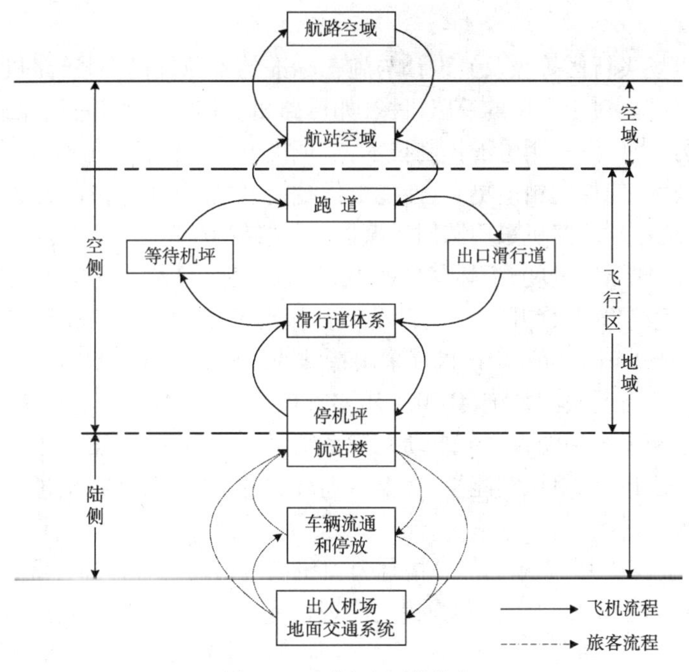

图 5.27　当代机场系统构成

航站区为飞行区与出入机场的地面交通的交接部,由三个主要部分组成:

(1)地面交通出入航站楼的交接面——包括公共交通的站台、停车场、供车辆和行人流通的道路等设施。

(2)航站楼——用于办理旅客和行李从地面出入交接面到飞机交接面之间的各项事务。

(3)飞机交接面——航站楼与停放飞机的联结部分,供旅客和行李上下飞机。

5.6 道路与机场工程的技术进步

1. 铺面建筑材料

水泥和沥青是改变道路与机场铺面技术状况最重要的两大建筑材料。

1865 年,英国在因佛内斯首次修筑水泥混凝土路面,此后水泥路面得到迅速发展。道路与机场的铺面结构从素混凝土发展到钢筋混凝土、连续配筋混凝土、预应力混凝土、钢纤维混凝土和混凝土块料等多种类型;施工机械和施工技术的发展(特别是滑模摊铺技术)进一步促进了水泥混凝土路面的推广。

沥青材料是由一些极其复杂的高分子碳氢化合物和这些碳氢化合物的非金属(氧、硫、氮)的衍生物所组成的混合物。在铺面工程中最常用的是石油沥青和煤沥青,其次是天然沥青。1832 年焦油沥青路面首次在英国出现;1873 年 Samue Wgite 申请了关于在沥青中加入1%的天然橡胶对沥青改性的专利,虽然这一专利产品没有得到实际应用,但法国运用这一技术思路在 1902 年采用改性沥青铺筑了道路。上海在 20 世纪 20 年代开始铺设沥青路面。近年来,随着我国自产路用沥青材料及其改性技术的发展,沥青路面已广泛应用于公路、城市道路和机场工程,成为目前我国铺筑面积最大的一种高等级路面。

2. 筑路机械

随着道路和机场飞行区等级及其设计与施工标准的不断提高,对筑路机械的性能和水平也提出了更高的要求。对于常用的筑路机械,如压路机、推土机、平地机、摊铺机等,目前的发展趋势主要表现为:①广泛采用电液控制技术,实现机电一体化;②利用远红外、激光和超声波等非接触式传感技术,使控制精度更高,性能更优越;③更加自动化和智能化。

如压路机,传统振动压路机采用圆周激振器,虽然结构简单、技术成熟,但对周围环境会造成振动影响,还会出现压实过度、损坏材料以及使铺层表面起松等现象(尤其是薄层)。德国BOMAG 公司在上世纪 90 年代开发了集自动调整振动能量和检测路面压实质量功能于一身的智能压实系统——Variocontrol。该机械采用特殊的结构和方法使机械具有振动和振荡的功能,并根据需要,配置自动检测系统(BTM)、压实管理系统(BCM)、振动自动控制系统(BVC)、核子密实度自动检测系统和沥青温度自动检测系统,使压路机可根据土壤或沥青混凝土的性质、承载能力和温度自动调整压实能量,直至达到规定的压实度,并将全过程数据自动记录和打印出来(图 5.28)。

又如沥青摊铺机,从 1937 年巴伯—格林公司研制生产的第一台沥青混合料摊铺专用设备到目前以德国 ABG(图 5.29)、福格勒为代表的现代先进的摊铺机,其发展历程已有 70 多年。与传统摊铺机相比较,新一代摊铺机的优点主要体现在采用非接触式(超声波、激光等)自动找平系统、行驶恒速控制、故障自我诊断、集中润滑和大宽度一次性摊铺等方面。目前 ABG—

TITAN525 摊铺机的最大摊铺宽度可达 16m。

筑路机械的发展有力地保障了道路与机场工程的建设质量和使用性能。

图 5.28 德国 BOMAG 压路机

图 5.29 德国 ABG 沥青摊铺机

3. 道路安全

据世界卫生组织统计，每年全球有超过 117 万的人死于道路交通事故，其中大约 70% 在发展中国家，65% 涉及行人，而 35% 的死亡行人是儿童。另外，每年有超过 1 000 万的人因此而致残或受伤。近年来，我国每年交通事故死亡近 10 万人，约占全世界总数的 1/10，直接经济损失达 30 多亿元。

早在 1967 年，美国 AASHTO 就发布了“考虑公路安全的公路设计与操作实践”黄皮书。1974 年起，黄皮书得到修改、扩充，于 1991 年形成 AASHTO《道路安全设计与操作指南》，要求道路设计和运行管理人员除遵循其他技术标准和规范外，还应特别遵循安全规范。1997 年，AASHTO 颁布了《道路安全设计与操作指南》的最新版。

英国自 20 世纪 80 年代起实行“道路安全审计”制度，其宗旨是改变以往道路安全研究着重于解决已发生事故的道路设施或管理问题的做法，而在道路投入运行之前就系统、独立地审查规划、设计中的安全问题，以“防患于未然”。继英国以后，澳大利亚、马来西亚、丹麦、挪威等一些国家纷纷制订各自的“道路安全审计”规范和制度。

日本从 1966 年起制订和实施“交通安全综合计划”。经过 10 多年的努力，终于使日本的交通事故死亡人数从 1970 年的最高峰 16 765 人，降至 1980 年的 8 760 人。

我国对道路安全的研究相对较晚，真正将道路安全作为重要研究方向还是在 20 世纪 90 年代末。2003 年，我国《公路项目安全评价指南》作为行业规范正式颁布实施。2004 年，交通部在全国开展以“消除隐患、珍视生命”为主题的公路安全保障工程，共投入资金近 20 亿元，对 56 条国道、300 条省道和 200 多条旅游公路上的近 7 万处安全隐患进行了改造，取得了明显的成效。目前，我国正在针对连续长大下坡路段、高速公路与雾区公路的安全保障、公路隧道进出口运行安全、公路平交路口交通安全等技术开展研究，成果将指导我国的道路安全设计和改造。

4. 道路与机场工程中的环境保护

道路工程的环境问题主要是生态环境污染、空气污染、噪声污染和水污染。

道路建设与营运过程中，对沿线一定范围内的生态环境会产生不同程度的影响。通常，山区道路建设难度大，对自然环境的影响远比平原地区大。选线不当及施工引起局部自然生态失调，从而对沿线生态环境产生不良影响。道路建成营运后，沿线经济带开发导致人类活动的增加,也将成为局部地区生态环境失调的诱发因素。

道路交通的空气污染主要由机动车辆行驶中排放有毒有害物质及在道路上产生的扬尘所致。其污染控制研究主要包括采用新的汽车能源、改进现有燃料或前处理、改进发动机结构及有关系统、在发动机外安装废气净化装置、加强和改进道路交通管理等。

在噪声控制方面,主要从立法、规划和新型路面结构(如降噪路面)及设施等方面进行研究。在水资源保护方面,大多通过施工期间水环境污染防治和运行期间路表径流水净化等技术进行控制。

机场工程的环境保护主要是噪声控制。机场噪声污染主要包括运营噪声和施工噪声。机场运营噪声首先要在机场的规划设计阶段进行控制,合理选址,精心设计,使运营时的噪声控制在国家标准内;其次,合理安排和调度航班,对不同时段的噪声值进行控制。对机场施工噪声的防治主要通过科学的施工组织来实现。

参考文献

[1] 蓝勇. 中国历史地理学. 北京: 高等教育出版社,2002 年.

[2] 巫新华. 中国古代丝绸之路. 成都:四川人民出版社,2004 年.

[3] 方守恩. 高速公路. 北京:人民交通出版社,2002 年.

[4] 姚祖康. 机场规划与设计. 上海:同济大学出版社,1994 年.

[5] 赵剑强. 公路交通与环境保护. 北京:人民交通出版社,2002 年.

[6] United Nations Economic and Social Council. ASIAN HIGHWAY NETWORK DEVELOPMENT (C),ECONOMIC AND SOCIAL COMMISSION FOR ASIA AND THE PACIFIC. Committee on Managing Globalization 12-14 October 2005

[7] 郭忠印,方守恩. 道路安全工程. 北京:人民交通出版社,2003 年.

[8] 吴创安,巫烈光. 筑路机械的技术状况与发展探讨. 建设机械技术与管理,2005.

思考讨论题

1. 古罗马道路网的特点是什么? 与之相比,北美印加帝国的道路网又有什么不同?

2. 试绘制古罗马路面、特雷萨盖路面、特尔福德路面和马克当路面的路面结构示意图,并比较异同点。

3. 高速公路有何特点? 我国高速公路"7918 网"的含义是什么?

4. 现代城市道路具备的特点是什么?

5. 当代机场系统主要由哪些部分构成? 其功能分别是什么?

6. 科技进步在哪些方面推动了道路与机场工程的发展?

第六章　轨道交通工程

6.1　概　述

1. 轨道交通的起源

轨道交通萌芽于16世纪欧洲的采矿业，当时，为了解决矿业开采中矿石的运输问题，制造了木制轨道，由人力或畜力拉着矿车沿木轨行走。英文“railway”中“rail”的本意就是木栅栏或木栅的意思，复合词“railway”确切地讲应该是木轨路，木轨和车轮的形状经过长期的演变才形成今天的钢轮钢轨系统，其过程如图6.1所示。

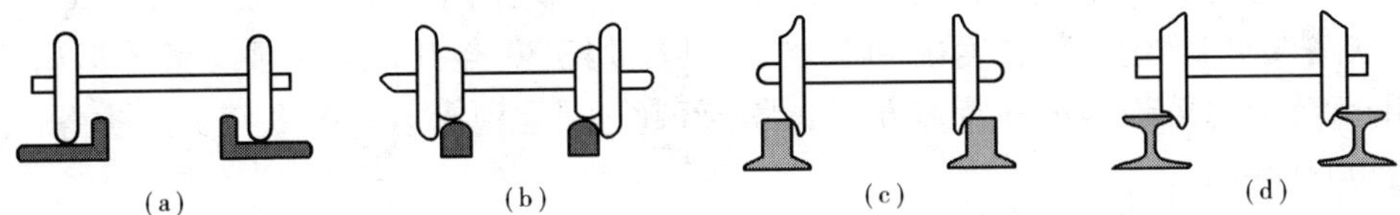

图6.1　轨道与车轮形状的演变

由于木制轨道在使用过程中磨损得太快，于是人们就在木轨的外侧蒙包上一层铁皮，这对磨损稍有减缓，但效果仍不理想。随着生铁价格的下降，人们就用生铁熔铸的轨道来替代木轨。当冶炼技术进一步提高之后，现代的钢轨就正式诞生了。

1803年，世界上首条公共铁路在伦敦开通，铁路上的有轨车由马牵拉，该铁路仅用于运输货物。稍后几年，第一条用于商业载客的铁路在南威尔士的奥伊斯特茅斯开通，但仍由马牵拉。

动力是交通工具的关键技术之一。1712年由英格兰人托马斯·纽可门(Thomas Newcomen)设计制造了首台蒸汽机，此后经过瓦特(James Watt)等人的改进，为蒸汽机车的诞生做了技术上的铺垫。1813年，威廉·赫德利(William·Hedley)证实了装有金属轮子的机车在金属轨道上拉动列车而不打滑，同时车轮的“唇边”或凸缘套在扁平的铁轨上可以起到导向作用，这一工作为现代铁路的诞生起了非常重要的作用。

1814年英格兰人斯蒂芬逊(G. Stephenson)(图6.2)制造了第一台蒸汽机车，但在行驶中振松了机车上的螺丝，并振坏了路轨。一时间嘲讽铺天盖地朝斯蒂芬逊涌来，可他毫不气馁，重新设计、不断改进。1825年9月27日，他自己驾驶着“运动号”(Locomotion)机车，拉着20节客车车厢和6节运煤车，完成了人类历史上第一次铁路客货混运列车的行驶，最高速度达到24km/h。之后斯蒂芬逊又负责修路，于1830年修通了从利

图6.2　英格兰人斯蒂芬逊(George Stephenson)

物浦到曼彻斯特总长为64km的世界上第一条铁路客货混运干线，为现代铁路建设拉开了序幕。

蒸汽机车经过100多年的发展，其热效率仅有6%左右，加上保养维修量大、污染严重、日运行里程短，因此逐渐被热效率高、运用率高的电力机车和柴油机车取代。1879年，德国人西门子(E. W. Von Siemens)(图6.3)设计制造了一辆小型电力机车，电源由机车外部的150V直流发电机供给，并通过两轨道和其中间的第三轨道向机车输入，电力机车首次成功行驶。

图6.3　德国人西门子(Ernst Werner Von Siemens)

2. "铁路时代"的到来

从1825年至1879年是铁路在世界上蓬勃发展的时期。19世纪30年代，继英国之后，铁路又相继在美国(1830年)、法国(1832年)、比利时(1835年)、德国(1835年)、加拿大(1836年)、俄国(1837年)、奥地利(1838年)、荷兰、意大利(1839年)等国开通。1825~1870年之间，世界铁路的总长度发展到210 000km。1870年~1913年第一次世界大战前夕，是世界铁路发展最快的年代。1913年世界铁路网的总长度发展到1 100 000km。这期间铁路发展最快的当数美国和英国，至19世纪80年代初，美国铁路的运营里程达14 500km，英国达9 800km，在货运方面铁路已经超过了运河水运。1913年美国铁路的营运里程已达400 000km。

1853年亚洲第一条铁路在印度的孟买和塔纳之间开通。1854年澳大利亚和巴西也分别开通了铁路。1856年，在埃及的亚历山大港和开罗之间建成了非洲第一条铁路。到第一次世界大战前，美国、英国、德国、法国、意大利、比利时等国先后建成各自国家的铁路网。

19世纪初至20世纪初，这一个世纪是世界铁路发展最迅速、最辉煌的年代。铁路成为了这些国家工业化的先驱，铁路网的超前发展，对国家的工业化和社会的进步起到了巨大的推动作用。在英国，1825年以后，与铁路有关的电信业、冶金矿产业、制造业有了长足的发展；铁路沿线城镇兴起，人口集居、就业机会增加，农村家庭式耕作日趋没落；内地与沿海港口城市交通便捷，对外贸易进一步发展。铁路出现所带来的社会变化被英国经济史学家称之为"铁路时代"的到来。

6.2　中国早期铁路的发展

1. 清末时期的中国铁路建设

1840年前后，西方一些传教士来到中国，带来了外国修建铁路的信息。被称为"开眼看世界之第一人"的林则徐在他主持编译的《四洲志》中介绍了外国修建铁路的情况。几乎相同时期提到或介绍外国修建铁路情况的还有魏源的《海国图志》、徐继畬的《瀛环志略》、洪仁玕的《资政新篇》等。然而清朝政府把近代科学技术视为"奇技淫巧"、"雕虫小技"，认为修建铁路会"失我险阻，害我田庐，妨碍我风水"，拒绝修建铁路。

鸦片战争之后，英、法、美等国开始谋划在华修建铁路。19世纪60年代，西方列强开始向清政府提出修建铁路的要求，但均遭清政府拒绝。英国商人杜兰德(Durand)于1865年在北京宣武门外铺设一条一里多长的“广告铁路”，在我国国土上最早行驶了火车。清政府以“观者骇怪”为由，将其拆毁。1872 年，美驻沪副领事奥立维·布拉伏特(Olivier·Brad volts)开始筹备筑路事宜，以修“寻常马路”为名，在上海骗购了筑路用地，后由英国怡和洋行于 1876 年建成了从苏州河北侧至吴淞镇的吴淞铁路，如图 6.4 所示。

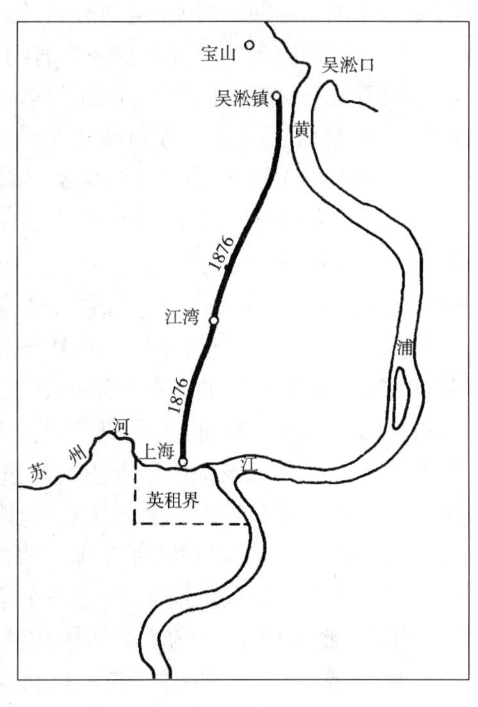

图 6.4　吴淞铁路(1876 ~ 1877 年)

吴淞铁路线路全长 14.5km。这是一条窄轨铁路，轨距 762mm，行驶的机车重仅 15t，行车速度为 24 ~ 32km/h，从 1876 年 12 月 1 日建成运营至 1877 年 10 月被清政府赎回并拆除，共输送旅客 16 多万人次，平均每英里每周可赚 27 英镑，与英国国内铁路日利润率相当。

1875 年，李鸿章派唐廷枢筹办开平煤矿，为解决大量原煤运输的问题，唐廷枢请求修建铁路运煤。几经周折，清政府终于批准修建从唐山煤矿区至胥格庄的运煤铁路。该铁路采用标准轨距 1 435mm，于 1881 年初开工，同年 6 月开始铺轨，线路长 10km，并用中国工人自制的“龙号”机车运送铺轨材料，11 月 8 日举行通车典礼，命名为唐胥铁路。图 6.5 是当年唐胥铁路通车仪式照片。

1885 年，中法战争失败后，清政府意识到铁路的价值。1887 年唐胥铁路延伸至芦台，并于次年修到了天津。至此形成了 130km 的津唐铁路。1891 年，清政府为了应对沙俄的军事压力，开始修建第一条国有的关东铁路，从唐山的古冶至沈阳的绥中，全长 193.3km。关东铁路建设难度最大的是滦河大桥，在英、日、法工程师修建的桥墩多次被洪水冲毁之后，由詹天佑采用气压沉箱法获得成功。图 6.6 是当时竣工之后的铁路滦河大桥。

图 6.5　唐胥铁路通车仪式

图 6.6　竣工后的滦河大桥

台湾铁路由巡抚刘铭传奏请清政府兴建，于 1887 年在台北开工，从基隆经台北至新竹，全长 106.7km，轨距 1 067mm。跨度 448m 的淡水河大桥为木桥，由中国工程师张家德设计；位于基隆南面的狮球岭隧道长 261m，于 1885 年春开工，1890 年夏建成，是我国最早的铁路隧道。

滇越铁路中国段是清末铁路中工程最为艰巨的一条，它从中国云南省昆明至河口，长 469.8km。沿线崇山峻岭，有桥梁 425 座、隧道 155 座，占全长的 36%，总造价 1.65 多亿法郎，合白银 5 370 万两，是清末铁路中平均造价最高的一条铁路。当时的《泰晤士报》曾称“滇越铁路是与巴拿马运河、苏伊士运河齐名的三大奇迹”。

在滇越铁路屏边县北湾圹乡度箐与倮姑站之间,有一座用钢板、槽、角钢、铆钉连接而成的巨型钢架桥——“人字桥”,如图6.7所示。“人字桥”在两山峭壁之间的跨度为67m,距谷底100m。此桥由法国女工程师鲍尔·波丁设计,于1907年3月10日动工,1908年12月6日竣工。在两座垂直的悬崖当中,“人字桥”横空飞架,整个桥身没有一根支撑的骨架。这座美丽轻盈又十分坚固的桥梁被列入《世界名桥史》。当铁路修到这个地段的时候,因为两边的悬崖实在太陡峭且太高,铺桥方法困扰了工程师们,所以当时法国在报上登了一个寻求该桥设计方案的启事,法国很多工程师都在考虑怎样来建造这座桥。有一天,鲍尔·波丁在裁缝那儿做衣服的时候无意间把剪刀掉到了地上,剪刀两个角张开后刚好插到了地板上,她因此得到了启发,于是设计了一个像剪刀一样的桥梁结构,既稳固又美观,“人字桥”就这样诞生了。它凝聚着法国工程师的智慧,流淌着中国劳工的鲜血,在当时的技术条件下,仅67m长的桥梁就付出了800多条中国劳工的生命,平均每米12条人命!这在世界桥梁建筑史上是前所未有的。

图6.7　滇越铁路“人字桥”

甲午战争期间,已修至关外中后所的关东铁路从关内向关外运兵、运械、运饷,在军事上起了非常重要的作用,使清政府意识到修建铁路的重要性,这一时期自建的国有铁路有津芦铁路、芦汉铁路芦保段、淞沪铁路、株萍铁路、西陵铁路、京张铁路、张绥铁路、京苑轻便铁路等。

1876~1912年的清末36年间,中国共修筑铁路9 968.5km,其中21.9km被拆毁,保存下来9 946.6km。

2. 京张铁路——我国自行建设的第一条铁路

张家口自古乃塞上重镇,是从北京通往内蒙古的必经之地,皮毛、驼绒、茶叶、丝绸等大宗货物往来不断。1905年,北京至沈阳的关内外铁路和芦汉铁路即将建成通车之际,再修建一条通往西北的铁路更是具有政治上、国防上的重要意义。英、俄两国都企图控制京张铁路的修筑。英方提出聘用英籍总工程师,俄方要求中国借俄款修京张铁路。英、俄相争,为清政府独立修路提供了机会。英、俄最终同意了清政府既不用英籍总工程师、也不借俄款、由中国自己用关内外铁路利润来修建京张铁路。

1905年5月,清政府设京张铁路局,詹天佑(图6.8)任会办(副局长)兼总工程师。1905年10月,京张铁路动工。京张铁路穿越燕山山脉,沿途地势陡峭,地形险要,施工极为困难。一些外国人认为中国人无力逾越这道难关,并在报纸上撰文讥讽:“中国造此路之工程师尚未诞生”。国内也有人持怀疑态度,称詹天佑“胆大妄为”、“自不量力”。面对这些压力,詹天佑不为所动,指出修造京张铁路的工程师“不仅已经出世,而且现在存于世也”,并表示,中国人不仅可以用自己的力量修建京张铁路,还要做到“花钱少、质量好、完工快”。

图6.8　詹天佑

詹天佑凭借在耶鲁留学打下的深厚功底，加上修建关内外铁路、西陵铁路的实践经验，和其他优秀的中国工程师颜德庆、邝孙谋、俞人凤、陈西林、翟兆麟、柴俊畴等一起，紧紧依靠万余名筑路工人，创造性地工作，战胜了一个又一个工程难题。为了寻找合理的线路，他不辞辛劳带领工程人员跋山涉水，勘测了三条线路，最后确立了经过南口、居庸关、八达岭的现行线路。这条线路比英国人测定的距离大为缩短，隧道工程也减少了 2km 多。青龙桥至八达岭的坡度为 33‰，詹天佑借鉴美国修高山铁路的经验，设计了“人”字形折返线，并采用两台大功率机车，一台牵引，一台在尾部推。折返线延长了坡面，减小了坡度，使列车成功通过了八达岭。詹天佑还设计出自动挂钩，使列车调车时只要稍一碰击，车厢便可自动牢固地连在一起，确保列车爬坡安全。此钩后推广至全世界，被誉为“詹天佑钩”。

1909 年 9 月，京张铁路竣工，全长 201.2km，单线，标准轨距，铺设汉阳铁厂生产的钢轨，轨重 43kg/m，机车由英、美进口，车厢由唐山机车厂制造。铁路比计划提前了两年通车，工程费用结存 28 万多银两，受到中外各方面的瞩目。

京张铁路是中国第一条不借助外国技术、完全由中国工程技术人员自建的铁路。它的建成，在国际上和社会上所起的作用和影响，远远超出了工程技术的范围。同时，一大批中国铁路技术人才得到了成长和锻炼，在以后的铁路建设中，他们发挥了很大的作用。我国杰出的地质学家李四光在詹天佑诞辰一百周年纪念会上说：“詹天佑领导修建京张铁路的卓越成就为深受侮辱的当时中国人民争了一口气，表现了我国人民的伟大精神和智慧，昭示着我国人民的伟大将来”。

3. “中华民国”时期的铁路建设

“中华民国”初年，孙中山辞去临时大总统后，全力筹办全国铁路。1918 年秋，孙中山在《实业计划》一书中提出了修建 10 万英里（约 166 000km）铁路的计划，从 1919 年《实业计划》发表到 1925 年孙中山逝世的这 6 年间，中国正饱尝战争的痛苦与折磨，无力无暇再去顾及铁路建设。大铁路计划的命运，也只能以破产而告终。

北洋政府期间，各国列强掀起了第二次掠夺中国铁路权的狂潮。比、英、法、德、美、沙俄、日等国在中国夺得铁路贷款权达 13 000km，其中日本更是夺得满蒙五路权，总长约 1 500km。由于列强的干扰、国内频繁的战争等原因，北洋政府时期（1912 ~ 1926 年）铁路建设总共完成 3 036km，发展极其缓慢。

1928 年北洋军阀倒台，国民政府成立。10 月，南京国民政府铁道部成立，民国政府的第一任铁道部长孙科上任。国民党虽名义上实现了“国家统一”，但天下并不太平，纷争、割据、混战此起彼伏，修建的铁路很少。到了 20 世纪 30 年代初，中原大战结束后，国民党内部纷争、混战基本平息后，才兴起筑路热潮，修筑了杭江、浙赣、同蒲、淮南等铁路。而东北由于相对安定，修路热潮兴起得更早，在东北共修建铁路 800km。

20 世纪 30 年代初至抗日战争爆发前后，国民政府采取发行铁路建设公债以及利用庚子赔款和向外国银行借款等方式，将粤汉铁路贯通、陇海铁路西展，修筑吉敦铁路和南京轮渡等工程。随着日本帝国主义对华侵略的步步扩展，中日民族矛盾逐渐成为中国的主要矛盾，南京国民政府开始着手抗战准备工作。抗战爆发前后，以备战为主要出发点修筑和改造了一批铁路及桥梁工程，主要有苏嘉铁路、沪杭甬铁路、京赣铁路、湘黔铁路、广九粤汉接轨及黄埔建港、成渝铁路（部分）等。

1931 年“九一八事变”后，日本为便于掠夺中国东北的资源，在东北连续修建铁路。抗战爆发后，日本在华北、华东、华南占领区，为了扩大侵略及经济掠夺的需要，拆除了一些旧线，修建了一些新线。全面抗战爆发后,日军疯狂抢占中国铁路线,到1938年10月广州、武汉失陷,中国共丧失铁路近9 000km,约占关内铁路总里程的70%。国民政府迁到重庆后,为了战时后方供应的需要,以及谋求打通连接越南、缅甸的国际通道,加紧了大后方的铁路建设,修筑了湘桂、黔桂、滇缅、叙昆、綦江、西北等铁路。

1945年8月,持续8年之久的中国人民抗日战争结束。不久,第三次国内战争(1946~1949年)爆发,在此期间仅修建铁路191km。从1912年至1949年9月,民国时期共建成铁路17 100km。

旧中国的铁路建设不仅数量少,而且布局不合理,铁路技术标准杂乱,质量较低。另外,由于各自为政,铁路枢纽建设一片空白,限制了铁路运输能力的发挥。中华人民共和国的诞生意味着旧中国铁路史的终结,中国铁路建设翻开崭新的一页。

6.3　新中国铁路建设的成就

1. 中国铁路发展的开拓阶段

1949年10月中华人民共和国成立,掀开了中国铁路建设的新篇章。新中国成立伊始,铁路便收归国有。由于战争的破坏,旧中国留存下来的铁路能勉强维持通车的仅剩约10 000km。仅1949年由铁道兵和铁路职工共修复铁路8 278km,其中桥梁2 717座。到1949年底,基本修复了大陆上的主要铁路干线,全国通车里程达到21 810km。

新中国成立后,为了便于铁路建设和运输管理,中央军委铁道部改组为中央人民政府铁道部,滕代远任部长。随后颁发了中国铁路第一本基本法规——《铁路技术管理规程》,从根本上结束了旧中国铁路各自为政的混乱局面。从1950年开始,国家进入3年经济恢复时期,在此期间,全国铁路复旧工程取得了巨大成就。1952年6月,满洲里至广州开行第一辆列车,全程4 600km,畅通无阻。至1952年底,全国铁路营业里程增加到22 876km。在进行复旧工程的同时,铁路新线的建设也在进行。从1950年开始,我国在大西南、大西北有重点地修建了成渝、天兰铁路和湘桂铁路来(宾)睦(南关)段。从1952年开始,动工兴建兰新、宝成、丰沙等铁路干线。1952年7月,全长505km的成渝铁路建成通车。这是新中国成立后修建的第一条铁路,这条旧中国的清政府、北洋政府、国民党政府都"筹建"而始终未建成的铁路,四川人民近半个世纪修筑这条铁路的愿望,终于实现了。成渝铁路结束了四川没有正式铁路的历史,它也是第一条全部以国产器材修筑起来的铁路。

图6.9　宝成铁路上的灯泡展线

宝成铁路于1952年开工,1956年全线筑成通车,是连接我国西北和西南地区的干线。它起自陕西宝鸡、翻越秦岭和大巴山后,沿嘉陵江上游进入成都平原,全长688km。所穿越的秦岭段曾被伟大的诗人李白喻为"蜀道难,难于上青天!"。铁路线的最陡之处竟在直线6km距离之内升高达680m,不得不将线路迂回盘旋展成"∞"形,这就是闻名于世的灯泡展线,如图6.9所示。宝成铁路为新中国培养了大批的铁路建设人才,此后的中国铁路建设完全进入了自力更生时期。

2．穿越“修路禁区”的成昆铁路

纽约联合国总部陈列着被评为联合国特别奖、象征人类征服大自然的三件礼物——一件是美国阿波罗宇宙飞船带回来的月球岩石；一件是原苏联第一颗人造卫星模型；而排在三件特别奖礼物首位的是来自中国高 1.1m、宽 1.95m、由 140 个人用了 8 颗象牙精心制作的成昆铁路象牙雕塑，它们一起代表了人类在 20 世纪创造的三项最伟大的杰作！

早在 19 世纪末期，当帝国主义列强企图瓜分中国的时候，英、美、法就想从上海修一条经过四川、云南到缅甸的铁路，但未能实施。20 世纪 30～40 年代，国民党政府也曾做过勘测，但由于川、滇地区地势险峻、地质复杂、工程艰巨而放弃。

成昆铁路起自海拔 500m 左右的川西平原，逆大渡河、牛日河而上，穿越海拔 2 280m 的沙木拉达隧道后，沿孙水河、安宁河、雅砻江，下至海拔 1 000m 左右的金沙江河谷，再溯龙川江上行至海拔 1 900m 左右的滇中高原。全线有 700km 穿过川西南和滇北山地，地形极为复杂，谷深坡陡，河流峡谷两岸分布着数百米高的陡岩峭壁。受地质构造运动的影响，不仅断裂发育，而且大约有 500km 的线路位于地震烈度 7 度至 9 度强地震地区。铁路沿线不良地质现象不仅种类繁多，如滑坡、危岩落石、崩塌、岩堆、泥石流、山体错落、岩溶、岩爆、有害气体、软土、粉砂等等，而且数量很大，较大的滑坡有 183 处、危岩落石近 500 处、泥石流沟 249 条、崩塌 100 多处、岩堆 200 多处。面对如此恶劣的地质条件，国外许多专家称之为“修路禁区”、“地质博物馆”。在如此困难的地形、地质条件下，通过 7 处盘山展线，13 次跨牛日河，8 次跨安宁河，49 次跨过龙川江，以此克服巨大的地形高差和绕避重大不良地质地段。成昆铁路的选线技术在宝成铁路灯泡展线的基础上又上了一个新台阶。

成昆铁路工程浩大，全线共完成铺轨 1 083km，修建各种桥梁 991 座，总延长 106.9km；隧道 427 座，总延长 344.7km；桥梁、隧道总延长达 451.6km，超过了北京至山海关的距离，占线路长度的 41%。在桥隧密集的一些地段，桥隧长度竟占线路长度的 80% 以上。有些地段的车站，不得不设在桥梁上或隧道内。

图 6.10　一线天石拱桥(拱跨 54m，雄踞世界之首)

成昆铁路在穿越大渡河畔的凉山区时，有条地质裂缝叫老昌沟。沟的两侧山壁陡峭，直插云天，沟深 200m，宽 50m，沟里云飘雾绕，世人称为“一线天”。图 6.10 是成昆线上跨度为 54m 的一线天铁路石拱桥，桥头两侧与隧道相接，此桥迄今仍是铁路石拱桥之最。在当时施工条件非常差的情况下，其主拱施工仅花了 99 天时间。

成昆铁路的建成大大提升了我国的铁路修建水平，其中有 17 项新技术、新工艺达到或超过国际水平。有专家说：成昆铁路至少推动中国的铁路工程技术进步了半个世纪；不是跨越、不是跳跃，是飞跃！1985 年，成昆线荣获国家科学技术进步特等奖。

3．20 世纪 80 年代的技术引进

经历“文革”的磨难之后，20 世纪 80 年代国家改革开放政策，促使我国的铁路建设引进了大量

的国外资金、设备和技术,从而提高了我国铁路技术开发的起点,并大大提高了我国铁路自我发展的能力。这一阶段,我国先后同日本、英国、德国、瑞典、意大利、奥地利、澳大利亚等国进行技术合作,或进行不同层次的技术交流,使我国的铁路建设开始由劳动力密集型逐渐向技术型转变。

在勘测技术方面,推广应用航测、遥感、光电测距等新技术,并利用航片进行室内勘测、判断和现场核对;在地质预报方面开始使用地震波、声波探测等新技术。此外,大型的铁路施工机械、大型铁路养路机械和自然灾害预报等技术,也在我国的铁路系统得到了推广应用。这期间共进行了大秦线、京广线衡广复线、京秦线、包神线等20多条铁路的建设,其中最具代表性的是衡广复线的大瑶山隧道。

大瑶山隧道地处南岭山脉南麓瑶山区武水峡谷,武水迂回穿流,滩多水急,地势险峻,群山峙立,植被茂密,居民稀少。在线路勘测期间,为了解决运输困难,甚至采用直升飞机将钻机从空中吊运到工地,工程建设的困难可想而知。由于洞口施工困难,隧道的长度也由原设计的14.3km缩减为14.295km。隧道的施工机具采用国外进口的大型四臂液压台车,实现了开挖、运输、衬砌三条机械化作业线。图6.11是建成后的大瑶山隧道,它的建成标志着我国打开了修建10km以上铁路隧道的大门。当时大瑶山隧道位居世界铁路特长隧道的第10位。

图6.11　建成后的大瑶山隧道

通过20世纪80年代对技术的引进和消化,为今后我国铁路建设整体技术水平的提高奠定了基础。

4. 铁路列车的全面提速

当世界进入20世纪40年代之后,铁路在与高速公路和航空的竞争中失去了速度优势,也逐步失去了市场。从20世纪后期开始,世界发达国家铁路以牵引动力革新为开端,不断提高列车速度。随着铁路行车速度的提高和高速铁路网的建设,其市场竞争力不断增强,铁路在世界范围内又再一次重新崛起。

1990年10月广深线160km/h行车项目正式立项,1994年12月22日广深准高速铁路通车,从此我国第一条时速160km/h的准高速铁路正式投入运营。在全路旅客运输持续下滑的形势下,广深线客运市场非常红火,运量和效益逐年增长。广深准高速铁路的建成和成功运营坚定了我国提高铁路行车速度的发展方向,同时说明依靠我国的技术力量完全可能把主要干线旅客列车速度提升一个层次。

列车提速是一项非常复杂的系统工程,涉及机车车辆、轨道的技术标准和质量、路基的承载能力、桥梁的稳定性、通信信号设备的效率及安全性和行车组织等。

1997 年 4 月 1 日零时,中国铁路第 1 次大面积提速开始实施,拉开了铁路列车提速的序幕。这次的列车提速,在京广、京沪、京哈三大干线上实现了最高运行速度 140km/h。全国铁路以北京、上海、沈阳、武汉等大城市为中心,开行了最高速度 140km/h、旅行速度在 90km/h 以上的快速列车 40 对;开行了夕发朝至列车 78 列,被旅客誉为“移动宾馆”。

1998 年 10 月 1 日零时,中国铁路第 2 次大面积提速开始实施。提速后,快速列车最高运行速度达到了 160km/h,非提速段快速列车最高运行速度达到了 120km/h。京九、浙赣、候月、宝中、南昆线和兰新线武威至乌鲁木齐段列车运行速度也有一定幅度提高。广深线利用摆式列车,最高运行速度达到了 200km/h。全国快速列车增至 80 对,夕发朝至列车增至 228 列。铁路新一轮提速进一步适应了旅客对快速运输的要求,扩大了客货运输品牌效应,赢得了社会各界的广泛赞誉,铁路提速被 64 家产业报评为 1998 年“十件大事”之一。

2000 年 10 月 21 日零时,以西部地区为重点的第 3 次大面积提速在陇海、兰新、京九、浙赣线顺利实施。其中,陇海、兰新线提速线路长度达到了 3 410km。北京西至乌鲁木齐的 T69/70 次列车比提速前压缩 19h36min、上海至乌鲁木齐的 T53/54 次列车比提速前压缩 22h58min。自此中国铁路京广、京沪、京哈、京九 4 条纵贯南北的大动脉和陇海、兰新线,浙赣线两条横跨东西的大干线全面实现了提速,全国铁路提速线路延展里程接近 10 000km,初步形成了覆盖全国主要地区的“四纵两横”提速网络。

为了进一步支持国家西部大开发战略的实施,2001 年 10 月 21 日零时,中国铁路第 4 次大面积提速开始实施。这次提速延展长度达到 4 434km,还有 1 400 km 的线路允许速度有较大提高。经过第 4 次提速,中国铁路提速网络进一步完善,提速范围进一步扩大,铁路提速延展里程达到 13 000km,提速网络覆盖全国大部分省区。

2004 年 4 月 18 日零时起,全国铁路实施第 5 次大面积提速,京沪、京广、京哈等几大干线的部分地段线路设计速度达到 200km/h,提速网络总里程达到 16 500km,其中速度 160km/h 及以上提速线路达 7 700km,时速 200km/h 线路延展里程达 1 960km。实施第 5 次大面积提速后,增开了北京至上海、杭州、南京、哈尔滨、武汉、西安、长沙等 19 对沿途不停、一站到达的直达特快旅客列车。

通过 5 次全面提速,全国铁路列车运行速度 120km/h 的线路延展里程达到 22 090km,速度达到 160km/h 的线路延展里程达到 14 025km,速度达到 200km/h 的线路延展里程达到5 371km。铁路旅客列车运行速度得到了较大幅度的提高,形成了基本适应市场需求的客货运输产品系列,带动了铁路基础建设的发展并推动了科学技术进步。提速使中国铁路展现出了前所未有的勃勃生机和旺盛活力,有力促进了区域经济的发展,为国民经济持续快速发展注入了新的动力。

全国铁路第 6 次提速于 2007 年 4 月 18 日实行,京哈、京沪、京广、陇海、兰新、胶济、武九、浙赣等线路列车速度达到 200km/h,列车速度在 120km/h 以上的线路总长超过22 000 km,部分地段列车的行驶速度超过 200km/h。

5. 世界屋脊上的青藏铁路

西藏自治区地处祖国西南边陲的青藏高原,面积 1 220 000 km^2,平均海拔 4 000m 以上,有

"世界屋脊"、"地球第三极"之称。1951 年西藏和平解放后,国家曾动用 4 000 多峰骆驼组成大型驮队向西藏运输货物,平均每行进 1km,就要留下 12 具骆驼的尸体。1953 年,数万名战士和农民工打通了青藏公路,该条公路平均每修 1km 就有一个人倒下。为修建另一条进藏通道——川藏公路,4 000 多名解放军官兵献出了宝贵的生命。然而,已有通道远不能满足西藏社会经济发展的需求。中国藏学研究中心调查显示,由于自身生产能力低下和运输成本高,拉萨 100 元的购买力只相当于内地的 54 元。

青藏铁路的勘测设计始于 1956 年,铁道第一勘测设计研究院对从兰州到拉萨的进藏铁路全线进行了踏勘。1979 年青藏铁路一期工程西宁至格尔木段建成。从 1996 年开始,铁道部加快了进藏铁路前期研究的步伐,继续完成了青藏线、甘藏线、滇藏线、川藏线的规划研究,最终确定以青藏线、滇藏线为进藏的主要比较方案。2001 年 6 月 29 日,青藏铁路同时在海拔3 080m的格尔木南山口车站和海拔 3 639m 的拉萨柳吾隧道工地举行开工典礼。2002 年开始从南山口向南铺轨,2004 年在安多同时向南北两个方向铺轨,2005 年铺轨通过唐古拉山,并提前实现全线铺通。经过 10 万筑路大军 5 年的辛勤建设,青藏铁路已于 2006 年 7 月 1 日建成投入运营。

青藏铁路是世界海拔最高的高原铁路,铁路穿越海拔 4 000m 以上地段达 960km,翻越唐古拉山的铁路最高点海拔为 5 072m。它也是世界上最长的高原铁路,全线总里程达 1 142km。青藏铁路冻土地段列车速度为 100km/h,非冻土地段达到 120km/h,这是目前列车在高原冻土上的最高行驶速度。该项目工程总量为:路基土石方 7191 万 m^3,桥梁 675 座,涵洞 2 086 座,隧道 7 座。近期开通车站 45 个,远期预留 13 个。其中,海拔 5 068m 的唐古拉山车站,是世界海拔最高的铁路车站,如图 6.12 所示。海拔 4 905m 的风火山隧道,是世界海拔最高的冻土隧道,如图 6.13 所示。全长 1 686m 的昆仑山隧道,是世界最长的高原冻土隧道。

图 6.12　世界海拔最高的铁路车站——唐古拉山车站

图 6.13　世界海拔最高的冻土隧道——风火山隧道

青藏铁路被列为国家"十五"期间四大标志性工程之一,名列西部大开发 12 项重点工程之首。国外媒体评价青藏铁路"是有史以来最困难的铁路工程项目","它将成为世界上最壮观的铁路之一"。随着这条 1 142km 长的"天路"从格尔木成功铺轨至拉萨,世界铁路建设史、中国作为统一多民族国家的发展史以及青海西藏两省区人民的生活史都掀开了新的一页。国际社会称青藏铁路是"可与长城媲美的伟大工程"。短短 4 年多时间,跨越世界屋脊的青藏铁路就宣告全线贯通,包括藏族同胞在内的全体中国人的百年梦想终于实现。这是经过近 30 年改革开放中国综合国力显著提升的表现;是人类千百年来对青藏高原不断认识、探索以及与之亲近、融合的一次升华;是中国人以"挑战极限、勇创一流"的新时期民族精神在"世界屋脊"创造的世界奇迹。

6.4 高速轨道交通及其主要技术创新

"二战"以后,汽车和飞机制造业快速发展,高速公路和民用航空逐渐兴起,铁路运输业客货运量日减,营业亏损,一度被称为"夕阳产业"。高速铁路的出现改变了这一面貌,在世界铁路发展史上产生了深远的影响。日本东海道新干线在技术、经济上的成功,一举改变了经济发达国家铁路客运"夕阳产业"的形象,给铁路客运注入了新的活力。可以说,高速铁路引发了旅客运输业的一场技术革命,代表着铁路客运的发展方向。

高速铁路具有全天候、安全性好、运能大、速度快、能耗低、污染轻、占地少、投资省、效益高等特点,是当代科学技术的一项重要成就。它高度概括了铁路在牵引动力、线路结构、行车控制、运输组织和经营管理等方面的先进技术,涉及力学、机械、电子、信息、能源、材料、建筑、环保等科学技术领域。因此,对一个国家来说,发展高速铁路需要一定的科学技术水平作为前提条件;反过来,通过发展高速铁路可以促进该国的铁路以及其他相关的科学技术领域的进步。

高速铁路也是社会经济发展的产物。随着社会经济的发展,劳动生产率的提高,人们对出行的效率要求也随之提高。同时,随着人们生活水平的提高,对出行的舒适性要求也随之提高,提高交通工具的旅行速度是提高交通出行效率和舒适性的主要措施。

速度高低是一个具有时代性的相对概念。截至 2005 年底,日本、法国、德国、意大利、比利时、西班牙等国投入运营的高速铁路已超过 6 400km,正在修建高速铁路的国家有英国、荷兰、美国、瑞士、瑞典、奥地利、韩国、俄罗斯、澳大利亚。我国台湾省的高速铁路也已建成并于 2006 年投入试运营。

1. 日本的高速铁路

日本是世界上最早发展高速铁路的国家,其高速铁路行车试验可以追溯到二战以前。至 20 世纪 50 年代,日本共有 19 000km 铁路,但均采用窄轨(轨距 1 067mm),大大限制了运输能力,旅客运输尤为紧张,列车严重超员。1957 年,日本政府组织了一个专门委员会,以解决人口密集的东西走廊(东京—大阪)的旅客运输紧张问题,通过对高速公路和各种不同形式的铁路运输系统的研究,包括对德国的轻轨运输系统及单轨铁路的分析,日本决定发展一种新型的铁路——高速铁路。

20 世纪 50 年代,日本国铁(JNR)主席佐崇光(Shinji Sogo)(图 6.14)力主按标准轨距(1 435mm)修建一条从东京直通大阪的高速铁路。1964 年 10 月,世界上第一条高速铁路——东海道新干线建成通车,全长 515km,列车开行的最高速度达到 230km/h,突破了保持多年的铁路运行速度世界纪录,从东京到大阪只需 3h10min(后来又缩短到 2h30min)。由于旅行速度比原有铁路提高一倍,票价较飞机便宜,从而吸引了大量客流,致使东京至名古屋间的飞机航班不得不因此停运,由此产生了世界上首个铁路与航空竞争取胜的实例。这条路线是全世界第一条载客营运高速铁路系统,仅用 8 年时间就收回全部投资。随后,新干线通过山阳地区,延长到福冈,称为山阳新干线。东海道及山阳这两条新干线通过的地区,集中了日本 2/3 的人口及 3/4 的经济,通车以后,新干线客运量急剧增长,达到了铁路从未承担过的负

图 6.14　佐崇光

荷,对日本的经济发展具有重大意义。新干线修建之后对于日本经济的拉动也是引起世界高速铁路建设狂潮的原因之一。

20 世纪 80 年代,日本继续进行新干线的路网建设,新建东北新干线通过地区的人口较少,修建目的主要是为了改变人口及经济的区域结构,将目前开发较少的地区与经济发达及工业集中的东海道地区连接起来,使人口分布及经济发展更加均衡,促进日本内地的对外交通。目前,日本已建成东海道、山阳、东北、上越、北陆、九州 6 条高速铁路,营业里程达 2 387km。1964 ~2004 年新干线已累计完成客运量 74 亿人次。根据日本《全国新干线铁道整备法》,日本高速铁路网的建设已从"追随运量需要"转变为"国土开发需要",下一步将继续建设八户至新函馆、长野至富山、博多至新八代等新干线,进一步完善路网。

列车是实现高速的关键,新干线上的"子弹头"高速列车闻名于世。新干线上运行的"子弹头"高速列车共有 12 个系列,全部为动力分散型。其中,700 系列车(图 6.15)是日本目前最先进的高速列车,速度达 300km/h。由于动轴多,列车总功率都很大,牵引力大、黏着性能好,所以列车的启动、加速快,制动性能也好,制动距离短,适合车站较多、起停频繁的线路。此外,列车定员也很多。动力分散形式还有个优点是列车的最大轴重较轻。日本高速列车的最大轴重可以做到仅 11t 左右,这样对线路、桥梁的破坏作用较小。

图 6.15　日本 700 系列高速列车

新干线自 1972 年开始采用运行管理系统后,经多次改进,采用了新干线信息管理系统、车站旅客信息处理设备;在东北、上越新干线,开发了新型运行管理系统(COSMOS)。同时,日本在铁路沿线和海岸线上设置风速和地震测试仪,一旦有台风或地震灾情发生,可以及时发出减灾报警,迅速切断新干线的电网供电,迫使列车停止运行。正是由于诸多新技术的采用,新干线实现了大密度、大运量、高准确性的安全运行。

2. 欧洲的高速铁路

欧洲的高速铁路技术主要以法国和德国为代表。法国铁路在历史上对高速行车一直是情有独钟,并且还占有相当明显的优势。据统计,1890 ~1990 年的 100 年间,世界铁路共创造了 17 次铁路行车最高记录,其中有 9 次是由法国铁路创造和保持的。1955 年,法国利用普通的电力机车牵引一节客车和一节试验车创造了 331km/h 的世界纪录,直到 20 世纪 70 年代该纪录才由它自己的 TGV—01 试验型电动车组以 380km/h 的速度打破。法国铁路于 1990 年 5 月用 TGV 大西洋电动车组创造了 515.3km/h 的速度。2007 年 4 月,法国 TGV 高速电气机车以 574.8km/h 将纪录再次刷新。

20 世纪 60 年代,法国从巴黎至里昂既有铁路线的客货运量已经饱和,急需修建一条新线。自 1967 年起,法国国营铁路公司(SNCF)就开始着手研究高速铁路的相关研究。1976 年和 1978 年,东南线分别从南段和北段开始施工,并分别于 1981 年 9 月和 1983 年 9 月竣工通车。东南线从巴黎到里昂全长 417km,其中新建线为 389km,通车后最高行车速度为 270km/h。TGV 巴黎东南线通车后,法国接着修建了 TGV 大西洋线、TGV 北方线和 TGV 地中海线等高速线。目前,法国运营中的高速铁路新线总长为 1 568km。除此之外,法国还有经过改造运营速度可以达到或超过 200km/h 的既有线近 400km。为了扩大高速列车的服务范围以吸引客流,TGV 高速列车不但在高速铁路新线上行驶,还行驶到既有线上,包括经过改造、允许速度达到和超过 200km/h 以及未经改造、允许速度低于 200km/h 的既有线。新线加上这些既有线统称 TGV 线路,总长约 7 000km。图 6.16 是法国第三代高速列车——TGV—D 双层高速列车。

图 6.16　TGV—D 双层高速列车

法国高速铁路经营状况良好,TGV 东南线、大西洋高速线完全开通的第一年,即出现盈余。在铁路运输,特别是铁路客运方面非常不景气的欧洲,这是非常难能可贵的。TGV 北方高速线涉及五个国家(法国、英国、比利时、荷兰和德国),连接巴黎—伦敦—布鲁塞尔—阿姆斯特丹—科隆的法国境内重要通道,运量成倍增长,经济效益和社会效益都十分显著。TGV 已成为法国铁路运输业的主要经济支柱。TGV 每投资 10 亿法郎,即创造出 3 500 个就业机会。除此以外,由于高速铁路缩短了旅行时间,从而为人们创造了新的动态观念,使人们可以重新对周围的环境与地域概念进行设计,距离将不再以公里计算,而是以时间计算。

1971 年,德国开工建设第一条高速铁路新线——汉诺威至维尔茨堡高速线(327km),之后又开始修建第二条高速新线——曼海姆至斯图加特高速线(99km)。这两条高速新线于 1991 年同时通车运营。1998 年,264km 的柏林至汉诺威和 180km 长的科隆至莱因/美因(法兰克福)高速线建成通车。这样,德国高速铁路总长目前达到 900km 左右。除了设计速度 280 ~300km/h 的高速新线外,德国还有约 700km 最高允许速度达到 200km/h 的经过改造的既有线。因此,德国的高速铁路包括新线和速度达到 200km/h 的既有线,总长 1 570km 左右。与日本和法国的高速铁路不同,德国高速铁路是按客货车混跑的原则而设计的。德国铁路的高速列车都是 ICE 系列,ICE1 高速列车于 1991 年正式投入运营。第一代 ICE1 和第二代 ICE2 都采用了动力集中方式,第三代 ICE3 高速列车则改为动力分散形式,最高运营速度为 330km/h,如图6.17所示。此外德国的无碴轨道技术经过近 40 年的发展,处于国际领先水平。

图 6.17　德国 ICE3 高速列车

目前德铁正式批准的无碴轨道结构形式有 BOGL 型、Rheda 型、Zublin 等。图 6.18 是 Rheda2000 型无碴轨道。

欧盟为了实现欧洲一体化,正在致力于建设一个统一的欧洲高速铁路网。2002 年底,欧洲高速铁路新线总计 3 260km,预计到 2010 年将增加到 6 000km,到 2020 年将达到约 10 000km。

图 6.18 Rheda2000 型无碴轨道

3. 中国高速铁路的起步

从日本和欧洲国家的铁路发展可以看出,高速铁路已成为许多国家旅客运输发展的共同趋势。日本与欧洲各国幅员不大,民用航空、高速公路都比较发达,但高速铁路却取得了显著进展,这说明了高速铁路强大的生命力及显著的优势。我国疆域辽阔、人口众多,又处于经济建设的发展阶段,更需要运输能力大、速度快、运价低廉、节省能源、安全可靠的高速铁路。

高速铁路要应用很多当代的高新技术。我国铁路的工业和基建部门通过 20 多年的努力,在机车车辆制造、通信信号装置和筑路技术等方面已研究并积累了大量可贵成果。1997 年 1 月在北京环行试验线上,用 ss8 型电力机车牵引一节试验车、两节客车,实现了 212.6km/h 的最高速度,在我国铁路建设上首次达到了 200km/h 的高速指标。1998 年 6 月在京广线郑州许昌间,用 ss8 型电力机车牵引 5 节客车,创造了 240km/h 的最高试验速度,标志着我国已具备制造时速 200 km/h 机车车辆并配置时速 200km/h 线路基础设施和供电设备的技术能力。

2002 年秦沈客运专线的建成和京沈客运通道的拉通,是我国第一条实质性的高速铁路。秦皇岛至沈阳新建的客运专线全长 404km,位于辽西走廊,西端与京山、京秦、大秦线相通,东端与哈大、沈吉、沈丹、苏抚线相通,是东北地区又一条进出关的铁路大动脉,是关内连接关外铁路运输的主要通道。秦沈客运专线设计运行速度 200km/h,试验速度已经超过 250km/h,最高速度达到 321km/h,从线、桥、网、信号和通讯以及运载工具的配置,可以认为这是中国高速铁路的雏形。我国自行生产的"中华之星"(图 6.19)和"先锋"号高速电动车组在京沈线担任高速客运,为我国铁路高速运营积累了经验。

2006 年 4 月 1 日,我国西部第一条高速铁路——遂渝铁路客运专线正式开通,从而将成

图 6.19 "中华之星"高速列车

都到重庆行车时间从10h缩短到3.5h。遂渝高速铁路为国家一级干线,全长128km,起于四川省遂宁市,途经潼南、合川到重庆,设计时速为200km/h。

根据国务院批准的《中长期铁路网规划》,“十一五”期间,我国将新建客运专线7 000km,并对13 000km既有线实施提速改造。到2020年,我国大陆将建设“四横四纵”客运专线网,线路长度在12 000km以上,客车速度目标值不小于200km/h。目前已经开工和即将开工建设的客运专线有武广、郑武、郑西、石太、甬台温、温福、福厦、厦深、合武、合宁、广珠、哈大等,其中相当一部分线路的设计速度目标值达350km/h。“十一五”期间将建设的众多客运专线中,京沪高速铁路是其中最主要的一条,举世瞩目。其全线按最高时速350km/h、运行时速300km/h设计。

4. 磁悬浮交通系统

借助轮轨间的黏着作用而产生牵引力的铁路,列车主要靠钢轨与钢轮之间的黏着力向前推进。速度越快,黏着力越小,列车牵引力越小,空气阻力越大。为了解决轮轨间的黏着力问题,20世纪60年代初期,日本、法国、意大利和英国等国家开始研究在导轨上行驶的非黏着式高速铁路,即所谓悬浮式铁路。高速磁浮列车运行时与轨道完全不接触,它没有轮子和传动机构,列车的悬浮、导向、驱动和制动都是利用电磁力来实现的。车上装了电磁铁,其与轨道两侧的电线圈之间产生强大的吸引力,从而使列车悬浮在空中;轨道沿线铺设的线圈通电后产生强大的磁场,使列车得以飞驰;当电流减小或者切断时,车就减速或停下来。

图6.20　德国工程师肯珀(Hermann Kemper)

磁悬浮技术的研究始于20世纪初。1922年德国工程师肯珀(H. Kemper)(图6.20)提出了电磁悬浮原理,1934年他申请了磁悬浮列车的专利。20世纪70年代以后,世界工业化国家经济实力不断加强,为提高交通运输能力以适应经济发展的需要,德国、日本、美国、加拿大、法国、英国等发达国家相继开始对磁悬浮运输系统进行开发。磁悬浮列车主要由悬浮系统、推进系统和导向系统三大部分组成。磁浮技术按是否利用超导电磁铁又分为超导和常导两类,超导以日本的MAGLEV为代表,常导以德国的TANSRAPID和日本的HSST为代表。

日本于1972年成功进行了2.2t重的超导磁浮列车试验,速度为50km/h。1977年12月在宫崎磁浮试验线上,列车速度达到204km/h。1979年12月提高到517km/h。1982年11月,磁浮列车载人试验获得成功。1995年,载人磁浮列车试验速度达到411km/h。2003年12月,日本铁道公司在山梨试验线上创造了581km/h的陆上速度世界纪录。

德国在常导高速埃姆斯特试验线上,创造了450km/h的试验速度。中国于1991年开始对磁浮列车进行有计划的研究,目标是低速列车,目前已研制成功了小型试验样车。成都飞机工业集团采用100%数字化设计、速度高达500km/h,拥有完全自主知识产权的中国第一辆磁浮列车——CM1“海豚”高速磁浮车,已投入试车。同济大学在上海安亭修建了一条1.7km的高速磁浮试验线,这是我国第一条高速磁浮试验线。

世界上正式投入运营的磁浮线有3条,即英国伯明翰线(已停止运营)、日本名古屋东部丘陵线和上海磁浮示范线。前两条是中低速磁浮线,上海磁浮示范线是全世界第一条高速磁浮商业运营线。上海磁浮示范线从浦东国际机场至地铁 2 号线龙阳路站，引进德国 TANSRAPID 技术，全长 33km，总投资 100 亿元人民币，列车目前最高运营速度为 430km/h。其主线工程于2001 年6 月10 日开始施工，2002 年12 月31 日举行通车典礼，2004 年5 月正式投入商业试运行。截至2006 年3 月底，安全运行里程累计超过 240 万 km，运送乘客达 4 632 万人次，并经历了积雪、大风等恶劣气候的考验。

磁浮交通系统除了具有高速铁路的优点外，由于列车悬浮在轨道上，所以对轨道冲击小、振动小、噪声低，比高速铁路更节能、列车爬坡能力更强。由于不存在黏着极限速度，从长远看，可以替代飞机以避免空中线路过于繁忙并节省能源。

6.5　城市轨道交通工程

1. 城市轨道交通的起源

从 1825 年世界第一条铁路诞生到 1863 年伦敦第一条地铁线开通之前，铁路只是用于城市间的客货运输。尽管铁路没有直接服务于城市交通，但是它使得城市发展从靠水而建的约束中摆脱出来，其腹地范围迅速扩大。在半个世纪不到的时间中扩大了 3 ~ 6 倍，大大促进了城市交通需求的发展。这一时期的城市公共交通以公共马车为主。1829 年，巴黎引入较大的由马驱动的公共马车，纽约 1831 年也引入这种车辆。后来它迅速增长，但由于它缓慢颠簸，乘坐不舒适，且容易造成街道的车辆拥挤及阻塞。

把马车放在钢轨上行驶，可以提高速度及平稳性，还可以利用由多匹马组成的马队来提高牵引力、增大车辆规模，降低运输成本及票价。世界上第一条马拉的城市街道铁路于 1832 年在美国纽约的第 4 大街开始运营。这种有轨马车直到 1855 年才开始大规模地替代公共马车，那时轨道安装成本下降，也解决了与街道上无轨车辆交通的相互干扰问题。公共有轨马车是现代城市轨道交通的雏形，从 1855 年起，有轨马车线路在美国及欧洲迅速扩展，至 1890 年总的轨道里程达到 9 900km。

虽然马车铁道比公共马车有了很大的改进，但随着城市人口及车辆的增加，在平交道口出现了交通阻塞的现象，在较大的城市中非常严重。1860 年，在纽约的曼哈顿，从南端的 Battery 到中央公园 8km 的行程需花一个多小时的时间。因此，通过立交形式的快速交通系统来避免铁道上或其街道上的拥挤已成为燃眉之急。同期，人们考虑采用机车代替马车来牵引，进一步增加了车辆运营速度。

法国工程师克里佐（M. de Kerizouet）曾于 1845 年向巴黎市政府提出过修建地下铁道的计划，但因 1848 年发生法国大革命而告吹。1860 年法国工程师又想像出城市高架铁路。凡尔纳（J. Verne）在《八十天环游地球》中对此曾有十分精彩的描述。但是世界上第一条快速轨道交通线于 1863 年在伦敦诞生，线路和车站均设在地下，称为地下铁道（Under Ground Railway）。它由英国律师皮尔逊（C. Pearson）（图 6.21）鼓动并投资建设，该地铁线路从帕丁顿（Paddington）到弗灵顿（Farringdon），总长 6 km。动力是向英国铁路公司租借的蒸汽机车，皮尔逊因此被誉为“地铁之父”。由于列车在地下隧道内运行，隧道里烟雾熏人。尽管如此，

图 6.21　英国律师皮尔逊（Charles Pearson）

当时的伦敦市民甚至皇亲显贵们，都乐于乘坐这种地下列车，因为在拥挤不堪的伦敦地面街道上乘坐公共马车，其条件和速度还不如地铁列车。

随后，法国巴黎引进了这种新的交通系统，但由于巴黎地形的特殊性，部分线路位于地下，而有些线路则采用地面线的形式，如果借助于伦敦地下铁道的英文命名法，就不准确，于是就用Metro（古法语“城市”的意思）来命名巴黎的城市轨道交通线。“Metro”成了世界上绝大多数国家城市轨道交通的标志和代号。1890年，第一条电气化地铁开通，地铁进入电力牵引时代。由于环境条件大为改善，地铁显示出了强大的生命力。现代城市轨道交通也由此进入了快速发展阶段。

2. 城市轨道交通类型及其发展

城市轨道交通在其100多年的发展过程中，呈现出多元化趋势。如今已形成了一个包括地铁、轻轨、独轨以及磁悬浮列车等多种形式的交通系统。

地铁是现代城市快速轨道交通的先驱。地铁不仅具有运量大、速度快、安全、准时、节省能源、不污染环境等优点，而且可以在建筑群密集而不便于发展地面和高架轨道交通的地区大力发展。严格来讲，地铁已是一个历史名词，如今其内涵与外延均已有相当大的扩展，并不局限于运行线在地下隧道中这一种形式，而是泛指高峰小时单向运输能力在3万人次以上，可以采用地下线、地面线、高架线的大容量轨道交通系统。纽约、旧金山以及香港也称其为“大容量轨道交通”（Mass Rail Transit）或“快速交通系统”（Rapid Transit System），在台湾称其为捷运，即城市里的快捷运输系统。

轻轨交通系统的原来定义是指采用轻型轨道的城市交通系统。当初确实使用的是轻型钢轨，而如今的轻轨已采用与地铁相同质量的钢轨。所以，目前国内外都以客运量或车辆轴重（每根轮轴传给轨道的压力）的大小来区分地铁与轻轨。把每小时单向客流量为0.6~3万人次的轨道交通定义为中运量轨道交通，即轻轨。轻轨交通起源于20世纪70年代的法国、比利时和中、北欧的一些城市。经过40年来的发展，轻轨已形成三种主要类型：钢轮钢轨系统、线性电机牵引系统和橡胶轮系统。与地铁的结构形式一样，轻轨也可以有地下、地面或高架线路。

独轨交通分跨座式和悬挂式两类，图6.22和6.23所示为东京的两种独轨交通。独轨运输能力为0.5~2万人次/时，一般采用跨座式，轨道梁、转辙机、转向架是独轨系统的关键技术。由于采用橡胶轮胎，因而车体结构必须轻量化，轨道梁和支座材料的耐潮湿、耐酸性要求也较高。德国的乌伯塔在1901年建成了世界上第一条悬挂式独轨线路。新交通系统可归纳为侧面导向式和中央导向式两种，其客运能力为0.5~1.5万人次/时，建设成本远低于地铁，与独轨相似。

图6.22　东京的跨座式独轨列车

在建的重庆高架轻轨线路工程，根据重庆山高坡陡、道路曲折的地形特征，采用了高架跨座式独轨交通系统，如图6.24所示。这是我国第一次引进的中运量胶轮轻轨系统。该系统转弯半径小、爬坡能力强；车辆运行噪声极低、具有明显的环保特性；独特的高架轨道梁占用道路少、体量轻巧、透光性好、可立体绿化、景观性好。全线建成后，可形成最大单向3万人次/h的客运能力，年客运量可达2亿人次。

图6.23　东京的悬挂式独轨列车

图6.24　重庆的高架跨座式独轨列车

3. 我国城市轨道交通建设及技术发展

从20世纪50年代起，我国就着手筹备地铁建设，规划了北京地铁网络。北京地铁于1965年7月1日开始修建一期工程，1971年正式通车。截至2006年底，我国已建成投入运营的城市轨道交通的总里程已超过600km。另外，我国香港已建成香港地铁系统、屯门轻便铁路、机场快速铁路，线路总长度为109km。我国台湾省台北市目前有木栅线、淡水线、新店线、中和线、板南线、新北投支线、小南门支线共6条捷运线，线路总长度为67.2km。现阶段，我国约有20个城市拟定了轨道交通的建设计划，规划的轨道交通线路共约2 200km。

在建设技术方面，早期的北京地铁充分利用旧城改造的时机而大量地采用明挖法。明挖法施工技术简单、快速、经济，但是在城市繁忙地带进行明挖法施工时，往往需要占用道路，影响交通。为了在施工期间保证地面交通，在明挖法的基础上发展了盖挖法等对地面交通影响较小的施工方法。

在北京复兴门地铁折返线的修建工程中，我国第一次采用了"浅埋暗挖法"。该工法是针对埋置深度较浅、松散不稳定的土层和软弱破碎岩层施工而提出来的。由于该工法施工具有占地少、拆迁少、对周围环境污染少、对城市交通干扰小、造价低等特点，目前已得到越来越多的应用。南京地铁1号线南京站站成功地采用该工法在铁路南京站下方修成了地铁车站，实现了国铁与城市轨道交通之间的零距离换乘。

城市轨道交通地下区间隧道除了明挖法、浅埋暗挖法外，更多的是采用盾构法修筑区间隧道。上海地铁的盾构法隧道已在地下形成立交穿越。广州地铁和南京地铁的盾构法隧道既可以在土层中穿越，又能在风化岩层中穿越。成都地铁的盾构则主要从饱水的卵石层中穿过，是目前国内外施工难度最大的地铁盾构隧道。

随着城市轨道交通网络的建成，出现了大型的地下换乘枢纽，由于它通常位于闹市区，地面和地下既有建筑物密集，所以其建设难度非常大。例如上海市徐家汇商业中心的城市轨道交通1号线、9号线、11号线和地下商场形成的大型换乘枢纽，多条轨道交通线的客流和商场的购物客流可以互通，大大提高了轨道交通的使用效率，同时其实施难度也非常大。

6.6　轨道交通工程的展望

轨道交通工程总体上朝高速化、多样化、高效化、舒适性和节能性方面发展。提高速度是交通发展永恒的主题,在提高速度的同时,还要解决运量和节能问题,所以轨道交通工程学科的发展和众多相关领域的技术发展密切相关,势必带动电力电子、信息、材料、机械制造等产业科技水平的提高。

电力电子技术在轨道交通工程建设中起着关键作用,半导体功率组件是机车牵引电源的核心部件。为适应高速行车的需要,需要研制大功率的电力电子元器件,以及高可靠性地面供电设备的低损耗、高功率因数变流装置等;信息技术方面,高效安全的通信信号及控制系统、多种交通方式共享联动的轨道交通综合信息系统是发展的重点;材料技术方面,需要研制质量轻、强度高、耐腐蚀的新型复合材料用于轨道交通车辆制造,新型减震降噪材料用于减小列车运行时的震动和噪声、提高轨道交通的舒适性、减小对周边环境的影响等。

就轨道交通的土建工程而言,高速化带来两大问题:

(1)需要高精度的施工生产技术,例如磁悬浮系统的轨道梁和高速铁路的无碴轨道,其钢筋混凝土构件的加工甚至需要采用数控机床打磨生产,其施工技术精度的控制要求,已超越了传统意义上土木工程的精度要求。

(2)由于高速化引发的交通工具和基础设施之间系统动力问题和高精度的变形控制问题,将需要新的设计理论。

轨道交通的高效化是轨道交通运输效果的综合体现,除了车体的不断发展、车站功能的不断提高之外,大型枢纽的建设是今后若干年内所需要重点解决的复杂技术问题之一。规划中的南京南站枢纽集高速铁路、城际铁路、三条城市轨道交通线、长途汽车客运和汽车公共交通等于一体,在空间上有地下、地面和空中多个不同的层次。

轨道交通技术的发展将需要一代又一代人不断的努力,才能一步一步地得到提高,未来需要大家共同去创造。

参考文献

[1] 中国铁路隧道史编辑委员会. 中国铁路隧道史[M]. 北京:中国铁道出版社,2004.

[2] 李占才. 中国铁路史(1846-1949)[M]. 汕头:汕头大学出版社,1996.

[3] 庄正. 中国铁路建设[M]. 北京:中国铁道出版社,1990.

[4] 高韬,等. 中国铁路史画[M]. 北京:中国铁道出版社,1996.

[5] 钱立新. 世界高速铁路技术[M]. 北京: 北京:中国铁道出版社,2003.

[6] 刘友梅. 中国铁路高速探索[J]. 铁道科学与工程学报,2004,1(1):14-18.

[7] 铁道部经济规划研究院,辉煌的成就伟大的创举——青藏铁路建成通车纪念A篇/B篇/C篇/D篇/E篇[J]. 铁道经济研究,2006(4):11-35.

[8] 何华武. 快速发展的中国高速铁路[J]. 中国铁路,2006(7):23-31.

[9] 冈田宏. 日本与欧洲高速铁路的基本比较[A]. (社)海外铁道技术协会文集. 1998.

[10] 吴强. 日本高速铁路考察报告. 铁道经济研究,2006(2):19-24.

[11] 成昆铁路技术总结委员会. 成昆铁路(第二册)[M]. 北京:铁道出版社,1980.

[12] 鞠家星. 提速,世纪之交的宏伟篇章——铁路提速历程的回顾. 中国铁路,2002(11):15-29.

[13]《中国铁道百年画册》编辑委员会. 中国铁道百年画册[M]. 北京:中国铁道出版社,1991.

思考讨论题

1. 我国清末时期的铁路发展为什么非常缓慢?
2. 我国被国际上公认的铁路建设成就有哪些?
3. 20世纪后期,铁路为什么能在世界范围内重新崛起?
4. 谈谈我国修建青藏铁路的意义。
5. 根据你的切身体会,谈谈城市轨道交通的优点和问题。
6. 你认为未来的轨道交通将是什么样的?

第七章 港口工程

7.1 概 述

港口是具有一定的水域和陆域面积及设备条件,供船舶安全进行货物或旅客的转载作业和船舶修理、供应燃料或其他物资等技术服务和生活服务的场所。港口是水陆运输的枢纽,是旅客和货物的集散地,是国内外贸易物资转运的联结点,也是沟通城乡物资交流的场所。

港口的地位和作用,历来受到人们所关注。这是因为,作为生产力的要素,港口在国民经济的资源配置中,是重要的物质基础;作为交通枢纽,港口在庞大复杂的物流体系中起着“泵站”转运作用;作为国家门户,港口在对外交流和对外贸易中,又是重要的“主通道”。港口工程是指兴建港口所需的各项工程设施的工程技术,包括港址选择、工程规划设计及各项设施(如各种建筑物、装卸设备、系船浮筒、航标等)的修建,港口工程也指港口的各项设施。港口工程原是土木工程的一个分支,随着港口工程科学技术的发展,已逐渐成为相对独立的学科,但仍和土木工程的许多分支如水利工程、道路工程、铁路工程、桥梁工程、房屋工程、给水和排水工程等分支保持密切的联系。港口工程的目的是使港口建成后,设计船舶能安全进入、驶离港口,顺利靠泊码头和进行装卸作业,港口能完成预期的货物吞吐任务和旅客运送任务。

7.2 港口发展简史

一般认为港口的产生,是从古代渔捞开始的。这个时期,还没有港口这个概念,它只是一个非常单纯的、为了栓系独木舟的简单靠船场。最原始的港口是天然港口,其为供船舶停泊的有天然掩护的海湾、水湾、河口等场所。

中国的港口出现的时间相当早,浙江省余姚县河姆渡文化遗址中出土的大量实物(图7.1)可以证明,中国河姆渡人在7 000年前已较普遍地使用独木舟,行舟楫排筏之便,依水傍岸即成码头。这也是中国港口的原型,并随之将河姆渡文化广为传播,形成了一个内涵一致的百越文化。百越文化的行迹已到达日本、印度支那、菲律宾、北婆罗洲和苏拉威西各岛,甚至到达拉丁美洲西岸。山东省章丘县的龙山文化遗址及有关发掘、考古实物证明,距今4 000年以前的龙山人曾从海路到达江东半岛、朝鲜、日本以及太平洋东岸、阿拉斯加等地。

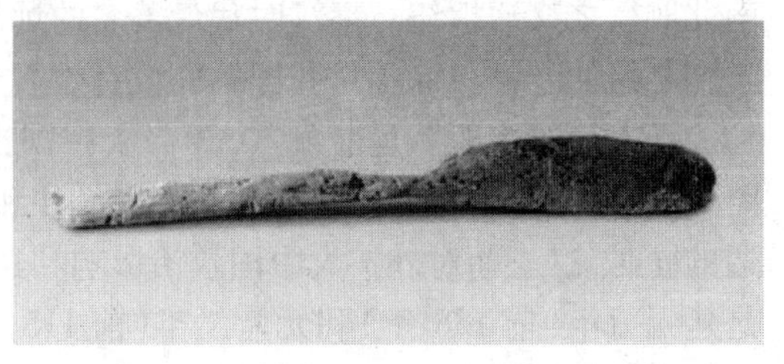

图7.1 1977年河姆渡遗址出土的木桨

国外海运和海港的发展,以地中海为最早。大约5 000多年前,克里特(Crete)岛上的人以及腓尼基(Phcenicia)人和埃及(Egypt)人就开始进行海上航行,港湾便成为陆地与海洋交接的门户。建立起人类最早城市的苏美尔人，就在公元前4 000年时的乌尔(Ur)建起了神殿港口和属于王权的城市港口。

1. 古代港口工程(新石器时代~17世纪中叶)

随着商业和航运业的发展，天然港口已不能满足经济发展的需要，须兴建具有码头、防波堤的人工港口，这也是港口工程建设的开端。古代港口工程最初完全采用天然材料，后来出现人工烧制的初级的瓦和砖。港口工程实践中应用简单的工具，依靠手工劳动，并没有系统的理论，但通过经验的积累，逐步形成了指导工程实践的成规。

港口工程与航运业的发展密切相关。考古发现：中国大陆在新石器时代(前200世纪~前21世纪)创造的彩陶文化和黑陶文化的器物已在中国澎湖岛的良文港和台湾岛的高雄、台中、台南等地发现；代表中国东南沿海地区百越新石器的特型器物"有段石锛"，在浙、闽、粤各省屡有出土，而且在我国台湾、菲律宾、大洋洲岛屿，甚至远到南美洲如厄瓜多尔等地都有发现；这些可以证明人类在新石器时代晚期就已经有了航海活动，这是航海事业的萌芽时期，也是中华民族走向海洋、征服海洋的第一步。商周至春秋战国时代(前21世纪~前221年)是我国航海事业的起步和形成时期，这期间交通船只为风帆木板船，吨位日益加重，其航海技术已开始在天文定向、地文定位、海洋气象、海上导航等诸方面初具雏形。中国的航海事业至此已具备了从近海向远海发展的可能。

秦汉时代(前221~220年)是我国航海事业的发展时期，造船技术和航海技术得到重大提高：近海与远洋船只趋向大型化，船只体势高大、结构先进、种类繁多，而且船只的推进与操纵设备齐全；特别是风帆的改进和船尾舵的出现，在中国古代航海史上是一件大事。航海技术方面的发展有：天文导航术、季风航海术、地文航海术和海洋潮汐知识。秦始皇曾先后五次出巡，后四次视察了重要的港口，并与航海活动有密切的关联。公元前219年，秦始皇环行山东半岛沿海，视察了黄、腄、成山、芝罘和琅邪等五个海港。琅邪自春秋起即是山东半岛东岸的主要大港，这次巡察之后，秦始皇特迁徙三万户百姓充实并扩建琅邪港。公元前215年，秦始皇第四次巡游，其舟船靠泊在今滦河入海口与今秦皇岛之间的沿海一带，刻石于碣石山，即当年的古碣石港(图7.2)，现为秦皇岛港。这里既可寻滦河而深入津唐腹地，可又沿岸东航至辽东半岛，实为扼北方边陲之重要航海基地。公元前210年，秦始皇第五次巡游中停靠山阴港(今浙江省绍兴市)，为秦汉时期主要海港之一，船舶北航可至山东半岛，南下可达浙闽沿岸，适为南北航行之交通枢纽。秦汉时代最著名的远洋事业为：秦人徐福率船队远航日本和西汉海上丝绸之路的开辟。徐福是我国第一位有姓名于史册的航海家，徐福船队远航的路径见图7.3。

秦人徐福率船队远航日本，开辟了中国古代远洋事业。而汉武帝的拓边，对畅通南北航路，沟通对朝鲜半岛和日本列岛的海上交往和印度洋远洋航路的开辟，产生了重大影响。在拓边的同时，汉王朝对外扩大中国政治影响和经济贸易关系的外交活动也开始活跃起来。特别是建元三年(前138年)和元鼎二年(前115年)张骞两使西域，开辟了陆上丝绸之路，带回中亚与西亚的消息之后，为了加强与东南亚、南亚、西亚沿海国家与地区的联系，西汉使者又开辟了海上丝绸之路(图7.4)，远达印度半岛的南部和锡兰(今斯里兰卡)，使得当时世界上两大帝国——东方的汉帝国和西方的罗马帝国连结起来，构成一条贯通欧、非、亚的海上航线。

唐朝中国的近海与远洋航行方面，均独步于世界航海界。在北方航路上，与渤海国、朝鲜半岛、日本列岛的交往非常频繁；并开辟了西北太平洋上的勘察加与库页岛航线以及横越东海的中日南路快速航线。在南洋与印度洋的航路上，"海上丝绸之路"全面兴旺，航迹不但遍及东南亚、南亚、阿拉伯湾与波斯湾沿岸，而且已伸展至红海与东非海岸，开辟了直接沟通亚非两洲的长达一万多海里的世界性远洋航线。在国内外航海活动的大力推动下，从唐代中、后期开始，航海政策发生了重大改革，出现了专门管理海外航运贸易的官吏与机构，国内的胶州、广州、泉州、扬州、登州等也成为当时名噪中外的航海贸易大港。其中扬州港就很典型，鉴真六次东渡扶桑，多由扬州始发。

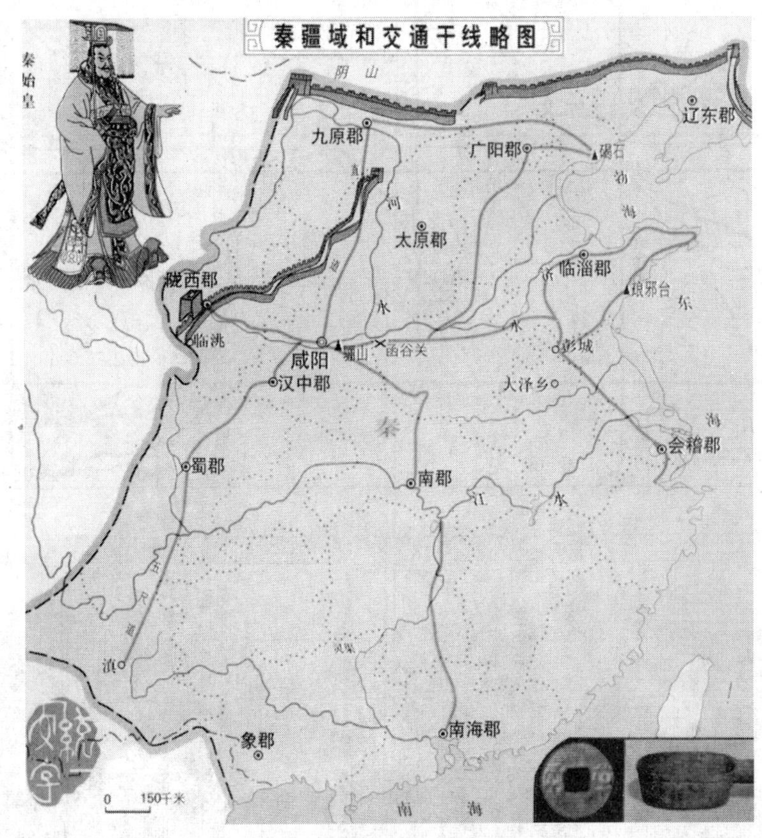

图 7.2　秦疆域和交通干线略图

宋元时代(960～1368 年)，指南针在船上的应用，是航海技术上的重大突破，以罗盘导航、天文定位与航迹推算为标志，中国的航海技术比西方领域领先2～3 个世纪进入“定量航海”阶段。在国内外航海贸易的基础上，国内各主要海港日益发展繁华，著名的刺桐港——今福建的泉州港，已成为当时世界上最大的国际贸易海港之一。明初郑和(图 7.5)七下西洋(1405～1433 年)将中国古代航海事业推入到前所未有的巅峰时期。郑和船队包括各类大小船只达二百余艘

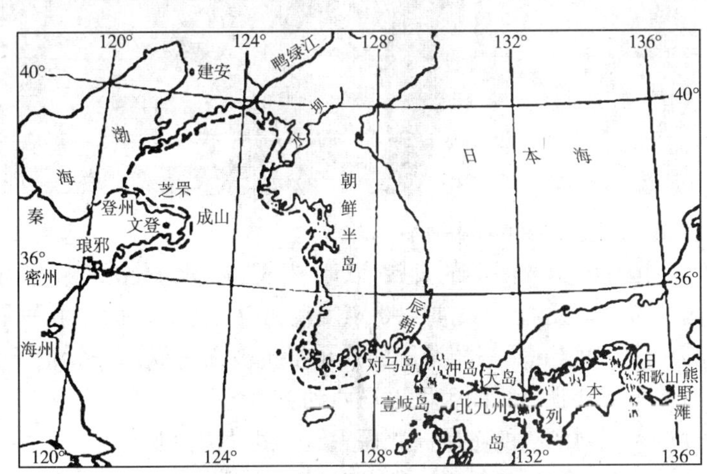

图 7.3　徐福船队东渡的可行性航路示意图

(图7.6),船工人员二万七千余人,先后七次下西洋(东南亚、阿拉伯和东非各国),历时近三十寒暑,打通并拓展了中国与亚非30多个国家和地区的海上交通,最远航程到达非洲东岸现今的索马里和肯尼亚一带(图7.7),在中国和亚、非人民之间架起了一座座友谊桥梁,为世界航海事业的发展做出了不可磨灭的贡献,更推进了港口事业的发展。

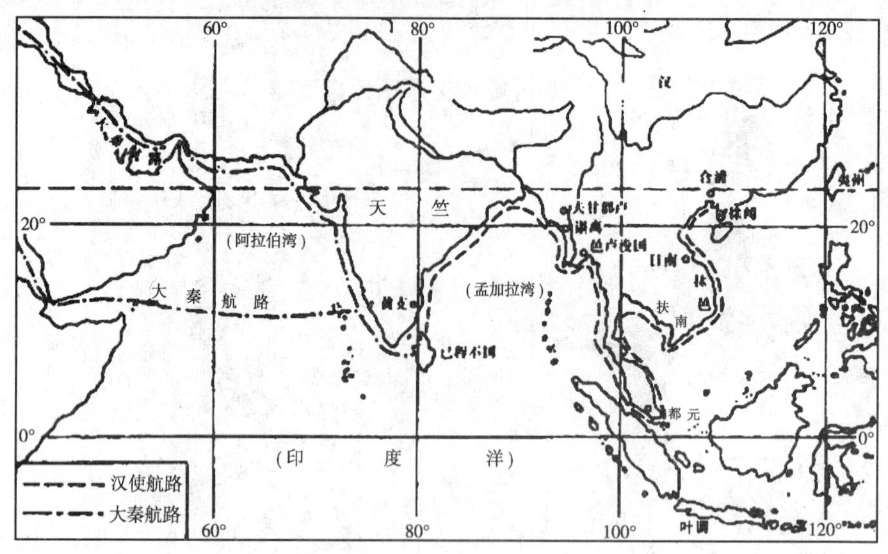

图7.4 西汉印度洋航路示意图

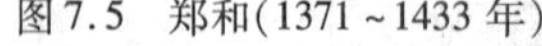
图7.5 郑和(1371~1433年)

图7.6 郑和船队

国外海运和海港的发展,以地中海为最早。公元前4世纪,地中海内的航行活动已相当频繁,并且有海战。公元前490年发生的历史上有名的希波战争中,希腊就曾以数百艘长约130英尺(约39.6m)、三层桨座的战舰抵抗波斯舰队。公元前4世纪下半叶,希腊航海家皮忒阿斯驾舟从希腊当时的殖民地马西利亚(今法国马赛)出发,沿伊比利亚半岛和今法兰西海岸,再沿大不列颠岛的东岸向北探索航行到达粤克尼群岛,并由此折向东到达易北河口,这是西方最早的海上远距离航行。那个时代的航海人员,不论是东方的,或是西方的,都只能掌握初级的引航技术,即只凭对地形、水势的辨认以计远近,观测日月星辰以判别方向。在古代地中海沿岸港口就建有助航设施，约在公元前 280 年，在埃及北部亚历山大港建造的灯塔，高逾 200 英尺(约 60.96m)，为古代世界七大奇景之一。在我国的元朝，马可波罗(图 7.8)在 1275 年从

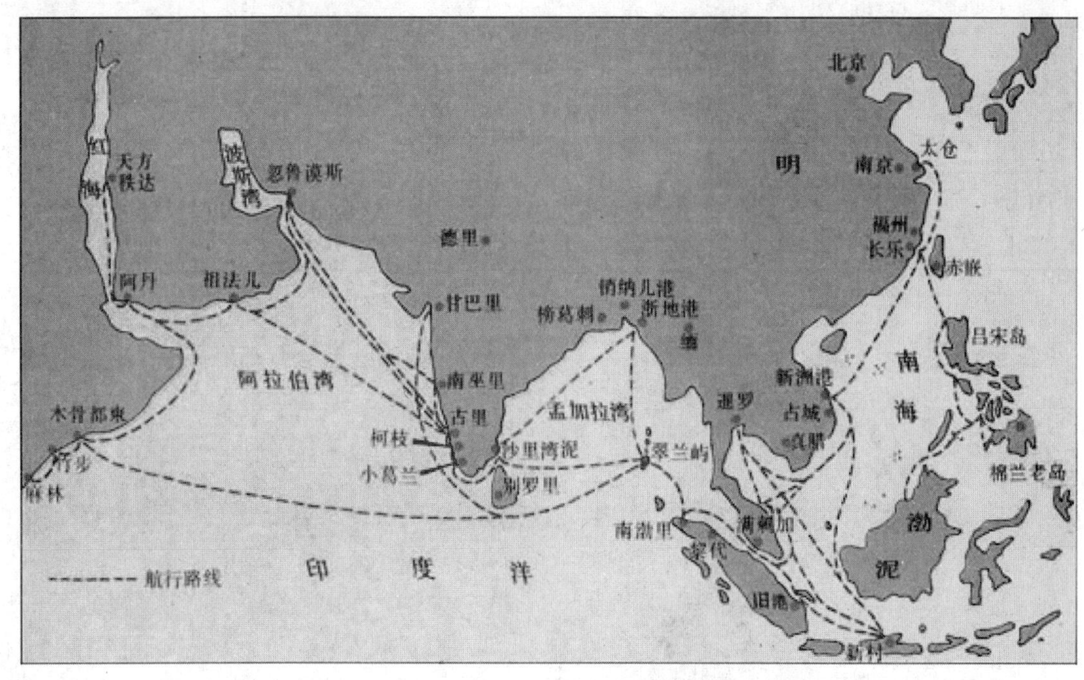

图 7.7　郑和航海路线

意大利到达中国，遍游中国各地，随后便问世了《马可波罗游记》，对 15 世纪左右欧洲航海事业的发展，也起了一定的促进作用。马克波罗东来与西返路线见图 7.9，约与郑和下西洋的航海壮举同一时期，葡萄牙亲王亨利于 1420 年在他任阿尔加维总督时办了一所航海学校，传授航海、天文和地图绘制等科学知识。其海上远征队于 1497 ~ 1499 年发现了一条绕过非洲南端到印度去的全程水路，从此，葡萄牙船舶就经常取道好望角驶向东方进行贸易。明代以后，由于中国政府实行“海禁”，海运业衰落，中国的海上霸主地位渐渐由欧洲列强所代替。

早期海港的建造材料为天然材料，主要为石材。例如，早在 4000 多年前腓尼基人(Phoenicians)就在开敞海岸提尔(Tyre)港以矩形石块修筑了直墙式防波堤。其中组成阿尔及尔港防波堤的这些巨石块平均尺寸达 11m × 4m × 4m，重 400t，这些巨石还具有内部的竖井，直到 1934 年间，400m 长的阿尔及尔港防波堤才由于波浪长期作用淘空了抛石基床而倒塌。

图 7.8　马可波罗 Marco Polo
(1254 ~ 1324 年)

公元前 332 年，埃及亚历山大大帝就建造了亚历山大港(图 7.10)，此后在罗马帝国、拜占庭帝国、阿拉伯帝国时代，亚历山大港繁荣了 1100 多年，是古代欧洲与东方贸易的中心和文化交流的枢纽。该港位于埃及北部沿海尼罗河(Nile)口，在阿拉伯(Arabs)湾东岸入海处，濒临地中海的东南侧，是埃及最大的港口。该港还有古代世界七大奇迹之一的法罗斯灯塔(亚历山大灯塔)，吸引着各地游客前来观赏。该港在公元前 2 世纪 ~ 公元 10 世纪一直保持世界第一大港的地位。

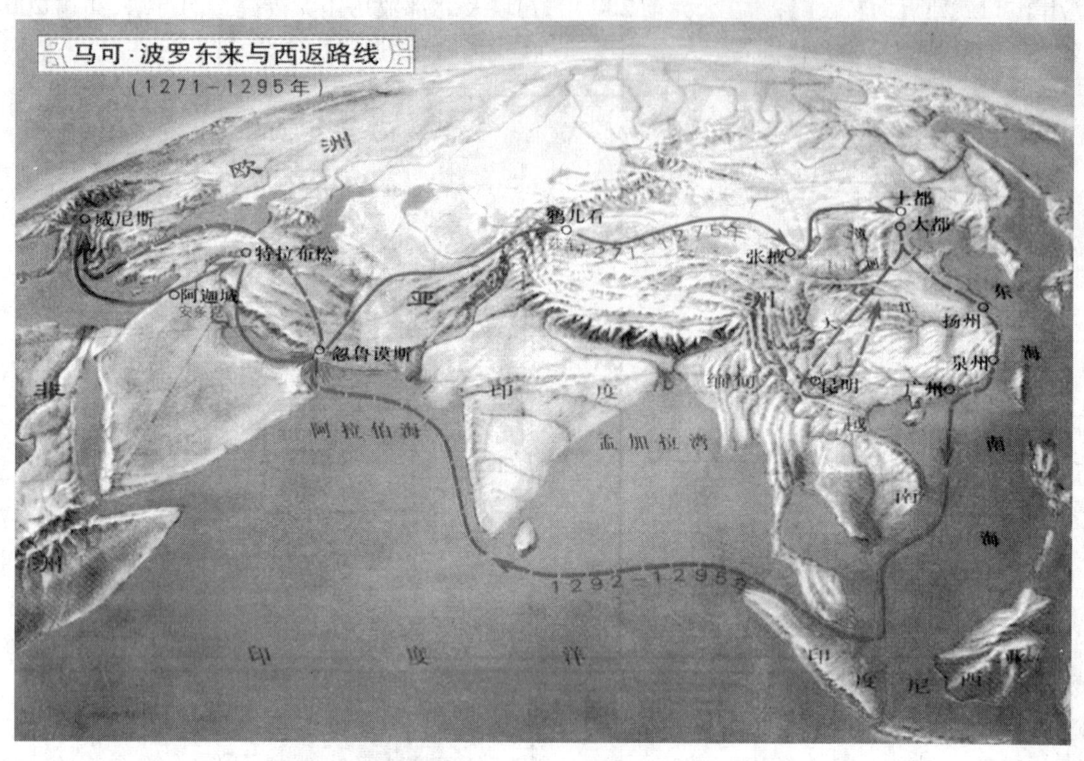

图 7.9 马可波罗东来与西返路线图

由于历史的原因,中国北方港口的兴起,多与军事有关,具有军港性质,而南方各港多由商业而兴起。从秦汉起,中国海上贸易的主要对象是南海诸国。因此,南方的交趾(今越南河内附近的龙编)、徐闻、合浦、番禺首先成为海港。后来,广州治所迁到番禺,自晋代起,广州跃升为交通首冲。唐代的广州,已成为世界上最著名的港口,当时往来广州的外侨达 10 万人以上。北宋时,对广州港的建设十分重视,已成为对西方进行航海贸易的唯一港口。隋唐以来,随着甬江流域平原地区的经济开发,甬江与其支流余姚江、奉化江汇合的三江口水运繁忙,地位日益重要。由此出海入杭州湾接大运河,可直达扬州、淮安、洛阳和长安,海上可达登州(今山东蓬莱)、福州和广州诸港,海外直通日本。元代,明州港改称庆元港,与泉州、广州一起成为三

图 7.10 15 世纪和如今的亚历山大港

大贸易港(图 7.11),是对日本、朝鲜的主要口岸。

公元10 世纪~公元1368 年,五代十国结束后,中国进入了商品经济高度发达的宋元时代,宋王朝迫于古丝绸之路被辽、西夏的侵占与破坏,不得不大力发展海上丝绸之路;其时泉州港超过亚历山大港,成为世界第一大港口。据记载,早在公元6 世纪中叶,泉州与马来半岛就有船只往来。自唐代到宋代,随着东南沿海经济文化的发展和南宋政治中心南移至临安(今杭州),地处东南沿海要冲的泉州港获得了迅速发展,泉州的社会经济进入全盛时期,在宋元时发展成为世界上最大的港口。当时,泉州港上,帆樯林立,商贾云集,世界上有近百个国家和地区,通过这里与我国通商贸易和友好往来,操着各种语言的亚非朋友,穿着各种服式的外国商人、旅行者、传教士数以万计。在泉州南门外和法石、后渚等地,常发现有古船的桅杆、船索、船板、船钉,以及石砌建筑基址和石塔等物。图 7.12 为泉州后渚港出土的宋代木船,尽管其上部结构已损毁无存,但保留的部分残长和残宽 24.2m 和 9.15m,排水量可达 370t。此外,泉州清净寺礼拜堂、开元寺东西塔、元代建筑的夜航灯塔——六胜塔等遗迹,也都反映了泉州港当时与海外交通的盛况。但中国进入明王朝后,泉州港的作用一落千丈,威尼斯取代了泉州成为世界第一大港口(1368~1484 年)。

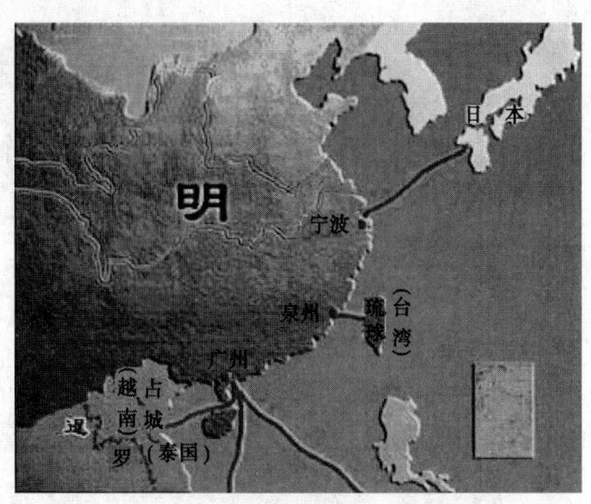

图 7.11　元代中国三大贸易港分布

图 7.12　泉州后渚港出土的宋代木船

威尼斯是近代海运和贸易的发祥地,这里不是封建王国、而是商人自己建造的国家。威尼斯的大商人三次向远征的十字军提供船只,在东地中海得到了莫大的利益。当时的威尼斯是个共和国,也是欧洲最大的自由港,并且威尼斯得到了罗马教皇的鼎力支持。威尼斯港是意大利最大的港口之一,港口长 12km,总面积达 250ha,伸展出去,宽阔广大,每年进出港门的船只在万艘以上(图 7.13)。港口位于该国东北亚得里亚海岸,城市之西南和西北,港口分为马里提马和马尔盖拉两大港区。马里提马港区紧靠城市西南,临威尼托湖,由填挖而成的人工岛和突堤及顺岸构成。港区之西的人工岛东北、西北和东南三面,码头线总长 1 530m,前沿水深 10m 以上。西突堤码头在人工岛东南,沿边有 15 个泊位,码头线总长 1 810m,沿边水深 10m。东突堤与西突堤平行,但细长,仅港池侧能使用,有 8 个泊位,总长 727m,包括东北岸的两滚装船泊位,沿边水深也可达 10m。整个港口有 70 多个中级以上泊位。

公元 1484~1588 年,西班牙人开始了最早的世界地理大发现,此后,西班牙进行全世界的殖民扩张,海上贸易也高度繁荣,在这种大背景下,巴塞罗那一举超越威尼斯成为世界第一大港。始建于公元 237 年的西班牙巴塞罗那港,是西班牙最大的海港,也是当时世界上最大的港口,该港位于西班牙河口东岸,濒临地中海的西北侧。巴塞罗那港见图 7.14。目前巴塞罗那仍是西班牙最大的工商业和文化中心,是西班牙的造船中心之一。

图 7.13　威尼斯港的一角

图 7.14　巴塞罗那港的一角

2. 近代港口工程(17 世纪中叶 ~20 世纪中叶)

从 17 世纪中叶到 20 世纪中叶的 300 年间,是土木工程也是港口工程迅猛前进的阶段。在建造材料方面,由木材、石料为主,到开始并日益广泛地使用铸铁、钢材、混凝土、钢筋混凝土,直至早期的预应力混凝土;在理论方面,材料力学、理论力学、结构力学、土力学、工程结构设计理论、计算流体力学等学科逐步形成,设计理论的发展保证了工程结构的安全和人力物力的节约。1687年牛顿总结的力学运动三大定律是自然科学发展史的一个里程碑,欧拉、伯努利、达朗贝尔、拉普拉斯等科学家在流体力学理论研究上都做出了很大的贡献,这些经典理论指导着港口工程设计和施工。

在模型试验发展方面,早在2000多年前,水力学创始人之一阿基米德通过试验研究发现了著名的静水力学定理。1686年,牛顿发现了流体内摩擦的基本规律,同时提出了动力相似的普遍定律,奠定了模型试验的理论基础。1870年,弗汝德进行了船舶模型试验并提出了著名的弗汝德定律,其后法格(Fargue)利用河道模型试验来改善航道。1885年,运用弗汝德相似定律,英国科学家雷诺(Osborne Reynolds)(图7.15)首次用潮汐水流模型研究英国默尔西河(Mersey River)口和利物浦(Liverpool)湾的潮汐水流运动。1898年,恩格斯(Engles)在德国的德累斯顿科技大学创造了世界第一个河流水力学试验室。这些进展都为港口工程设计和实践奠定了重要的基础。

图7.15　英国科学家雷诺(1842~1912年)

港口工程发展中,波浪模型的研究也占有一席之地,用以研究港口防浪掩护、港口淤积、海岸演变、波浪与海岸工程建筑物的相互作用、水流波浪作用下浮体系泊系统问题等。1838年,英国J.S.拉塞尔曾通过试验研究了孤立波运动;1936年荷兰建造了专门的波浪水槽进行波浪爬高、越顶等试验;中国于1952年试制了第一台冲击式生波机。但都限于规则波试验。1962年,荷兰Delft水工试验所试制了不规则波的生波设备(图7.16)。

图7.16　河工模型试验厅

在施工方面,由于不断出现新的工艺和新的机械,施工技术进步,建造规模扩大,建造速度也加快了。土木工程的施工方法在这个时期开始了机械化和电气化的进程,蒸汽机逐步应用于抽水、打桩、挖土、轧石、压路、起重等作业。19世纪60年代内燃机问世和70年代电机出现后,很快就创制出各种各样的起重运输、材料加工、现场施工用的专用机械和配套机械,使一些难度较大的工程得以加速完工。有了蒸汽机为动力的轮船,使航运事业面目一新,开凿通航轮船的运河,建设新的港口,进一步推进港口工程业的发展。19世纪上半叶开始,英国、美国大规模开凿运河,1869年苏伊士运河通航和1914年巴拿马运河的凿成,体现了海上交通已完全把世界联成一体。

国外这段时间内发展比较好的港口还要数始建于公元前43年的英国伦敦港。它位于英国东南沿海泰晤士(Thmaes)河下游的南北两岸,从河口开始向上游伸延经蒂尔伯里(Tilbury)港区越过伦敦桥,直至特丁顿(Teddington)码头,长达80 mile(约128.72km)。沿河两岸有许多用于装卸货物的船坞、油码头、河岸码头及修船坞等。伦敦港见图7.17。港口16世纪海运昌盛,18世纪已发展成为世界大港之一,19世纪成为全国贸易和金融中心,也是世界航运中心,集中了世界各地的船舶和船公司的代表机构。在港口发展中持续了300年(1588年~1894年)的世界最大港口地位,是近代港口工程发展的典范。

第二次工业革命期间,美国凭借其广大的土地和新兴的技术迅速崛起,1894年,美国的工业产值超过英国、德国成为世界第一，纽约港也成为世界最大的港口(1894 年 ~1962 年)，见图 7.18。两次世界大战，欧洲各大港口均出现衰落，唯独纽约依然是世界最繁荣的港口工贸城市。

图 7.17　英国伦敦港

图 7.18　纽约港

鸦片战争后，随着帝国主义的入侵，中国的航运权逐步丧失，外国航运势力以其特权、资本和技术的优势垄断了中国沿海和远洋的航运，可以在通商口岸以及内河航行，并修筑了近代码头和仓库，主要有 1897 年帝俄强占大连湾和旅顺口(图 7.19 ~ 图 7.20)。1902 年，大连港建成长 1 686m 的岸壁式码头，可停靠千吨级船舶 25 艘，见图 7.20。日俄战争后，日本取代帝俄占据大连，先后兴建了大港区、甘井子、寺儿沟、香炉礁等处码头，还整修了黑嘴子码头。

图 7.19　旅顺基地

清光绪二十四年(1898 年)中国自行开放了通商口岸，秦皇岛贷款修建码头，至 20 世纪 40 年代，建成 2 座码头共 7 个泊位，见图 7.21。秦皇岛港是我国重要的对外贸易口岸，是目前世界上最大的煤炭输出港，是世界能源巨港。

第二次鸦片战争以后，天津被迫开埠，沿海河相继兴建了 20 多座码头。1896 年起，在塘沽区另辟新址建码头。日本占领期间，于 1939 年开始，在海河口外的北岸，筑塘沽新港。以后还相继修建或开放了烟台港、青岛港、连云港、上海港、宁波港、基隆港、高雄港等港口。

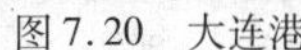

图 7.20　大连港

图 7.21　秦皇岛港

3. 现代港口工程(20 世纪中叶开始)

现代土木工程以社会生产力的现代发展为动力,以现代科学技术为背景,以现代工程材料为基础,以现代工艺与机具为手段高速地向前发展。第二次世界大战结束后,社会生产力出现了新的飞跃。现代科学技术突飞猛进,港口工程也进入一个新时代。

在建筑材料方面,高强度等级的水泥已在工程中普遍应用,高强钢材与高强混凝土的结合使预应力结构得到较大的发展,总之,新材料的出现与传统材料的改进是这一阶段的特色。

在理论研究方面,这些巨大进展是和采用各种数学分析方法和建立大型、精密的试验设备和仪器等研究手段分不开的。从 20 世纪 50 年代起,数学的发展,计算机的不断进步,以及流体力学各种计算方法的发明,使许多原来无法用理论分析求解的复杂流体力学问题有了求得数值解的可能性,为数学模拟的发展提供了保证。20 世纪 60 年代对这些港口海岸工程建设项目的选址、论证、规划设计等前期工作主要是依靠物理模型试验;60 年代末外国已经开始用数学模型来共同验证、解决这些问题。例如,丹麦水力研究所(DHI)、荷兰的 Delft 水力研究所和法国 Sogreh 等。随着计算机和计算机技术的发展,数学模型相对于物理模型所占的比例越来越大,数学模型和物理模型的有机结合使工程建设的前期工作体现了快速、经济、可靠的原则。

施工过程工业化和大规模现代化建设使中国和前苏联、东欧的建筑标准化达到了很高的程度。人们力求推行工业化生产方式,在工厂中成批生产港口、码头的种种构配件、组合体等。预制装配化的潮流在 20 世纪 50 年代后席卷了以建筑工程为代表的许多土木工程领域。这种标准化在中国社会主义建设中,起了积极作用,推进了港口工程建设的发展。同时,种种现场机械化施工方法在 70 年代以后发展得特别快。此外,钢制大型模板、大型吊装设备与混凝土自动化搅拌楼、混凝土搅拌输送车、输送泵等相结合,形成了一套现场机械化施工工艺,使传统的现场灌筑混凝土方法获得了新生命,成为一种快速高效的方法。图 7.22 为现代化的天津港。

现代港口工程的发展,离不开奋斗在工程理论和工程实践中的国内外知名人士,我国著名的科学家、教育家,国际著名的水利工程专家严恺(1912 ~ 2006 年)院士就是其中的典范。他从事水利事业近 70 年,把毕生精力都献给了我国的水利建设和教育事业,并为之做出了突出贡献。

在港口建设方面,世界各地也是席卷着新建和扩建的浪潮。图 7.23 和图 7.24 分别为世界和中国的主要港口城市分布图。

二战后,日本依靠科教兴国、贸易立国战略迅速崛起,不久成为资本主义世界仅次于美国的第二工业大国。日本兴起后,日本各大港口欣欣向荣,横滨、神户、名古屋均超越纽约成为世

图 7.22　天津港

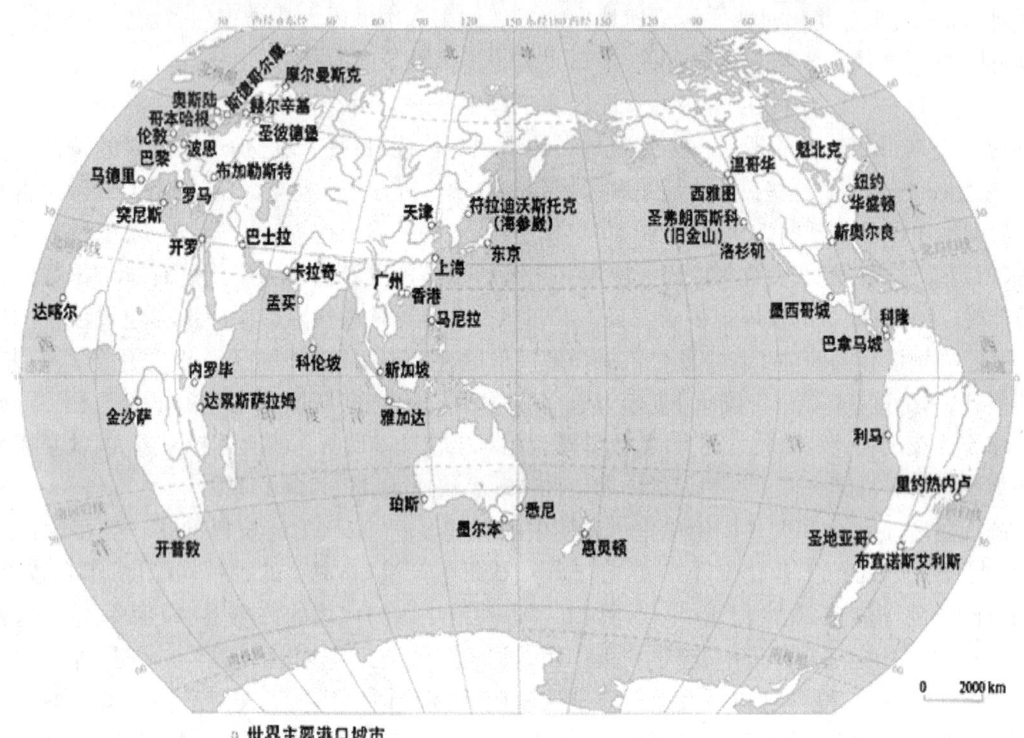

图 7.23　世界主要港口城市分布图

界级大港口，横滨依靠发达的东京成为世界第一大港口(1962～1986 年)，其港口吞吐量占日本的 1/2。该港位于日本州(Honshu)东南部神奈(Kanagawa)县东部沿海，濒临东京(Tokyo)湾的西侧，北与川崎(Kawasaki)港相邻，港区分布在鹤见川口至横滨市东南的半岛顶端连接线以西的海湾内，呈直立三角形，船舶由东南入港，是世界亿吨大港之一，亦是世界十大集装箱港口之一。见图 7.25。横滨是日本第三大城市，早在 130 多年前就已开港。它的发展与我国上海相仿，原为一个小渔村，在西方列强使用炮舰外交后被辟为自由港。该港是京滨工业区的核心之一，其工业产值仅次于东京和大阪，居日本第三位，其主要码头有：本牧外贸集装箱码头(32 个深水泊位)，山下外贸码头(10 个泊位)，大栈桥客运码头(6 个泊位)，新港杂货、散粮码

图 7.24　中国主要港口城市分布图

头(11 个泊位),高岛码头(8 个泊位),山内外贸码头(4 个泊位),出口木材、水果码头(4 个泊位),大黑山人工岛外贸集装箱码头(22 个深水泊位)。以上公用码头线 17.6km,可停靠 2000 ~5 万吨级船 95 艘,其中包括 16 个集装箱在内的深水泊位 76 个。商港南北工业带沿岸还有千吨级以上泊位 150 多个,码头线长 17 余公里,其中深水泊位 50 多个,最大能停靠 30 万吨级船,主要装卸原油、天然气、产品油、钢材、水泥、车辆、木材等。全港总计有千吨级以上公用、企业自备码头泊位 250 个,其中深水泊位 120 多个,码头线总长约 35km,是日本最大的出口贸易港。为了适应集装箱运输日益发展的需要,横滨港务当局正在加强港口的建设,本牧 A 码头各泊位的水道将浚深到 14m,B 码头与 C 码头之间的水域正在填海造地,以建造多用途泊位并配备以适合超宽巴拿马型船舶使用的新式集装箱起重机。目前横滨港集装箱装卸 169 万标准箱,居世界第 12 位,少于神户港。

图 7.25　横滨港

20 世纪 80 年代末，日本经济出现颓势，横滨的港口吞吐量不断下降。进入 90 年代，日本经济长期低迷，而此时的美国由于西雅图、圣弗朗西斯科（旧金山）、巴尔的摩的大发展，分流了纽约的港口功能，使纽约未恢复世界最大港口的地位。在欧洲，欧盟的发展取得了长足进展，欧洲经济一体化逐步加强，鹿特丹由于地处莱茵河口，其经济腹地广大，且腹地均为发达的工业国，成为欧洲最繁荣的贸易港，同时也是世界第一大港（1986 ~ 2005 年）。见图 7.26。鹿特丹港是西欧国际贸易的主要进出口港，年吞吐量达 3 亿吨左右，其经济腹地包括荷兰、法国、德国、比利时等工业发达的国家，内陆交通十分发达。

图 7.26　鹿特丹港

鹿特丹港始建于 16 世纪，港口早期的码头多建于新马斯河北岸，后扩展至南岸。港口有 3 座较大的港区：①马斯平原港区：由吹填土形成的陆域，港区面积 33km^2，港池水深 23.5m，可停靠 25 万吨级矿砂船和 30 万吨级油船；②欧罗港区：总面积 3 633km^2，港池水深 21.65m，可停靠 20 万吨级油船，主要吞吐原油和石油化工产品，港区附近建有炼油厂和石油化工厂；③鲍特莱克港区：是最早建成的港区，总面积 12.533km^2，港池水深 12.65m，可停靠 6 万吨级船舶，装卸货物的种类主要是矿石、石油和散粮等。鹿特丹港还有 50 万吨级干船坞；在欧罗港池和马斯平原港池的南面开凿了与老马斯河相通的哈特尔运河，在海水与河水交界处建有大型船闸一座。船闸有效长度 505m、宽 24 m，门槛水深 6.5 m。

在中国，港口建设同样如火如荼进行中。1950 年，中国交通系统沿海和长江主要港口共 43 处，拥有装卸生产泊位 815 个，其中沿海主要港口 24 处，装卸生产泊位 157 个。年货物吞吐量共 1 427 万吨，其中沿海主要港口 872 万吨，长江主要港口 555 万吨。

至 1958 年底，不但原有港口全部经过修复和改建或扩建，而且沿海和内河还兴建了一批新的商港、军港、渔港和工矿企业、事业单位的专用码头。1974 ~ 1978 年，大连、营口、秦皇岛、天津、烟台、青岛、连云港、上海、宁波、福州、汕头、黄埔、湛江、海口、防城等 15 个海港和南京油港，共建成商港泊位 78 个，其中万吨级以上的深水泊位 55 个，原油、煤炭和杂货的装卸能力获得改善。

“六五”期间，港口建设被列为重点项目，在优先建设能源（石油和煤炭）泊位的同时，注重港口综合能力和现代化科学技术水平的提高，并进行管理体制改革。1979 ~ 1985 年，先后在大连、秦皇岛等 18 个海港，以及长江下游的南通、张家港、镇江、南京等 4 个河港，共建成商港泊位 74 个。其中上海、天津、黄埔、大连、青岛、厦门等港口的集装箱码头相继投产，大连、天津、上海等港的客运站也陆续投入营运。内河港口建设也在积极进行。1985 年，中国交通系统年货物吞吐量在 1 万吨以上或旅客吞吐量在 1 万人以上的港口共 1 947 处，拥有装卸生产泊位 31 374 个，完成货物吞吐量 10.6 亿吨。

上海港是中国第一大港,位于中国大陆海岸线中部长江入海口。其经济腹地遍及整个长江水系,并通过铁路、公路与中国其他经济腹地相连,通过海运与沿海港口相联系,并同世界上160多个国家和地区有贸易运输往来。在唐宋时期,长江口的主要港口在青龙镇(今上海市青浦县东北),后因河道淤浅,上海镇逐渐取代了青龙镇。元朝至元十四年(1277)在上海镇设"市舶司"。到鸦片战争前夕,上海港已是一个相当繁荣的港口。鸦片战争后,上海辟为"通商"口岸;上海港的管理权、引水权落入帝国主义者之手。中华人民共和国成立后建立上海港务管理局,50多年来港口迅速发展,2005年上海凭借其中国经济龙头的优势,一举超越鹿特丹、新加坡,成为世界第一大港口见图7.27。随着中国经济的愈发强大,上海作为世界最大港口的地位将更加稳固。

图7.27　上海港

4. 中国港口近年的跨越式发展

从建国以来到现在,我国港口无论在数量上还是在速度上,都创造了奇迹。我国港口泊位数量从1949年的200多个增加到2005年的3.5万多个,全国沿海内河港口新建大小泊位34 800多个,并为3 000人以上居住的海岛全部建立了交通码头。中国港口万吨级及以上深水泊位的数量也从1978年的133个到2005年达到1 030个,已经形成了布局合理、层次分明、功能齐全、河海兼顾、内外贸开放的港口体系。同时专业化泊位比重超过50%,具备靠泊装卸30万吨级散货船、35万吨级油轮、9 500标箱集装箱船的能力。

至2005年底,中国港口完成吞吐量49.1亿吨,同比增长17.7%;完成集装箱吞吐量7 580万标准箱,增长23%。中国的港口货物吞吐量和集装箱吞吐量已连续三年位居世界第一。2005年,沿海港口建设耗资1 313亿元,新扩建泊位129个,万吨级深水泊位76个,新增吞吐能力1.9亿吨,环渤海、长三角和珠三角地区沿海港口群初具规模,码头泊位向大型化、专业化方向发展。

2006年我国港口完成货物吞吐量56亿吨,同比增长15.4%;完成集装箱吞吐量9 300万标箱,同比增长26%;连续4年保持世界第一。2006年,沿海港口新扩建泊位252个,其中万吨级深水泊位144个,新增吞吐能力4.95亿吨,内河港口新增吞吐能力6 720万吨。而继2005年我国内地新增南京、苏州两个亿吨港口后,2006年我国再次新增两个亿吨港口。截至2006年末,我国内地亿吨大港已增至12个。

2007年以来的港口生产延续了近几年来的良好发展势头。2007年1~2月份,全国规模以上港口完成货物吞吐量80 021万吨,同比增长21%。其中沿海港口完成59 859万吨,同比增长18.4%;内河港口完成20 181万吨,同比增长29.3%。2007年2月份,全国规模以上港口完成货物吞吐量37 911万吨,其中沿海港口完成28 522万吨,内河港口完成9 389万吨。

2005年,上海港以完成货物吞吐量4.43亿吨的佳绩摘取了世界第一大港的桂冠,宁波—舟山、广州港、天津港也已迈入2005年世界前十大港口之列。全国港口的货物吞吐量(表7.1和图7.28)增长迅速,从建国初期的1 100万吨增长到2006年的56亿吨,2000年~2006年七年间全国港口的货物吞吐量的平均增长率达16.8%。

中国港口吞吐量(单位:亿吨) 表7.1

年份	1949	1972	1978	1979	1997	2000	2001	2002	2003	2004	2005	2006
吞吐量	0.11	1.5	2.81	3	13	22	24	26.8	32.9	41.7	49	56

我国港口业的跨越式发展还可以从集装箱运输发展来体现。集装箱运输作为国际贸易的主要运输方式之一,在我国也在迅猛发展。我国集装箱吞吐量自2003年达到4 867万标箱,连续三年蝉联集装箱吞吐量世界第一的位置。

中国集装箱运输的发展则可以从上海港的集装箱运输量增长来表现。作为中国内地第一大港,其创造的辉煌,无论与前几年的历史纵向比,还是与国际一流港口横向比,都是个历史性的大跨越。集装箱运输的发展,作为当今港口的主流方向,更是体现出了腾飞式的发展。

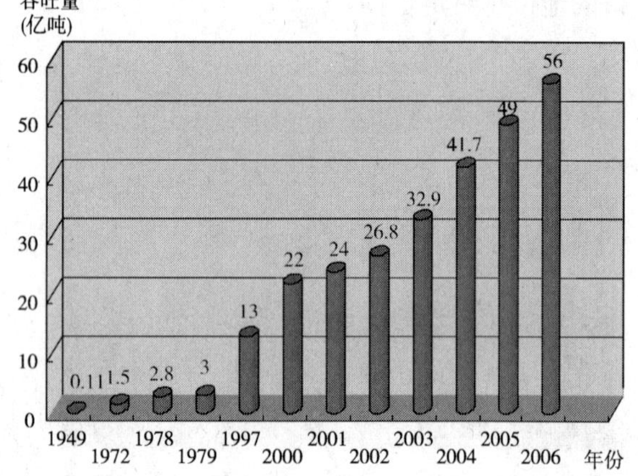

图7.28 中国港口吞吐量变化图

1978年9月25日,我国第一条国际集装箱班轮航线在上海开辟,标志着上海港国际集装箱运输正式起步,而当年的吞吐量仅几千标准箱。从1978年到1998年,上海港用了20年的时间迈上了300万标准箱的台阶,而第一次实现100万标准箱的跨越,上海港整整用了15年时间。改革开放的春风,催发了上海港的勃勃生机。从2000年起,上海港用了3年时间就将集装箱吞吐量从500万标准箱提升到了1 000万标准箱,短短3年时间后,又实现了"千万大关"到2 000万标准箱的跨越。随后,上海港的"胃口"越来越大,2006年集装箱吞吐量已经达到2171万标准箱,与新加坡、香港两大港口的距离进一步缩小,成为世界集装箱第一大港口,指日可待。这"三级跳"式的跨越在世界港口集装箱发展史上也是罕见的,上海港人开创了世界港口发展史上的奇迹。集装箱吞吐量近年增长情况见表7.2和图7.29。

上海港国际集装箱年吞吐量(单位:万TEU) 表7.2

年份	1978	1979	1980	1981	1982	1983	1984	1985	1986	1987
吞吐量	0.79	1.3	3.1	4.9	6.6	8	11.5	20	21	23
年份	1988	1989	1990	1991	1992	1993	1994	1995	1996	1997
吞吐量	31	35	46	58	73	94	120	153	197	253
年份	1998	1999	2000	2001	2002	2003	2004	2005	2006	
吞吐量	306	421	550	634	861	1 128	1 455	1 809	2 171	

从黄浦江沿岸发家,到20世纪90年代建外高桥港区,再到2005年底洋山开港,上海港实现了从黄浦江到长江再走向海洋的跨越,集装箱吞吐量也一路飙升。上海港最早靠泊集装箱

船的码头位于吴淞口。为适应集装箱船舶大型化趋势，上海港从1991年～2005年的15年间投入近100亿巨资，新建外高桥一、二、三、四、五期码头，实施了外高桥一期码头集装箱化改造。在上海外高桥地区建成了具有26个泊位的现代化集装箱码头群，平均1.73年建成一个集装箱码头泊位，进一步提升了上海港的集装箱吞吐能力，对上海港集装箱运输的发展和上海国际航运中心建设起到了积极的作用。

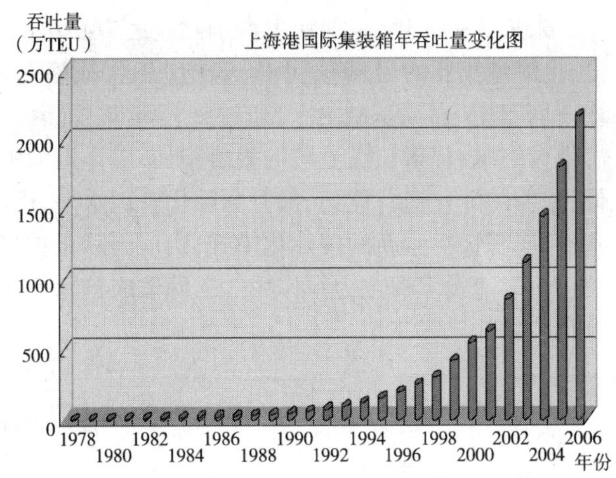

图7.29　上海港国际集装箱年吞吐量变化图

建设上海国际航运中心是党中央、国务院从国家战略高度做出的一项重大决策，洋山深水港工程是上海国际航运中心建设的核心项目。见图7.30。经过10年的建设，2005年12月10日，洋山深水港区一期码头竣工并开港，上海真正拥有了能够全天候接纳最新一代集装箱船舶的深水码头，也使长江这条“黄金水道”更好地与世界相连，从而大大提高了上海港的国际竞争力。

图7.30　洋山深水港区一期工程小洋山—镬盖塘方案鸟瞰图

随着洋山深水港区一期、二期码头的合并运作，洋山深水港码头岸线将从1 600m延伸至3 000m，拥有9个深水泊位；堆场面积从87万km^2拓展到140万km^2左右；桥吊总量将增至34台，其中包括上海港首次启用的13台双40ft(约12.19m)桥吊。

洋山一期、二期码头的合并运作和三期工程建设不仅弥补了长江口航道水深不足对超大型集装箱船舶进入上海港长江口内港区的限制，码头规模效应进一步形成，水水中转比重大幅提升，洋山深水港的枢纽作用将进一步得到加强，还将形成一个崭新的规模化、现代化集装箱港区，极大地提高上海国际航运中心的地位和作用。

未来5~15年,是加快上海国际航运中心功能建设的关键期。围绕上海国际航运中心建设,上海港集团的目标很明确:实施“三大战略”,保持集装箱产业持续健康发展,在“点—线—面”框架布局基础之上,通过整合港口、航运、代理资源,形成区域性集货网络,形成以上海港为终端,辐射长江流域的集货扇面;以洋山为中心,大力拓展水水中转业务,凸现枢纽港地位;培养国际化运营能力,提升国际化管理水平,逐步形成辐射国内国际市场的跨地区、跨国经营格局,积极探索新的国际化模式,实现国际化扩张,成为全球卓越的码头营运商,为上海国际航运中心建设发挥主力军作用。上海建成国际航运中心,上海港成为世界集装箱第一大港指日可待!

7.3 港口工程建设

港口由水域和陆域两大部分组成。水域包括进港航道、港池和锚地。港口水域可分为港外水域和港内水域。港内水域包括港内航道 、转头水域、港内锚地和码头前水域或港池。在内河港口,为便于控制,船舶逆流靠离岸。当船舶从上游驶向顺岸码头时,先调头,再靠岸;当船舶离开码头驶往下游时,要逆流离岸,然后再调头行驶。为此,要求顺岸码头前水域有足够宽度。港口陆域则由码头、港口仓库及货场、铁路及道路、装卸及运输机械、港口辅助生产设备等组成。

港口工程建设是一项综合性的工作,通常需要做好以下几个方面的工作:客货运量的调查和预测;港址选择;船型及其运输组织形式的确定;岸线使用的分配;装卸工艺的确定;泊位数和库场面积等的确定;高程设计;工程项目的总体布置;推荐科学的管理机构和合理的人员编制;和施工方案的确定。根据交通部《港口工程技术规范》及有关规定,在港口建设中要执行如下基本准则:

(1)港口建设必须符合国民经济发展的需要,应当与经济布局、城市规划和交通运输系统发展相适应。

(2)港口建设应统一规划、远近结合、合理布置,重视老港技术改造,充分发挥现有港口的作用。

(3)港口建设应贯彻节约用地方针,少占或不占良田。

(4)港口建设应因地制宜、就地取材,并应积极慎重地采用符合我国国情的新技术、新结构、新工艺、新材料、新设备。

(5)必须注意环境保护,防治污染。港口建设应与环境保护同步规划、同步实施、同步发展。

(6)港口建设必须认真贯彻节能方针,推广先进节能技术,节约能源合理利用能源,降低能耗。

(7)港口水工建筑物的等级主要根据港口政治、经济、国防等方面的重要性和建筑物在港口中的作用,划分为三级;重要港口的主要建筑物,破坏后会造成重大损失者为I级建筑物,II级建筑物为重要港口的一般建筑物或一般港口的主要建筑物;III级建筑物为小港中的建筑物或其他港口的附属建筑物。

港口工程建设一般分为规划、设计、施工三个阶段。规划是新建、扩建港口所需的前期工作,又称可行性研究。规划涉及面广,关系到城市建设、铁路公路等线路的布局。规划之前要进行全面的调查和必要的勘测工作,然后进行技术经济论证,分析判断建设项目的技术可行性和经济合理性,并对是否需要建设新港或新港区做出判断,确定新港的性质和规模,以便为拟建工程项目方案和设计提供科学依据。规划一般分为选址可行性研究（初步研究）和工程可行性研究两个阶段。新建或扩建港口要以彻底了解老港潜力和扩建的可能性为基础，通常在老港已经没有潜力的情况下才考虑建设新港。港口吞吐量的预估是港口规划的核心，港口的规模、泊位数目、库场面积、装卸设备数量以及集疏运设施等皆以吞吐量为依据进行规划设计。船舶的性能、尺度及今后发展趋势也是港口规划设计的主要依据。

港址选择是港口设计工作的先决条件，港口经济腹地范围、交通、工农业生产和矿藏情况及货种、货流和货运量情况是确定港址的重要依据；要广泛调查研究和分析论证。自然条件是决定港址的技术基础，故对有条件建港的地区应进行港口工程测量、滨海水文、气象、地质、地貌等方面进行深入调查研究，辅以必要的科学试验，然后对港址进行比较选择，务求做到技术上可能，经济上合理。一个优良港址应满足下列基本要求：

(1)有广阔的经济腹地。

(2)与腹地有方便的交通运输联系。

(3)与城市发展相协调。

(4)有发展余地。

(5)满足船舶航行与停泊要求。

(6)足够的岸线长度和陆域面积，用以布置前方作业地带、库场、铁路、道路及生产辅助设施。

(7)应注意能满足船舰调动的迅速性，航道进出口与陆上设施的安全隐蔽性，以及疏港设施及防波堤的易于修复性等。

(8)对附近水域生态环境和水、陆域自然景观尽可能不产生不利影响。

(9)尽量利用荒地劣地，少占或不占良田，避免大量拆迁。

工程可行性研究是从各个侧面研究规划实现的可能性，把港口的长期发展规划和近期实施方案联系起来。工程可行性研究为近期建设方案服务，对项目进行技术经济论证和方案比较，通过不同方案的研究，找到投资少、建设工期短、成本低、利润大、综合效益最好的方案。工程可行性研究主要研究内容包括：

(1)现状评价，指出生产能力"瓶颈"所在，提出加强薄弱环节的措施。

(2)预测运量发展，论述运输发展的经济合理性及建设项目的必要性与紧迫性。

(3)建设的合理规模。

(4)结合自然条件论证技术的可能性，提出推荐方案，同时论证各方案的优缺点及其对环境的影响。

(5)进行平面布置设计，确定项目范围、装卸工艺和设备、主要水工建筑工程。

(6)建设期的三通（水、电、路），征地拆迁和建材供应问题。

(7)施工条件与工期安排。

(8)企业组织管理和人员编制。

(9)投资估算及效益分析。

(10)结论及建议。

设计是在规划的基础上进行的港口建设的具体设想和计划。一般分为初步设计和施工设计两个阶段，有些重要工程可分初步设计、技术设计和施工设计三个阶段。施工是设计的实施，按施工进度计划进行。港口工程施工有许多地方与土木工程相同，但有自己的特点。港口工程往往在水深浪大的海上或水位变大的江河上施工，水上工程量大，质量要求高、施工周期短,中国和其他国家的一些海港还受台风或其他风暴的袭击。因此要求尽可能采取装配化程度高、施工速度快的工程施工方案,尽量缩短水上作业时间;并采取切实可行的措施保证建筑物在施工期间的稳定性,防止滑坡或其他形式的破坏。港口工程常遇到软土地基,使在软土上建造的港口建筑物出现各种工程事故,造成巨大损失。应从软土地基加固、改善地基应力状态、建筑物的结构和基础类型等方面着手,保证工程建成后的正常使用。

1. 港口的分类

港口最基本的属性是运输属性,同时港口还具有非运输属性的不同功能,以下介绍几种港口的分类方法。

(1)按用途分类

①商港:主要供旅客上下和货物装卸运转的港口。商港又可分为一般商港和专业港。专业港是专门从事一、两种货物装卸的港口。如我国的秦皇岛港以煤炭和石油装卸为主,宁波北仑港以中转铁矿石为主。

②渔港:专门为渔船服务的港口(图7.31b)。

③军港:专供军队舰船用的港口(图7.31a)。

④避风港:供大风时船舶临时来避风的港口。避风港一般很少有完善的设施,仅有一些简单的系靠设备。

⑤工业港:固定为某一工业企业服务的港口。它专门负责该企业原料、产品和所需物资的装卸转运工作。一般设在工厂企业附近,属该企业领导。

(a) 军港

(b) 渔港

图7.31 军港和渔港

(2)按地理位置分

①海港:为海船服务的,在自然地理和水文气象条件方面具有海洋性质。海港包括海湾港、海峡港、河口港。海湾港位于海湾内,常有岬角或岛屿等天然屏障作保护,不需要或需要较少的防护即可防御风浪的侵袭;海峡港是海峡地带上的港口;河口港是位于河流入海口段的港口。

②河港:位于江河沿岸,具有河流水文特性的港口。

③湖港与水库港:位于湖泊和水库岸边的港口。

(3)按国家政策分类

①国内港:是经营国内贸易,专供本国船舶出入的港口。外国船舶除特殊情况外,不得任意出入。

②国际港:又称开放港,是指进行国际贸易,依照条约或法令所开放的港口。任何航行于国际航线的外籍船舶,经办理手续,均准许进出港口,但必须接受当地航政机关和海关的监督。到目前为止,我国已经有14个对外开放港口。

③自由港:所有进出该港的货物,允许其在港内储存、装配、加工、整理、制造再转运到他国,均免征关税。只有在转入内地时才收取一定的关税,如香港即为自由港。

(4)按成因分类

可分为天然港和人工港。

(5)按港口水域在寒冷季节是否冻结分类

可分为冻港和不冻港。

(6)按潮汐关系、潮差大小,是否修建船闸控制进港分类

可分为闭口港和开口港。

2. 港口的组成

每个港口都有自己的个性和特点,但同时也有共同的基本组成部分,就是均由港口水域和陆域所组成,如图7.32所示。

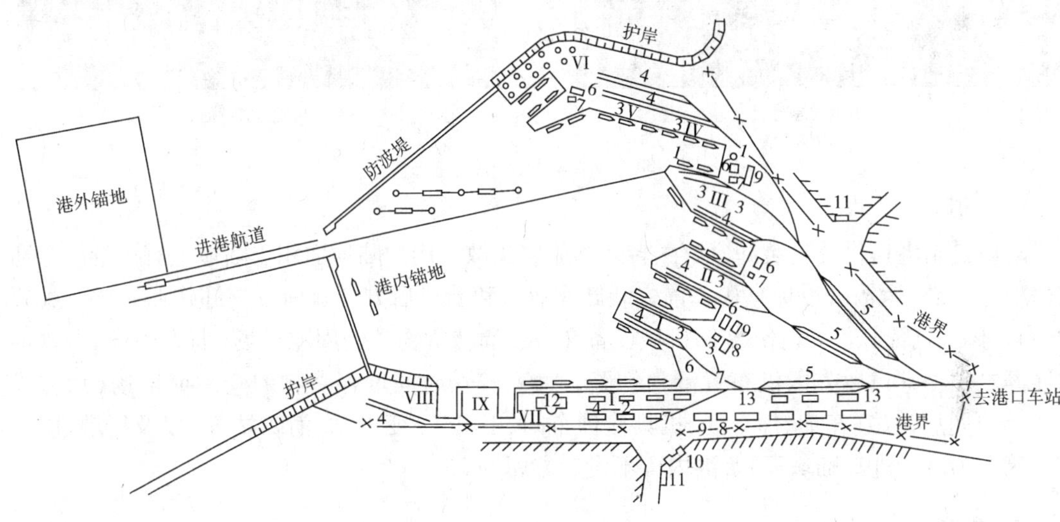

图7.32 港口平面布置图

I-件杂货码头;II-木材码头;III-矿石码头;IV-煤炭码头;V-矿物建筑材料码头;VI-石油码头;VII-客运码头;VIII-工作船码头及航修站;IX-工程维修基地

1-导航标志;2-港口仓库;3-露天货场;4-铁路装卸线;5-铁路分区调车场;6-作业区办公室;7-作业区工人休息室;8-工具库房;9-车库;10-港口管理局;11-警卫室;12-客运站;13-储存仓库

(1)港口水域

港口水域是港界线以内的水域面积,主要包括码头前水域、进出港航道、船舶转头水域、锚地以及助航标志等几部分,通常包括进港航道、锚泊地和港池。

进港航道要保证船舶安全方便地进出港口,必须具有足够的深度和宽度、适当的位置、方向和弯道曲率半径,避免强烈的横风、横流和严重淤积,尽量降低航道的开辟和维护费用。当港口位于深水岸段,低潮或低水位时天然水深已足够船舶航行需要时,无须人工开挖航道,但要标志出船舶出入港口的最安全方便路线。如果不能满足上述条件并要求船舶随时都能进出港口,则须开挖人工航道。大型船舶的航道宽度为80~300m,小型船舶的航道宽度为50~60m。

锚泊地指有天然掩护或人工掩护条件能抵御强风浪的水域，船舶可在此锚泊、等待靠泊码头或离开港口。如果港口缺乏深水码头泊位，也可在此进行船转船的水上装卸作业。内河驳船船队还可在此进行编、解队和换拖（轮）作业。

港池指直接和港口陆域毗连，供船舶靠离码头、临时停泊和调头的水域。港池按构造形式分，有开敞式港池、封闭式港池和挖入式港池（图7.33）。港池尺度应根据船舶尺度、船舶靠离码头方式、水流和风向的影响及调头水域布置等确定。开敞式港池内不设闸门或船闸，水面随水位变化而升降。封闭式港池内设有闸门或船闸，用以控制水位，适用于潮差较大的地区。挖入式港池在岸地上开挖而成，多用于岸线长度不足，地形条件适宜的地方。

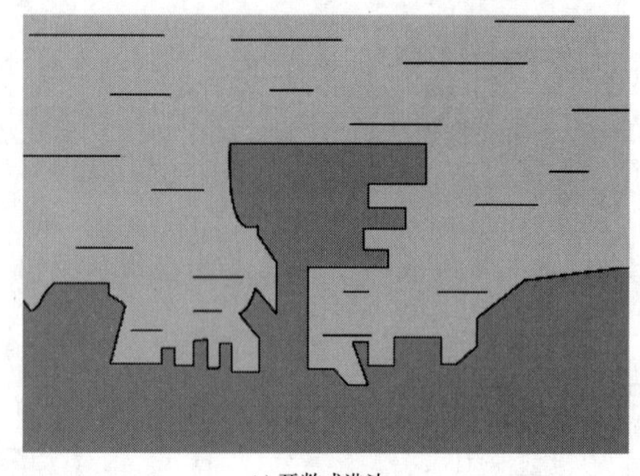
(a) 开敞式港池

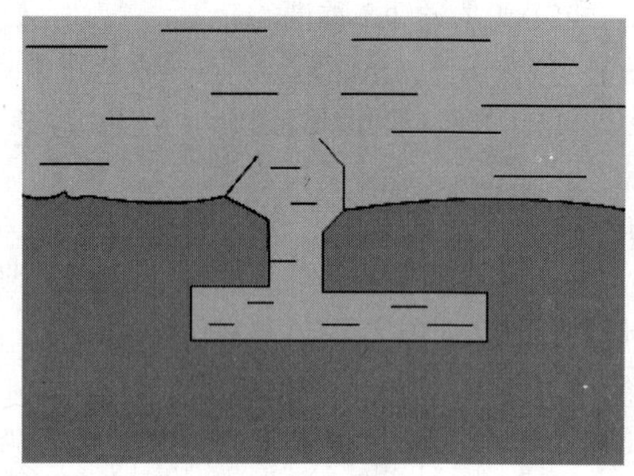
(b) 挖入式港池

图7.33 开敞式港池和挖入式港池

（2）陆域

陆域是指港口供货物装卸、堆存、转运和旅客集散之用的陆地面积。陆域上有进港陆上通道（铁路、道路、运输管道等）、码头前方装卸作业区和港口后方区。前方装卸作业区供分配货物，布置码头前沿铁路、道路、装卸机械设备和快速周转货物的仓库或堆场（前方库场）及候船大厅等之用。港口后方区供布置港内铁路、道路、较长时间堆存货物的仓库或堆场（后方库场）、港口附属设施（车库、停车场、机具修理车间、工具房、变电站、消防站等）以及行政、服务房屋等。为减少港口陆域面积，港内可不设后方库场。

3. 港口的特征参数

港口的特征参数主要有港口水深、码头泊位数、码头线长度、港口陆域高程等。

（1）港口水深

港口水深是港口的重要标志之一，表明港口条件和可供船舶使用的基本界限。增大水深可接纳吃水更大的船舶，但将增加挖泥量，增加港口水工建筑物的造价和维护费用。在保证船舶行驶和停泊安全的前提下，港口各处水深可根据使用要求分别确定，不必完全一致。对有潮港，当进港航道挖泥量过大时，可考虑船舶乘潮进出港。现代港口供大型干货海轮停靠的码头水深10～15m，大型油轮码头10～20m。

（2）码头泊位数

根据货种的不同来确定。除供装卸货物和上下旅客所需泊位外，在港内还要有辅助船舶和修船码头泊位。

（3）码头线长度

码头长度取决于所布置的泊位数和每个泊位的长度，根据可能同时停靠码头的船长和船舶间的安全间距确定。

(4)港口陆域高程

根据设计高水位加超高值确定，要求在高水位时不淹没港区。为降低工程造价，确定港区陆域高程时，应尽量考虑港区挖、填方量的平衡。港区扩建或改建时，码头前沿高程应和原港区后方陆域高程相适应，以利于道路和铁路车辆运行。同一作业区的各个码头通常采用同一高程。

4. 港口水工建筑物

港口水工建筑物是港口的重要组成部分，一般包括防波堤、码头、护岸、修船和造船水工建筑物等。进出港船舶的导航设施(航标、灯塔等)和港区护岸也属于港口水工建筑物的范围。港口水工建筑物的设计，除应满足一般的强度、刚度、稳定性(包括抗地震的稳定性)和沉陷方面的要求外，还应特别注意波浪、水流、泥沙、冰凌等动力因素对港口水工建筑物的作用及环境水(主要是海水)对建筑物的腐蚀作用，并采取相应的防冲、防淤、防渗、抗磨、防腐等措施。

(1)防波堤

防波堤是为防御波浪、泥沙、冰凌入侵，形成一个掩蔽水域所需要的水工建筑物或其他设施。它是在建港的自然条件不能满足其掩蔽水域的需要时建造的，使掩蔽水域有足够的水深和平稳的水面，既能保证船舶的系泊、装卸和航行的安全，又能保护海港的各种装备与设施，是海港工程的重要组成部分。防波堤内侧常兼作码头。防波堤的堤线布置形式有单突堤式、双突堤式、岛堤式和混合式。为使水流归顺，减少泥沙侵入港内，堤轴线常布置成环抱状(图7.34)。单突堤是在海岸适当地点筑堤一道，伸入海中，使堤端达适当深水处。双突堤是自海岸两边适当地点，各筑突堤一道伸入海中，遥相对峙，而达深水线，两堤末端形成一突出深水的口门，以围成较大水域，保持港内航道水深。岛堤是筑堤海中，形同海岛，专拦迎面袭来的波浪与漂沙，堤身轴线可以是直线、折线或曲线。混合堤是由突堤与岛堤混合应用而成，大型海港多用此类堤式。

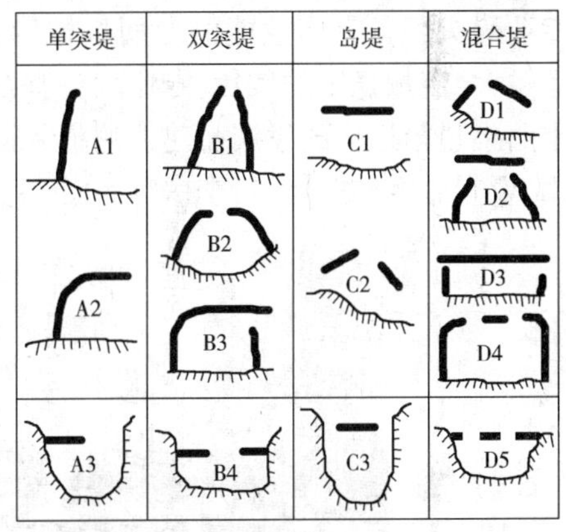

图7.34　防波堤的平面布置

防波堤按其断面形状及对波浪的影响可分为：斜坡式、直立式、混合式、透空式、浮式，以及配有喷气消波设备和喷水消波设备的等多种类型。一般多采用前三种类型，见图7.35所示。

①斜坡式防波堤。常用的形式有堆石防波堤和堆石棱体上加混凝土护面块体的防波堤。斜坡式防波堤对地基承载力的要求较低，可就地取材；施工较为简易，不需要大型起重设备，损坏后易于修复。波浪在坡面上破碎，反射较轻微，消波性能较好。一般适用于软土地基。缺点是材料用量大，护面块石或人工块体因重量较小，在波浪作用下易滚落走失，须经常修补。

②直立式防波堤。可分为重力式和桩式。重力式一般由墙身、基床和胸墙组成，墙身大多采用方块式沉箱结构，靠建筑物本身重量保持稳定，结构坚固耐用，材料用量少，其内侧可兼作码头，适用于波浪及水深均较大而地基较好的情况。缺点是波浪在墙身前反射，消波效果较差。桩式一般由钢板桩或大型管桩构成连续的墙身，板桩墙之间或墙后填充块石，其强度和耐久性较差，适用于地基土质较差且波浪较小的情况。

③混合式防波堤。采用较高的明基床，是直立式上部结构和斜坡式堤基的综合体，适用于水较深的情况。目前防波堤建设日益走向深水，大型深水防波堤大多采用沉箱结构。在斜坡式防波堤上和混合式防波堤的下部采用的人工块体的类型也日益增多，消波性能愈来愈好。

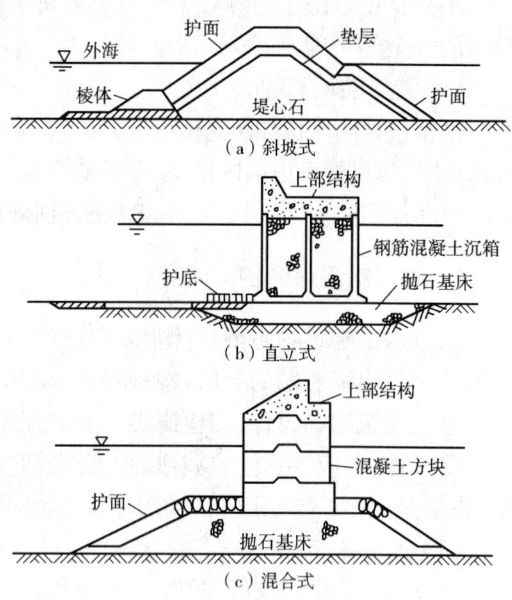

图7.35　防波堤的断面形状

（2）码头

码头是供船舶停靠、货物装卸和旅客上下用的水工建筑物，广义地说还包括与之配套的仓库、堆场、候船厅、装卸设备和铁路、道路等。码头是港口最重要的组成部分。

码头按用途可分为货运码头和客运码头两类。见图7.36所示。货运码头分为普通件杂货码头和专业码头。普通件杂货码头供装卸各种件杂货用，配备的装卸机械有较大的通用性。专业码头配备有高效能的专用机械设备，装卸运量大、流量稳定的散货，专业码头有石油码头、煤码头、矿石码头等。20世纪中叶以来，随着水路集装箱运输的发展而建造的集装箱码头也是一种专用码头。客运码头主要供旅客上下船用，设有旅客候船厅、行李房等。

（a）深圳蛇口客运站码头

（b）青岛港黄岛油码头

（c）天津石化码头

图7.36　深圳、青岛、天津码头

码头按照平面轮廓可分为顺岸式、突堤式、墩式、岛式和系船浮筒式五种。

①顺岸码头：码头前沿线平行于河道或港池的陆岸，船舶停靠方便，后方陆域可供扩建使用，陆上交通线便于引入。适用于流速较大、陆域较广的天然河道上。

②突堤码头：由陆岸向水域伸出的码头。突堤两侧和端部都可系靠船舶，能在有限的岸线长度内布置较多的泊位。随着装卸工艺的改进，狭窄的突堤码头陆域太小，不能满足操作和堆放货物的需要，现在多采用宽突堤码头。如大连、天津、青岛等港口均采用了这种形式的码头。

③墩式码头：在水域中，建造若干个独立的墩台，作为船舶系靠之用。这种码头主要用于装卸石油、散装谷物、煤和矿石等。墩式码头可建在深水处，不需要挖泥和填土工程。

④岛式码头：建造在外海深水中，由独立的墩台形成。码头与岸不相连接，一般供大型油船停靠，通过海底管道装卸石油。

⑤系船浮筒：设在有掩护的港池内和外海深水中的浮筒，供船舶系泊和进行水上作业。

码头按照结构形式可以分为重力式、板桩式、高桩式和混合式四种。

①重力式码头：靠建筑物自重和结构范围的填料重量保持稳定，结构整体性好，坚固耐用，损坏后易于修复，有整体砌筑式和预制装配式，适用于较好的地基。见图7.37(a)所示。

②高桩码头：由基桩和上部结构组成，桩的下部打入土中，上部高出水面，上部结构有梁板式、无梁大板式、框架式和承台式等。高桩码头属透空式结构，波浪和水流可在码头平面以下通过，对波浪不发生反射，不影响泄洪，并可减少淤积，适用于软土地基。近年来广泛采用长桩、大跨结构，并逐步用大型预应力混凝土管柱或钢管柱代替断面较小的桩，而成为管柱码头。见图7.37(b)所示。

③板桩码头：由板桩墙和锚碇设施组成，并借助板桩和锚碇设施承受地面使用荷载和墙后填土产生的侧压力。板桩码头结构简单，施工速度快，除特别坚硬或过于软弱的地基外，均可采用，但结构整体性和耐久性较差。由于板桩式码头是靠打入土中的板桩来挡土的，它受到较大的土压力，所以板桩式码头目前只用于墙高不大的情况，一般在10m以下。见图7.37(c)所示。

(3)修船和造船水工建筑物

修船和造船水工建筑物有船台滑道型和船坞型两种。待修船舶通过船台滑道被拉曳到船台上，修好船体水下部分以后，沿相反方向下水，在修船码头进行船体水上部分的修理和安装或更换船机设备。

建在水域岸边供修船和造船用的长形盒状

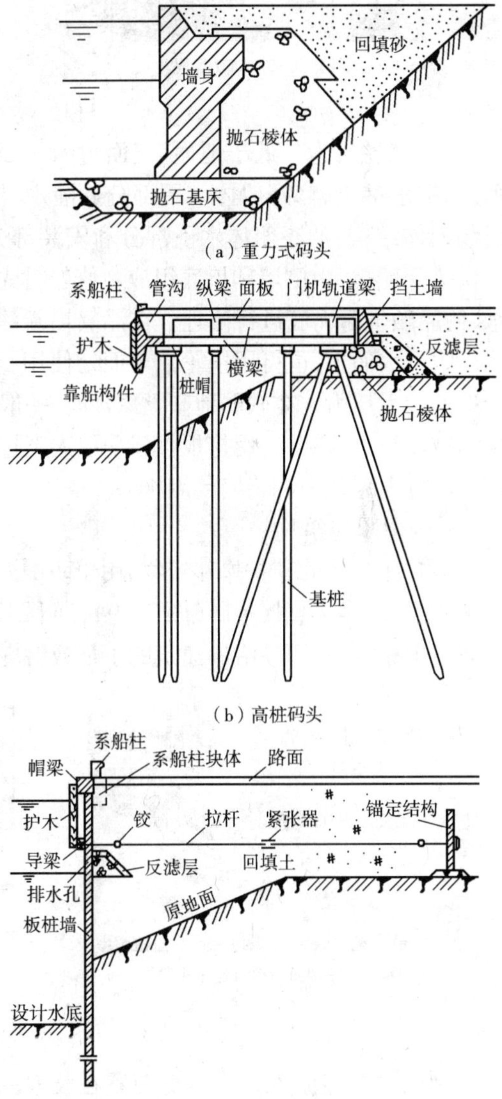

(a) 重力式码头

(b) 高桩码头

(c) 板桩码头

图7.37　码头按结构形式分类

水工建筑物,习惯上称为船坞。船坞原先主要用于修船。随着船舶大型化的发展,超过 10 万吨级的船,在船坞内建造较为安全有利,因此,船坞也用于造船,并向大型化发展。船坞分为干船坞和浮船坞。见图 7.38 所示。

(a)天津新港 30 000t 干船坞

(b)中国"玄海"号浮船坞

图 7.38　干船坞与浮船坞

①干船坞:为一低于地面、三面封闭一面设有坞门的水工建筑物。待修船舶进坞后,关闭坞门,把水抽干,修好船体水下部分后灌水,使船起浮,打开坞门,使船出坞。新建船舶在坞内组装船体结构,油漆船体水下部分和安装部分船机设备后出坞,然后进行下一步工作。

②浮船坞:由侧墙和坞底组成。修船时先向坞舱灌水使坞下沉,拖入待修船舶后,排出坞舱水,使船舶坐落坞底进行修理。在浮船坞新建船舶的建造情况和干船坞相似。浮船坞可系泊在船厂附近水面上,也可用拖轮拖至他处使用。船台滑道和船坞均要求有坚固的基础以承受船体传下的巨大压力。在软弱地基上修建时,一般采用桩基础。在透水性土上修建大型船坞时,一般采用减压排水式结构,用打板桩或采取人工排水设施降低地下水位,减少空坞时地下水对坞底板产生的巨大浮托力和坞墙的侧压力。

(4)护岸建筑物

港口工程中修建护岸建筑物,用于防护海岸或河岸免遭波浪或水流的冲刷。护岸方法可分为两大类:一类是直接护岸(图 7.39),即利用护坡和护岸墙等加固天然岸边,抵抗侵蚀;另一类是间接护岸,即利用在沿岸建筑的丁坝或潜堤,促使岸滩前发生淤积,以形成稳定的新岸坡。

(a)四脚空心块护面结构的抛石斜波堤

(b)营口港鲅鱼圈滚装码头护岸工程

图 7.39　直接护岸

利用潜堤促淤就是将潜堤布置在波浪的破碎水深以内而临近于破碎水深之处,大致与岸线平行,堤顶高程应在平均水位以下,并将堤的顶面作成斜坡状,这样可以减小波浪对堤的冲击和波浪反射,而越过堤顶的水量较多。修筑潜堤的作用不仅是消减波浪,也是一种积极的护岸措施。丁坝一般自岸边向外伸出,对斜向朝着岸坡行进的波浪和与岸平行的沿岸流都具有阻碍作用,同时也阻碍了泥沙的沿岸运动,使泥沙落淤在丁坝之间,使滩地增高,原有岸地就更为稳固。在波浪方向经常变化不定的情况下,丁坝轴线宜与岸线正交布置;否则,丁坝轴线方向应略偏向下游。丁坝的结构形式很多,有透水的,有不透水的;其横断面形式有直立式的,有斜坡式的,见图 7.40 所示。

图 7.40　丁坝群

7.4　港口工程与人类生存的关系

港口是一项综合性的工程,无论是在港口的建造还是在运营阶段,都会对人类赖以生存的生态与环境带来影响。随着港口朝大型化和深水化发展,人们应当考虑工程的宏观综合效益。

1. 港口工程与资源

资源是人类生存和发展的物质基础,港口的建设和发展也必须合理和有效地利用资源。从港口的建成来看,岸线是一种有限的资源,要建港口,离不开消耗岸线资源,而且只能一次性使用。因此我们在规划过程当中必须考虑岸线的合理利用问题。

此外,一个港口的建成通常需要港池或航道的浚深和堆场的建成,在外海则可能需要建造抵御外海波浪的防波堤,这里都隐含着建材的使用问题。而且在 21 世纪,我们不仅需要把工程建成,还应该坚持资源可持续发展思想,尽可能少用天然资源,取而代之以大量的工业和城市废弃物生产的无毒害、无污染、无放射性的建筑材料或者疏浚的泥土来填充堤坝、吹填堆场,做到资源的循环或回收利用,明确保护地球生态资源的责任。

2. 港口工程与环境

现代港口通常处于沿海沿江的陆地与海河之间生态系统中的特殊地带,这些地带往往容易受到各种途径的污染和过度的开发利用。港口、海运发展和活动可能造成的环境变化因素有:

(1)疏浚:疏浚挖出的废弃物可能成为污染源;航道和港湾的浚深可能改变水流和盐分,从而影响滨水产业。

(2)建筑物:码头、防波堤及其他建筑物可能造成一定水域的侵蚀或冲积;航道变化可能影响潮汐及海流的速度;对进港航道或港池的遮蔽可能造成复杂的波浪反射和回流。

(3)船舶排出物:油污压载水、舱底污水和生活污水的排放不仅直接影响港口水质,而且影响其上、下游;防止船底海生物附着的油漆或其他维护和清洁的化合物对船底海生物的机体有显著影响。

(4)货物泄漏:任何货物,尤其是有毒货物的泄漏对环境会产生很大影响;粮食、灰尘和煤的泄漏也会对环境产生很大影响。

(5)滨水工业:港口的发展可能造成对环境不利的工业沿着水边布局,钢厂、炼铝厂、造纸厂、炼油厂建在水边有许多好处,但同时也可能污染大气和水域。

(6)港口建设:港口设施(库场、交通线路和停车场等)的建设对周围的水域有潜在的威胁。

(7)动迁:任何港口的发展都需要土地,而这些土地通常已被强化利用,可能改变其原有的排水系统和水净化过程,影响野生动物栖息,丧失某些植物种类,从而使当地环境变坏。

(8)灰尘:来自库场和正在装卸的货物随风飘荡的灰尘,可能降低空气质量从而影响居民的健康,增加渔业生产或帆船俱乐部的成本。

港口是一个典型的人类活动与环境问题有着直接冲突的场所,港口发生的一切活动不可避免地对环境产生了自接或间接的影响,同时,环境、气候的变化也会对港口产生影响。因此,在港口业飞速发展的今天,生态环境的保护尤为重要,国家、地方政府和港口管理机构一定要把防治环境污染工作作为一项主要任务来完成,坚持走港口环境可持续发展道路。

3. 港口工程与灾害

与港口工程有关的突发性灾害有地震灾害、风暴潮灾害等。风暴潮是沿海地区常见的一种自然灾害,由台风、温带气旋、冷锋的强风作用和气压骤变等强烈的天气系统引起的水面异常升降现象,又称风暴增水或气象海啸。1969 年发生在美国密西西比州的帕斯·奇里斯蒂安附近的风暴潮,潮位高达 7.4m。它和相伴的狂风巨浪,可引起水位暴涨、堤岸决口、农田淹没、房摧船毁,酿成灾害。在较大的风暴潮和潮汐高潮相叠的情况下,必然造成更大的灾害。

为了减少在灾害发生时给人们带来的生命和财产的损失,港口工程应该有足够的抗灾能力,完善港口的防灾、抗灾功能,保证居民生活安全。港口城市作为人口密集地区,必须进一步充实其防灾和抗灾功能。强化防波堤、护岸等的防护,应结合地区防灾计划对重点灾害危险预报,灾害发生能提供避难信息,设定好安全避难路线和物资运输线,在建筑物设计方面要有一定的抗震能力。

7.5 港口工程的展望

20 世纪 80 年代以来,世界经济一体化的发展促进了国际贸易的增加,其中约有 90% 是通过海运和港口实现的。跨国集团公司引发的贸易量已超过全球贸易量的 70%,为了增强竞争优势,必须努力减少包括运输、仓储、包装等流通成本在内的生产总成本,从而促使国际运输业向集装箱多式联运和以“门到门”运输为主要特征的现代运输和物流体系发展。

港口工程的发展趋势主要体现在以下几个方面:

(1)基础设施的深水化和大型化

为了降低航运成本,船舶的大型化趋势十分明显。以集装箱船舶为例,自 20 世纪 70 年代的第1、第2代集装箱船发展至今已是第5、第6代集装箱船。过去由于巴拿马运河规范(船长294m,船宽32.2m,吃水12.5m)的限制,船舶尺度受到制约。这就必然要求集装箱主干线上的枢纽港航道、泊位水深超过-15m。同时与之相应的码头规模、装卸运输设施也要做脱胎换骨的变革,大力开辟深水航道和开挖深水港池,大量建设深水泊位。

(2)港口功能的多样化

现代港口功能发展的趋势是多样化。首先,货物运输仍是港口活动的主体。其次,现代港口还提供工业服务,包括两方面:①在港内建立与货物有关的工业,如在港区内或毗邻港区建立出口加工区;②进行与船舶、车辆有关的服务,如船舶的维修、救助等。③作为现代港口最有特征的功能是商务、信息与分运,其中港口分运功能可有效地适应来自全球的零件、半成品组装的跨国公司生产模式。

由于现代港口功能的多元化,形成了港口作业的物流化、港口布局的网络化和港城格局一体化。大多数重要港口位于海陆空三位一体运输方式的交汇点上,其商品从原材料开采、加工生产到配料营销、直到废物处理可形成一条典型的物流供应链。这种全新的业务运作和经营模式使港口在现代物流中的核心作用越来越明显。集装箱运输的迅猛发展也打破了原来相对狭小的港口与腹地进行经济联系的格局,使世界各地的港口越来越处于同一国际化的网络中。干线港(包括枢纽港)、支线港和喂给港有机地组合成一个合理的港口网络,从而发挥出最大的效益。同时,港口功能的实现也离不开城市功能的支持,港城一体化的格局更趋明显。

(3)管理信息化

港口的现代化程度很大程度上取决于信息化管理。特别是大型船舶的营运成本很高,要求接卸港口具有全天候进出、快速装卸、通关、集疏运和配送等综合能力,而这些都靠现代化的信息技术做后盾。

温家宝总理2006年8月16日主持召开国务院常务会议,审议并原则通过了《全国沿海港口布局规划》和《船舶工业中长期发展规划》。该《规划》是交通部与国家发展和改革委员会从国家发展战略和全局考虑,依据《中华人民共和国港口法》联合组织编制的,这是继《国家高速公路网规划》、《中长期铁路网规划》之后,具有宏观指导性的全国交通运输规划。《全国沿海港口布局规划》的发布标志着我国沿海港口建设与发展进入了新的历史阶段。到2010年,我国港口年吞吐量将达到61亿吨,集装箱吞吐量将达到1.2亿至1.4亿标箱。港口崛起正是中国经济迅猛发展的一个缩影。

参考文献

[1] 冯志文,赵瑞卿.港口产业与环境保护问题及对策[J].中国港口,1999.5.

[2] 中华人民共和国交通部水运司.中国对外开放港口[M].北京:人民交通出版社,2000.

[3] 孙光圻.中国古代航海史[M].北京:海洋出版社,2005.

[4] 石友服.日本21世纪的港口现代化[J].中国港口,2002.8.

[5] 徐萍,张宏波.中国港口业发展回顾与“十一五”展望[J].中国港口,2006.7.

[6] 严恺.海岸工程[M].北京:海洋出版社,2002.

[7] 严恺.中国海岸工程[M].南京:河海大学出版社,1992.

[8] 阎庆彬,李志高.中国港口大全[M].北京:海洋出版社,1993.

[9] 张天怀.中国港口[M].北京:对外贸易教育出版社,1986.

[10] 吴国付.港口业未来发展策略[J].中国港口,2001.4.

思考讨论题

1. 简述港口的定义和港口工程的内容。

2. 从港口工程的发展简史,您对科学进步在港口工程发展中的作用是否有了一定的认识?

3. 中国港口近年的跨越式发展主要体现在哪几方面?

4. 试述港口按不同的方式分类的形式。

5. 港口水工建筑物主要有哪些?分别有什么作用?

6. 试述港口工程与人类生存之间的关系。

第八章　土木工程防灾减灾

8.1　概　　述

灾害大体上可分为**自然灾害**、**人为灾害**以及**人与自然共同作用而产生的灾害**。

自然灾害是人类进步和社会发展中所遇到的一种自然现象，其后果是可能引起生命和财产的巨大损失，使社会功能遭受严重破坏，并影响社会发展的进程。从全球来看，人类每时每刻都受到各种各样的自然灾害的威胁，减轻自然灾害已成为全人类面临的共同任务。1987 年底第 42 届联合国大会通过决议，把 1990 年～2000 年定为“国际减轻自然灾害十年”，倡议各国采取一致行动，力争把当今世界上，特别是把发展中国家因自然灾害造成的生命财产的损失和经济发展的停滞减轻到最低程度。中国政府于 1989 年成立了“中国国际减灾十年委员会”，开展了一系列防灾减灾活动；1992 年世界环境与发展大会通过了《里约宣言》和《全球 21 世纪议程》，1994 年中国政府通过了《中国 21 世纪议程——中国 21 世纪人口、环境与发展白皮书》，也将防灾减灾的内容列入其中。2005 年 1 月，由联合国主持的“世界减灾会议”在日本兵库县神户市召开，会议为未来 10 年的防灾减灾描绘出了行动蓝图。

全世界每年都会发生很多对土木工程有影响的灾害，严重的灾害会造成建筑物、构筑物的倒塌和破坏，使交通通信、供水供电等生命线工程中断，并引发次生灾害，造成大量人员伤亡、财产损失、城市瘫痪、社会动荡，导致严重经济损失，甚至使一个村庄、一个城市在顷刻之间消失。灾害之所以会造成人员伤亡和财产损失，主要是土木工程及其设施的倒塌破坏，以及引起的次生灾害所导致的。因此，土木工程在防灾减灾中起着非常重要的作用。

对土木工程影响较大的灾害主要有：地震、台风、火灾、地质灾害、爆炸与恐怖袭击引起的灾害。

早期的土木工程主要是解决人类“住与行”的基本问题，还没有意识到防灾问题。然而，历史上几次重大的灾害及其对土木工程设施的破坏，引起了人们对土木工程防灾减灾的逐渐关注与重视。这几次重大灾害有：1906 年美国旧金山地震及大火，使人们体验了地震及其引发的火灾对人类生存的影响，使地震工程初具萌芽，建筑防火引起了人类的高度重视。1924 年日本关东大地震，使地震工程应运而生，如何在工程设计中考虑地震影响有了初步的想法。1940 年美国华盛顿州塔科马悬索桥建成后仅 4 个月就发生风毁震惊了全世界，由此揭开了桥梁风致振动的研究。人们很快发现除了塔科马桥之外，历史上至少还有 10 座桥梁毁于强风。1976 年中国唐山地震，造成了人员的重大伤亡和大量房屋的倒塌，使中国人民认识到了提高建筑物和工程设施抗震能力的重要性。1995 年日本阪神地震，对现代化的城市造成了严重破坏和重大的经济损失，使人类进一步认识到了提高城市综合防灾能力的极端重要性，由此萌发了基于性能的抗震设计理念。1999 年中国台湾集集地震，使人类再一次认识到了地震发生的不确定性及工程质量（设计和施工）对于抗震防灾的重要性。2001 年美国世贸大厦的恐怖袭击及火灾，使人类又一次看到了现代城市的脆弱和重大灾害的危害性。2004 年印尼太平洋地震及海啸，对发展中国家的防灾减灾以及结合地域特点的防灾减灾提出了新的课题。2005 年美国 Katrina 飓风及水灾，造成近 1 100 人死亡、1 500亿美元经济损失，对发达国家的防灾减灾提出了新的挑战。

我国的防灾减灾战略是“经济建设与防灾减灾一起抓”。土木工程的防灾减灾是国家防灾减灾战略的重要组成部分。防灾减灾的内涵包括：灾前的防灾、灾发时的抗灾以及灾后的救灾，简言之，即为防、抗、救。

土木工程的防灾减灾是随着土木工程的发展而被逐渐认识的，它是土木工程中相对比较新兴的领域，并且是最有可能应用其他科技领域的高新技术。

土木工程防灾减灾在国际上并未形成一门独立的学科，但国际上有很多防灾减灾的政府和非政府组织。我国学术界对防灾减灾研究比较重视，在土木工程下的二级学科中设有“防灾减灾工程与防护工程”。在 2005 年国家自然科学基金委员会发布的专业目录中，在“建筑环境与土木工程”领域内，有“防灾工程”学科。

土木工程防灾减灾涉及地震工程，风工程，结构抗火，地质灾害防治，结构防爆抗爆，防护工程，城市综合防灾等领域。在这些分支领域，国际上有很多学术组织，大部分学术组织的学术交流活动已经系列化和规范化，有力地促进了国际间的学术交流和本分支领域的发展。

8.2 地震灾害及其工程防治

1. 地震的基本知识

地震是自然灾害中发生最多、影响最大的一种。地震是地壳、上地幔的岩石，因遭受破坏而引起变形，将其积累的应力能转化为被动能而使地表产生振动的一种地质现象。从地震成因来看，可分为构造地震、火山地震、塌陷地震等，此外，水库也能诱发地震，核爆炸也可能在场地激发地震。

衡量地震本身大小及其对人类环境影响和危害的指标是**震级**和**烈度**，这两个指标彼此相关，但又不相同。

地震震级是表征地震强弱的指标，是地震释放多少能量的尺度，它是地震的基本参数之一，常用来衡量地震的大小或规模，是地震预报和其他有关地震工程学研究中的一个重要参数。震级分为 1 ~ 9 级，一般来说，小于 2 级的地震人们感觉不到，只有仪器才能记录下来，叫做微震；2 ~ 4 级地震人就能感觉到了，叫有感地震；5 级以上地震就要引起不同程度的破坏，统称为破坏性地震；7 级以上的地震则称为强烈地震。

地震烈度是表示某一区域范围内地面和各种建筑物受到一次地震影响的平均强弱程度的一个指标，主要根据宏观的地震影响和破坏现象，如从人们的感觉、物体的反应、建筑物的破坏和地面现象的改观（如地形、地质、水文条件的变化）等方面来判断。这一指标反映了在一次地震中一定地区内地震动多种因素综合强度的总平均水平，是地震破坏作用大小的一个总评价。为了对地震区进行抗震设防，就需要研究预测该地区在今后一定时期内的地震烈度，作为工程抗震设计的依据。

为了用地震烈度来表示地震影响的程度，需要有评定烈度的具体标准，该标准就称为地震烈度表。历年来世界各国陆续编制和修订了几十种烈度表，目前除了日本采用 8 度（0 ~ 7 度）划分、少数欧洲国家采用 10 度划分的烈度表外，绝大多数国家包括中国普遍采用 12 度划分的烈度表。地震烈度的大小同震级、震中距离远近等直接相关，一般来说，震级越大，烈度越大。在同一次地震中，离震中越近，烈度越大。当然，地震烈度大小还和震源深浅、地质构造、地面建筑等有关。

我国于1957年首次颁布了地震烈度表，该烈度表是根据我国地震调查的经验、建筑特点和历史资料并参照国外的烈度表编制的。在对该烈度表进行修订后，1980年又颁布了新的地震烈度表，目前使用的烈度表则是1999年颁布的烈度表。1999年烈度表继承了1980年烈度表的基本内容，只是对不同烈度的现象表述做了一些修订，该烈度表以统一的尺度衡量地震的强烈程度，从无感到地面剧烈变化及山河改观划分为12个等级。

全球每年大约有1 679万次地震，但只有千余次破坏性地震，其中只有十几次会造成严重的灾害。全球平均每年地震导致约8 000人死亡、2.6万人受伤，该数值为所有自然灾害伤亡人数的1/3。而中国、日本、意大利、前苏联等国家因地震导致的伤亡则占全球总数的80%以上。有文字资料记载的死亡人数最多的地震，发生在1556年我国陕西华县，震级约为8级，死亡人数约83万。而近代历史上造成的人员伤亡最大的地震灾害，是1976年7月28日发生的唐山7.8级大地震，造成死亡约24.2万人，伤残约16.4万人，直接经济损失120多亿元。1999年9月21日，位于中国台湾省的集集镇，发生了7.6级的大地震，这次大地震释放的能量相当于40枚广岛原子弹的能量，造成死亡约2 500人，受伤约15 000人，直接经济损失100亿美元，是中国版图上造成经济损失最大的地震。

在发达国家发生的损失最大的地震是1995年1月17日发生在日本阪神的7.2级大地震，造成死亡人数5 200多人，受伤人数26 800多人，直接经济损失约1 000亿美元。这次地震对人类现代文明和发达社会造成的损失和打击是巨大的，并且向人们再一次敲响了抗震防灾的警钟。

地震的发生是不可避免的，但人类可以通过工程措施和非工程措施，减少地震对社会的影响。土木工程学科在防灾减灾方面的主要任务，是通过采取合理的工程措施，提高工程结构的抗震能力，减少地震造成的破坏，从而减少人员伤亡和经济损失。

2. 地震灾害及对工程结构的影响

地震灾害及其对工程结构的影响主要表现在三个方面，即地表破坏、工程结构物破坏和因地震而引起的各种次生灾害。

(1)地表破坏

地震引起的地表破坏一般有地裂缝、砂土液化、滑坡塌方、软土震陷等。

地震引起的地裂缝有多种形式，图8.1所示为地震时地下断层的错动形成的地裂缝，图8.2所示为地裂缝引起的房屋倒塌。

因砂土液化造成的严重震害的典型例子可见1964年的美国阿拉斯加地震和日本新潟地震。1975年中国海城地震和1976年的唐山地震也出现了大面积的砂土液化。图8.3所示为在地震中砂土液化后喷出地面覆盖在道路上，图8.4所示为砂土液化后引起的房屋破坏。

地震时引起的滑坡塌方常发生在陡峻的山区，在强烈地震的作用下，由于陡崖失稳常引起塌方、山体滑移、山石滚落等现象。在不稳定的人工边坡开挖面及平原地区的河岸也有可能出现滑坡。地震造成的滑坡常常会切断道路，冲毁建筑物和工程设施，堵塞河流。图8.5所示为1999年中国台湾集集镇地震中山体滑坡，其结果是造成一个村庄被毁。

图 8.1 地震造成的地裂缝

图 8.2 地裂缝引起房屋倒塌

图 8.3 地震造成的砂土液化

图 8.4 砂土液化引起房屋破坏

由于软土具有高压缩性、高孔隙比、高含水量，在强震作用下，孔隙水从边界排出，土层被压密，产生沉陷或不均匀沉陷。由于不均匀沉陷引起工程结构的附加内力，可导致结构的破坏甚至倒塌。图 8.6 所示为地震中软土震陷引起的房屋破坏。

图 8.5 地震造成的山体滑坡

图 8.6 软土震陷引起房屋破坏

(2) 建筑物破坏

地震时各类建筑物的破坏是导致人民生命财产损失的主要原因，是地震灾害的最主要表现，也是抗震工作的主要对象。建筑物的地震破坏与建筑物本身的特性密切相关，不同类型的建筑结构具有不同的抗震性能。

图 8.7 和图 8.8 为多层砖房的震害照片。历次地震的震害表明,大量砖房会遭到不同程度的破坏,而砖房的倒塌现象一般在 9 度以上的高烈度区才占有较大的比例。

图 8.7 唐山地震砖房外纵墙整体倒塌

图 8.8 唐山地震砖房房屋角部破坏

钢筋混凝土框架房屋的抗震性能较好,主要是砖填充墙容易发生破坏,结构上的薄弱层容易发生破坏,柱端及角柱容易发生破坏,框架结构的典型震害照片见图 8.9 和 8.10。

图 8.9 框架结构整体破坏

图 8.10 框架结构柱脚破坏

(3)桥梁和其他工程设施的破坏

钢筋混凝土桥梁结构由于其自重大,极易在地震中发生破坏。图 8.11 ~ 图 8.16 是桥梁结构在几次大地震中遭受的不同类型破坏的实例照片。

图 8.11 1995 年阪神地震高架桥破坏

图 8.12 1971 年圣费南多地震立交桥桥跨坠毁

图 8.13　阪神地震中西宫港大桥第一跨脱落

图 8.14　阪神地震中矮墩的剪切毁坏

图 8.15　阪神地震中墩柱压溃倒塌

图 8.16　中国台湾集集地震桥梁矮墩剪切破坏

(4)次生震害

在地震工程中一般把地震灾害划分为一次灾害和次生灾害。**一次灾害**是指地震造成的直接灾害,如建筑物倒塌、地面破坏和工程设施的破坏等。**次生灾害**是指由一次灾害诱发的间接灾害,如地震后引起的火灾、水灾、海啸、逸毒、空气污染等灾害。这种由于地震引起的间接灾害,有时比地震直接造成的损失还大。由于中国这方面的资料较少,现介绍国外因地震引起的次生灾害造成的损失情况。1906 年美国旧金山大地震后的大火使全城几乎成为一片废墟,毁坏建筑物达 28 000 余幢,地震损失与火灾损失之比为 1∶4。1964 年日本新潟地震,由于护岸破坏,使新潟市部分地区遭受相当长时间的水灾,给震后救灾和恢复生产造成了很大的困难。1970 年秘鲁大地震后形成的泥石流,摧毁、淹没了村镇和建筑物,使地形改观,死亡人数达 25 000 人。1960 年智利沿海发生地震后 22h,海啸袭击了 17 000km 以外的日本本州和北海道的太平洋沿岸地区,冲毁了海港、码头和沿岸建筑物。1993 年 1 月日本北海道地震时,由于煤气中毒和火灾引起的受伤人员达 224 人,而地震时直接受伤的人数还没有超过 200 人。2004 年 12 月 26 日,印度尼西亚苏门答腊岛附近海域发生 8.7 级强烈地震,并引发海啸,造成重大人员伤亡和财产损失。这次灾难造成近 11 个国家 17.8 万人死亡,另有 5 万人下落不明。

3. 地震工程学科概述

地震工程学科是随着人们对地震发生和造成工程破坏的认识而逐渐发展起来的。地震工程主要涉及工程地震、工程抗震和综合抗震防灾等三方面内容,其核心是工程结构抗震设计理论。反应谱理论的提出是地震工程领域的一个重要里程碑,1943 年 Biot 发表了以实际地震记录求得的加速度反应谱。后来的研究人员根据这一思路做出的不同场地条件下加速度平均反应谱的示意图如图 8.17 所示。

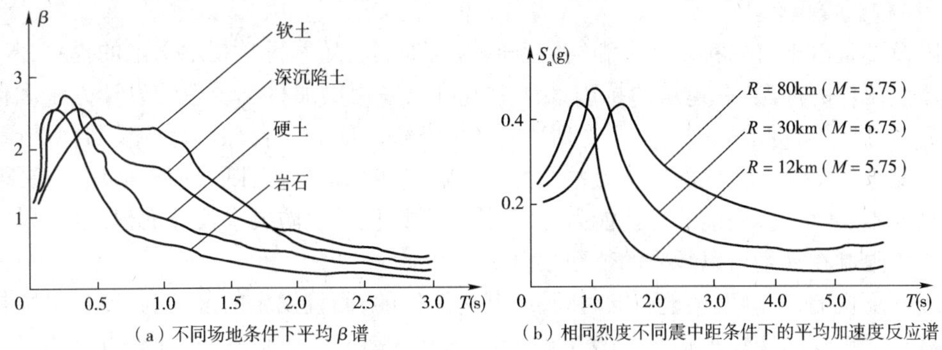

(a) 不同场地条件下平均 β 谱

(b) 相同烈度不同震中距条件下的平均加速度反应谱

图 8.17　不同场地条件下加速度平均反应谱示意图

R-震中距；M-震级

20 世纪 50～70 年代，以美国的 Housner、Newmark、Clough 和日本武藤清为代表的一批学者在此基础上又进行了结构弹性和弹塑性动力反应时程分析方面的研究工作，对地震工程学科的发展做出了重要贡献。1956 年召开了第一届世界地震工程大会，1960 年成立了国际地震工程协会（IAEE），为地震工程学科的学术交流和国际合作提供了舞台。20 世纪 70 年代，Newmark，Park和 Paulay，等等，提出了抗震结构延性设计的概念。目前世界各国的抗震设计理论都是在反应谱和延性设计的基础上形成的。20 世纪 90 年代中期，美国、日本学者先后提出了基于性能的抗震设计方法（Performance-Based Seismic Design，PBSD）。目前，基于性能的抗震设计理念已经受到了人们的广泛关注，各国学者纷纷投入了这一研究热潮。

中国地震工程的发展从 20 世纪 50～60 年代开始，开拓人是刘恢先教授，具有标志性的成果是全国地震区划图的制定、几次大地震震害经验的总结、三水准两阶段抗震设计规范的制定，以及对大型复杂结构抗震的系列研究。目前，我国已结合国情发展了多种新的抗震防灾技术并应用于重大工程，地震工程的研究成果和工程实践得到了国际上的广泛认可，成功地得到了 2008 年第 14 届世界地震工程大会的举办权。

地震工程是防灾工程学科中的主干学科和引领学科，在国际上很有影响，代表性的学术组织有国际地震工程协会（IAEE）、国际结构控制协会（IASC）。每四年召开一次世界地震工程学术会议（WCEE）和一次世界结构控制学术会议（WCSC），这两次会议的时间间隔为两年。同时还有区域性的、部分国家的地震工程学术组织和系列的国际学术会议，我国的全国地震工程大会每四年召开一次，与世界地震工程大会相隔两年时间。

4. 减轻地震灾害的工程措施

减轻地震灾害是一项宏大的系统工程，关系着社会的发展和人类的进步，主要包括震前的抗震防灾、震时的应急处理、震后的抢险救灾和恢复重建。震前的抗震防灾又包括地震的预测预报，新建工程的抗震设防，现有工程的抗震加固，城市抗震防灾规划的编制与实施等。大量的震害经验表明，震前的抗震防灾是减轻地震灾害最有效的途径。现行国家标准《建筑抗震设计规范》（GB 50011）中总则的第 1 条明确提出了抗震工作应实行“以预防为主”的方针。人类没有阻止地震发生的能力，但可以通过抗震设防来减轻建筑物所遭受的地震破坏，避免人员伤亡，减少经济损失。

减轻地震灾害的工程措施主要有:结构抗震设防(设计、施工和管理)、结构隔震(免震),以及结构消能减震和结构振动的主动控制(制震)。

(1)结构抗震设防

抗震设防是以现有的科学水平和经济条件为基础的。随着科学技术水平的提高,人类对地震规律性认识的加深,在建筑的抗震设计中就可以采用更加科学合理的设计方法和措施。另一方面,抗震设防标准的制订还要受到社会经济条件的制约。合理可行的设防标准需要在保证地震安全性与谋取优化的经济效益和社会影响之间取得平衡,既要使震前用于抗震设防的经济投入不超过社会当前的经济能力,又要使震后按抗震设防要求设计的建筑的破坏程度和人员伤亡限制在社会可以承受的范围之内。

地震是随机的,不但发生地震的时间、地点是随机的,而且发生的强度、频度也是随机的。要求所设计的工程结构在任何可能发生的地震强度下都不损坏是不经济的,也是不科学的。在建筑物使用寿命期间,对不同频度和强度的地震,要求建筑物具有不同的抵抗能力。即对一般较小的地震,由于其发生的可能性大,因此,要求遭到这种较小的多遇地震时结构不受损坏。这在技术上是可行的,经济上也是合理的。对于罕遇的强烈地震,由于其发生的可能性小,当遇到这种强烈地震时,要求做到结构完全不损坏,在经济上是不合算的。比较合理的做法是,允许损坏,但在任何情况下,不应导致结构倒塌。这种抗震设防目标的通俗说法是"小震不坏,中震可修,大震不倒"。

由于地震本身的随机性、各种结构之间的差异以及结构本身的复杂性、结构在遭受地震作用后破坏机理和破坏过程的复杂性,人们逐步认识到,仅靠计算的精确,难以设计出良好的抗震结构,在设计中还应特别重视抗震概念设计。抗震概念设计至少有以下五个方面的内容:**①预防为主,做好抗震防灾规划;②选择有利的建设场地,做好地基基础的抗震设计;③建筑物布置宜简单规则;④选用良好的抗震结构体系;⑤重视防止非结构构件的破坏。**

(2)结构隔震(免震)

上述的传统的抗震设计是利用材料的强度和结构构件的塑性变形能力来抵抗地震作用,使建筑物免遭不可修复的破坏或不至于倒塌。隔震(免震)技术则是通过在建筑物底部设置柔性隔震层,隔离地震作用对上部结构的影响,使建筑物在地震时只产生很小的振动,这种振动不致造成结构和设施的破坏,还能保护建筑物内的重要设备,保证仪器仪表的正常运行。

早期的隔震层主要在建筑物的底部,称为基础隔震,目前已发展到可以在任意楼层的隔震。早期的隔震装置一般有滑动支座和弹性支座两种,目前已发展到多种形式的组合隔震,例如,滑动支座与各种阻尼器的组合、弹性支座与各种阻尼器的组合、滑动支座与弹性支座的组合等等。滑动支座一般有滑板支座、盆式支座等,弹性支座一般有叠层橡胶支座和各种弹簧支座等。在隔震结构中使用的阻尼器一般有钢棒阻尼器、黏滞阻尼器、摩擦阻尼器和铅阻尼器等。

试验研究和实际地震记录均证明,有隔震装置的建筑物与无隔震装置的建筑物相比,地震作用和层间变形都有明显的减少,这样就给非结构构件、室内外装饰、设备管道的设计带来了很大的方便,这是隔震建筑物的又一明显优点。隔震建筑物与非隔震建筑物在地震中的表现可以形象地如图 8.18 所示。

(3)结构消能减震与振动控制技术

消能减震方法作为一种新技术在工程抗震防灾中得到了广泛应用,它是将地震输入结构的能量引向特别设置的机构和元件加以吸收和耗散,以保护主体结构的安全,这比传统的依靠结构本身及其节点的延性耗能相比显然是前进了一步。

主动控制就是应用现代控制技术，对输入地震动和结构反应实现联机实时跟踪和预测，再按分析计算结果应用伺服加力装置（作动器或执行器）对结构施加控制力实现自动调节，使结构在地震过程中始终定位在初始状态附近，达到保护结构免遭损伤的目的。在土建结构中常用的主动控制方法是，在结构中适当的位置上，利用作动器拖动附加质量块，或在结构内部（例如房屋楼层之间）安装作动器与弹性元件（锚索或杆件），对结构施加控制力。

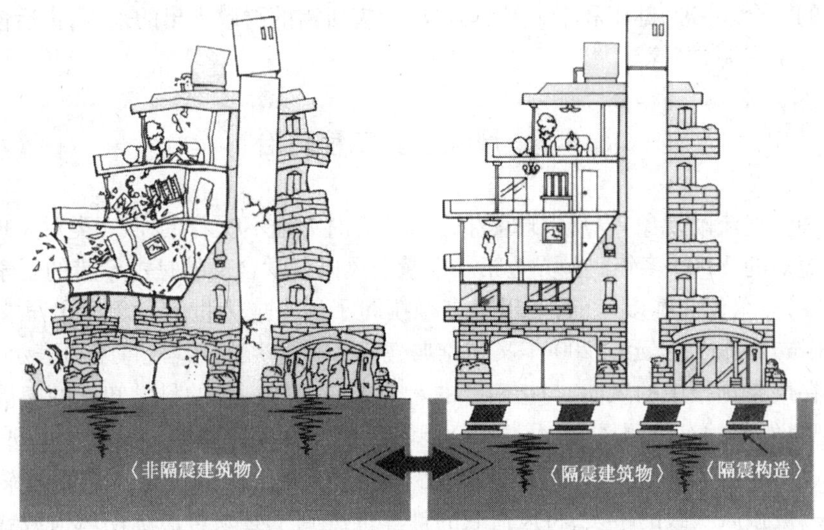

图 8.18　隔震建筑与非隔震建筑的地震反应对比

变刚度主动控制系统，该系统中，应用液压元件改变刚性支撑和大梁的连接条件，随时调节层间刚度避免共振，适合减小中震和大震中的反应。

混合控制是将主动控制与被动控制结合起来应用，或采用其他复合控制方式，其常用的形式有 TAMD（Tuned Active Mass Damper）和 DUOX（Active-passive Composite Tuned Mass Damper）。日本已建成的 20 多栋有控制结构的房屋绝大多数采用混合控制方式，其中最高的是 1993 年建成的 Landmark Tower，70 层，296 m 高，结构体系为钢结构和部分 SRC（型钢混凝土）结构。

5. 减轻地震灾害的非工程措施

在减轻地震灾害的非工程措施方面至少应做好以下工作：

（1）对公民持续进行防震减灾教育。可通过宣传媒体及其他各种形式，宣传防震减灾的基本知识，使群众掌握自防、自救和互救的技能，做到临危不慌，临危不乱。通过群众的自救和互救，减少伤亡和损失，减少次生灾害的发生和蔓延。

（2）加强国家、省市和地方及民间灾害紧急救援队伍的组织和建设。地震灾害发生后必须在第一时间内进行有效的救助，这需要有组织、有装备和有技术的专业队伍和志愿者队伍。各级政府可根据当地灾害发生的特点，结合当地经济和社会发展规划，因地制宜、综合考虑进行紧急救援队伍的任务、组织、规模和数量等，以优化资源配备，并可满足防灾需求。

（3）发挥政府在城市防震减灾中的主导作用。国内外的历次防震减灾经验证明，政府的行为对于减轻各种灾害起着关键的作用，制定和实施防震减灾的法规需要政府的主导作用，进行防震减灾教育需要政府的参与和支持，提高城市基础设施和生命线系统的综合防震减灾能力需要政府的投资和组织实施，提高工业企业的综合防震减灾能力需要政府的监督和指导，地震灾害后救灾的组织和指挥更需要政府的统一指挥和协调。1994 年 1 月美国加利福尼亚州地震后，政府反应及时，州长和市长指挥得力，地震造成的损失就小。而 1995 年 1 月日本阪神地震后，政府反应迟钝，援救工作缺乏统一指挥，地震造成的损失就大得多。

(4)注重研究由于地震灾害引起的与社会和人文科学有关的问题。例如，市民对突发地震灾害的心理承受能力，灾后的紧急医疗救援、寻找和营救，对幸存者提供援助计划的有效性，灾害后引起的社会、心理、健康和个人经济问题，救灾所需的财政支出的来源，灾后恢复重建工作的时间和资金来源，等等。

8.3 风灾及其工程防治

风是一种空气流动现象，自从地球诞生之日起无时无地不吹着风，但人类对风现象的科学认识却只有短短的 2 000 多年。世界上第一个赋予风以科学含义的是古希腊的哲学家亚里士多德(Aristotle)。公元 300 多年前，亚里士多德撰写了后来成为世界气象学最早文字资料的“气象”(Meteorologica)；公元前 200 年又在雅典建成了八边形的风塔，每条边表示一个风向，就像我们现在气象预报中的风向，与指南针的八个方向一样。风的科学知识的突破和积累得益于 15 世纪末发明的有效测风仪；人类社会能够定量估算风荷载的历史始于 1759 年的平均风荷载计算表；120 年后的 1879 年，当时世界最长的 84 孔铁路桥梁——英国泰河湾大桥(Firth of Tay)被强风吹毁的事实，将风荷载的计算推进到了必须考虑脉动风荷载或阵风荷载的时代；又过了 61 年，1940 年秋，美国华盛顿州建成才四个月的世界第二大跨度悬索桥——塔科马大桥在 8 级大风作用下发生强烈的振动而坍塌，才彻底结束了人类单纯考虑风荷载静力作用的时代。

1. 风

我们人类是居住在被一层厚达 1 000km 的大气所环绕的地球上的，这一环绕地球的大气层从上到下可分为热层、中间层、平流层和对流层。其中，对流层为地球表面以上约 10km 范围内的大气，人类活动主要在对流层中进行，例如航空飞行常常在近万米的高空。由于太阳辐射在地球表面分布的不均匀性和地球表面水陆分布、高低分布的不均匀性以及地球的自转等因素而造成的太阳对地表加热的时空不均匀性，使得对流层中大气温度分布存在时空的不均匀性，造成空气的竖向对流和水平流动，从而产生了风。简单地讲，风是空气相对于地球表面的流动，主要是由于太阳对地球大气加热的时空不均匀性所引起。当空气变冷时，它的质量就会增加、就往下沉；当空气变热时，重量减轻就会往上升。热空气上升的地方，冷空气就会从周围流过来填补其空缺，由此就形成了风。风的类型一般可以根据其具体成因的不同来划分。

季风是指由于周围的热力原因造成的冬季大陆高压和夏季大陆低压而引起的盛行风向的季节性变化。季风一词源于阿拉伯语“Mausim“，意思是季节(Season)，如今英语称为 Monsoon。早期，季风被用来表示印度洋特别是阿拉伯海沿海地区地面风向的季节性反转，即一年中西南风和东北风各盛行半年。随着人们对季风认识的不断加深，原有季风的概念得到了很大程度的扩展，从单纯表示风向的季节性反转扩展到表示几乎与亚洲、澳洲和非洲的热带、副热带大陆以及毗邻海洋地区的所有天气年循环相关的现象。

台风(Typhoon)或**飓风**(Hurricane)，又称热带气旋(Tropical cyclone)，是一种在热带或副

热带低纬度(5°~20°)海洋上的低气压中心产生的气旋性涡旋风暴,受地转偏向力的影响,热带气旋在北半球做逆时针方向旋转,在南半球做顺时针方向旋转。热带气旋在形成后离开赤道朝高纬度方向移动,路径一般受3~5km高空的气流的引导,移动速度也同高空气流的流速有关系。平均移动速度约20~30km/h,转向时移速较慢,转向后移速较转向前要快些。

地方性风(Local wind)是指可以忽略大气环流影响的局部场地风。地方性风的成因和种类较多,最常见的地方性风有下山风、龙卷风和雷暴。

2. 风灾害

风灾是全球最常见和最严重的自然灾害之一,年复一年地给我们人类社会带来巨大的生命和财产损失,造成大量工程结构的损伤和破坏,严重影响了我们的经济和社会活动。风灾具有发生频率高、次生灾害大(如暴雨、巨浪、风暴潮、洪水、泥石流等)、持续时间长等特点。19世纪后50年国际十大自然灾害统计结果表明,风灾发生的次数最多,约占总灾害次数的51%;风灾导致的死亡人数最多,约占41%;风灾造成的经济损失最大,约占40%。2005年世界十大自然灾害中有2次是风灾,其中美国“卡特里娜”飓风造成房屋损坏、桥梁倒塌、城市淹没、交通中断,导致约2 000人死亡、直接经济损失高达2 000亿美元以上。

我国是世界上少数几个受风灾影响最严重的国家之一。我国地处西北太平洋西岸,全世界最严重的热带气旋——台风大多数是在西北太平洋上生成的,并沿着西北或偏西路径移动,曾经正面袭击过我国的海南、广西、广东、台湾、福建、浙江、上海、江苏、山东、天津、辽宁等10多个沿海省、市、自治区,而且风灾发生频度很高,平均每年在我国沿海地区登陆的台风有7个、引起严重风暴潮灾害6次。2005年我国十大自然灾害中有4次是风灾,造成直接经济损失551亿元,约占十大自然灾害全部损失的2/3。根据世界气象组织(WMO)台风委员会1985~1997年年度报告,我国由台风造成的平均经济损失是日本的7.3倍,是菲律宾的10.2倍,是韩国的12.3倍,是越南的22.3倍;因台风造成伤亡和失踪平均总人数是菲律宾的7.6倍,是越南的19.3倍,是日本的42倍。

(1)桥梁结构风毁

1940年11月7日,美国华盛顿州建成才4个月的主跨853m(当时世界第二大跨度)的塔科马海峡悬索桥(Tacoma Narrow Bridge)在风速不到20m/s的8级大风作用下发生了强烈的风致振动,桥面经历了70min的振幅不断增大的扭转振动后,最终导致桥面结构折断坠落到峡谷中,如图8.19所示。塔科马桥这一可怕的风毁事故强烈地震惊了当时的桥梁工程界和空气

(a)风致扭转振动

(b)桥面折断坠落

图8.19 美国塔科马海峡悬索桥的风毁

动力学界，并开启了全面研究大跨度桥梁风致振动和气动弹性理论的序幕。然而，在为调查事故原因而收集有关桥梁风毁的历史资料中，人们惊奇地发现，从1818年起，至少已有11座桥梁毁于强风（见表8.1），而且从目击者所描述的风毁景象中可以明显地感到，事故的原因大部分是风引起的强烈振动，虽然对于这种风致振动的机理在风毁当时还不可能做出科学的解释。

有历史记载的桥梁风毁事故 表8.1

桥　　名	所在地	跨径（m）	毁坏年份
Dryburgh Abbey Bridge（干镇修道院桥）	苏格兰	79	1 818
Union Bridge（联合桥）	德国	140	1 821
Nassau Bridge（纳索桥）	英格兰	75	1 834
Brighton Chain Pier Bridge（布兰登桥）	英格兰	80	1 836
Montrose Bridge（蒙特罗斯桥）	苏格兰	130	1 838
Menai Straits Bridge（梅奈海峡桥）	威尔士	180	1 839
Roche-Bernard Bridge（罗奇-伯纳德桥）	法国	195	1 852
Wheeling Bridge（威灵桥）	美国	310	1 854
Niagara-Lewiston Bridge（尼亚加拉-利文斯顿桥）	美国	320	1 864
Firth of Tay Bridge（泰河湾桥）	苏格兰	74	1 879
Niagara-Clifton Bridge（尼亚加拉-克立夫顿桥）	美国	380	1 889
Tacomma Narrow Bridge（塔科马海峡桥）	美国	853	1 940

（2）冷却塔群风毁

英国渡桥（Ferrybridge）热电厂冷却塔群由8个高116 m、最大直径93 m的冷却塔组成，平面分布如图8.20（a）所示。1965年11月1日的一场平均风速为18～20m/s的大风把位于下游的4个冷却塔中的3个彻底吹毁，其余5个幸免于难，如图8.20（b）所示。在对事故原因的调查中发现：这次破坏是冷却塔的迎风侧壳体上出现了巨大的拉力而引起的，而这一巨大的拉力又是由于塔群的群体干扰效应所致。一方面由于来流在上游相邻冷却塔之间的间隙中产生了“穿堂风”，放大了作用在下游冷却塔上的平均风荷载；另一方面，由于下游塔处于上游塔的

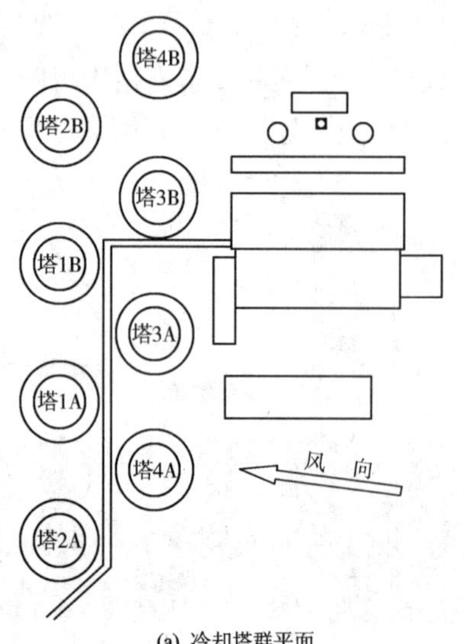

(a) 冷却塔群平面

(b) 冷却塔群风毁

图8.20　英国渡桥热电厂冷却塔群的风毁

尾流区边缘,从而使其受到了由尾流脉动引起的很大的脉动风荷载。事后的冷却塔群风洞试验结果表明,在当时的风速情况下,作用在3个倒塌冷却塔上的风荷载超过了设计允许风荷载,而作用在其他5个幸存冷却塔上的风荷载还小于允许值。实践证明,冷却塔群中部分塔的风效应要比孤立单个冷却塔严重得多。

(3)房屋建筑破坏

风对房屋建筑造成的破坏虽然不像桥梁结构和冷却塔群那样是毁灭性的,但是仍然是十分严重的,可以主要区分为低矮建筑风毁、多/高层建筑受损和幕墙饰面破坏。大量的调查结果表明,风灾中造成巨大人员伤亡和财产损失的主要原因是低矮建筑的风毁。例如,2003年6月23日"飞燕"台风造成福建省宁德市6千多间房屋倒塌、32万多间房屋损坏;2004年8月12日"云娜"台风造成浙江省4万多间房屋倒塌,受灾人数近千万;2006年8月10日"桑美"台风造成福建省福鼎市沿海20km之内没有一间房屋幸免于难,倒塌房屋8万多间,如图8.21所示。

(a) 村庄几乎被夷为平地

(b) 平房被严重摧毁

图8.21 "桑美"台风对低矮建筑的破坏

与低矮建筑抗风设计相比,多/高层建筑的抗风投入和关注程度比较高,因此风灾中多/高层建筑作为整体结构的破坏几乎没有,但是局部破坏的现象还是时有发生。例如,1926年的一次大风使得美国一座叫Meyer-Kiser的十多层大楼的钢框架发生塑性变形,造成围护结构严重破坏,大楼在风暴中严重摇晃;图8.22所示是在"卡特里娜"飓风的袭击下,美国新奥尔良市的一幢多层建筑一角被吹塌。

强风对多/高层建筑造成的灾害更多地表现在对幕墙和饰面的破坏上。例如,1971年9月建成的美国波士顿约翰汉考克大楼(John Hancock Building),高241m,共60层,仅1972年夏天至1973年春天的大风,就造成了大约16块幕墙玻璃破碎、49块严重损坏、100块开裂,后来不得不更换了所有10 348块幕墙玻璃,费用超过700万美元。2005年8月29日,"卡特里娜"飓风吹毁了凯悦摄政王酒店(Hyatt Regency Hotel)等许多建筑的窗户、幕墙和外墙饰面,并砸毁了大量停在楼下的汽车等物品,图8.23是该酒店破坏情况。

(4)大跨屋盖破坏

体育场馆、会展建筑、交通枢纽等大型空间结构的大跨屋盖也常常遭受风灾。2002年8月,江苏某体育场约200m^{2}的悬挑屋盖的覆面被大风掀起,某体育馆屋顶覆面也被大风掀起1 000多平方米(图8.24);同年的"鹿莎"台风袭击了即将举行亚运会的韩国釜山市,有四座体育场馆遭到不同程度的破坏,其中亚运会体育场棚顶被掀;2005年8月,"麦莎"台风的袭击,浙江宁波市北仑体艺中心屋顶7块PTFE顶膜中的1块在经历了约1h的狂风后被从头到尾彻底撕毁,致使场馆内出现严重漏水现象,训练馆里一片汪洋;2005年8月29日,由于遭受“卡特里娜”飓风的袭击,美国新奥尔良市著名的“超级穹顶体育馆”的金色屋顶上许多金属片被刮走,导致屋顶漏水,图8.25为该体育馆在受飓风袭击后屋顶被毁的情景。

图8.22 “卡特里娜”对多层建筑的破坏

图8.23 “卡特里娜”对幕墙和饰面的破坏

图8.24 江苏某体育馆屋顶覆面被掀起

图8.25 美国“超级穹顶体育馆”屋顶被毁

(5)高耸结构破坏

高耸结构主要涉及到电视塔、输电塔和各种桅杆,由于结构刚度小,在风载下经常会产生较大幅度的振动,从而容易导致其疲劳或强度破坏。近年来,世界范围内发生多起桅杆和输电塔倒塌事故,例如,1955年11月,捷克一桅杆在30 m/s风速作用下因失稳而破坏;1969年3月,英国约克郡高386 m的Ernley Morr钢管电视桅杆被风吹倒;1985年,位于前联邦德国Bielstein一座高298 m的无线电视桅杆在风荷载作用下倒塌;1988年,位于美国Missouri一座高610 m的电视桅杆受阵风倒塌,造成3人死亡;1996年9月9日,“莎莉”台风把湛江至茂名的22万伏高压输电塔拦腰折断;1999年9月16日,“约克”台风吹倒了香港湾仔某大楼的屋顶桅杆(图8.26);2005年8月6日,“麦莎”台风摧毁了位于无锡的高压输电塔(图8.27)。

图 8.26 “约克”吹倒的香港某大楼桅杆

图 8.27 “麦莎”吹倒的无锡高压输电塔

(6)其他结构破坏

除了上述提到的主要结构之外,强风还会对其他结构造成破坏,例如,广告牌、标语牌、港口设施等等。图 8.28 为被“云娜”台风撕烂的台温高速公路温岭段旁的巨大广告牌,图 8.29 为被“麦莎”台风吹毁的浙江玉环县城街头巨型广告牌,图 8.30 是遭受“莎莉”台风袭击后被刮翻的广东湛江港龙门吊,图 8.31 为被“约克”台风吹入海的香港葵涌码头的一批货柜。

图 8.28 “云娜”撕烂的温岭市广告牌

图 8.29 “麦莎”吹毁的玉环县广告牌

图 8.30 “莎莉”刮翻的湛江港龙门吊

图 8.31 “约克”吹入海的香港码头货柜

3. 风灾害防治

风对桥梁结构、房屋建筑、高耸结构以及其他土木工程结构不仅具有很重要的影响,而且可能导致严重的风灾害。人类为了有效地预防和控制土木工程结构风灾害的发生，主动认识自然风和风作用现象，积极开展了有关风对结构作用和结构对风的响应以及减小结构风致响应措施等的探索和研究，逐步形成了一门多领域交叉学科——风工程，风工程涉及了大气物理学、空气动力学、结构力学、实验力学等。

（1）近地风测量

人类在很长的历史时期内对风抱着一种敬畏的心情，认为"风神"发怒造成风灾。为了评价风的大小和风灾的严重程度，从很早的古代起，人类就不断探索风速的测量方法。

15 世纪末，虎克（R. Hooke）和达·芬奇（Leonordo da Vinci）几乎同时发明了单摆式风速测量仪，人类第一次造出了基于弹簧风力作用变形原理的风速测量仪器，并不断改进和发展，使用了 300 多年；1722 年法国人胡特（P. D. Huet）首次采用基于风压测量原理的皮托管风速仪代替单摆式风速仪，极大地提高了风速的测量精度和稳定性，皮托管风速仪甚至仍然是目前最精确的平均风速测量仪器之一；1846 年英国人罗宾逊（Robinson）发明了直接测量风速的仪器——风杯式风速仪，至此探索和研究风科学知识的最基本测量手段已经具备。

人类掌握了风速测量方法以后，最早主要是为航海服务的。1838 年，英国航海家蒲福（F. Beaufort）根据他在海上和陆地上所收集到的全部气象记录资料，制订了一直被沿用至今的 12 等级风力表，如表 8.2 所示。通过不断的风速测量，人们又渐渐地发现，风速的大小是随着离开地面高度的增加而增大的，因此又将蒲福风力等级定义为离地 10m 高度处的风速，即基本风速，至此人类社会开始了能够定量描述风速大小的历史。

蒲福（Beaufort）风速和风力等级 表 8.2

风力等级	名称		离地 10m 高度处相当风速（m/s）		地物特征	海面大概波浪高（m）	
	中文	英文	范围	中值		一般	最高
0	静风	calm	0.0~0.2	0	静，烟直上	—	—
1	软风	light air	0.3~1.5	1	烟能表示风向，树叶略有摇动，但风向标不能转动	0.1	0.1
2	轻风	light breeze	1.6~3.3	2	人面感觉有风，树叶有微响，高的草开始摇动，旗子开始飘动，风向标能转动	0.2	0.3
3	微风	gentle breeze	3.4~5.4	4	树叶及小枝摇动不息，旗子展开，高的草摇动不息	0.6	1.0
4	和风	moderate breeze	5.5~7.9	7	能吹起地面灰尘和纸张，树枝动摇，高的草呈波浪起伏	1.0	1.5
5	清风	fresh breeze	8.0~10.7	9	有叶的小树摇摆，内陆的水面有小波，高的草波浪起伏明显	2.0	2.5
6	强风	strong breeze	10.8~13.8	12	大树枝摇动，电线呼呼有声，撑伞困难，高的草不时倾伏于地	3.0	4.0
7	疾风	near gale	13.9~17.1	16	全树摇动，大树枝弯下来，迎风步行感觉不便	4.0	5.5
8	大风	gale	17.2~20.7	18	可折毁小树枝，人迎风前行感觉阻力甚大	5.5	7.5
9	烈风	strong gale	20.8~24.4	23	草房遭受破坏，屋瓦被掀起，烟囱顶部移动，大树枝可折断	7.0	10.0
10	狂风	storm	24.5~28.4	26	树木可被吹倒或拔起，一般建筑物遭破坏	9.0	1.5
11	暴风	violent storm	28.5~32.6	31	大树可被吹倒，一般建筑物遭严重破坏	11.5	16.0
12	飓风	hurricane	>32.6	—	陆上少见，其摧毁力极大	14.0	—

(2)近代风荷载

不管是徐徐的微风还是强劲的飓风,风会压迫它所碰到的东西,例如使树叶发出沙沙声,牛顿(Newton)最先发现了风施加在它所碰到的东西上的力与风速的平方成正比,但他终究没能给出这个力究竟有多大。1759 年被称为“世界第一位土木工程师”的施密顿(John Smeaton)在英国皇家学会的一篇论文中首次定量地给出了风速和风力的关系,并将风速和风力分成 11 个等级,值得注意的是,由他定义的风速平方与风力的比例系数——阻力系数为 2.0,而这一数值直到 200 多年后出现的风洞试验中才得以证实。

随着人们对于风速和风力现象认识的不断深入,迫切需要用试验方法来确定建筑物本身所受到的风荷载,一种新的用于确定物体所受风荷载大小的试验方法——风洞试验终于诞生。风洞是指一个能够模拟空气流动的可控气流洞体,专门用于物体本身或其模型的风洞试验。1893 年澳大利亚人科诺(W. C. Kernot)在墨尔本大学率先开展了各种几何体以及建筑物模型的风洞试验(图 8.32);1894 年丹麦人厄明格(J. O. V. Irminger)也在哥本哈根开展了多种建筑物模型的风洞试验和现场实测,并第一次给出了 14 种建筑物的表面风压。这是人类历史上最早的风洞试验,甚至比以滑翔机和飞机作为研究对象的航空风洞试验还要早。

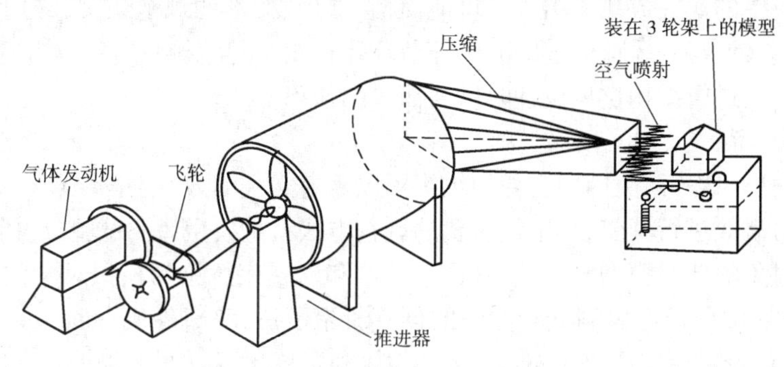

图 8.32　世界上最早的风洞外形图

正是在这些风速和风荷载的理论研究和风洞试验的基础上,1899 年法国人埃菲尔(G. Eiffel)成功地为巴黎世博会设计建造了 300m 高的埃菲尔铁塔,他将当时地球上最高的人工建筑物整整拔高了一倍,可以想象其风荷载的问题有多重要。为此,埃菲尔在设计建造前准确估计出考虑阵风影响的风荷载应该比施密顿提出的平均风荷载增加 40% ~70%,铁塔建成后他又在塔顶进行了一系列的实测试验,试图证明这一阵风系数的准确性。100 年后,加拿大人在建造世界第一高塔——多伦多 CN 电视塔时,采用风洞试验和现场实测相结合的现代试验方法,证实了最大阵风系数为 1.7。此后在 20 世纪 30 年代到来的摩天大楼建设高潮中,风荷载的研究不仅仅局限在建筑物模型的风洞试验中,而更是扩展到了实际建筑物的现场实测中,其中尤以 1931 年建成的美国纽约帝国大厦的现场实测最为详实,通过与现场实测结果的不断比较和修正,风洞试验方法和理论计算方法都有了很大的进步。

(3)现代风工程

风对物体的作用是一种十分复杂的现象。当风绕过非流线型的建筑物时,会产生涡旋和流动的分离及其再附,形成复杂的空气作用力。当建筑物的刚度较大时,建筑物保持静止不动,这种风的作用只相当于静力作用;当建筑物的刚度较小时,建筑物的振动得到激发,这时风不仅具有静力作用,而且具有动力作用。在过去相当长的时间内,人们把风对建筑物的作用仅仅看成是一种由风压所引起的静力作用,直到 1940 年秋,美国华盛顿州建成才 4 个月的塔科马大桥在 8

级大风作用下发生强烈的振动而坍塌，才结束了单纯考虑风压静力作用的近代风荷载历史。60多年来，在结构工程师和空气动力学家的共同努力下，基本上弄清了各种风致振动现象，彻底避免了类似风致破坏事故的再一次发生，并逐渐形成了较为完善的现代风工程理论和方法体系。

加拿大著名风工程专家达文波特(A. G. Davenport)教授更是非常形象生动地将其表示成了一个风荷载链(Wind load chain)，包括了风气候、地形效应、空气动力效应、结构力学效应、设计标准等5个环节，如图8.33所示，为了确定自然风所引起的土木工程结构响应，该荷载链上的每一环节都是不可或缺的。第一环"风气候"要确定不同地理区气候意义上的平均风的一般特性；第二环"地形效应"要确定受到地表不同地形影响的低层大气风的局部特性，由于空气运动受地表摩擦阻滞的影响，不仅其平均风速随高度的降低而降低，而且它还表现出较强的湍流特性和随机性；第三环"空气动力效应"要确定的是由风产生的作用在结构上的荷载，包括静力荷载和动力荷载；第四环"结构力学效应"要确定由风荷载引起的结构响应，包括静力响应和动力响应；第五环"设计标准"要解决的问题是如何把前四个环节中的研究成果总结成尽可能简洁、准确、标准的规范条文，应用到实际结构的抗风设计上。达文波特的风荷载链的五个环节环环相扣，相互影响，形象地描述了风工程研究者和结构工程师在进行结构抗风设计时所要面对的任务。

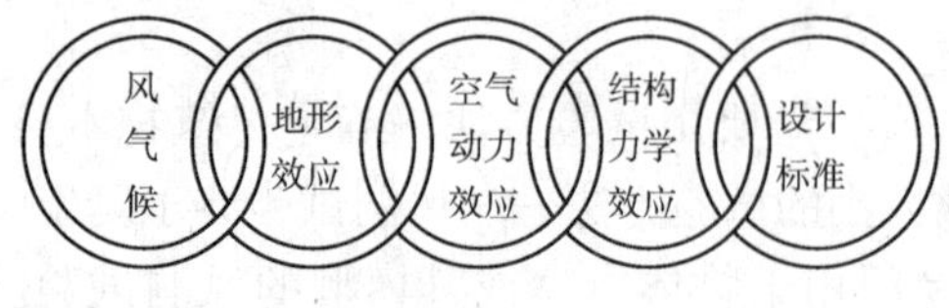

图8.33　达文波特风荷载链

(4)风工程体系

塔科马海大桥风毁后，美国国会专门组织了以著名空气动力专家冯卡门(T. van Karman)为首的专家组对事故进行调查，其中最主要的调查方法就是模型风洞试验，包括以加劲梁的标准断面为模拟对象的节段模型风洞试验(图8.34)和以整座桥梁为模拟对象的全桥模型风洞试验(图8.35)，这两种模型风洞试验方法的创立凝聚了法库哈森(Farquharson)、威森特(Vincent)、法拉塞(Fraser)、斯柯顿(Scruton)等人的勇气和智慧，经后人的不断改进和完善发展成为桥梁抗风性能检验和评价的最主要和最可靠的方法。如果说桥梁模型风洞试验，特别是颤振试验可以在均匀流场中进行的话，那么建筑结构的风洞试验则必须考虑大气边界层中的湍流影响。20世纪50年代初期，丹麦人杨森(M. Jensen)在对建筑结构模型风洞试验和现场实测的基础上，首次提出了著名的模型风洞试验法则："正确的风效应模型风洞试验必须在有湍流的边界层中进行，相似法则要求将包括风速剖面在内的边界层也进行缩尺模拟"。虽然杨森自己并没有实现在边界层风洞中进行模型风洞试验的愿望，但是10年后，作为现代风工程创始人之一的达文波特教授在加拿大西安大略大学建成了世界上第一座边界层风洞，并且进一步细化了实用的模型风洞试验方法，奠定了建筑结构边界层风洞试验研究的基础。值得一提

图8.34　桥梁节段模型风洞试验

图8.35　桥梁全桥模型风洞试验

的是，美国科罗拉多州州立大学的瑟马克(J. Cermak)教授也在20世纪60年代开始了边界层风洞试验的研究工作，他研究的主要对象是风环境与风气候。风洞试验特别是边界层风洞试验逐步发展成为现代风工程的重要支柱。

作为现代风工程的另一支柱——理论研究，从20世纪60年代起才逐步形成和完善。其中，达文波特教授提出了采用统计数学的方法来进行风工程研究，首先是用数理统计方法来确定风荷载的大小和作用频度，基于大量的实测结果建立了描述脉动风特性的功率谱密度函数和空间相关性函数；然后将随机振动原理应用于结构风致振动，创造性地解决了桥梁与结构最常见的风致振动问题——随机抖振；最后通过理论计算和风洞试验，将结构风效应表示成结构工程师比较熟悉的等效风荷载形式，例如用结构振动模态来表示的模态荷载形式，直接服务于工程实际。美国斯坎伦(R. H. Scanlan)教授则主要针对类似于塔科马大桥的发散性振动——颤振，建立了桥梁颤振理论和考虑颤振作用力的颤抖振理论，他首先提出了钝体桥梁节段的自激气动力表达式，并发明了简单的桥梁节段模型风洞试验方法来识别这些表达式中的气动参数；然后将这些表达式应用于二维节段和三维全桥的颤振计算分析中，建立了基于试验参数的桥梁颤振分析理论。随着数值计算方法和计算机技术的不断发展，理论研究发展出了一种重要的方法——计算流体动力学，这种将整个气流和结构的空间域和时间域上的连续物理量离散成有限个节点上的变量集合进行求解的方法，在20世纪90年代有了显著的进步，目前已经能够解决均匀流、简单形体、低雷诺数下的数值模拟计算问题。

尽管现代风工程中的风洞试验技术和理论研究方法都有了很大的发展和提高，但是现代风工程最终要解决的是实际结构在现场条件下的风致效应问题，即实际结构的风效应精确模拟和准确预测，因此，现代风工程的最后一根支柱就是现场实测。建筑结构风效应的现场实测可以追溯到19世纪末，但是系列的现代风工程现场实测工作则是从美国纽约帝国大厦和旧金山金门大桥开始的，这一楼一桥的长期现场实测案例研究，对现代风工程中的风洞试验技术改进和理论研究方法完善起到了验证和推动作用。此外，20世纪60年代美国纽约世贸中心双塔楼的成功设计建设也与现场实测休戚相关，这是世界上第一座成功采用轻质幕墙材料并创造世界高度记录的超高层建筑，一方面在大楼设计前除了进行必要的风洞试验和理论研究之外，还借鉴了大量的其他大楼的现场实测结果；另一方面在大楼建成后又对本大楼进行了周密的现场实测工作，实测结果表明大楼的结构风效应完全在设计建造前的预测范围内。世界贸易中心双塔楼的成功设计建设扫除了塔科马大桥风毁留在人们心中的阴影，现代风工程方法为人类社会重新找回了结构抗风的自信心。近年来，杰出的现场实测案例研究工作还包括日本明石海峡大桥和香港青马大桥等项目。

4. 结语

现代风工程研究是从对塔科马大桥风致动力灾变事故的调查开始的。在风气候预测方面，目前是将灾害性风气候分类成几种形式分别进行分析，在热带气旋引起的强风预测中建立了基于强风实测总体统计的Monte Carlo数值模拟方法。在近地风特性方面，虽然由国际著名风工程专家达文波特(Alan G. Davenport)教授于20世纪60年代提出的方法以及以此为基础的各国规范仍然是有效的，但是基于理论分析和现场实测的风特性探索是十分必要的。在空气动力作用方面，主要进展在于发现了来流湍流的空气动力效应并建立了线性准定常计算方法。在理论研究方法方面，基于流体控制方程的纯理论研究进展非常缓慢，也找不到更好的方法来代替由达文波特和斯坎伦(Robert H. Scanlan)教授创建的基于试验实测气动参数的半经验模型和方法,人们期待着基于计算流体动力学的数值风洞方法能够在不久的将来取得更大的突破。在物理试验技术方面,边界层风洞一直是风工程的主要工具,风洞试验的数据采集仪器和数据处理设备的速度和精度都有了很大的提高。

经过风工程研究者和结构工程师60多年的共同努力,科学上基本弄清了各种灾害性风气候和结构风致振动现象,但也留下强风预测、湍流效应、雷诺数效应等热点问题;技术上基本避免了塔科马桥类似的风致破坏事故的再一次发生,但理论研究还是半经验性的、数值模拟的精度还有待提高、风洞试验还需更加精细化;方法上逐渐形成了基于理论研究、风洞试验和现场实测的现代风工程体系,未来应当更加注重于研究风致结构损伤及失效机理、风致动力灾变过程模拟及预测、基于性能的抗风可靠性分析及设计等等。

8.4 火灾及其工程防治

1. 火灾的危害

(1)火灾对社会经济的危害

火的发现和使用,是人类的伟大创举之一,它在人类文明和社会发展进步中起着无法估量的重要作用。然而,火若失去控制,便会危及生命、财产和自然资源,酿成火灾。

一般可将火灾分为自然性火灾和行为性火灾。自然性火灾有直接发生的,如火山喷发、雷击起火等,也有条件性的次生火灾,如干旱高温的自燃、电器老化引起的火灾、地震引发的次生火灾等。行为性火灾,除了人为纵火外,绝大部分是无意识行为性火灾,如生活用火不慎引起的火灾、生产活动中违规操作引发的火灾等。

火灾是发生最频繁且极具毁灭性的灾害之一,其直接损失约为地震的5倍,仅次于干旱和洪涝,而其发生的频度则居各种灾害之首。根据世界火灾统计中心以及欧洲共同体研究结果,许多发达国家每年火灾直接经济损失与该国国民生产总值(GDP)的比例约为0.1%~0.2%,人员死亡率在2/100 000左右。除了直接损失外,火灾还可能造成工厂停产、供水、供电中断,影响相当一部分人的正常生活与工作秩序,从而造成间接经济损失。统计分析表明,火灾平均间接经济损失达直接经济损失的3倍左右。

(2)火灾对建筑结构的危害

钢材虽为非燃烧材料,但钢不耐火,温度500℃时,钢材的强度将降至室温下强度的一半,温度600℃时,钢材将丧失大部分强度和刚度。因此,钢结构建筑一旦发生火灾,结构很容易遭到破坏甚至倒塌。例如,2001年“9.11事件”中纽约世贸中心两座110层411m高的大楼因飞机撞击后发生的火灾而倒塌(图8.36),1967年美国蒙哥马利市的一个饭店发生火灾,钢结构屋顶被烧塌;1996年江苏省昆山市的一轻钢结构厂房发生火灾,4 320m^{2}的厂房烧塌;2003年上海某钢结构厂房发生火灾,造成整体结构倒塌(图8.37)。

火灾即使不引起钢结构建筑整体倒塌,也有可能造成结构严重破坏。例如,1970年美国50层的纽约第一贸易办公大楼发生火灾,楼盖钢梁被烧扭曲10cm左右;1990年英国一幢多层钢结构建筑在施工阶段发生火灾,造成钢梁、钢柱和楼盖钢桁架的严重破坏;2001年台北东方科学园区一幢高层钢结构建筑发生火灾,造成钢结构严重破坏,包括梁柱连接断裂、梁整体挠曲变形等。

混凝土是一种热惰性材料,构件截面厚实,火灾时构件升温慢,强度损失少。所以,混凝土结构在火灾时的承载力下降缓慢,其抗火性能优于钢、木结构。但是,如火灾延续较长时间,混凝土结构也将发生不同程度的损伤和破坏现象,如:构件表层剥落,缺损区深入构件内部,爆裂、甚至发生局部穿孔、塌陷和倒塌。2003 年 11 月 3 日,湖南衡阳市一混凝土结构商住楼——衡州大厦发生重大火灾,商住楼西、北、南三面的部分房屋瞬间倒塌(图 8.38);2006 年 3 月 13 日,尼日利亚拉格斯一座 22 层的混凝土高层建筑——工业发展银行办公大楼的 10 层、11 层发生火灾,结果造成 12 层以上全部坍塌(图 8.39)。

图 8.36 纽约世贸中心大楼因飞机撞击后发生的火灾而倒塌

图 8.37 火灾中倒塌的钢结构厂房

图 8.38 衡州大厦在火灾中倒塌

图 8.39 尼日利亚工业发展银行办公楼在火灾中破坏

2. 建筑火灾的发展与特征

(1)火灾发生的条件

火灾的发生必须具备如下三个条件:①存在能燃烧的物质(称为可燃物);②能持续地提供助燃的空气、氧气或其他氧化剂;③有能使可燃物燃烧的着火源。这三个条件通常也称为发生火灾的三要素。建筑物之所以容易发生火灾,就是因为上述三个条件同时出现的概率较大。

建筑物内可燃烧的物质较多,主要有:

①室内装修用的木材、人造纤维板材、纸板及可燃性塑料等。

②烹调、取暖、空调、锅炉等系统使用的煤气、天然气、液化石油气等。

③室内家具、图书、纸张、床上用品、窗帘、桌布、地毯等。

④室内储藏的棉织物、油类、酒类及其他可燃物。

同时,建筑物内火源也较多,按火灾原因可分为以下几类:

①加热及烹调设备。由于设备有缺陷或使用不当。另外,可燃物品靠近加热器、火炉、烟

囱、烟道或未灭的灰烬等。

②吸烟。未灭的烟头、火柴梗及点火不慎。

③电气。电气设备产生的电火花或高热;电气线路的老化或短路。

④明火与火花。如烛火、炉火;用于切割或焊接的丙烷和乙炔火焰;机械加工中因摩擦过热而产生的火花。

⑤自燃。包括由于化学反应引起的自燃和由于生成自燃性的碳引起的自燃。

⑥纵火。包括小孩玩火与故意纵火。

(2)建筑火灾的发展

建筑物通常都有多个房间,在火灾学中一般将这类房间称为"室"。这里所谓的"室"应广义地理解为其周围有某些壁面限制的空间。建筑火灾现象、火灾特性与"室"的大小和几何形状密切相关。一般地,可将建筑室内火灾根据"室"的大小分为两类,即:

①一般建筑室内火灾,也称小室火灾。这里的一般建筑室内空间,是指相当于普通房间那样大小的受限空间,体积大小的数量级约为 $100m^3$,且长宽高的比例相差不大。

②高大空间建筑火灾。高大空间建筑其室内空间的平面尺度、高度都较大,以满足特殊的建筑使用功能要求。根据各类建筑物的特点,高大空间建筑大体可分为以下三类:①占地面积很大、但并不很高的大面积型建筑,如大型商场、大型超市等;②占地面积相当大、且具有一定高度的大体积型建筑,如会堂、展览馆、剧院、体育馆、候机楼等;③具有一定的占地面积、但却相当高的细高型建筑,如高层建筑的中庭。

着火房间内的空气温度是表征火灾强度的一个重要指标,室内火灾的发展过程常用室内平均温度随时间的变化曲线来表示。

一般建筑室内火灾的发展大体上可分为三个阶段,即:初期增长阶段、全盛阶段和衰退阶段(图 8.40)。有时也将初期增长阶段再细分为起火阶段、成长阶段这两个阶段。在初期增长阶段和全盛阶段之间有一个标志着火灾发生质的转变现象——轰燃现象。这时室内所有的可燃物都将着火燃烧,火焰基本充满全室。轰燃现象是一般建筑室内火灾过程中一个非常重要的现象。国际标准化组织(ISO)建议的一般室内火灾轰燃后的空气升温曲线见图 8.40。

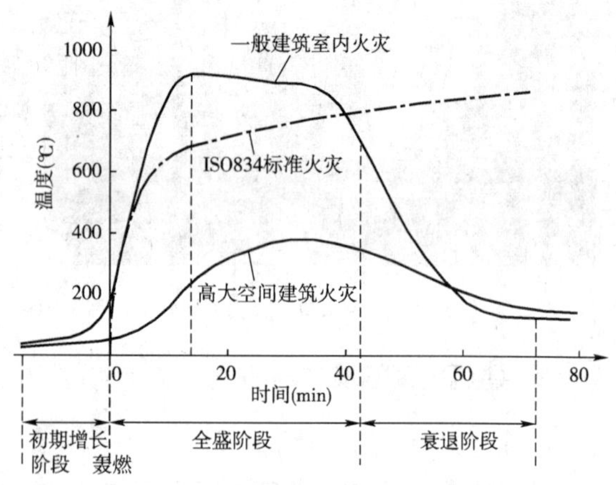

图 8.40　建筑火灾的空气升温

与一般建筑室内火灾相比,高大空间建筑火灾的最大特点是:由于建筑空间足够大,不会像一般室内火灾那样产生室内所有可燃物同时燃烧的轰燃现象,火灾(火源)将集中在一定的区域,空气升温也不会像一般室内火灾那样高。

(3)烟气的性质与流动

除了极少数情况外,在火灾中都会产生大量烟气。烟气是一种混合物,包括:①可燃物热分解或燃烧产生的气相产物,如未燃燃气、水蒸气、二氧化碳、一氧化碳及多种有毒或有腐蚀性气体;②由于卷吸而进入的空气;③多种微小的固体颗粒和液滴。

烟气的蔓延严重地妨碍了人员的逃生和灭火。导致烟气流动的驱动力主要包括室内外温差引起的烟囱效应、燃气的浮力和膨胀力、风、电梯的活塞效应等。其中,烟囱效应是建筑火灾中烟气流动的主要因素。高层建筑往往有许多竖井,如楼梯井、电梯井、竖直机械管道及电气井,在这些竖井内,气体的上升运动十分显著。

烟气具有遮光性、有毒性和高温性,因此对人员的威胁最大,是造成火灾中人员死亡的主要原因。烟气的存在使建筑物内的能见度降低,这就延长了疏散的时间,使人们不得不在高温并含有多种有毒物质的燃烧产物影响下停留较长时间。统计结果表明,在火灾中85%以上的人员死亡是烟气造成,其中大部分是吸入烟尘及有毒气体(主要为一氧化碳)昏迷后致死的。

3. 建筑火灾的工程防治减灾对策

为保证建筑物的火灾安全状况良好,需要从多个环节抓起,既要采取技术措施,又要加强安全管理。然而提高火灾防治的技术水平具有至关重要的作用。火灾的发生与发展涉及着火源、可燃物的数量与性质、通风状况、开口流动、火灾的大范围蔓延等诸多因素与环节。防治火灾可以从上述任一环节入手采取措施。现在发展出多种火灾防治技术,大体可分为主动性对策和被动性对策两大类。

(1)建筑火灾的主动防治减灾对策

①城市总体规划体现与满足防火的基本要求

城市防火规划是城市总体规划的一部分,从火灾安全的角度,考虑处理好一幢具体建筑物与周围的地形和其他建筑物的协调关系,在建筑物群的布局上体现防火的基本要求:a. 对城市进行合理的防火分区,如街区不易过大、过长;b. 建立城市防火带;c. 在城区内开辟一定的安全避难场,合理布局广场、公园、公共绿地等;d. 建筑物之间留出足够的安全防火间距,防止建筑物之间的火灾蔓延;e. 在建筑物的周围设置消防车道等。

②建筑物内设置合理的防火分区,以防止火灾的蔓延

建筑物内设置防火分隔物,如防火墙、防火门、防火卷帘、防火垂壁、防火水幕等,阻止火焰和烟气的蔓延。

③建筑物内布置合理的人员疏散通道和疏散诱导设施

建筑防火安全的一条基本原则是尽量减少人员伤亡,设计合理的人员疏散通道和疏散诱导设施具有重要作用。

④建筑物内设置火灾探测报警系统,以尽早发现火险

加强火灾探测以便一起火就发现并采取措施,疏散人员,使各种火灾应急设施、灭火设置进入工作状态。

⑤安装合理的灭火设施,以及时将火灾扑灭在初始阶段

隔离法、冷却法、窒息法和抑制法等是扑灭火灾的基本方法。在建筑工程中应用的灭火设施主要有:设置室外消火栓;设置、安装建筑室内灭火设施。常用的室内灭火技术主要有:室内消火栓、自动喷水灭火系统、水喷雾灭火系统、二氧化碳灭火系统、干粉灭火系统、泡沫灭火系统和卤代烷灭火系统等。

⑥控制烟气的蔓延,减轻或消除火灾烟气的危害

建筑物发生火灾后,有效的烟气控制是保护人们生命财产安全的重要手段。控制烟气在建筑物内的蔓延主要有两条途径:一是挡烟,二是排烟。

挡烟是指用某些耐火性能好的物体或材料把烟气阻挡在某些限定的区域,不让它流到可能对人员与设备等产生危害的地方。在建筑物中,墙壁、隔板、梁板和其他阻挡物都可以作为防烟分隔的物体。排烟就是使烟气沿着对人员与设备等不产生危害的路径排到建筑外,从而

消除烟气的有害影响,排烟有自然排烟和机械排烟两种形式。很多大规模建筑内部结构是相当复杂的,其烟气控制往往都是几种方法的有机结合。

⑦对于厂房库房等有特殊要求的建筑,根据实际情况制订合理防火方案与措施

工业生产的厂房和库房的防火设计具有许多特殊性,如经常使用明火,可燃与易燃物品集中,还常有很多易爆物质。火灾防治必须根据实际情况制定合理的防火措施并加强火灾安全管理。例如,对有爆炸危险的厂房宜独立设置,采取钢筋混凝土或钢柱框架结构,并应设置泄压设施。对可能产生可燃气体、液体和粉尘的场合,应使用不易产生静电或火花的材料,并尽量使其不易积累。

(2)建筑火灾的被动防治减灾对策

根据使用功能,建筑材料大体可分为装修材料和结构材料两大类。有很多建筑装修材料是可燃材料。从火灾安全的角度出发,要求对装修材料的燃烧性能给予一定限制。结构材料用于制作结构构件,如钢材、混凝土、砖头等,其基本作用是承受建筑物的自重和各种外部荷载。从火灾安全的角度,作为建筑物的承重和支承体系,结构必须在火灾的一定时间内保持足够的承载能力,以便受灾人员安全撤离,消防人员进行灭火、救护人员和抢救物资等。因此,在火灾中延长可燃材料的被引燃时间和建筑构件的耐火时间,对于减少火灾发生和损失、保护建筑物不被破坏是至关重要的。

①合理选用结构材料与结构形式,提高结构的耐火性能

木结构本身可燃,不防火,且点燃后更助长火势。钢结构虽不可燃,但钢材导热很快,火灾下构件升温快,容易出现破坏。钢筋混凝土结构在火灾时升温慢,强度损失少。因此对于那些火灾危险程度高、而能够采取的防火措施又比较有限的建筑,宜优先选用混凝土结构、钢筋混凝土结构。

②对钢构件进行防火保护,提高构件的耐火时间

无防火保护的钢结构的耐火时间很短,通常仅为10~20min,耐火性能很差。为了提高钢结构的耐火极限,必须采取适当的防火保护措施。对钢结构进行防火保护的方法主要有:

a. 屏蔽法。在钢构件的迎火面设置阻火屏障,将构件与火焰隔开,阻止火灾烟气直接作用于钢构件。如:钢梁下面吊装防火平顶,钢外柱内侧设置有一定宽度的防火板等。

b. 浇筑混凝土或砌筑耐火砖。采用混凝土或耐火砖完全封闭钢构件。这种方法优点是强度高,耐冲击,但缺点是要占用的空间较大,例如,用C20混凝土保护钢柱,其厚度为5~10cm才能达到1.5~3h的耐火极限。另外,施工也较麻烦,特别在钢梁、斜撑上,施工十分困难。

c. 涂抹防火涂料。将防火涂料涂覆于钢构件表面,这种方法施工简便、重量轻、耐火时间长,而且不受钢构件几何形状限制,具有较好的经济性和实用性。

d. 包覆耐火轻质板材。采用纤维增强水泥板、石膏板、硅酸钙板、蛭石板等耐火轻质防火板将钢构件包覆起来。这类防火板由工厂加工,重量轻、防火性能好,表面平整、装饰性好,施工为干作业。用于钢柱防火具有占用空间少、综合造价低的优点。

e. 包覆柔性毡状隔热材料。这种方法隔热性好,施工简便,造价低,适用于室内不易受机械伤害和免受水湿的部位。

③加大混凝土构件的保护层厚度,提高构件的耐火时间

加大钢筋混凝土构件的保护层厚度,可延缓火灾下混凝土内部钢筋的升温,是提高混凝土构件耐火时间简便且行之有效的方法。

④对木结构进行阻燃与耐火处理,延长被引燃时间与减慢燃烧速率

木结构本身可燃,不防火。为了提高木材的着火温度或减慢木材的燃烧速率,现在通常对其进行耐火处理。一般可用耐火盐类浸泡,或在其表面上喷涂防火涂料。

⑤适当加大构件的截面,降低构件的应力比

适当加大构件的截面,不仅可降低其应力比,还可提高其完整性和绝热性。但加大构件势必增加建设费用,因此需要合理掌握增加的幅度。

⑥设计合理的细部构造,减小结构的温度内力

采用合理的细部构造,减小结构温度内力,避免过于集中的应力,保证构件不出现过大的挠曲而影响安全出口的开启,保证结构不过早出现局部破坏。

⑦对可燃、易燃材料进行阻燃处理,防止其着火或降低其燃烧性能

选用难燃或阻燃材料制作室内设施和家具,在易燃材料表面喷刷防火涂料或是阻燃材料,或向材料中加入阻燃添加剂,以达到防止其着火或降低其燃烧性能的作用,从而有利于减轻火灾强度。

⑧开发耐火性能良好的结构材料,提高结构构件的耐火时间

提高结构材料在高温下强度,可从根本上提高结构的抗火能力。因此,研制开发新型的耐火性能良好的结构材料,如耐火钢、耐热混凝土,是防治建筑火灾危害的重要手段之一。1988年,日本率先开发了耐火钢,并已在多个实际工程应用,取得很好的效果与经济效益。

8.5 地质灾害及其工程防治

1. 地质灾害的特征

地质灾害是指由于自然变异和人为作用引起地质环境和地质体发生变化而给人类和社会造成的危害。地质灾害主要有滑坡、崩塌、泥石流、地面沉降、地面塌陷、地裂缝、岩土膨胀、砂土液化、土地冻融、沙漠化、沼泽化、土壤盐碱化及火山爆发等。其中滑坡、崩塌、泥石流、地面沉降和地面塌陷等为主要地质灾害,沙漠化近年来也有发展的趋势并越来越引起了人们的关注。需要指出的是,上述灾害并不都是单独发生的,一次重大自然灾害中可能会引发多种地质灾害,例如,强烈地震中很可能引发或产生滑坡、崩塌、泥石流、地面沉降、地面塌陷、地裂缝、砂土液化及火山爆发等多种灾害。

地质灾害一部分是自然变异引起的,但大部分是人类在建设过程中对自然界的干扰所引发的,由于人类的建设过程是社会进步中的重要环节,地质灾害的发生也是不可避免的,但人类可以通过采取合理的工程措施,来减少地质灾害造成的影响。

近10年来,中国400多个市县区受到各类地质灾害的严重侵害,有近万人死亡,平均1 000人/年,经济损失近300亿元。崩塌、滑坡、泥石流的分布范围占国土面积的44.8%,其中西南、西北地区最为严重。中国在防治自然原因造成的地质灾害的同时,人为原因造成的地质灾害已经逐渐突显出来。崩塌、滑坡和泥石流等地质灾害正随着矿产资源的开发、自然环境的恶化而加剧,我国地质灾害的成灾具有明显的地域性,损失程度与人口密度、经济发达程度成正比。

统计表明,较大规模的地质灾害中,人为因素诱发的占了90%多。由于矿山采掘、采空塌陷损毁的土地面积超过200万公顷。全国共有16个省市自治区的46个城市地段和县城出现

地面沉降，全国有近千座水电站受到严重威胁。

2. 地质灾害对土木工程的影响

地质灾害大部分都会对土木工程产生影响，重者造成土木工程的倒塌破坏，轻者影响土木工程的正常使用。

（1）滑坡和崩塌灾害对工程结构的影响

滑坡是指斜坡上的部分岩体或者土体在自然或人为因素的影响下沿某一明显的界面发生向下滑动的现象。大部分滑坡是缓慢地向下滑动，也有速度很快的剧烈滑动。崩塌是指较陡山坡上的岩体或土体在重力作用下突然脱离母体而崩落、滚动、堆积在坡脚（或沟谷）的地质现象。崩塌灾害的破坏活动是急剧的、短促的，它是山区的主要自然灾害之一。尽管滑坡与崩塌的形成机理和发生的条件不同，但这类灾害对工程结构的影响有着共同的或类似的特点。

滑坡和崩塌对工程结构的影响主要有：①位于斜坡上的建筑物由于斜坡的滑动引起建筑物地基失效或整体倒塌；②水库的堤岸大面积滑坡在水库中挤出巨大涌浪，重者冲垮坝体，轻者涌浪水体溢过坝顶冲向下游，冲毁农田、道路和房屋；③位于山区或边坡地区的桥梁、渡槽、隧道和道路由于山体滑坡或崩塌发生倒塌或破坏；④地震时引发的大面积山体滑坡或者大面积的山体崩塌有可能毁灭一个村庄或一个厂区。例如 1999 年 9 月，台湾集集地震时的大面积山体滑坡曾毁灭了不少村庄和厂区；2003 年 9 月，陕西子洲县某山村在凌晨突然发生特大山体崩塌事故，约 1.2 万 m^3 的土石将窑洞压塌，造成两户人家全部家毁人亡；2002 年 6 月，重庆沙坪坝区一座垃圾填埋场里庞大的垃圾渣山突然发生大崩塌，约 5 万 m^3 的垃圾泥土冲破挡渣墙猛然而下，使得原本在山洼沟里的碎石工厂和涂料厂不见了踪影，并将多栋房屋毁坏。

（2）泥石流灾害对工程结构的影响

泥石流是由于降水（暴雨、融雪、冰川融化）而形成的一种夹带大量泥沙、石块的固体物质的特殊洪流，它常发生在山区，有时也会在河流中由特大洪水而引发。它爆发突然，历时短暂，来势凶猛，具有很强的破坏力，在山区和陡峭地段发生时，在很短时间内将大量泥沙石块冲下，经常给人民生命财产造成很大危害。

泥石流常常具有暴发突然、来势凶猛、蔓延迅速的特点，并兼有滑坡、崩塌和洪水破坏的多重作用，其危害性比单一的滑坡、崩塌和洪水的危害更为广泛和严重。泥石流对工程结构的危害主要有：①泥石流最常见的危害之一是冲毁房屋及村镇、工厂、企事业单位及其他场所、设施，毁坏土地，甚至造成村毁人亡的灾难。②泥石流可直接冲埋车站、铁路、公路，摧毁路基、桥涵等设施，致使交通中断，还可能引起正在运行的火车、汽车颠覆，造成重大的人身伤亡事故。有时泥石流汇入河流，引起河道大幅度变迁，间接毁坏公路、铁路及其他构筑物，甚至迫使道路改线，造成巨大经济损失。③泥石流对水利、水电工程的危害主要是冲毁水电站、引水渠道及过沟建筑物，淤埋水电站尾水渠，并淤积水库、磨蚀坝面等。对矿山的危害主要是摧毁矿山设施，淤埋矿山坑道，造成停工停产，甚至使矿山报废等。

（3）地面沉降和地面塌陷对工程结构的影响

地面沉降是指地面在自然引力作用下或人类活动影响下，由于地下松散土层固结压缩，导致地面高程降低的一种局部的下降运动。其特点是垂直运动为主，并且这种下降大部分情况下是缓慢的，但在强烈地震时由于砂土液化造成的地基失效、地面不均匀沉降的发展比较快。地面塌陷是指地表岩体或土体受自然作用或人为作用的影响下，突然向下陷落，并在地面形成局部塌陷的一种地质灾害现象。其特点是突然发生,并在地面上形成局部或大面积的塌陷坑洞。地面沉降的影响范围广,造成的损失严重,而地面塌陷的影响范围相对较小。

对大城市而言,地面沉降是越来越严重的地质问题。中国地面沉降主要发生在东部平原地区。1949 年以来,上海、天津、苏州、无锡等 40 多个大中城市出现较为严重的地面沉降灾害,上海、苏州、无锡、常州等地区长期沉降量已远大于 1m。地面沉降虽不至于直接造成人员伤亡,但由于它多出现在经济发达地区,所以造成的经济损失尤为严重,每年直接经济损失达几十亿元。统计分析表明,沉降加剧的时期正是城市经济的高速发展的时期,其发展是既快速又具有隐蔽性的,其危害往往为乐观的发展势头所掩盖。事实上,由于不可恢复的沉降的发生和发展,不仅使城市设施本身遭受损害,而且使城市防御灾害的水平急剧下降。更严重的是,大地沉降仍在继续发展之中。

3. 地质灾害的防治对策

(1)滑坡灾害的防治

防治滑坡灾害的总体指导方针是“以防为主,及时治理”。防止滑坡灾害的主要工程措施简介如下:①改变滑坡体外形、降低滑坡体的重心。例如,可采取削坡减重和卸荷措施,使滑坡体外形改善、重心和负荷降低,以提高滑坡体的稳定性。②改善可滑动坡体的性质、增加坡体强度。例如,对岩质滑坡体采用固结灌浆或设置砂桩,对土质滑坡体采用电化学加固、冻结或焙烧等加固措施。③消除或减轻水的危害。例如,排除滑坡体范围内的地表水,防止雨水、泉水进入滑坡体内;通过布置泄水隧洞、排水孔群等排除地下水。④设置抗滑的支挡或锚固工程。例如,采用抗滑土垛、抗滑片石垛、抗滑挡墙、抗滑桩、锚杆和支撑等工程措施,以稳定滑坡体和增加抗滑能力,并在滑坡发生时阻止滑动或减少滑动造成的损失。

(2)崩塌灾害的防治

防治崩塌灾害的主要手段是实时监测和工程措施。实时监测的目的是了解和掌握崩塌体的演变过程,及时捕捉崩塌体的特征信息,为崩塌灾害的正确分析评价、预测预报及治理工程等提供可靠资料和科学依据。防治崩塌的工程措施主要有遮挡崩塌落石、支撑加固、镶补勾缝、护面加固、放坡和排水等。

(3) 泥石流灾害的防治

泥石流的预测预报工作是防灾减灾的重要步骤和措施,从 2003 年开始,我国已将地质灾害预报纳入到日常的灾害预报中。泥石流的防治一般有生物措施和工程措施两类。生物措施是通过种植乔木、灌木、草丛等植物,充分发挥其滞留降水、保持水土、调节径流等功能,从而达到预防和制止泥石流发生或减小发生的规模,减轻其危害的目的。

防治泥石流的工程措施一般是在可能发生泥石流的区域内建设相应的防治工程,以控制泥石流的发生和造成危害。这些工程措施有:①治水工程,即利用蓄水、引水和节水等工程,控制地表洪水径流,削减水动力条件,使水土分离,稳定山坡。②跨越或穿越工程,指修建桥梁,从泥石流河沟上方跨越通过,让泥石流在其下方排泄。或修建涵洞、隧道,从泥石流河沟下方穿越通过,让泥石流在其上方排泄。这是铁路和交通部门为了保障交通安全和畅通常采用的措施。③防护工程,指对泥石流地区的桥梁、隧道、路基以及河流沿线的重要工程设施,建设一定的防护工程,例如护坡、挡墙和丁坝等,用以抵挡或消除泥石流对主体结构物或河岸的冲刷、冲击和淤埋等危害。④排导工程,指在泥石流堆积区修筑排洪道、急流槽、导流堤等设施,以固定沟槽、约束水流和改善沟床面等,使泥石流按设计意图顺利排泄,防止掩埋道路,堵塞桥涵等。⑤拦挡工程,指在泥石流通过地区修筑各种形式的拦截坝或溢流坝等,以控制泥石流的固体物质和流径,削弱泥石流的流量、下泄总量和能量,减少泥石流对下游建设工程的冲刷、撞击和淤埋等危害。为了防止规模巨大的泥石流破坏重要城市,有时需要修筑高大的泥石流拦截坝。

(4)地面沉降灾害的防治

地面沉降控制与治理,一般需做好四个方面的工作:对地面沉降进行调查和勘察,查清场地工程地质条件、地下水埋藏条件和地下水变化动态等;对地面沉降现状进行调查分析,包括对地面沉降进行长期观测、地下水动态观测、对已有建筑物影响的监测和现状分析等;对地面沉降进行预测;提出科学有效的治理措施。

防治地面沉降的工程措施可简单地分为**治表措施**和**治本措施**。**治表措施**指对已经产生地面沉降的地区进行地面沉降控制与处理,主要治理措施有:在沿海低平原地带修筑或加高挡潮堤、防洪堤,以防止海水倒灌,淹没低洼地区;改造低洼地形,人工填土加高地面;改造城市给排水系统和管线,整修因地面沉降而破坏的交通线路等工程,使之适应地面沉降后的环境;修改城市建设规划,将拟建的重要建筑和工程设施避开沉降地区。

治本措施指从消除引起地面沉降的基本因素入手,寻求从根本上减缓或终止地面沉降的各种措施,常采取的措施有:人工补给地下水(人工回灌);限制地下水开采,调整开采层次,以地面水源代替地下水源;做好城市规划,对高层和超高层建筑可能带来的地质灾害问题进行评估,并采取有效的措施;建设工程尽量避开软弱地基场地或对软弱地基进行工程处理,以减少工程设施本身的沉降。

8.6 爆炸灾害及其防治

1. 爆炸及其爆炸类型

爆炸是物体的能量(热、化学、电磁、核能或动能等)极快的释放或转化的过程。对于空气中的爆炸而言,Strehlow 和 Baker 给出了如下的定义:“一般来说,如果在足够小的容积内以极短的时间突然释放出能量,以致产生一个从爆源向有限空间传播开去的一定幅度的压力波,那么就说在该环境里发生了爆炸。这种能量可以是原来就以各种形式储存在该系统中。例如,它们可以包括核能、化学能、电能和压缩能等。然而,不能把一般的能量释放认为是爆炸,只有足够快的和足够强的以致产生一个人们能够听见的压力波才算爆炸。虽然许多爆炸都破坏它周围的环境,但是,产生外部破坏并不是爆炸的必要条件,充分而必要的是爆炸必须能被听得到”。

爆炸的一个最重要的特征是在爆炸点周围介质中发生急剧的压力突跃,这种突跃就是造成周围介质破坏或对周围生命体杀伤的直接原因。就产生爆炸过程的现象而言,大致分以下几类(详见表8.3)。

(1)物理爆炸:因某些介质中的温度或压力突然升高而引起(蒸汽锅炉或高压气瓶的爆炸、地壳运动——地震、强火花放电——闪电、高压电流通过细金属丝产生的爆炸、物体间的高速碰撞——陨石落地、高速火箭撞击目标等)。

(2)化学爆炸:物质在一定的条件下产生化学反应,在反应过程中,急剧释放能量而引起爆炸(炸药爆炸)。

(3)核爆炸:原子核的裂变或核聚变反应所释放的核能。

爆炸的类型(Strehlow & Baker 1976 年)　　　　表 8.3

爆炸源理论模型	自然爆炸	人为爆炸	事故爆炸
理想点爆源 　理想气体 　真实气体 自身相似爆炸 (无限大能量爆源) 爆炸火球 斜面加成爆炸 　(火花爆炸) 活塞爆炸型 　匀速运动 　加速运动 　有限冲程运动 反应波 　爆燃 　爆轰 　加速波 　内向爆炸	雷电 火山爆发 流星爆裂	核武器爆炸 凝聚相高级炸药爆炸 　爆破用 　军事用 　烟火药分离器 蒸汽相高级炸药爆炸 　(FAE) 枪炮发射药/推进剂 　喷气式 　无后坐力式 爆炸火花 爆炸线 激光火花 容器内爆炸	凝聚相炸药爆炸 　轻约束或无约束爆炸 　重约束爆炸 密闭体(不受压)内燃烧爆炸 　可燃气体或蒸汽爆炸 　可燃粉尘爆炸 压力容器(内装气体)爆炸 　单纯爆裂(内装惰性气体) 　燃烧产生爆裂 瞬时燃烧后的爆裂 　失控化学反应引起爆裂 　失控核反应引起爆裂 BLEVE 爆炸(沸腾液体急剧气化爆炸)(装有闪燃液体蒸汽的受压容器爆炸) 　外部加热引起爆炸 　放能后立即燃烧 　放能后不燃烧 无约束蒸汽云爆炸 物理蒸汽爆炸

2. 爆炸引起的破坏

结构体对爆炸冲击荷载的响应,就是其吸收、“消化”外界能量的过程。它吸收、“消化”的能量的一部分用来产生宏观运动——以动能形式表现出来;另外“消化”一部分使其微观结构产生变化,如温度效应等,而这种微观结构变化的一种表现就是应力——应变效应,严重情况下会对结构内部产生塑性变形。

图 8.41　RonanPoin 公寓倒塌

煤气爆炸、炸弹爆炸等偶然因素的作用会造成建筑的部分结构或构件破坏,从而引发连锁破坏甚至因此导致结构的部分或者整体倒塌,这种倒塌被称为连续倒塌(Progressive Collapse)。20 世纪 60 年代以前人们对结构内的爆炸的关注度还是相当低的,因为这样的爆炸并不常见。1968 年 5 月 16 日英国 22 层的 Ronan Point 公寓燃气爆炸倒塌事件可谓是个触发点(图 8.41),该建筑为混凝土预制平板结构,18 层发生煤气爆炸导致建筑东南角的承重墙倒塌,随后其上的楼板坍塌,并导致上面基层的墙与楼板一起坍塌下来,由此引发了连锁反应,导致整个建筑东南角发生倒塌，由此人们开始对这类爆炸危险投入了更多的关注。1995 年 4 月 19 日 Oklahoma 城的马拉联邦大楼（Murrah Federal Building）遭受恐怖分子的炸弹袭击，造成房屋严重倒塌（图 8.42），并造成 168 人死亡。2001 年 9 月 11 日纽约的世贸中心遭受恐怖分子袭击倒塌。这类倒塌引起了越来越多的关注。

图 8.42　Murrah Federal 大楼倒塌

3. 爆炸荷载的特点

爆炸破坏性的大小是由两个同等重要的因素决定，他们分别是炸弹的尺寸（转换质量 W，它是由同等数量的 TNT 度量）和爆炸源离目标的水平距离 R。例如，1993 年世贸中心地下室发生的爆炸，其转换质量是 816.5 kgTNT。1995 年美国俄克拉何马政府大厦发生的汽车炸弹的转换质量是 1 814 kgTNT，离政府大厦的距离是 4.75 m。随着大量接近地面的 TNT 的爆炸，由这一半球形爆炸导致的瞬时最大压力随着一个离开爆源远近的距离函数而衰减。当形成的冲击波在前进中遇到目标或建筑物时它的瞬时最大压力就会因反射因素而放大，反射压力至少是冲击波压力的二倍，且与瞬时冲击的强度和转换质量成正比。一般情况下，爆炸的最大荷载比建筑物常规设计的最大荷载大几个等级，例如 1995 年俄克拉荷马政府大厦爆炸中，离爆源 10 m 的地方的冲击波压力为 13.6 MPa（风速为 45 m/s 的风压才 1.24 kPa）。然而，最大压力却随着距离的增大迅速地降低。

爆炸能量的释放是通过冲击波完成的，因此研究爆炸，必须要了解爆炸所产生的冲击波的特性。当冲击波在空气中传播或与建筑物相互作用，以及施加荷载于建筑物上时，会引起压力、密度、温度和质点速度的迅速变化。通常所定义的冲击波的性质，既与那些可被方便地测量或观察的性质有关，又与那些可能关系到的爆炸模型的性质有关。

当周围的空气受到从爆炸中心向四周辐射的极大的压力脉冲时，就产生了爆炸波引起的冲击波。以极高速运行的波代表了冲击波波阵面，它是由高度压缩的空气组成，远比在该区域后面的空气压力要大得多。随着波阵面的传播，峰值超压下降很快。在波阵面之后，气压力可以降到比周围空气压力低，产生一个吸气效应。当冲击波从震源向外传播时，一旦遇到比通常大气密度要高得多的物体，诸如地面。反射波就朝其起源运动。反射波的超压或许要超过初始冲击波，由于其很高的波速，最终会赶上初始波。水平向传播的波会形成一个竖直波阵面，这种竖直波阵面（通常称为马赫反射波）与初始波和反射波在地面一定高度相遇的点称为三重点。马赫反射波的形成必须是入射角（入射波阵面与地面交角）超过临界角。

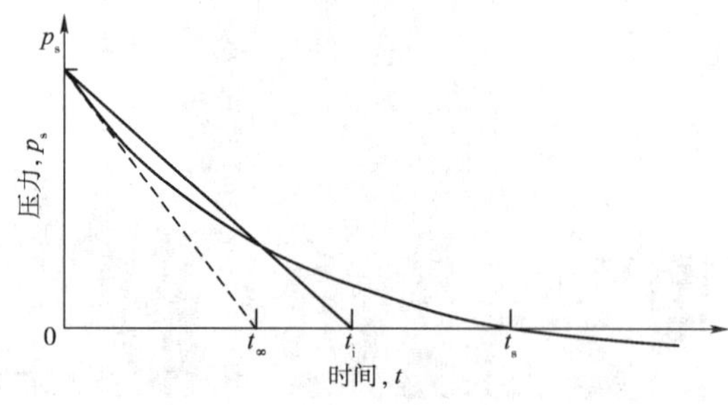

图 8.43　爆炸冲击波压力—时间曲线

研究表明，无论爆源性质如何，只要距离爆炸中心足够远，爆炸冲击波的性质都相似，典型的压力—时间曲线如图 8.43 所示。

4. 爆炸荷载的确定

为了评估爆炸荷载作用下建筑结构的反应，首先需要确定爆炸荷载对结构的作用，Baker 等学者对爆炸动力学以及冲击波荷载作了详尽的论述，为了便于使用，其中通过经验公式引入了较多的简化分析方法，但对于复杂结构中描述爆炸荷载而言，这些方法显得不够精确。随着计算机技术的发展，不少软件的开发推动了数值方法确定爆炸荷载的应用。Loccioni 和 Ambrosini 等学者在确定了爆炸荷载的位置以及大小后，通过 AUTODYN-3D 软件对爆炸荷载产生的冲击波进行了模拟，并跟实际爆炸产生的后果进行了对比。通过软件的数值模拟方法可以对复杂建筑结构中爆炸荷载的作用进行很好的模拟，为了在不损失主要考察对象精度的情况下降低计算量，Rose 等学者通过自适应网格划分技术开发了相应的程序 ftt_air3D。爆炸当量的确定是爆炸后果评估中的关键内容之一，Elloit, Smith 等学者对建筑物恐怖袭击中常用的爆炸当量范围做了调查。

爆炸主要分为在建筑结构外部发生的以及建筑结构内部发生的两种情况。爆炸发生在内部和外部的区别在于爆炸冲击波在传播过程中是否受到约束。内部爆炸与外部爆炸最大的不同在于准静态气压力。

Baker 等学者对准静态气体压力进行了简化（图 8.44），气体泄压假设为线性，其中有两个重要参数：峰值准静态压力 p_{qs} 以及压力降为环境压力的时间 t_b。如果已知炸药装药量（W）以及结构内部容积（V），可用图 8.45 的曲线对 p_{qs} 进行预测。

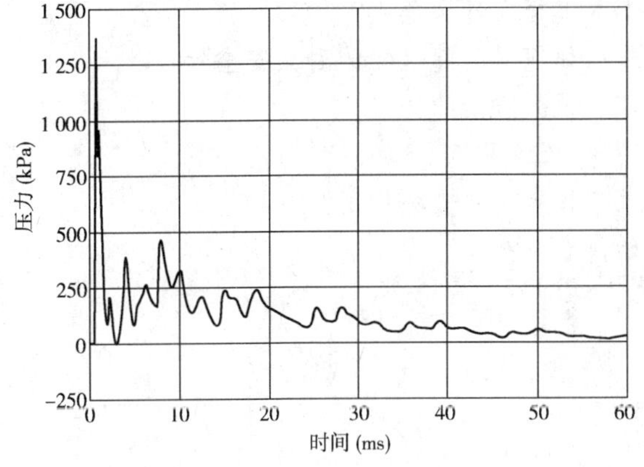

图 8.44　内部爆炸压力—时间关系

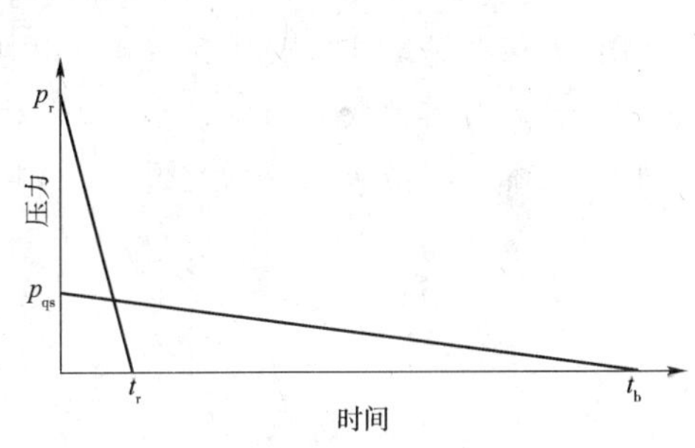

图 8.45　简化准静态气体压力

参考文献

[1] 罗福午. 土木工程（专业）概论（第 3 版）. 武汉：武汉理工大学出版社，2005.

[2] 周云，李伍平，等. 土木工程防灾减灾概论. 北京：高等教育出版社，2005.

[3] 吴家正，尤建新. 可持续发展导论，第 10 章：防灾减灾与可持续发展. 上海：同济大学出版社，1998.

[4] 吕西林，等. 建筑结构抗震设计理论与实例. 上海：同济大学出版社，2002.

[5] E. Simiu and R. H. Scanlan. Wind Effects on Structures. 3rd Edition, John Wiley & Sons, New York, 1996.

[6] W. H. Melbourne. Wind Engineering Course Notes. the Department of Mechanical Engineer-

ing, Monash University, 1997.
[7] 项海帆,等. 现代桥梁抗风理论与实践. 北京:人民交通出版社,2005.
[8] 李国强, 韩林海,等. 钢结构及钢—混凝土组合结构抗火设计. 北京: 中国建筑工业出版社, 2006.
[9] 霍然, 胡源,等. 建筑火灾安全工程导论. 合肥:中国科学技术大学出版社, 1999.
[10] 范维澄, 王清安,等. 火灾学简明教程. 合肥:中国科学技术大学出版社, 1995.
[11] 周听清. 爆炸动力学及其应用. 合肥:中国科学技术大学出版社,2001.
[12] [美国] W. E. 贝克,P. S. 威斯汀,R. A. 斯特劳,P. A. 考克斯,J. J. 库尔兹著,张国顺,文以民,刘定吉译. 爆炸危险性及其评估. 北京:群众出版社,1988.

思考讨论题

1. 我国每年会发生多种自然灾害,对土木工程有破坏作用的有哪些灾害?
2. 你是如何理解我国"经济建设与防灾减灾一起抓"这一战略方针的?
3. 举例说明一次强烈地震会产生几种类型的震害。
4. 从技术层面看,有哪几种主要的抗震防灾途径和措施?
5. 风是如何形成的,风对土木工程有什么危害?
6. 人类可以通过哪些措施减少风对土木工程的影响?
7. 火灾的发生、发展有哪些特征,火灾对土木工程有什么危害?
8. 人们在日常生活中应注意哪些防火措施? 如何提高建筑物的耐火安全性?
9. 地质灾害有哪几种? 哪些地质灾害是可以预先防治的?
10. 如何防治城市建设中引发的地质灾害?
11. 爆炸与其他灾害有何区别,爆炸对土木工程有哪些破坏作用?
12. 土木工程防灾减灾任重道远,你准备如何面对?

第九章　土木工程材料

9.1　概　述

对建筑结构的发展起关键作用的,要属作为工程物质基础的土木工程材料(或称“建筑材料”)。每当出现新的优良的土木工程材料时,建筑结构就会有飞跃式的发展。

原始社会,我们祖先在与猛兽和大自然的斗争中,极需一个安全的栖身之所,但当时没有工具,他们只能住在穴洞里,仅仅采集树枝树叶作遮盖。旧石器时代,有了简单的工具,人们伐木搭建草棚,居住条件得到一定改善。但此时人们仍处于“穴居巢处”的落后时代。

远在距今4000~10000年的新石器时代,由于石器工具的进步,劳动生产力提高,人们以土、木和石等天然材料为主建设自己的家园。这时人们主要使用黏土来抹砌简易的建筑物,有时还掺入稻草、稻壳等植物纤维加筋增强,有的甚至经过烧烤处理。

在我国和古埃及一些古代建筑物上发现,当时将砖块样的土坯放在太阳中晒干而不用火烧,每一砖层上铺一层泥浆,这层泥浆干燥后就可以加固砖坯墙身。

火的使用,使烧土制品,如砖、瓦和石灰等成为可能。于是,建筑材料由单纯的天然材料进入了人工生产阶段。

砖、瓦和石灰的出现被认为是建筑结构的第一次飞跃。前面讲到,人们在早期只能依靠泥土、木料、石料等天然材料从事营造活动。在公元前11世纪的西周初期,我国劳动人民就能制造出砖和瓦,随后作为胶凝结材料的石灰也应运而生。随着砖、瓦和石灰这些人工建筑材料的出现,人类第一次冲破了天然建筑材料的束缚。与土相比,砖、瓦和石灰具有更优越的力学性能,其用于房屋的建造,牢固性大大增强,且可以隔绝潮气。砖和瓦可就地取材,加工和烧制又比较容易。从此,人们开始大量、广泛地修建房屋、水利和防御工程。所以说,砖、瓦和石灰的出现是人类建筑结构史上的一个里程碑。在长达三千多年的时间里,砖、瓦和石灰一直是土木工程领域的重要建筑材料,为人类文明作出了伟大的贡献。

混凝土的大量应用是建筑结构的第二次飞跃。19世纪20年代,波特兰水泥(即我国所称的“硅酸盐水泥”)制成后,混凝土开始大量应用于建筑结构。混凝土中砂、石骨料可以就地取材,混凝土构件易于成型,这是混凝土能广泛应用于结构物的得天独厚的条件。混凝土承受压力的能力虽较好,但承受拉力的能力却很小,使其用途受到很大限制。19世纪中叶以后,钢铁产量激增,随之出现了钢筋混凝土这种新型的复合建筑材料,其中钢筋承担拉力,混凝土承担压力,发挥了各自的优点。从此,钢筋混凝土广泛地应用于建筑结构。20世纪30年代,预应力混凝土的出现,更是弥补了钢筋混凝土结构的抗裂性能、刚度和承载能力差的缺点,因而用途更为广阔。

钢材的大规模应用是建筑结构的第三次飞跃。人们在17世纪70年代开始使用生铁,19世纪初开始使用熟铁建造桥梁和房屋,这是现代意义上钢结构出现的前奏。到了19世纪中叶,冶金业冶炼并轧制出抗拉和抗压强度都很高、延性好、质量均匀的建筑钢材,随后又生产出高强度钢丝、钢索。于是,钢结构得到蓬勃发展。刚开始,钢材只应用于梁、拱结构,后来,钢材也逐渐应用于新兴的桁架、框架、网架和悬索结构,出现了结构形式百花争艳的局面。建筑物跨径随之从砖结构、石结构、木结构的几米、几十米发展到钢结构的百米、几百米,直到现代的千米以上。于是,在地面上建造起摩天大楼和高耸铁塔,在大江、海峡上架起大桥,甚至在地面下铺设铁路,创造出史无前例的奇迹。

从建筑结构经历的三次大飞跃可以看出,建筑材料的技术水平决定着建筑结构的发展。如今,各种混凝土外加剂的生产和应用,使得高强混凝土、自密实混凝土、高性能混凝土的配制和施工应用易如反掌,加之钢材与混凝土组合形式的多样化,土木工程材料的内涵不断丰富,极大地促进了土木工程技术的发展。

因此,作为一名优秀的现代土木工程师,因该了解先人在土木工程材料方面取得的成就及其对土木工程结构发展的影响,了解现代土木工程对土木工程材料提出的新要求。

9.2 古代土木工程时期的原始材料

1. 木材与木结构

木材来源于植物。乔木和灌木的祖先是羊齿科植物。这种植物的生长史可追溯到泥盆纪。约在二亿五千万年前的二叠纪,这种原始羊齿科植物发展为针叶树。然后,到了一亿年前的白垩纪才形成阔叶林。而今,我们的地球上有24亿公亩的有用森林(全部森林面积为38亿公亩),可供利用的木材约有3 000亿 m^3。其中每年约采伐30亿 m^3。

古代,人类一开始使用树木是利用它和石头绑在一起制作成工具。而后,人类学会用火,木材成为人类最重要的能源。新石器时代,人类学会了加工木材,然后修筑简单的住所,成为了最早的木结构建筑。

从此,木材成为一种永恒的最古老的建材,使建筑具有一种特别的亲和力,消除建筑本身作为外来物的冰冷感觉。木结构建筑中最多的当属木结构房屋,古代多为宫殿和庙宇。其中,我国现存最早、规模最大的木结构古建筑——五台山佛光寺大殿堪称木结构建筑之经典,如图9.1。

随着烧结砖的出现和应用,砖木结构开始在结构领域发挥重要的作用。这种结构是以砖砌体作为基础、柱子和墙面,以木材作为桁架和屋面。木材和砖搭配、木材和石头搭配以及木材和混凝土搭配,都可以建造出十分美观实用的结构物。

随着其他各种建筑材料的应用与发展,木材逐渐失去了重要的地位。但在美国,木结构房屋至今仍是人们首选的主要结构之一(图9.2)。木结构房屋除美观、舒适、节能、环保、抗震、施

图9.1 五台山佛光寺大殿

图9.2 美式轻型木结构房屋

工期短等特点外，由于木材结构的可塑性大，能充分按照个性化要求进行设计和施工，使木结构房屋的外观造型和室内布局设计十分灵活，可以充分发挥设计师的想像力和表现居住者的个性。在美国，即使大规模的住宅区也很难找到两幢设计完全相同的住宅，更没有“兵营式”的同房型小区。

2. 石材与石结构

石材是人类发展历史上最早的建筑材料，并且资源丰富、品种繁多。早在距今50万年前的旧石器时代，原始人就利用天然崖洞作为居住处所。而后，铁器的使用促进了石材在各方面的应用，尤其是在建筑上的应用。

石头建筑亦称为石头的史诗，石头建筑在历史上曾取得过辉煌的成就。石材以其天然之美，在古今中外建筑史上谱写了石材的雄伟篇章与绚丽佳作，形成了独特的石头文化，成为世界绚丽文化中的重要组成部分，创造了建筑史上的许多奇迹，如中国的敦煌莫高窟（图9.3）、印度的泰姬陵（图9.4）等。

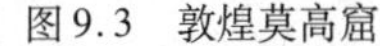

图9.3　敦煌莫高窟

图9.4　泰姬陵

石材虽然笨重，但如果结构设计妥当，其结构美观，且使用寿命很长。赵州桥至今已有1400年的历史，是世界历史上第一座单孔敞肩式石拱桥。该桥采用拱形设计，有效减轻了桥身自重，且桥型空灵美观，构思巧妙。该桥全长64.40m，宽9.6m，至今仍承担着重要使命。而今，石材更多地被当作建筑装饰材料使用，装饰和美化着人们的居住环境。

3. 石灰的发明对土木工程的影响

火的发现和利用大约在公元前2000～20000年。火的利用为建筑材料的加工制造创造了良好的条件。石灰就是“石头烧成的灰”，是人类使用较早的人造无机胶结材料之一。由于其原料分布广，生产工艺简单，成本低廉，在土木工程中应用广泛。

我国有关石灰的文字记载，最早可追溯到公元前7世纪的周朝。《左传》中曾有“成公二年（即公元前635年）八月宋文公卒始厚葬用蜃灰”的记载。这里所说的“蜃灰”是一种水生物大蛤的外壳烧成的灰。蛤壳的主要成分是碳酸钙，将它煅烧到二氧化碳全部逸出即成石灰。那时石灰在墓葬中有两个作用，一是用作吸湿防潮材料，以求能长期保存墓葬物；二是将石灰作为胶结材料来修筑陵墓等建筑物。

到了秦汉时代，石灰制造业迅速发展，人们纷纷采用各地都能采集到的石灰石烧制石灰，石灰生产点应运而生。此时，石灰既是加固地基的常用材料，又是墙壁与地面的粉饰材料，而且也是砌筑砖石的胶结材料。从此以后，需要优良性能胶结材料的砖石结构建筑占据重要的地位。

砖石结构建筑中最辉煌的当属中国的万里长城，长城修筑于公元前7世纪至公元17世纪，先后有20多个朝代主持或参与建造。准确地说，长城不只有一座。在两千多年间，各代王朝在中国的北方修建了许多座长城。其中，最“新”的而且也是目前保存最完整的一座建于中国明代。因为到了明朝，石灰胶结材料已发展到较高的水平。明长城是一座结构庞大复杂的边防堡垒，绵延6 700km，成为世界上最伟大的人工奇迹。

随着近代工业的发展，石灰仍然是土木建筑工程的主要材料，而且还在许多新兴的工业部门又开辟了多种用途，如冶金、玻璃、制碱、制糖、造纸、制革、电石及有机化工、碳化砖、碳化板以及土壤改良、水处理、气体净化等方面都消耗了大量石灰。因此多种类型的石灰窑炉在各地不断建成，近代各国的石灰产量都有较快增长。

与水泥相比，石灰在强度、耐水性和抗侵蚀性方面要逊色得多，所以现在石灰极少单独作为砌筑材料使用，但在砌块生产、建筑装修、路基处理中仍发挥着其不可替代的作用。

4. 石膏的发明对土木工程的影响

关于建筑石膏的发明，历史上的文字记载并不多。据说石膏的发明和应用当与石灰同步。4800多年前建造的古埃及大金字塔，2000多年前的我国长沙马王堆古墓，就是用烧石膏作胶结材料砌筑而成的。

法国巴黎附近盛产石膏，从公元7世纪起到中世纪末期，熟石膏曾广泛用于建筑物的砌筑和墙体抹面，熟石膏粉又称为“巴黎粉”（Plaster of Paris）。

将天然的二水石膏（俗称“生石膏”）加热到107～170℃，就脱水变成半水石膏（俗称“熟石膏”）。将半水石膏磨细成粉状物，就是我们常见的石膏粉。石膏粉加水拌和后硬化速度很快，作为粘结剂使用施工效率高。另外，石膏加水拌和硬化后体积变形小，不易开裂，也是其他胶结材料所不及的一种优良特性。

石膏粉有许多用途，如制作模具、雕塑等。在建筑上，石膏一直充当砌筑砂浆的粘结剂，也是生产造型各异装饰构件的理想材料。掺入纸筋、麻丝、锯末、芦苇、石棉、玻璃棉等纤维状填料，生产的石膏板用处也很大。石膏板具有一定的吸湿性，当室内空气湿度较低时，石膏制品又会将一部分水分释放出，补充空气中的水分，所以说，石膏制品对室内空气湿度有一定的调节作用，被称为“湿度调节材料”。石膏还被广泛地用来生产石膏砌块、腻子粉和自流平地坪材料等。如今，在建筑上，石膏最大、最常见的用途是吊顶石膏板和石膏隔墙板的生产。

5. “秦砖汉瓦”的兴衰

砖瓦是世界上最早的烧土制品，在古代和近、现代建筑中发挥了不可替代的重大作用。我国古代劳动人民在砖瓦的发明和创造方面走在世界前列。

中国在商代早期就开始了建筑陶器的烧造和使用。据考证，我国最早的建筑陶器是陶水管。西周初期，我国劳动人民又烧制出了黏土板和黏土瓦、筒瓦等建筑陶器。公元前221年，秦始皇统一了中国，结束了诸侯混战的局面，各地区、各民族文化得以广泛交流，中华民族的经济、文化迅速发展。到了汉代，社会生产力取得长足发展，秦汉时期制陶业的生产规模、烧造技术、数量和质量，都超过了以往。秦汉时期建筑用陶在制陶业中占有重要位置，其中最富有特色的为画像砖和各种纹饰的瓦当，所以素有“秦砖汉瓦”之称。由此，通常将秦汉作为我国砖瓦材料的第一兴盛期。

砖瓦材料的第二兴盛时期是隋唐,即公元 581 年至 907 年。从唐代大明宫及渤海上京宫殿遗址中看到,当时的建筑主要以木、砖、石等作为土木工程材料,唐代时期所建的一些塔也是砖砌的,如西安兴寺塔、香积寺塔等。闻名世界的另一大创举是黄、青、绿三色瓦,称之为"唐三彩",也是我们的祖先在世界砖瓦行业中创造光辉历史文化的事实。

砖瓦材料的第三兴盛时期为明清,即公元 1398 年至 1911 年。明代为防御鞑靼,长城建设气势雄伟,工程十分艰巨,砖的用量是当时世界所有工程中罕见的。明代永乐五年(即公元 1407 年)开始建设的故宫,经过 14 年时间,成为世界唯一的宫殿群组。当时对重要建筑物有防火要求,故采用砖拱砌筑——无梁殿,如皇室、档案库、佛寺的藏经库等建筑,全国各地都有无梁殿建筑。对砖瓦的外形、尺寸、色泽,质感等也有严格要求,所竣工之工程,回头望去,白色、浅黄色、深红色、棕色、绿色、蓝色、黑色等灿烂建筑,足已显示出中华民族的优秀砖瓦文化。

清代是我国封建社会的末期,1840 年前一直沿用明代技术制砖瓦,生产工艺、焙烧技术等基本没有发展。鸦片战争以后,中国进入半殖民地半封建社会(公元 1840 年至 1949 年),开始用机械制坯、轮窑烧结的方法生产砖瓦。

砖瓦制品虽是古老的土木工程材料,但几千年来一直深受大众喜爱,这是因为它不仅砌筑方便、灵活,而且建造的房屋保温隔热性极佳,冬暖夏凉,具有防火功能,再者,也不似越来越普遍的高分子材料那样释放出有害物质。但砖瓦制品的原材料为黏土,并且生产黏土砖能耗高,是新型墙体材料的两倍以上,生产过程中还大量排放二氧化碳和其他有害气体,必须加以限制,并寻求替代产品。

目前,我国大中型城市的墙体材料中,黏土砖正逐渐被各种新型墙体材料所取代。这些新型材料如混凝土空心砌块、粉煤灰免烧砖、加气混凝土砌块等,正为我国各项土木工程的建设发挥着更卓越的作用。曾经为建筑防水立下汗马功劳的瓦片也早已被各种层出不穷的新型防水材料所取代,这些防水材料如防水混凝土、防水砂浆、沥青防水材料、改性沥青防水材料和聚合物防水材料等。

9.3 近代土木工程中的人造材料

1. 水泥与混凝土的发明

"水泥"的本意是粘合剂。但今天我们所说的水泥,只指硅酸盐水泥。有人戏称水泥是建筑的"粮食",由此可见其在人类建筑文明中独有的重要地位。水泥的发明有一个渐近的过程,并不是一蹴而就的。

1756 年,英国普利茅斯港口的一个灯塔失火。为解决航运安全问题,寻找抗海水侵蚀材料和建造耐久的灯塔成为当时英国经济发展中的当务之急。对此,英国国会不惜重金,礼聘被尊称为英国土木之父的工程师史密顿(J. Smeaton)承担此项建设灯塔的任务。史密顿研究了"石灰 - 火山灰 - 砂子"三组分砂浆中不同石灰石对砂浆性能的影响,发现含有黏土的石灰石,经煅烧和细磨处理后,加水制成的砂浆能缓慢硬化,能耐海水的冲刷。史密顿使用新发现的砂浆建造了举世闻名的普利茅斯港的漩岩(Eddystone)大灯塔。

史密顿成功的消息不久就传遍欧洲各国。法国的土木技师们也像英国一样急需坚固的水泥,他们马上按史密顿的研究结果进行试验,其中最著名的人是毕加。1813 年,毕加终于发现了石灰和黏土按3∶1混合制成的水泥性能最好。

1824年,英国的约瑟夫·阿斯普丁(J. Aspdin)在毕加研究工作的基础上,把三成石灰岩与一成黏土的混合物在炉里烧制成粉末,制成了水泥。他把这种水泥命名为“波特兰水泥”(我国称之为“硅酸盐水泥”),并取得了专利权。阿斯普丁的儿子威廉·阿斯普丁继承父志,继续研究水泥的制造法。现在一般都认为硅酸盐水泥是阿斯普丁父子发明的。

混凝土是由胶凝材料、水和粗、细骨料按适当比例配合,拌制成拌和物,经一定时间硬化而成的人造石材,水泥的发明直接推动了混凝土的发展,而真正展示水泥特性的也是混凝土。混凝土在拉丁语中是“结合在一起共同成长”之意,在英语中,混凝土一词为“Concrete”,分解开是“不同材料的结合物”之意。现在中文的混凝土一词则是从日本传来的,是“Concrete”的日语音译。

混凝土看起来很像一种十分现代化的建筑材料,但实际上它是古罗马人发明的。古罗马人在石灰和砂子混合物里掺和进碎石子制造出混凝土,并将其用在许多壮观的建筑物上,如古罗马竞技场(图9.5)。

图9.5 古罗马竞技场

现代意义的混凝土,是由水泥、砂、石和水所组成,另外还常加入适量的掺和料(粉煤灰、矿渣粉、硅灰等)和外加剂。在混凝土中,砂、石起骨架作用,称为骨料;水泥与水形成水泥浆,水泥浆包裹在骨料表面并填充其空隙。在硬化前,水泥浆起润滑作用,赋予拌和物一定的和易性,便于施工。水泥浆硬化后,则将骨料胶结为一个坚实的整体。

据历史考证,中国最早出现的水泥厂是外资企业澳门的青州英坭厂(图9.6),而唐山细绵厂是中国最早的民族水泥企业。清朝末期,澳门建筑用水泥都来自英国,所以当地人称水泥为英坭(或坭)。据记载,英坭厂开设于1886年,以广东英德石和就地挖取河泥、山石作原料,炼制英坭。英坭公司生产的水泥其商标为翡翠牌(图9.7)。它为许多香港建筑工程提供水泥,如第一海军码头、市政工程、启德机场和许多香港的标志性建筑等等。

图9.6 中国最早的水泥厂——澳门青州英坭厂

图9.7 澳门青州英坭厂水泥商标

《启新洋灰公司史料》一书记载,光绪十五年(公元1889年)十一月初五,唐山开平矿务局督办唐廷枢,在李鸿章的批示下,筹办唐山细绵厂,1892年建成,如图9.8。这是中国人开办的第一个水泥厂。1906 年,唐山细绵厂更名为“唐山洋灰公司”,1907 年又定名为“启新洋灰有限公司”。

1949 年,中华人民共和国成立,各项建设迈入了一个新的时期。尤其是改革开放以后,住宅、道路、码头、桥梁以及其他各项基础设施的建设规模空前,对水泥的需求量与日俱增。至今,中国水泥年产量已连续 17 年雄踞世界之首。2006 年,世界水泥总产量为 22 亿吨,中国水泥企业就贡献了 11.2 亿吨。

有了水泥工业的发展基础,中国的混凝土工业发展迅速。过去现浇混凝土都由工地自行拌和,原材料质量很难保证稳定,再加上控制不严,拌制的混凝土性能不均衡,有时甚至达不到设计要求,给工程带来一定的质量隐患。发达国家在 19 世纪末就建立了预拌混凝土工厂,混凝土开始商品化供应。商品化供应的混凝土能按照严格、科学合理的配合比配料、生产,质量可靠、性能稳定,又避免了工地现场搅拌所带来的堆料占地、搅拌噪声、扬尘污染、污水横流的脏乱现象,施工文明程度极大提高。1979 年我国为上海宝钢公司的建设,建立了第一家预拌混凝土厂(图 9.9),这是我国商品预拌混凝土事业的起源。

图 9.8 中国最早的民族水泥企业——唐山细绵厂

图 9.9 预拌混凝土厂

2. 钢的冶炼技术与钢结构

钢是铁与 C、Si、Mn、P、S 以及少量的其他元素所组成的合金。其中除铁外,碳的含量对钢的机械性能起着主要作用,故统称为铁碳合金。它是工程技术中最重要、用量最大的金属材料。

钢的冶炼技术应该追溯到中国的春秋末期和战国初期,在反复锻打炼铁的实践中,人们又总结出炼铁渗碳成钢的经验。因炼铁质柔不坚,渗碳炼钢又太坚硬,人们随之发明了炼钢的淬火工艺,进一步提高了炼钢的机械性能。到了西汉,在渗碳的基础上兴起了“百炼钢”技术。它的特点是增加了反复加热锻打的次数,这样既可加工成型,又使夹杂物减少、细化和均匀化,大大提高了钢的质量。如河北满城一号西汉墓土的刘胜佩剑(图 9.10)、钢剑和错金宝刀,就是“百炼钢”的产物。“百炼成钢”、“千锤

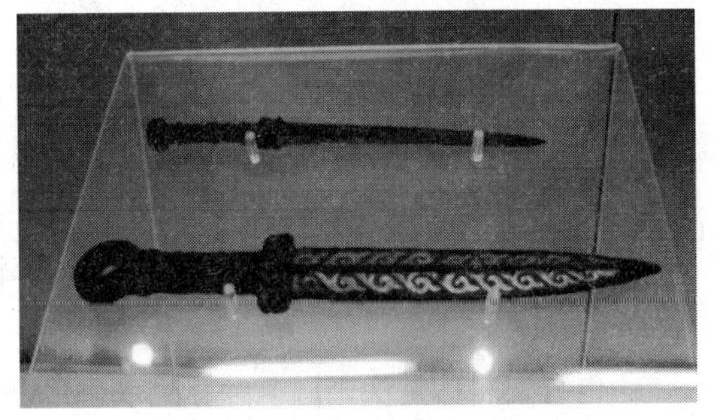

图 9.10 刘胜佩剑

百炼”成语由此而来。

现在意义上的钢冶炼技术却是西方发明的。由于钢的工业生产最早采用坩埚法,产量低、成本高,难以满足工业发展的需要。1856 年,英国的 H. 贝塞麦发明了转炉炼钢法,1856 ~ 1864 年,英国的 K. W. 西门子和法国的 P. E. 马丁发明了平炉炼钢法。1899 年,法国的 P. L. T. 埃鲁发明了电弧炉炼钢法。现在,主要是以高炉炼成的生铁和直接还原炼铁法炼成的海绵铁以及废钢为原料,用不同的方法炼成钢。

随着转炉炼钢法和平炉炼钢法的发明,以及 1870 年成功轧制出工字钢之后,形成了工业化大批量生产钢材的能力,强度高且韧性好的钢材才开始在建筑领域逐渐取代锻铁材料,自 1890 年以后成为金属结构的主要材料。20 世纪初焊接技术的出现,以及 1934 年高强度螺栓连接的出现,极大地促进了钢结构的发展。除西欧、北美之外,钢结构在前苏联和日本等国家也获得了广泛的应用,逐渐发展成为全世界所接受的重要结构体系。

世界第一幢高层钢结构房屋始建于 1885 年的美国芝加哥,这是幢高 55m 的 10 层家庭保险公司大楼。接着 1889 年在法国巴黎建成了一座高 320.75m 的埃菲尔铁塔,促使高层钢结构技术得到迅速发展。上海国际饭店(Park Hotel)是我国最早建造的钢结构高层建筑。它属于钢框架结构,22 层,82m 高,有 30 年代“远东第一高楼”之称。

钢结构作为一种重要的建筑结构,在高层、大跨结构物的建设中有着不可替代的作用。然而,我国建国前后以及文化大革命时期,钢材严重缺乏,不可能让钢结构建筑物成为主流,这个时期的建筑主要是砖木结构、砖混结构和钢筋混凝土结构。

自 1978 年我国实行改革开放政策以来,经济建设获得了飞速的发展,钢产量逐年增加。自 1996 年超过 1 亿吨以来,一直位列世界钢产量的首位,2006 年更达到创纪录的 4.2 亿吨,逐步改变着钢材供不应求的局面。

钢产品和建筑钢材品种的增加为钢结构的发展打下了良好的基础。高效的焊接工艺和新的焊接、切割设备的应用,如各种反面衬垫方法的双面成型单丝和多丝埋弧焊、龙门架工字梁双侧双丝快速焊接生产线、各种数控火焰机和激光切割机,为钢结构高效制作和生产高质量产品创造了良好条件。高效焊接材料的使用,如气体保护焊和自保焊药芯焊丝以及各种高效焊条,在焊接材料总产量中占 40% 以上;高强度螺栓以及防腐、防火等新工艺、新材料的开发等都为深入发展钢结构工程创造了良好的条件。

近年来,我国的钢结构技术政策,也从“限制使用”改为积极合理地推广应用。钢结构制作和安装企业像雨后春笋般在全国各地涌现,外国著名钢结构厂商也纷纷进入中国市场。目前我国钢结构主要应用于以下范围:大跨结构、工业厂房、受动力荷载影响的结构、多层和高层建筑、高耸结构、可拆卸的结构、容器和其他构筑物、轻型钢结构、钢和混凝土的组合结构等。

3. 从钢筋混凝土到预应力钢筋混凝土

钢筋混凝土的出现是现代建筑材料的一次大的飞跃,直接影响到现代建筑的发展,成为了现代建筑的首选材料。

1850 年,法国人朗伯特(Lambot)用混凝土制作小船,经多次失败后,想到在混凝土内加入钢筋网的方法,于是制造出了一条钢筋混凝土小船。该方法在 1854 年的法国巴黎博览会中展出并获得专利。

也有资料称是法国园艺师莫尼埃(Monier)首先发明了钢筋混凝土。1865 年的一天,莫尼埃在观察植物的根系时,发现植物根系在松软的土壤里互相交叉、盘根错节,形成一种网状结构,从而把土壤抱成了团。莫尼埃从植物根系的这个现象中得到启示:如果在制作水泥花坛时,在混凝土里面先加上一些网状的铁丝,不就可以使制作的花坛抗拉强度增加、更加结实、更经久耐用了吗? 于是他马上开始动手试验,效果很好,申请并得到专利权。

朗伯特和莫尼埃两人究竟谁最先发明了钢筋混凝土? 这一点无法细究。但有一点却是事实:英国人发明了水泥,而法国人在水泥混凝土制品方面的创造发明是首屈一指的。

此后,钢筋被用来增强混凝土,以弥补混凝土抵抗拉伸能力弱的缺点,大大促进了混凝土在各类工程结构中的应用。1872 年在美国纽约建造第一所钢筋混凝土房屋,1890 年美国人 Ransome 在 San Fransisco 建造了一幢 312ft 长的二层建筑物,从此钢筋混凝土在美国迅速发展起来。

1880 年,德国一些工程师开始进行钢筋混凝土力学性能方面的研究,并发表了其理论计算方法。1887 年,科伦(Koenen)提出了钢筋混凝土的计算方法。

随着大规模的钢筋混凝土构件的生产,其抗裂性能差的缺点逐渐显现出来。当应力达到较高值时,构件裂缝宽度将过大而无法满足使用要求,使钢筋混凝土结构的承载能力受到限制。为了满足变形和裂缝控制的要求,则需增加构件的截面尺寸和用钢量,这既不经济也不合理,因为构件的自重也增加了。

1928 年法国杰出的土木工程师 E. Freyssinet 发明了预应力混凝土。在钢筋混凝土构件承受外荷载之前对其受拉区预先施加压应力,就成为预应力钢筋混凝土构件。预压应力可以部分或全部抵消外荷载产生的拉应力,因而可推迟甚至避免裂缝的出现。预应力混凝土构件的抗裂性能、刚度和承载能力,大大高于钢筋混凝土结构,因而用途更为广阔。从此,土木工程材料进入了钢筋混凝土和预应力混凝土占统治地位的历史时期。

9.4 现代土木工程中的高性能材料

1. 高性能结构钢

钢材在土木工程中一直发挥着重要的作用。钢结构具有强度高、自重轻、抗震性好,施工速度快,地基费用省,施工占地面积小,工业化程度高,外形美观等特点,深受土木工程界推崇,加之近年来钢材产量越来越高及钢结构配件的多样化,钢结构建筑在我国越来越普遍。

然而,传统的钢材在强度、韧性、抗疲劳性、可焊性方面仍有较大缺陷,一定程度上限制着钢结构向更高、跨度更大以及更多领域的发展。20 世纪 90 年代,国内外学者提出了高性能钢材的概念,并着手开展研究,至今,其成果已经得到初步应用。

1994 年,美国联邦公路局(FHWA)、美国海军及钢铁学会(AISI)开始开发桥用高性能钢,同时,美国联邦公路局、美国海军、美国钢铁协会、钢铁厂、钢结构制造厂以及美国焊接协会(AWS)还组成了一个联合指导委员会。

高性能结构钢主要是通过调整和控制钢冶炼过程中的化学组分和通过对钢材进行正火、退火、控温控轧技术来生产的。高性能结构钢在强度、低温耐冲击性、耐疲劳性、断裂韧性、可焊性以及耐腐蚀性等方面,都比普通结构钢有不同程度的改善。

首先开发的高性能结构钢为 HPS 70W 和 HPS 100W 耐候、符合 3 区韧性要求且可焊性明显改善的系列钢材品种。随后,在桥梁工程师的要求下,还开发了 HPS 50W 钢。目前,HPS 50W 和 HPS 70W 高性能钢已在市场上供应,并广泛应用于桥梁、高层建筑等于木工程领域。

美国内布拉斯加州运输部于1996年建造斯耐德桥时就采用了HPS 70W高性能结构钢。

高强度钢是高性能结构钢的一种。在普通钢材中加入少量的合金元素，就可提高钢材强度，如低合金钢Q345钢（包括16Mn，12MnV，14MnNb，16MnRE，18Nb），Q390钢（包括15MnV，15MnTi，16MnNb，18Nb），Q420（包括15MnVN，14MnVTiRE）都是新研制和生产的高强度钢。在我国九江长江大桥建设中，就采用了15MnVN高强度钢。芜湖长江大桥跨度312m，也采用了14MnNb高强结构钢。

在寒冷工作条件下，钢材的冲击韧性显得尤为重要。材料科学家们根据此需求，已开发出低温韧性钢材。这种钢材即使处于0℃，-20℃甚至-40℃低温条件下，也能保持良好的韧性。低温韧性钢材的生产成功，极大地扩展了钢材在土木工程中的应用。如我国黑龙江省哈尔滨市年最低气温达-40℃，设计建造钢结构建筑物时就必须考虑钢材的低温韧性。在黑龙江电视塔——龙塔的设计建造中，就采用了强度高，且具有-40℃低温韧性的Q345钢。

目前已生产应用的高性能结构钢还包括高抗疲劳性钢、高可焊性钢、耐盐腐蚀钢等。日本专家开发的耐候钢不用涂装就可以使用，是极好的结构用钢材，可以将钢结构寿命周期的总花费减少到最小。

2. 高性能复合材料

通常所指的复合材料为玻璃纤维增强塑料（俗称“玻璃钢”）。这种复合材料利用了玻璃纤维的高强度、韧性和塑料的耐腐蚀性，具有强度高、韧性好、耐腐蚀等特性。从上个世纪初开始，玻璃钢就在化工、土木、机械、航空等领域发挥着重要作用。

然而，传统的以玻璃纤维增强塑料为代表的复合材料，其在韧性和强度方面仍然有所不足。科学家们通过各种尝试，通过改变增强材料的种类和基体材料的种类，以及改善增强材料与基体之间的界面粘结性能，生产出强度和韧性更高，耐腐蚀性更优异的复合材料，有些复合在斜拉桥的悬索中使用，有些则应用于军事基地的防弹掩体中。当然，由于工艺和成本等原因，大多数性能优异的复合材料仅用于结构物的修补加固工程中。

高性能复合材料的领域很宽。就增强组分——纤维的种类而言，可以有塑料纤维、金属纤维、碳纤维、石棉纤维、晶须等，就基体种类而言，可以是塑料、金属、陶瓷等。

21世纪是复合材料的时代，随着建筑物向高层、大跨和装配化方向发展，高性能复合材料真正作为土木工程领域中的结构材料的使用，将指日可待。

3. 高强高性能混凝土

20世纪80年代，法国学者首次提出“高性能混凝土（High performance concrete，简称HPC）”的概念。西方发达国家由于大量混凝土结构劣化的加速，认为有必要开发出新一代建筑材料（包括高性能的钢材、塑料、混凝土等）。在1990年5月由美国标准与技术研究院（NIST）和美国混凝土学会（ACl）主办召开了第一次国际HPC研讨会。在这次会议上，首次提出了有关HPC的定义：HPC是具备所要求的性能和匀质性的混凝土，这种混凝土按照惯常作法，靠传统的组分与普通的拌和、浇筑、养护方法是不可能获得的。HPC所要求的性能如下：易于浇注和密实而不离析，高的长期力学性能，高早期强度，高韧性，体积稳定，在严酷环境下使用寿命长久。

3年后，加拿大学者Aictin又阐述了HPC与高强混凝土的不同，指出，高强混凝土仅仅是强度高的混凝土，不等同于高性能混凝土。高强并不是高性能混凝土的特征。高性能混凝土在很多情况下强调的不是强度,而可能是其他特性,如施工性、体积稳定性、不开裂性、韧性和耐久性等。1992 年日本的 Okamura 等认为,高性能混凝土应具有高工作性(高的流动性、粘聚性与可浇注性)、低的温升、低收缩率、高抗渗性和足够的强度。

钢材和混凝土是当代土木工程领域中最主要的两大类结构材料。就水泥混凝土而言,经历了传统混凝土的阶段后,由于原材料的开发和组成、结构设计理念的更新,性能不断提高,种类也不断扩充,如高强混凝土、纤维增强混凝土、聚合物混凝土、自密实混凝土、高耐久性混凝土以及活性粉末超高强混凝土等,都是最近几十年来人们在混凝土材料高强、高性能化方面所取得的突出成就。

(1)高强混凝土

高强混凝土是使用水泥、砂、石等传统原材料,通过添加一定数量的高效减水剂(或同时添加一定数量的活性矿物材料),采用普通成型工艺制成的,使新拌混凝土具有良好的工作性,在硬化后具有高强性能的一类混凝土。20 世纪 60 年代末高效减水剂的生产和应用为高强混凝土的配制和应用创造了首要条件。

20 世纪 90 年代,我国曾经将强度等级为 C50 和超过 C50 的混凝土称为高强混凝土。美国对高强混凝土的定义至今仍采用 ACI(美国混凝土学会)在 1984 年提出的分类界限,即以圆柱体抗压强度标准值达到或超过 42MPa(相当于我国的 C50)混凝土为高强混凝土,但也有一些国家将这一界限定得更高。

随着实际工程中混凝土设计强度等级的提高,我国在 2000 年开始将高强混凝土定义为强度等级达到或超过 C60 的混凝土。

世界上最早大量应用高强混凝土的工程是高层建筑。位于马来西亚吉隆坡的 City Center,这一双塔大厦为钢筋混凝土结构,底层受压构件采用 C80 高强混凝土浇注。在钢 - 混凝土组合结构高层建筑中,强度等级用得最高的是美国西雅图的 Two Union Square(双联广场),其 3m 直径的钢管混凝土柱中的混凝土强度等级相当于 C130。

建造高层建筑、大跨度桥梁需要采用高强混凝土。我国早在 1980 年前后,铁路部门就在铁道科学研究院系统研究的基础上,在湘桂铁路复线的红水河三跨斜拉桥预应力箱梁中用了高强混凝土(C60),这是我国第一个采用泵送高强混凝土施工的工程。随着我国城市建设高潮的兴起,以及国家建设部将高强混凝土作为八五期间重点推广新技术的大力倡导,20 世纪 90 年代开始高强混凝土的应用出现了新局面。上海建筑工程材料公司等单位研制开发的 C80 高强混凝土,于 1994 年 10 月和 1995 年 7 月分别在上海浦东的世界广场地下室工程和上海国际大厦主楼工程的第 21 层框架结构中成功完成 C80 商品混凝土泵送施工。北京城建集团总公司构件厂于 1995 年 11 月在北京市财税大楼首层柱子施工中,选定 4 根柱子,用 C110 商品泵送混凝土成功浇注。

东方明珠电视塔采用 C50 高强混凝土,金茂大厦采用 C60 高强混凝土,而建造上海环球金融中心(图 9.11)则采用了 C80 高强混凝土。

图 9.11　上海环球金融中心(中)建成后的陆家嘴景观

采用高强混凝土浇注建造建筑物,不仅实现了建筑物超高、大跨的梦想,而且可以缩小柱子的直径、减小墙面的厚度,因而减轻建筑物的自重,增大建筑物的使用空间。目前使用的高强混凝土其强度可达 80 ~ 120MPa,而更高强度的混凝土(150 ~ 240MPa),已有研究成果的报导,相信不远的将来就可以实际应用了。

(2)纤维增强混凝土

远在人们仅以土、木和石等天然材料为主进行房屋建造活动的年代,就摸索出在泥浆中掺入稻草、稻壳等植物纤维进行增强的方法,他们采用这种“复合”材料进行砌筑和抹面,且深知对泥浆加筋可以起到增强和防裂作用。如在我国和古埃及一些古代建筑物上就发现了加筋增强的泥坯。

在泥坯中或夯土墙中掺入稻草、稻壳等,有效地增强了泥坯或墙身,防止了开裂现象的发生。在这种启发下,人们在混凝土中掺入各种纤维状物质,克服了混凝土材料脆性大、易开裂的弊病。

最开始使用的纤维是钢纤维和植物纤维(如木纤维和竹纤维),后来,玻璃纤维、陶瓷纤维、碳纤维、尼龙纤维等相继用于混凝土中,对改善混凝土材料的韧性,提高其强度和使用寿命都发挥了很大作用。纤维的品种、形状和尺寸各异,对混凝土性能的改善效果差别也较大。

钢纤维混凝土最开始用于结构的,是 1971 年为英国伦敦的希思罗机场汽车停车库生产的可装卸地面板,它的面积为 3.5ft^2,厚 2.5in。混凝土中含有直径为 0.01in、长度为 1in 冷拉钢纤维。这种板材使用 5 年后没有任何开裂迹象。

1971 年美国军队建筑工程研究实验室完成的钢纤维混凝土机场跑道实验表明,这种混凝土经受 350 次反复加荷后才出现第一条裂缝,而不添加钢纤维的纯混凝土只经受 40 次加荷就出现裂缝了。纯混凝土在加荷 950 次后彻底破坏,而钢纤维混凝土加荷 8 735 次后地面虽有细微裂缝,但仍然十分耐用。

在我国,上海浦东机场以及上海虹桥机场二期工程等的机场跑道中均采用了钢纤维混凝土,使得机场跑道的耐磨耗性和使用寿命大大增强。

另外,钢纤维混凝土在路面修补,隧道衬砌工程中也大量应用。为提高抗裂性和抗冲击性,核废料储存罐、地铁管片等也开始大量采用钢纤维混凝土进行浇注。

塑料纤维用于混凝土则极大地增强了混凝土凝结、硬化和干燥过程中的抗开裂性。在水池、水塔、游泳池等工程的建造,以及超长结构的施工中,采用塑料纤维混凝土,则可施工建造出致密、不渗水的超强结构。

(3)聚合物混凝土

人们从古代糯米三合土得到启发,在混凝土中添加聚合物,提高其强度和阻尼性能。大家知道,塑料、橡胶的柔韧性较好,而水泥浆体和混凝土几乎没有韧性,如果将这两种材料结合在一起生产建筑材料,则可以取长补短,达到较好的使用效果。

世界上第一个申请用天然橡胶乳液改性水泥砂浆及混凝土专利的是里夫布尔(1923 年,英国专利,专利号 2112791924)。1932 年邦德获得第一个用人造橡胶乳液改性砂浆和混凝土的专利。20 世纪 40 ~ 50 年代,人们发明了多种合成聚合物橡胶进行改性的专利,并把这种改性水泥砂浆应用到船舶、桥梁、地面和道路的面板涂层,作为防腐和粘结材料。20 世纪 60 年代,除了将合成橡胶用于混凝土改性外,又开始将聚苯乙烯、聚丙烯酸酯、聚氯乙烯等掺入混凝土进行改性。到了 70 年代,人们已经可以使用不同形态的聚合物,例如聚合物单体、树脂、聚合物粉末等制备聚合物混凝土。

聚合物的种类很多,可以是天然的和人造的,可以是橡胶也可以是各种树脂,可以是乳液形式的，也可以是粉末状的。将其掺加到混凝土中，它们填充在混凝土内部结构的孔隙中，提高了混凝土的抗渗水性，同时可以使混凝土具有更好的柔韧性。

目前，工程普遍采用聚合物砂浆或聚合物混凝土浇注防水结构、抗裂结构、耐磨结构等，聚合物砂浆或聚合物混凝土还常被用作修补材料，在道路、大坝及建筑结构物的修补中发挥着重要作用。

(4)自密实混凝土

普通混凝土由于流动性较差，浇注后必须通过振捣才能密实，对于一般的结构，如墙面、梁、柱子和地坪等，一般都是采用这种方法施工。但是对于结构形状复杂、钢筋密集、难以实施振捣的部位，采用普通混凝土进行浇注，显然是不可能的。那么，能否将混凝土制成像水一样流动无阻的拌和物呢？从20世纪80年代开始，日本的许多混凝土学者在这方面进行了大量研究工作，并实现了梦想，他们将这种流动性非常优异，能够靠自身重力流动并填充模板空间的混凝土称作自密实混凝土(Self Compacting Concrete 或 Self Leveling Concrete)。

日本建筑协会在材料施工委员会下设置了"高流动性混凝土"分会，并于1992年到1995年三年内对自密实的质量标准、材料、配合比、施工、质量管理等有关内容进行了研究，1997年1月制定了"高流动性混凝土材料、配比、制造、施工指针"，大大推动了自密实混凝土在日本的应用。1998年8月日本在一次国际会议上宣布到2003年自密实混凝土的用量超过混凝土总用量50%的计划。

欧洲也不甘落后，出资300万欧元资助由多国建筑商、混凝土专家、外加剂生产厂、钢纤维生产厂联合攻关的开发项目，旨在开发土木工程通用型自密实混凝土(较高的强度)以及建筑用高质量饰面效果的纤维增强自密实混凝土，其目标是赶上和超过日本技术。

我国从20世纪90年代初期也开始了免振自密实混凝土的研究。从1995年开始，深圳、上海、北京等城市应用自密实混凝土浇筑了数十万立方米，主要应用于地下暗挖、配筋稠密、形状复杂等无法浇筑和振捣的部位，解决了施工扰民的问题，缩短了浇注工期，保证了工程质量。

(5)高耐久性混凝土

混凝土的耐久性，实际上就是指混凝土在所处环境下的使用寿命。在过去的一个世纪里，一般建筑的设计寿命往往是定为50年，这相对于过去的砖混建筑也算是长寿命了。在过去的80年里，发达国家建造了大量混凝土建筑，现在都陆续达到了使用设计年限，而混凝土结构也的确有损伤甚至严重破坏的现象，尤其是桥梁、海港、水下建筑以及道路和机场。就修复和加固而言，仅美国每年就要花费数百亿美元。

我国宁波北仑港一期工程于1981年建成，1987年就不得不实施修复。随后，该工程只又服役了11年便彻底失去使用功能。据调查，该工程钢筋胀裂面积达到79% ~100%。湛江码头1956年建成，1963年就出现了明显的腐蚀破坏。海工混凝土使用年限的严重不足，对社会直接造成了巨大的经济损失。

随着经济的发展，海洋环境下的混凝土建筑物也已越来越多。然而，由于海洋工程及近岸结构的高盐、高湿等特殊环境，使得混凝土结构更易腐蚀破坏，而且混凝土建筑物一旦破坏，维修作业将耗费大量人力、物力和财力，有的结构甚至无法维修，必须重建。

我国铁道部、交通部、建设部已经或正在制定的有关混凝土结构耐久性设计规范中都提出混凝土设计使用寿命长短的规定，将混凝土结构设计使用寿命划分为30年、50年和100年三个等级。如果能使桥梁等重大结构物使用寿命从目前实际上的20年左右提高到100年，则混凝土工业的资源效率就会提高5倍。

如果能通过合理的设计和利用高性能的土木工程材料，把建筑物的寿命提高到100年乃至200年，这是对人类重大的贡献。有人甚至提出，像三峡大坝这样的巨型工程，应有500乃至1000年的寿命极限。

高耐久性混凝土的安全使用期限的设计远远高于常规混凝土（现行标准中一级建筑只有50年）：①重要建筑在不利环境中为100年，如日本兴建的世界上最长的悬索桥—明石跨海大桥，其三跨总长3 910m，中跨长1 990m，两个锚墩中共使用了40万m^3水下浇注的高性能自密实混凝土，使用寿命考虑为100年；②正常环境中为200年，如连接英法两国英吉利跨海隧道中使用的高性能混凝土，耐久性要求达到200年；③特殊用途为300年，如法国核废料贮罐设计。

作为上海深水港重要组成之一的东海大桥南起浙江崎岖列岛小洋山岛的深水港区，北至上海南汇芦潮港的海港新城，跨越杭州湾外北部海域，全长31km，在国内首次采用100年设计基准期，如图9.12。

科技人员从混凝土原材料的选择、混凝土配合比的设计和用水量的控制等多个方面进行研究，主要采用了专用的掺和料，如海工Ⅰ号和海工Ⅱ号掺和料；高性能的减水剂，如聚羧酸系高性能减水剂；混凝土水胶比不得超过0.45；混凝土用水量不得超过150kg/m^3等。

采用高耐久性混凝土的另一个重要实例是杭州湾跨海大桥（图9.13），设计使用寿命也为100年。该项工程采用的混凝土全部为具有高耐久性的高性能混凝土，而且有了东海大桥高耐久性混凝土配制和施工经验作为借鉴，其建造水平迈上了一个新台阶。

图9.12　东海大桥高耐久性混凝土桥墩和箱梁

图9.13　杭州湾大桥全线贯通（2007年6月26日）

(6)活性粉末超高强混凝土

混凝土的基本组成材料已经由原来的水泥、砂、石子和水等四组分，演变到当今的水泥、掺和料、外加剂、砂、石子和水等六组分。经过近20年的研究，强度为120MPa左右的混凝土已在实际工程中应用，那么能否通过进一步的措施，提高水泥基材料的强度，以期达到近乎钢材的强度，为水泥基材料替代钢材创造良好的技术条件呢？

20世纪90年代初，法国的BOUYGUES科学部以Pierre Richard为首的研究小组首先研究开发了一种新型超高强水泥基材料，这种材料由于其中粉末组分的活性和细度的增加而取名为活性粉末混凝土（Reactive powder concrete，简称RPC）。RPC由密实填充的细颗粒混合料、高效减水剂和钢纤维在低水胶比下拌和成流态浆体经养护硬化而制成，随组成、成型工艺及养护方法的不同，RPC可以有200～800MPa的强度。

RPC具有非常优异的力学性能，与高强混凝土相比，它具有约高3～12倍的抗压强度和约大于200倍的延性。这种材料内部结构密实，耐久性高。从国外的研究结果可以看到，除了在热养护期间表现出一定的收缩外，在热养护后几乎不产生收缩；另外值得注意的是，RPC200

的基本徐变也减少到普通混凝土或是高性能混凝土的 10% 左右。显然,RPC200 对于收缩和徐变的敏感性非常小,因而 RPC200 的长期性能也是有保证的。这些优异的性能,消除了结构设计中由于时效应变而带来的许多问题。

与预应力钢筋混凝土相比,应用 RPC 可以大大减小构件尺寸。图 9.14 为承载能力相同条件下,RPC 构件与钢构件、预应力混凝土构件、钢筋混凝土构件的截面尺寸比较。相信在不远的将来,RPC 部分或完全替代钢材的梦想可以实现。

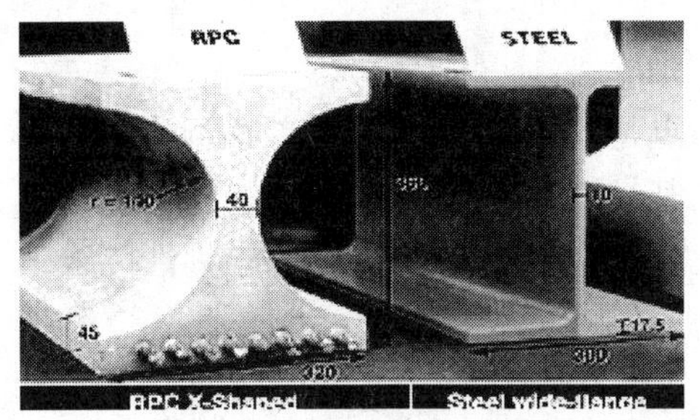

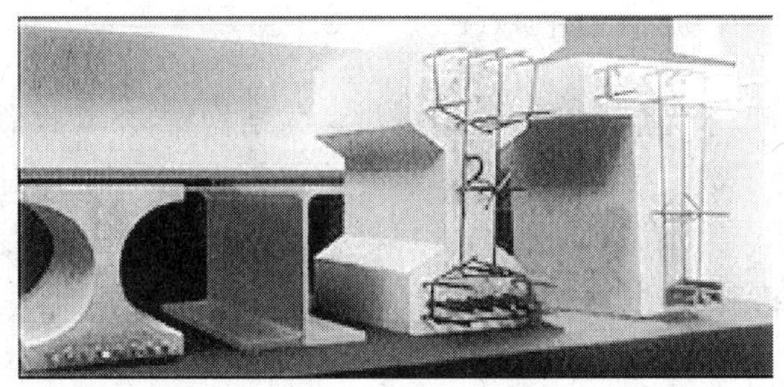

图 9.14　RPC 与钢构件、预应力混凝土构件、钢筋混凝土构件的对比

(7)轻集料混凝土

不管是水泥混凝土,还是钢材,都是很厚重的材料。建筑材料自重大,本身就占了很大重量,对超高层建筑的设计建造带来了一定阻力。如上海金茂大厦,88 层,420.5m 高,耗用钢材 76 000t,浇注混凝土 18 万 m^3(43.2 万 t),其自重相当大。轻集料混凝土就是人们在轻质高强材料开发方面迈出的一步。

1913 年美国研制成功页岩陶粒(国外又称膨胀页岩),很快就用它配制成抗压强度为 30 ~35MPa 的轻集料混凝土(表观密度 1 400 ~1 900kg/m^3),应用在房屋建筑、船舶制造和桥梁工程中。至 1920 年,就已用它建造了 10 多座桥梁。80 年代初,美国的轻集料混凝土已在 400 多座桥梁工程中应用。轻集料混凝土还被用作修复、加固、扩建旧桥梁等工程。

日本在二次世界大战后大力发展人造轻集料的生产。1970 年达最高峰,年产约 300 万 m^3,不仅用于建造民用与工业建筑,还在城市、公路、铁道桥梁及海洋构筑物(含采油平台)上广泛应用。

德国是天然轻集料生产和应用最多的国家。早在 1961 年,在莱茵河威士巴登市附近的一条支流上曾用轻集料混凝土建成 1 座 3 跨总长为 235m、主跨为 105m 的预制预应力轻集料混凝土弓形步行桥。以后又相继在莱茵河上建造数座 3 跨现浇的预应力轻集料混凝土悬臂弓形箱桥,主跨最大跨度达 185m。

我国早在 20 世纪中叶就开始对轻集料及轻集料混凝土进行研究,但发展缓慢,至今人造轻集料的年产量还不到 400 万 m^3,且主要在工业与民用建筑中应用。尽管这样,还是积极地将轻集料混凝土推广用于桥梁建设。

我国使用的轻集料混凝土强度一般不高于 LC30。直至 20 世纪的 90 年代后期,在上海、宜昌等地研制成功高强轻集料并开始在桥梁工程中应用。2000 年在天津,用强度等级为 LC40 的轻集料混凝土建成 1 座预应力多跨连续箱形桥梁——永定新河桥引桥,全长 1 500m,每跨最大跨径为 35m,是我国轻集料混凝土用量最大、强度等级最高的桥。

近来,关于轻集料混凝土的研究和应用越来越广泛。我国已经可以利用轻集料制得 C60 ~C80 高强轻集料混凝土,且实现了预拌生产和泵送施工。这类混凝土适用于高层建筑和大型混凝土结构工程的泵送施工。

高强轻集料混凝土的研究与应用方兴未艾。此外,高强度合金钢、高强度塑料、高强度的各种复合材料等的研究和应用也已在世界范围内兴起。不论是钢材,还是混凝土,或各种墙面材料、屋面材料,高强轻质化是今后的发展方向。

9.5 未来土木工程中的新材料

1. 韧性抗裂材料

水泥混凝土作为用量最大的结构材料,其致命的弱点是脆性大,耐冲击性差、耐疲劳性差。为了改变混凝土材料的这种缺点,有效措施之一是提高其韧性和抗裂性。前已述及,将各种纤维作为水泥基材料的增强材料,可以极大地提高混凝土的韧性和抗裂性。目前,在韧性抗裂材料方面已取得如下成果。

(1)渍浆钢纤维水泥(又称 SIFCON)。20 世纪 80 年代,美国 Lankard 开始研制渍浆钢纤维水泥,是一种将水泥浆或水泥砂浆渗浇到钢纤维堆体中的高强度高韧性复合材料。当钢纤维体积率为 10% 时,这种材料抗冲击能力可提高 300 倍。

(2)渗浇钢纤维网水泥(又称 SIMCON),是将水泥浆或水泥砂浆渗浇到预置于模具中的定向分布的钢丝网中,而不是乱向分布的钢纤维。其增强增韧效果比 SIFCON 成倍提高。SIFCON 和 SIMCON 对于承受重复荷载作用和爆炸作用的结构具有显著的优越性,可望用于军事工程、保险库、防爆仓库容器、桥面接缝等结构。

(3)活性粉末水泥(RFC),是采用水泥、超细粉料(硅粉、石英粉)及石英细砂和细短钢纤维、超塑化剂、极低水灰比经蒸压养护制成的一种超高强复合材料,抗压强度可达 200MPa 和 800MPa,弯拉强度最高可达 60~140MPa。RFC 目前处于开发的初级阶段,加拿大用其在严寒地区建筑一座人行桥,法国研究用于储藏核废料的储罐。

(4)纤维增强无宏观缺陷水泥(FRMDFC),采用碳化硅纤维或是芳纶纤维、水泥、水和水溶性聚合物等制作成的复合体,其内部无宏观缺陷。

(5)PVA 纤维增强加水泥(常称 ECC),密歇根大学工程学教授维克托·李将经过等离子处理的 PVA 纤维加入水泥砂浆中,制成了一种重量轻、并且更具有耐久性的可弯曲材料,这种纤维增强材料可用于建造新的结构物,如桥面板、道路路面、建筑物隔墙、洞库、隧道衬砌等,可用于旧有结构物的修整、翻新,也可用于抗地震加固。这种纤维增强材料可以在工地现浇,也可制成规格板材使用。现场拼装时,它可用螺栓连接或用砂浆连接。

总之,通过加入纤维和聚合物,大幅度提高水泥基材料的韧性和抗开裂性,扩展其应用领域,仍是今后土木工程材料领域的一大任务。

2. 绿色环保型材料

水泥生产主要采用的原材料由石灰质原料、黏土原料和校正原料三部分组成。水泥大宗生产必将导致对水泥原材料的大面积采掘,然而石灰质原料和黏土原料均属于不可再生资源,使资源枯竭问题迫在眉睫。

水泥大宗化生产不仅面临原材料资源短缺问题,而且还面临如何减轻对环境污染的重任。水泥生产对环境的污染主要是烟尘、粉尘、废气、废水和噪声等,废气污染主要是 CO_2、SO_x、NO_x 的排放。水泥生产如何走生态化可持续发展的道路?这是我们必须考虑并必须采取有效措施的。

近年来我国经济进入高速发展阶段，基础设施建设规模越来越大，每年用于浇注混凝土的骨料就高达15亿m^3，因此有许多丘陵被铲平。我国每年因过度开采等许多人为因素引起的自然灾害（如洪水、水土流失、泥石流、环境污染、生态破坏等），导致直接和间接经济损失达数百亿元，这都将影响到我国的可持续发展。河沙的打捞不仅影响河道通行，而且影响河道生态平衡。

日本东京大学山本良一教授于20世纪80年代提出了“环境材料”的概念，他指出环境材料应该具有先进性、舒适性和环境协调性。所谓环境材料，是指对资源和能源消耗少、生态环境影响小，再生循环利用率高，或可降解使用的具有优异使用性能的新型材料。1997年日本秩父小野田公司利用城市垃圾烧却灰和下水道污泥等为主要原材料（原材料中60%为废弃物，其中城市垃圾灰占20%～30%），生产出高强度水泥，从而把城市垃圾变成了一种有用的建设资源。我国自20世纪70年代开始在混凝土制备过程中，以工业固体废渣替代部分水泥，节约了水泥用量。

针对当前城市改造过程中大量拆除的旧结构物混凝土，日本、欧洲和美国等自20世纪70年代就开始研究再生利用的各种技术措施，取得很多成果。

我国从20世纪90年代开始研究整套的破碎、分级技术，研究用废旧混凝土颗粒作为集料配制混凝土的切实可行的方法，用来浇注强度要求相对比较低的结构、路基路面等工程，这是循环利用混凝土材料的有效措施。2003年，再生混凝土被成功用于混凝土砌块的生产，图9.15为在上海建造的第一座再生混凝土砌块建筑。

图9.15　用再生混凝土砌块砌筑的二层楼房

3. 智能建筑材料和多功能建筑材料

随着电子信息技术和材料科学的不断进步，社会及其各个组成部分，如交通系统、办公场所、居住社区等正在向智能化方向发展，作为最主要的建筑材料的混凝土材料也正向多功能化和智能化方向发展。作为混凝土材料发展的高级阶段，研究和开发具有主动、自动地对结构进行自诊断、自调节、自修复、自恢复的智能混凝土已成为结构—功能一体化的发展趋势。

国内外学者于20世纪80年代中后期提出了机敏材料（Smart materials）与智能材料（Intelligent materials）概念。机敏材料能够感受外界环境的变化，而智能材料要求材料体系集感知，驱动和信息处理于一体，形成类似于生物材料那样的具有智能属性的材料，具有自感知、自诊断、自修复等功能。

在1989年，美国的D. D. L. Chung发现将一定形状、尺寸和掺量的短切碳纤维掺入到混凝土材料中，可以使混凝土材料具有自感知内部应力、应变和损伤程度的功能。

C. M. Day将装入化学药品的多孔玻璃纤维放置在混凝土中，如果混凝土因地震或其他应力而发生破裂，空心玻璃纤维就会破裂，释放出一种粘合剂阻止进一步的破裂。日本学者将内含粘结剂的空心胶囊掺入混凝土材料中，一旦混凝土材料在外力作用下发生开裂，部分空心胶囊就会破裂，粘结剂流向开裂处，可使混凝土裂缝重新愈合。在1994年，美国伊利诺伊斯大学的Carolyn Dry将内注有缩醛高分子溶液作为粘结剂的空心玻璃纤维埋入混凝土中，使混凝土产生了自愈合效果。

将碳纤维混凝土应用于机场跑道、桥梁路面等工程中,利用这种混凝土的电热效应,实现了自动融雪和除冰的功能。在实际工程应用中,已取得了很好的效果。在建筑材料配料中掺加一些特殊的功能性物质,科学家们已经可以制作光致变色、热致变色、自调湿、灭菌、处理汽车尾气等具有各种功能的材料。

2006 年 7 月,28 岁的匈牙利建筑师洛松奇兹在华盛顿国家建筑博物馆展示了自己的新发明——可透光的混凝土(LiTraCon),这种可透光的混凝土由大量的光学纤维和精致混凝土组合而成。这种混凝土通常做成预制砖或墙板的形式,离这种混凝土最近的物体可在墙板上显示出阴影,如图 9.16。

最近,科学家已研制成功一种具有发光功能的混凝土,它是一种由有机和无机材料制成的、在吸收太阳能后能够自动发光的材料。该发明利用建筑物一年四季总处于日照之下的优越条件,在有阳光照射时利用发光混凝土吸收、贮存和转换太阳能;当没有阳光照射时发光混凝土又可以把贮存的太阳能以光的形式释放出来,达到照明、装饰、节能的目的。如果将发光混凝土铺设在公路上车道、人行横道线和各种路面标志,在晚上显得一清二楚。

图 9.16　透光混凝土

智能化建筑材料和多功能建筑材料充分吸收着现代科学技术的精华,把土木工程引入一个全新的阶段。

轻质、高强和耐久是土木工程永恒的主题。未来的土木工程要向高空发展,向地下发展,向海洋发展,向太空发展,这需要适合于各种新环境、新用途、新功能和新施工技术的新型土木工程材料的出现。人口增长、资源枯竭、能源短缺、环境污染严重,这些都需要土木工程材料绿色化、减量化、再生利用化。

基础学科及相关工程学科的发展为土木工程材料的高性能化、多功能化、智能化和绿色生态化创造了越来越充分的条件,日新月异的土木工程设计理念和建造技术对土木工程材料的发展提出了越来越多的新课题。作为土木工程的物质基础,土木工程材料必将成为多项技术的复合载体,继续发挥其不可替代的作用。

参考文献

[1] J. Jackson. Civil Engineering Materials. The Macmilian Press LTD, 1983.

[2] A. Komar. Building Materials and Components. Mir Publishers, Moscow, 1976.

[3] 张承志主编,王爱勤,邵惠副主编. 建筑混凝土. 北京:化学工业出版社,2001.

[4] 汉南特 D J 著,陆建业译. 纤维水泥与纤维混凝土. 北京:中国建筑工业出版社,1986.

[5] 王燕谋编著. 中国水泥发展史. 北京:中国建材工业出版社,2005.

[6] 陈宝春编著. 钢管混凝土拱桥设计与施工. 北京:人民交通出版社,1999.

[7] Alexis Neumann. Werkstoffe mit Zukunft. Urania-Verlag, Berlin, 1977.

[8] 朱张校主编. 工程材料. 北京:清华大学出版社,2001.
[9] 吴人洁主编. 复合材料. 北京:天津大学出版社,2000.

思考讨论题

1. 您是否了解土木工程材料的对土木工程产生的深远影响?
2. 您认为我国劳动人民对世界土木工程的发展做出了哪些突出贡献?
3. 土木工程的三次大飞跃分别由哪些土木工程材料的生产和应用带动的?
4. 钢材与混凝土的巧妙组合为土木工程产生的影响如何?
5. 您能否举例谈谈我国在高性能混凝土的研究和应用方面取得的成绩?
6. 您能谈谈土木工程材料走绿色化发展方向的迫切性和必要性吗?
7. 您能谈谈土木工程材料智能化和功能化的好处吗?
8. 您能结合土木工程的发展方向,展望一下土木工程材料在未来50年的前景吗?

第十章　高新技术应用

10.1　概　　述

诚如本书第一章所述，进入20世纪中叶以来，土木工程的发展呈现出了传统建造技术与现代高新技术相结合的基本特征。电子计算机的诞生，促进了结构分析计算能力的显著进步，加快了结构分析、设计、施工过程一体化的进程；现代试验技术的发展，不仅使人们可以深入到细观领域认识土木工程材料在外部作用下的损伤、破坏机理，而且使人们可以较为直接的考察土木工程结构在诸如地震、强风、大火等灾难性荷载作用下的变形、破坏特征，从而使得工程结构设计理论不断向纵深处发展；发端于20世纪70年代的结构控制思想与技术，逐步得到土木工程师的认识和信赖，形成了工程结构设计理念的一次重要进步；形成于20世纪80年代后期的结构健康检测与安全性预警技术，使得现代土木工程结构不断地朝着具备某种智能水平的方向迈进。现代高新技术在土木工程中的应用，已经成为现代土木工程发展的重要标志之一。

10.2　计算机与仿真技术

1. 土木工程中的计算机应用技术

计算机的发明，最早可以追溯到17世纪中叶。1642年，法国科学家布莱斯・帕斯卡发明了第一台机械式数字计算机。1835年，英国数学家查尔斯・巴贝奇提出了具有现代意义上的计算机原型设计并进行了毕生的努力。但直到1940年，才诞生了第一台电子计算机。

电子计算机的出现，大大促进了人类文明的进步，极大地改变了世界的面貌。在土木工程中，计算机的应用主要表现在结构计算分析技术的进步、计算机辅助设计、计算机施工过程管理等方面。

在20世纪60年代之前，土木工程中的结构分析主要依靠力学解析理论。由于问题的复杂性，对许多工程设计中涉及到的计算分析问题，不得不采用简化的或近似的方法。电子计算机的出现，为改变这种局面提供了契机。1956年，波音公司的Turner、Clough等人在分析飞机结构时系统研究了杆、梁、三角形的单元刚度表达式。1960年，美国科学家Clough(图10.1)第一次提出并使用“有限单元方法”的名称。20世纪70年代，有限单元法逐步在土木工程中得到应用，并逐步发展出了许多大型商业软件。在这一过程中，英国科学家Zienkiewicz(图10.2)做出了重要的贡献。今天，人们已经能够比较轻松地对大型复杂土木工程结构进行建模、计算、分析与设计。图10.3即为利用有限单元法在计算机上实现的高层建筑的

图10.1　美国科学家Clough教授

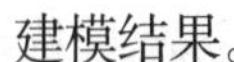

建模结果。

图 10.2 英国科学家 Zienkiewicz 教授

结构分析计算技术的进步还推动了土木工程结构的计算机辅助设计(CAD)技术的发展。计算机辅助设计技术是交互式计算机图形学和结构计算分析理论相结合的产物。典型的计算机辅助设计系统包括两个基本的组成部分:软件和硬件。软件部分包括结构建模、分析计算与设计,以及图形生成等内容;硬件部分则由计算机、信息输入与输出设备构成。现代意义上的计算机辅助设计系统已经可以通过人—机交互作业的方式实现土木工程结构的全过程设计。

在土木工程中应用计算机,对于提高土木工程施工的效率也有着极其重要的意义。利用计算机开发的施工过程管理系统,可以实现施工方案生成、施工进度计划控制、施工过程仿真等多种功能。例如,日本研制成功的高层建筑自动施工系统,集爬升装置、提升设备、焊接机器人、工业摄像机等为一体,利用以施工信息数据库为中心的控制软件进行控制,可以减少 80% 劳动工作量。进入 21 世纪,在一些先进的发达国家,更提出了集成化的计算机设计施工技术。这类技术集设计软件和施工系统为一体,可以实现工程设计阶段和工程施工阶段的数据交换与数据共享,从而大大提高了工作效率。例如,对于较为规则的高层建筑,运用这种技术在几天的时间内即可得到初步设计图纸、较为详细的施工进度计划和费用估价。

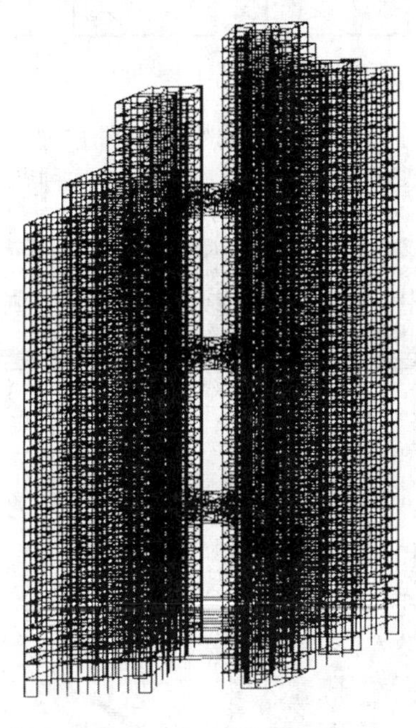

图 10.3 高层建筑的计算模型

2. 土木工程中的计算机仿真

计算机仿真不仅可以应用于前述的施工过程仿真之中,也可以应用于工程结构的破坏过程仿真、土木工程系统的灾害过程仿真等领域。事实上,计算机仿真已经发展成为一门对自然现象、客观事物运动规律乃至系统工程进行模拟的科学分支。

工程结构的破坏过程仿真包括三个层次:材料层次、构件层次、结构层次。以混凝土结构为例,在材料层次,可以利用图形学和计算机仿真技术,随机地生成混凝土试件中的骨料、砂浆的分布,见图 10.4(a),称为数值混凝土试件。然后,根据对混凝土材料细观结构的研究,借助于有限单元分析方法,可以分析在规定加载路径下数值混凝土试件的损伤、开裂与破坏过程,见图 10.4(b)、(c)。

在混凝土试件层次,根据相似的原理,也可以通过计算机模拟给出混凝土梁、柱、墙、板等构件在外力作用下的损伤与破坏过程。随着计算技术与图形学仿真技术的进步,现在人们已经可以进行某些整体结构在灾害作用下破坏过程仿真。例如,图 10.5 即为框架结构在爆破荷载作用下产生倒塌的数值模拟结果。

近代土木工程的发展趋势之一,是对于土木工程系统的关注与重视。电力系统、交通系统、城市供水、供燃气系统等是维持现代社会生活的基础性工程设施系统。由于其重要性,人们常常称这些系统为生命线工程系统。这些系统覆盖范围广、对灾害敏感的部位多、牵一发动全身,具有很强的相互关联性质。怎样提高生命线工程系统,抵抗自然灾害的能力,给传统土木工程提出了新的挑战。由于生命线工程系统庞大、复杂,试图进行整体系统的模型试验和原

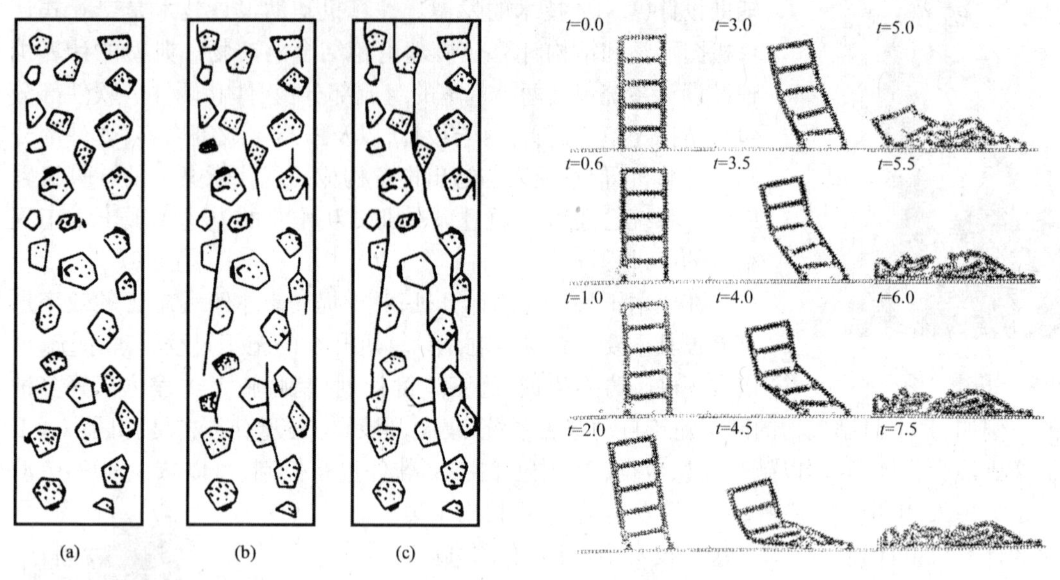

图 10.4　混凝土数值试件与破坏仿真

图 10.5　混凝土框架的倒塌仿真

型试验是非常困难的。在这种背景下,结合典型单元的物理试验研究,进行整体系统的计算机

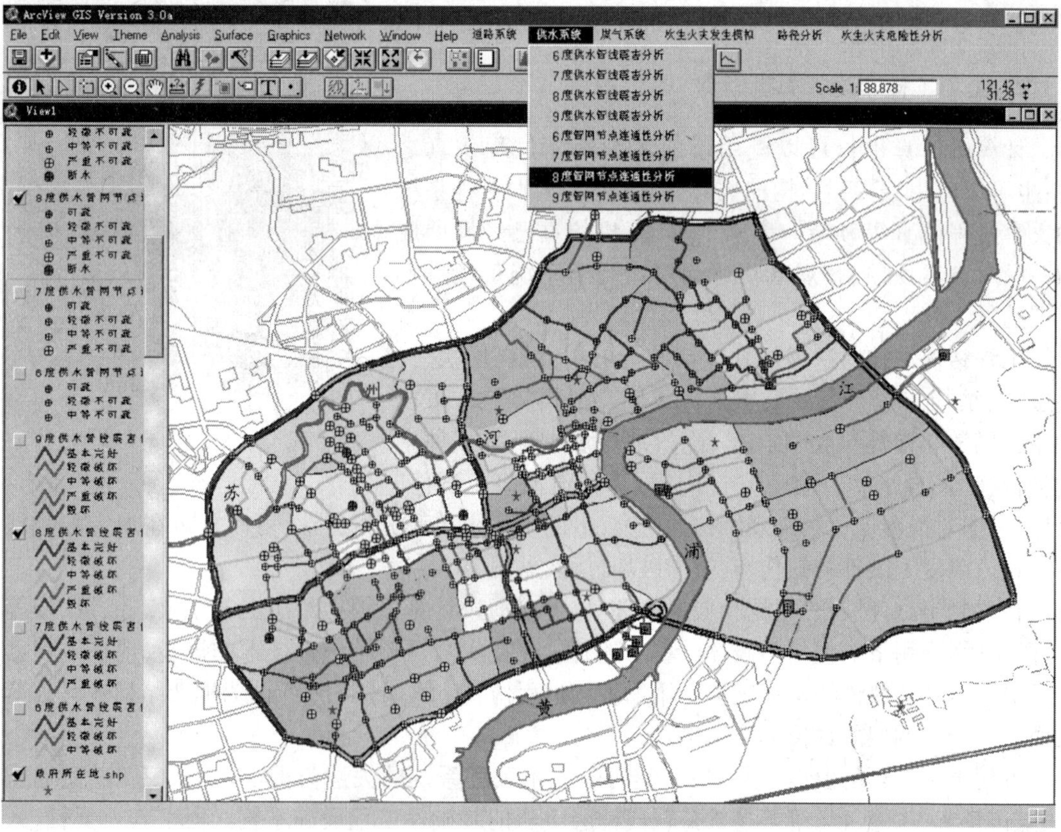

图 10.6　城市供水管网的地震灾害预测

仿真分析,就显得格外有意义。通过对工程系统在灾害作用下的仿真分析,可以发现工程系统抗灾的薄弱环节,寻求提高系统抗灾能力的措施和途径,优化工程系统的设计。因此,生命线工程系统灾害过程计算机仿真也得到了人们的重视。这类仿真可以分为单一工程系统和复合工程系统的仿真两个层次。在单一工程系统的仿真研究中,通过对系统典型部件的抗灾能力分析,结合计算机仿真技术,可以科学的预测这一系统在潜在灾害等一旦发生后的性能。图10.6 即为某城市的供水管网系统在地震灾害下的预测结果。在复合生命线工程系统层次,通过将不同系统的计算机仿真技术动态地结合起来,可以实现城市灾害场的计算机模拟与仿真。这一仿真过程牵涉到了建筑物的倒塌仿真、震后交通系统的仿真、震后供水系统的仿真、地震次生灾害发生与蔓延过程的仿真等内容。

可以相信,随着人类对自然现象基本规律认识水平的提高、计算机科学技术的进步,计算机仿真技术在土木工程中必然可以获得更为长足的发展与进步。

10.3 现代结构试验技术

工程结构的试验技术起源于 19 世纪初。20 世纪 60 年代中期以来,随着电液伺服加载装置的问世,结构试验开始走进现代技术的发展阶段。以结构模拟地震加载技术、结构风洞试验技术、结构抗火试验技术为代表,现代试验技术对于人们研究工程结构受外部作用而发生变形与破坏的基本原理、发展结构分析理论与设计理论,起到了至关重要的基础性作用。

1. 结构抗震试验技术

20 世纪 60 年代末,在美国加州大学伯克利分校,日本国立防灾科学中心相继建成了大型地震模拟振动台,标志着工程结构的抗震试验技术走到了现代发展阶段。通过地震模拟振动台试验,可以基本真实地再现试验结构的地震破坏过程,为人们深入研究结构破坏机理、检验结构抗震设计理论提供了一条可能的途径。自 20 世纪 60 年代以来,在世界范围内已经建成 100 多台中型规模(台面尺寸 $2\times2m^2$)以上的地震模拟振动台。由于大跨度结构抗震研究的需要,进入 21 世纪之后,在世界范围内又开始了建造多点输入的地震模拟振动台的热潮(图 10.7)。

典型的地震模拟振动台主要由振动台台面、基础、电液伺服作动器、计算机控制系统和数据采集系统构成。在模拟地震振动台上,可以进行较小尺寸结构的原型试验,也可以进行较大尺寸结构的缩尺模型试验。在缩尺模型试验中,如何正确确定试验模型与原型结构之间的相似关系,是一个尚未很好解决的问题。

1969 年,日本学者 Hakuno(伯野)提出了结构抗震试验的联机实验方法(现在通称拟动力试验方法)。这一方法试图将计算机对结构的数值仿真结果与试验的加载驱动过程结合起来,从而实现真实地模拟地震对结构作用的目的,并解决结构试验中非线性恢复力模型难以正确表达的困难。20 世纪 80 年代以来,拟动力试验技术已经在世界范围内得到了很大的发展。但是,如何通过这种试

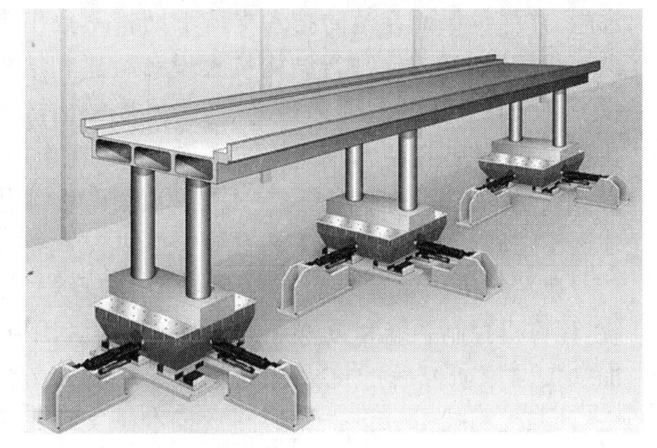

图 10.7 多点输入的地震模拟振动台

验技术建立合理的材料抗震分析模型与方法,仍然是一个悬而未决的问题。

2. 结构风洞试验技术

风洞是一种模拟大气流动的实验装置。最初风洞是为了航空航天研究而建造的。20 世纪 70 年代以来,通过以美国科学家 Scanlan 为代表的一批科学工作者的努力,土木工程中的风洞实验技术蓬勃发展起来。

典型的风洞实验装置包括风机、气流扩散段、湍流模拟装置、试验区段、计算机控制与数据采集系统等内容。用于土木工程抗风试验的风洞主要用于模拟在大气边界层内的空气流动过程,因此又称为大气边界层风洞。按照研究目的的不同,风洞试验可以分为高压天平试验、气弹模型试验等类型。在风洞实验中,如何正确模拟空气流动中的湍流特征、大气边界层中的梯度风效应以及大比例缩尺模型的气动弹性效应是试验技术的难点和关键。图 10.8 是上海金茂大厦模型在同济大学边界层风洞中进行试验的照片。

图 10.8　风洞实验

3. 结构抗火试验技术

建筑火灾往往对建筑物内人员的生命安全造成很大的威胁,为了保证在火灾中建筑物内人员有足够的时间逃生,并尽量保证在消防技术支持下结构不致出现严重破坏或倒塌,就需要进行结构抗火设计。建立结构抗火设计理论与方法的重要途径之一,是发展结构抗火试验技术。尽管结构抗火试验可以追溯到 19 世纪末期,但具有现代意义的结构抗火试验技术是 20 世纪 60 年代以来才逐步发展起来的。

典型的抗火试验装置包括燃烧器、试验炉、加载系统、计算机控制系统和数据采集系统等部分。图 10.9 是加拿大国家研究院的抗火试验装置。在抗火结构试验中,升温控制技术和试件变形测量技术是实现正确反映结构火灾性能的关键。

图 10.9　结构抗火实验炉

10.4 结构振动控制技术

1. 结构振动控制的基本概念

土木结构除了要能够承受自重及使用荷载等静力荷载外,还须满足在动力荷载作用下的强度和稳定以及使用性要求。结构在动力荷载作用下,会发生振动。最常见的动力荷载是风和地震,它们会给结构带来直接的破坏,或影响结构的正常使用。随着现代交通的发展,车辆等交通运载工具引起的动力荷载也越来越被人们关注。

结构为什么会发生振动呢?通常,结构自身具有其固有的振动频率,即每秒钟往复运动的次数。与之相对应,每次往复运动所需的时间称为周期,频率和周期成倒数关系。这种振动频率不依赖于外界因素,完全由结构自身的特性所决定,因此称其为固有振动频率。如钟摆就是利用结构固有振动频率的特性设计的。一般地讲,影响结构固有频率的因素主要是结构的质量和刚度,结构的质量越大,刚度越小,固有振动频率就越低(即周期越长),反之则固有频率越高(即周期越短)。另一方面,风、地震等动力荷载中含有各种频率成分,与结构固有频率相近的那些成分就会激起结构的振动,其效果与静力荷载的作用效果相比可能要大数倍。即同样大小的荷载作用下,动力荷载引起的结构变形和内力要比静力荷载下的变形和位移大许多,其比值我们一般称为“动力响应放大系数”,这个系数越大,表明结构对动力荷载越敏感。结构的动力特性除了固有频率外,还有结构的阻尼,它是衡量结构耗散振动能量大小的动力特性指标。一个发生振动的结构,如果没有进一步的外部动力荷载作用,结构的振动会因自身阻尼的存在而耗散能量,逐渐衰减并最终停止下来。这个过程越短,说明结构自身的阻尼就越大。例如我们在平地上骑自行车滑行,如果人不再蹬踏踏板,滑行一段距离后自行车会停下来,滑行距离越短说明自行车的阻尼越大。了解了这些结构振动的基本特性,就有助于我们理解结构振动控制的基本概念和原理。

那么,振动是如何给结构带来破坏和影响的呢?结构发生振动就具有了加速度,从牛顿第二定律我们知道,加速度会给一个结构物带来惯性力,惯性力的大小等于结构的质量与加速度的乘积。如果惯性力作用引起的结构内力超出了结构构件的材料强度,就会引起结构的破坏。通常,结构受到的自重及使用荷载多是垂直方向的,因此,结构一般设计成在垂直方向具有较强的承载能力。而动荷载引起的结构振动更多的可能是在水平方向,特别是地震荷载引起的结构振动,因此针对动荷载还要特别注意检验结构承受水平荷载作用的能力。振动可能带来的第二种破坏是由于过大的位移引起的,结构振动产生的局部相对位移可能超出结构的变形能力,从而引起结构构件的断裂、错位或脱落等。在某些特殊的情况下,振动位移可能引起结构的自激振动,如桥梁在风荷载作用下的颤振,它是一种发散的振动,即振动越来越大,具有很强的破坏性。1940 年美国的塔科马海峡桥因颤振而倒塌就是一个例子(参考第八章)。振动除了可能威胁结构安全性外,还可能影响结构的使用性,如高层建筑或高塔发生过大的振动,即使结构不会破坏,过大的振动可能影响建筑中使用者的舒适性,使用者可能会感觉晕船一样不舒服。在一些具有高精密设备或仪器的厂房或实验室中,结构振动可能影响这些仪器设备的正常使用。桥梁发生的过大振动可能会影响在其上行驶的车辆或列车的行走舒适性,会给在桥上的人带来心理上的不安全感。对于施工中的结构,过大的振动可能会影响施工的操作性甚至施工机械的安全。此外,对于一些大型振动机械设备基础或轨道交通桥梁等,机械或车辆引起的结构振动可能会通过基础向周边场地扩散，进而引起周边结构物的环境振动问题等。

为保证结构的安全性和使用性，减轻或消除上述振动带来的危害，需要对结构振动进行抑制或控制，即所谓的结构振动控制。

2. 结构振动控制技术的发展历史

我国是一个多地震的国家，古代土木建筑技术发达，许多古建筑具有良好的抗震性能，现仍有龄逾千年屡历大震而安然无恙的大型建筑。著名的有山西应县木塔，塔高为67.31m，建塔930多年来，经历了历史上7次大地震，仍完好无损。北京故宫的古宫殿群历史上震害甚少，至今建筑结构完好。研究者们发现，这些古建筑之所以具有良好的抗震性能，除了结构上采用了提高结构稳定性的设计外，还具有“结构振动控制”设计的痕迹。古代木结构节点多采用了榫卯连接，具有较好的变形和耗能能力。此外，从汉代开始，房屋建筑的柱基大多变为平顶面明基础（图10.10），大地震时，柱子可以发生水平滑动，以减小地震力的作用。滑动摩擦系数越小，对地震力的减低效果越明显，到明清时，础石顶面已经可以做的相当光滑，北京故宫中可以看到大量的实物。这些抗震古建筑，充分显示出我国古代工匠在抗震建筑技术方面，已达到了很高的造诣，为今天的结构隔震、减震和振动控制的研究与应用提供了宝贵的借鉴。

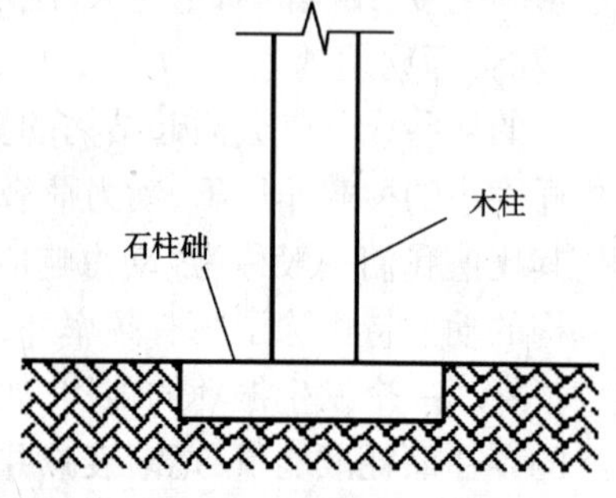

图10.10　古建筑的平顶面明基础

随着现代建筑技术的进步，结构物的高度和跨度不断增大，而建筑材料的进步使材料强度提高，这些都导致结构刚度和阻尼降低，使现代结构变得更易发生振动。除了地震作用外，风荷载引起的结构安全性和使用性问题也日益突出。

现代结构振动控制技术的发展是以相关理论和技术的进步为基础的。1930年美国在加利福尼亚州安装强震仪开始地震观测，并于1933年在加州长滩首次得到完整的强震记录，使人们开始对地震动特性有了定量的认识，测试技术的进步对推动结构抗震的研究起到了重要作用。20世纪50年代开始，有限元理论的发展和计算机的普及促进了结构动力响应分析技术的进步，使人们加深了对结构动力响应特性的了解。20世纪60年代，线性系统理论、现代控制理论的进展为结构主动振动控制奠定了理论基础。主动控制的研究与应用起初主要在机械和航空、航天领域，1972年华裔美籍学者姚治平（J. T. P. Yao）教授结合现代控制理论，提出了土木工程结构振动控制的概念，开创了土木结构振动主动控制的新阶段。

从20世纪70年代后期，结构振动控制逐渐成为土木结构工程领域的研究热点之一。首先是针对地震作用的隔震研究非常活跃，在日本、新西兰和美国等国家进行了大量的理论和试验研究，特别是新西兰学者威廉鲁宾逊（William H. Robinson）1975年发明了铅心橡胶支座后，大大推进了隔震技术在房屋建筑和桥梁中的实际应用。20世纪70年代中期到80年代中期，热点集中在结构主动控制的理论研究，美国学者进行了大量的工作。20世纪80年代后期，结构主动控制进入了应用研究阶段，在日本许多高层建筑和大跨度桥梁上都应用了结构主动控制技术。然而，由于主动控制技术系统的复杂性和对外部能量的供给需求，它的推广应用受到了一定的限制。20世纪90年代起，研究的热点开始转向耗能型被动控制装置的开发和半主动控制方式的研究。我国在这一领域较早即跟踪了国际的研究动态，一些研究成果已应用于工程实践。

3. 结构振动控制方式

(1)被动控制

被动控制方式首先是考虑避开或削弱外部动力荷载的作用,最典型的例子是“隔震结构”。结构的隔震主要是通过一种称为“隔震支座”的装置来实现的,一般安装在房屋结构底部与基础之间(图 10.11)。它具有两种功能,在水平方向提供较小的刚度以加大结构的固有周期,提供较大的阻尼以抑制结构的振动位移。同时,它要能够承受上部结构的竖向荷载。最具代表性的隔震装置是铅芯叠层橡胶支座(图10.12),它由薄钢板和橡胶叠合而成,具有较小的水平刚度和较大的竖向承载力,中间预留的圆形空孔用铅充满,在支座发生水平剪切变形时,中心铅柱发生塑性变形消耗能量。其他类型的隔震支座还有高阻尼橡胶支座、滑动摩擦型支座等。

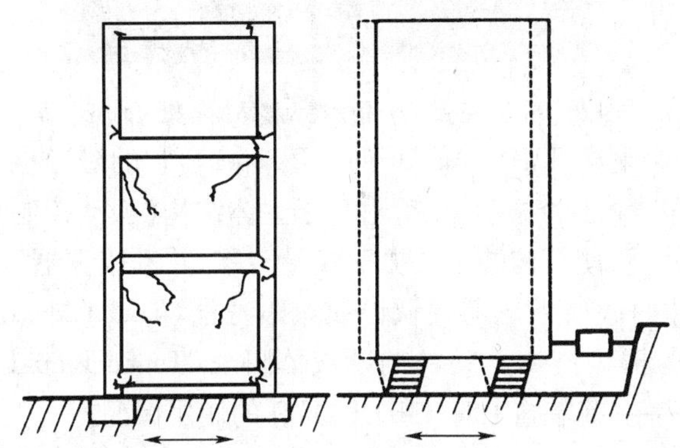

图 10.11 隔震结构

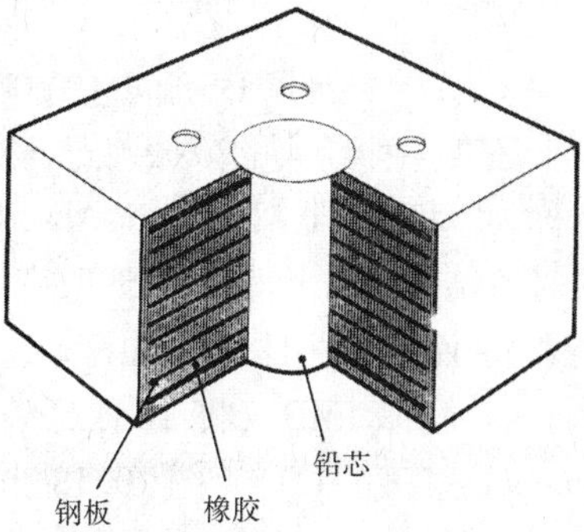

铅芯
钢板
橡胶

图 10.12 铅芯叠层橡胶支座

气动措施是一种通过改变结构断面形状或安装风嘴、导流板等空气稳定装置以减小风振的空气力的措施。如在大桥的梁的两侧添加风嘴使截面趋向流线型,以减少涡脱,避免涡激振动的发生(图 10.13)。附加抑流板、导流板和扰流板是减少抖振反应的有效措施。在斜拉索表面增绕螺旋线(图 10.14)可以破坏有规律的涡脱以及降雨时水线的形成,抑制拉索的涡振和风雨激振。

图 10.13 桥梁断面风嘴

图 10.14 桥梁斜拉索表面气动措施(螺旋线)

另一个被动控制方式是加大结构的耗能特性。如前所述,结构的阻尼对减低结构振动是有利的,因此,很自然,我们就可以通过增加结构阻尼来达到控制结构振动的目的。增加结构阻尼主要有两种途径,一是采用高阻尼的建筑材料,二是在结构中增设一种称为“阻尼器”的装置,用来集中耗散振动的能量。

目前广泛应用的有代表性的耗能阻尼器主要有两类,一类是与速度相关的粘弹性阻尼器

(图 10.15);另一类是利用金属屈服或摩擦力的滞变型阻尼器,如软钢阻尼器(利用塑性大变形耗能)、铅塞阻尼器(利用铅金属的循环挤压吸收能量)和摩擦阻尼器(利用元件间的摩擦耗散能量)等。图 10.16 为钢结构建筑墙壁内安装的阻尼器。

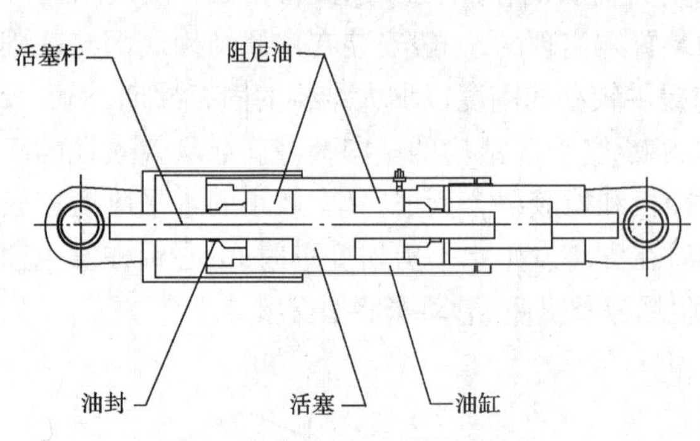

图 10.15　油阻尼器原理

图 10.16　同济大学土木学院大楼结构框架内的阻尼器

还有一种经典的减振装置,称为调谐质量阻尼器 TMD(Tuned Mass Damper),它的雏形也被称为"动吸振器(Dynamic Absorber)"。它是一个小的振动系统,附着于主体结构(振动控制的对象结构)后,可以巧妙地改变结构的动力特性,使结构的主要振动能量转移到"动吸振器"上来,从而减小主体结构的振动。最具代表性的调谐阻尼器除调谐质量阻尼器(Tuned Mass Damper,简称 TMD)(图 10.17)外,还有利用容器内液体晃动的调谐液体阻尼(Tuned Liquid Damper,简称 TLD)。图 10.18 为南京长江三桥主钢塔施工时 TMD 和 TLD 的使用情况。

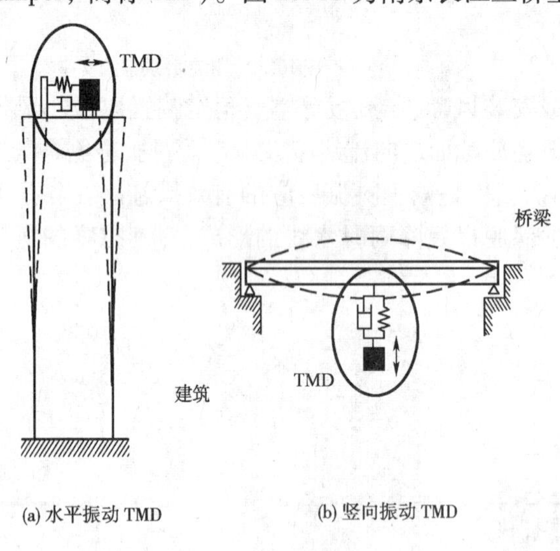

图 10.17　TMD 原理图

图 10.18　南京三桥主塔 TMD 和 TLD

被动控制方式的特点是,不需要外部能量的供给,不需要监测结构响应状态和输入荷载的信息,不需要对减振装置发出控制指令。

(2)主动控制

与被动控制方式相对应的是主动控制方式,它需要外部能量的供给,需要监测结构响应状态和输入荷载的信息,需要对减振装置发出控制指令。主动控制是基于现代的系统控制理论、传感测试技术、计算机控制技术和作动器技术的高级控制方式,它通过传感器捕捉外部荷载和结构响应的信息,通过计算机自动分析并发出指令,让作动器驱动的主动控制装置产生控制力，抑制结构的振动(图 10.19)。如果把这个系统拟人化，传感器相当于人的感观、控制系统相当于人的大脑、作动力系统则相当与人的肌肉。因此，称主动控制系统是“智能”的控制方式。

传感系统通常采用位移、速度和加速度传感器测试荷载输入和结构响应，输入到控制系统的计算机。计算机根据预先程序化的控制规则(控制算法)算出控制指令。设计控制算法的主要理论基础是现代控制理论，近年，模糊推理、神经网络等智能算法也得到了应用。如何根据外荷载激励、结构响应和作动力系统的特点来设计合理、可行、可靠的控制规则是结构主动控制系统的主要研究问题之一。

结构主动控制最终要通过作动力系统实现，它的核心是由电动马达或液压装置驱动的作动器。通常，作动力系统安装在结构响应最大的位置以取得最佳效果，如建筑物的顶层或桥梁的跨中。在这些位置，往往很难找到一个反力作用点，因此，最常见的方式是利用质量的惯性力。常用的主动控制装置为主动质量阻尼器(Active Mass Damper, AMD)(图 10.20)。主动控制装置的研发也是结构主动控制的一个关键问题。图 10.21 为世界上第一个安装了 AMD 主动控制系统的日本东京京桥成和大楼。

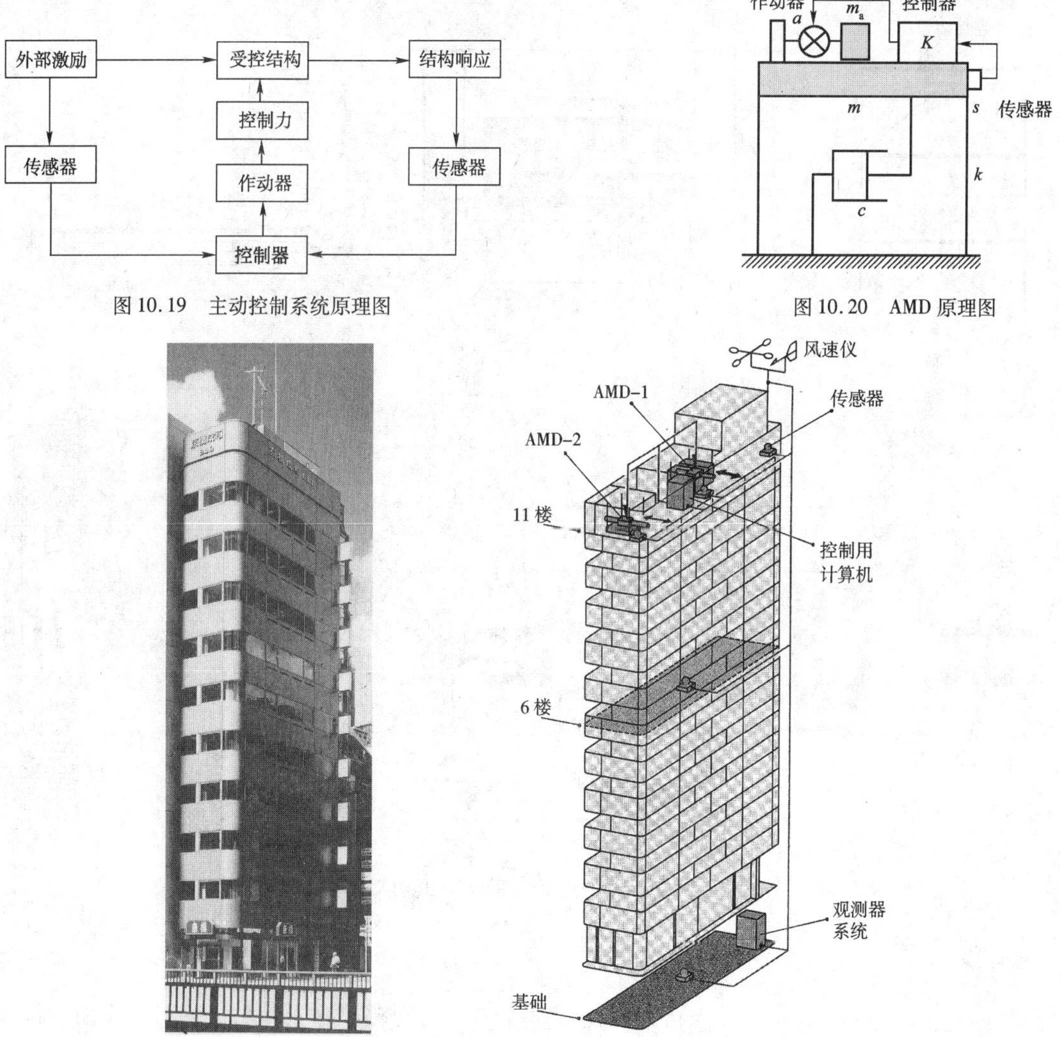

图 10.19　主动控制系统原理图

图 10.20　AMD 原理图

图 10.21　安装了 AMD 主动控制系统的日本东京京桥成和大楼

(3)半主动控制

主动控制方式比被动控制方式具有更好的控制效果，然而，其系统复杂，造价昂贵，影响其可靠性的因素多，特别是需要在短时间内给控制装置供给较大的外部能量。因此，在目前情况下，主动控制的推广应用受到了限制。介于主动和被动控制方式之间的是半主动控制方式，它也需要传感测试系统和计算机控制系统，但对能量的要求很低，半主动控制装置主要通过改变结构局部的阻尼或刚度特性，巧妙借助结构动力响应的自身特点，达到减振目的。它的减振效果介于主动方式和被动方式之间。

半主动控制是利用控制机构来调节结构内部的特性而不是直接给结构施加作用力，因此只需很小的能量供给，控制过程仍然依赖于结构响应和外部荷载信息。常用的半主动控制方法有变刚度和变阻尼两种(图 10.22、图 10.23)。由于它不像主动控制那样需要很大的能量，而且控制是无条件稳定的，因而有着比较广泛的应用前途，已成为结构控制研究的一个重要趋势。在实现半主动控制的装置中，磁流变阻尼器引起了人们的广泛关注，磁流变液是一种智能材料，在磁场作用下，可在毫秒级时间内从流体变为剪切屈服应力较高的粘塑性体，这种改变具有连续、可逆、迅速和易于控制的特点，特别适用于制作成可变阻尼器(图 10.24)。

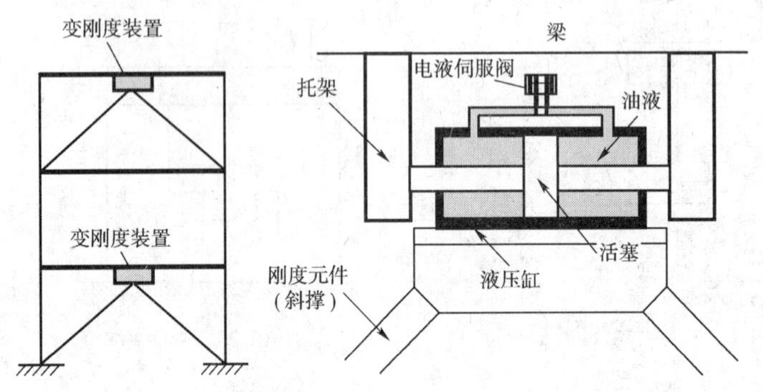

图 10.22 主动变刚度装置

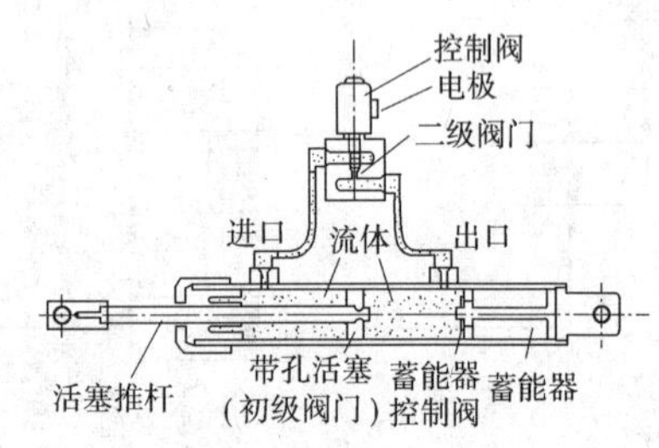

图 10.23 主动变阻尼装置

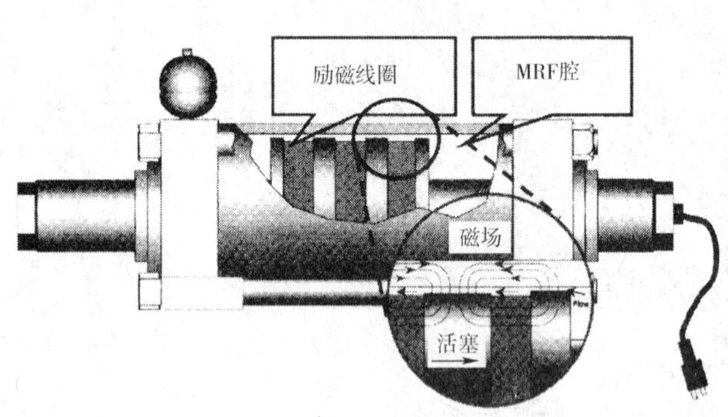

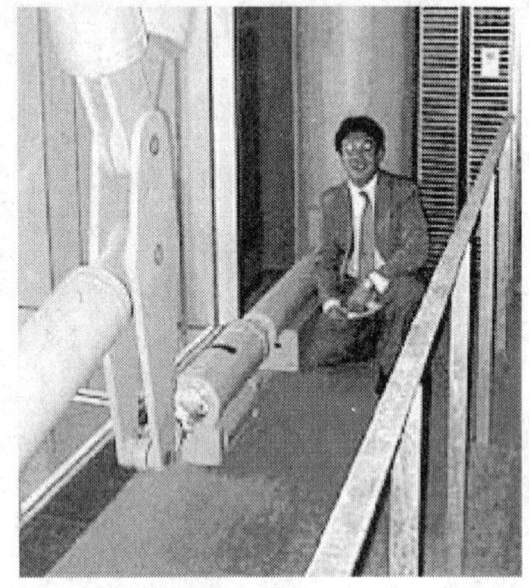

图 10.24 磁流变(MR)阻尼器原理图及应用

4. 展望

最近 20 多年，结构振动控制技术在理论研究、装置开发、工程实践等方面取得了可喜的进展。土木结构尺度向高、长、大方向的不断发展，势必对振动控制技术提出更高要求。科研人员和工程技术人员为探求经济合理的控制方式、改善控制理论的稳定性、提高装置的效率和耐久性等正在不断继续努力。

20世纪80年代后期,学者们又提出了智能结构的概念。传统结构是一种被动结构,一经设计、建成后,其性能是不易改变的。而智能结构被定义为主动结构,它将传感、作动、控制芯片、信号处理器、电源等与主体结构高度融合在一起,具有感知、智能逻辑判断、响应内外环境变化甚至修复自身功能的能力。

智能结构,从一开始提出,就受到工业发达国家的高度重视,为土木结构工程的未来发展描绘了诱人的蓝图。

10.5 结构健康监测与安全预警技术

1. 结构健康监测的基本概念

土木工程结构在实际使用过程中,会出现不同程度的损伤或性能退化。造成这些损伤和退化的可能原因有:设计不完善,施工质量问题,荷载超出设计标准,受到强地震、强风和火灾等作用,或长期的环境侵蚀等。结构发生损伤或性能退化以后,将影响其承载能力和耐久性,甚至引发严重的工程事故,带来重大的人员伤亡和经济损失,产生恶劣的社会影响。因此,为了保障结构的安全性、耐久性和使用性,需要通过某种手段,对使用中的结构性能进行检查和监测,评估其健康状态,必要使及时采取修复或加固措施。这个过程就如同人类看病治疗一样。

传统的结构性能检查主要依赖于人工的目视,辅以定期的仪器检测,较难对结构的损伤退化做出及时和定量的诊断。随着现代传感技术、计算机与通讯技术、信号分析与处理技术及结构动力分析理论的迅速发展,人们提出了结构健康监测的概念。就如同听诊器、X光、CT的发明给人类医学带来的进步一样,结构健康监测技术也将给土木工程的发展带来革命性的变化。

结构健康监测系统通过在结构上安装各种传感器,自动、实时地测量结构的环境、荷载、响应等,对结构的健康状况进行评估,科学有效地提供结构养护管理的决策依据,确保结构安全运营,延长结构使用寿命。

结构健康监测系统通常主要由数据采集传输系统和数据处理分析系统构成。采集传输系统通过安装在结构上的各种传感器,采集结构的各种响应信号,并传输给数据处理分析系统;数据处理分析系统对采集到的数据信号进行分析,判断结构的实际健康状态,必要时对结构损伤发出预警。

近年来,大型土木工程特别是大跨度桥梁结构的健康监测技术成为国内外工程界和学术界关注的热点,通过科研和工程技术人员的努力取得了卓有成效的研究成果。国内外近年新建的许多大型桥梁都安装了结构健康监测系统,如我国的上海徐浦大桥、江阴长江公路大桥、润扬长江公路大桥、东海大桥,香港地区的青马大桥,韩国 Seohae 桥和 Youngjong 桥、英国的 Flintshire 桥、美国 Commodore Barry 桥和加拿大 Confedration 桥等。一些大坝和大跨度空间结构也安装了结构健康监测系统,如三峡大坝、深圳市民中心、北京奥运国家游泳中心等。

结构健康监测的核心是传感器硬件技术和结构损伤识别技术。对结构环境、荷载和响应的准确可靠的测量要由高水平的传感技术来实现,这些测量数据也是结构健康诊断的依据。结构损伤识别技术是结构健康诊断的手段。通常,我们在设计结构健康监测系统时,出于经济性的考虑,要以尽量少的传感器个数来合理化布置测点位置,实现监测的目的。以下分别介绍结构健康监测和损伤识别技术的概况。

2. 传感传输技术

对结构环境和荷载的监测内容一般有温度、风速、交通流、地震加速度、船撞力和冲刷波浪荷载等，此外可能根据结构所处环境的特殊性，需要监测大气中的某些腐蚀介质浓度、空气湿度等。对结构响应的监测内容主要有应变、挠度、变形或位移、振动加速度、结构关键构件内力（如桥梁支座反力、索承重结构索力）等，此外还有结构的开裂、锈蚀、疲劳等。这些监测都是通过相应的传感器来完成的，传感器有的安装在结构表面，有的需要埋入结构内部。

结构健康监测是伴随结构寿命的长期监测，因此，传感器性能除了要能满足测量精度和范围要求外，还要具有良好的耐久性或可更换性，监测数据要具有连续性。目前常用的传感器在某些方面性能还不能令人满意，如传感器的长期稳定性、抗干扰性、耐久性。对大尺度结构的空间变形或挠度测量、钢结构疲劳的测量，钢和混凝土材料的腐蚀测量等，需要对传感技术作进一步的改进和完善。

测量到的信号的传输目前主要依靠传统的铜导线，远距离的传输也开始采用光纤。近年来，无线传输技术发展迅速，在结构健康监测系统中也开始研究应用，它的应用可以大大提高传感器布置的灵活性，减少系统布线的工作量。

下面几项最新的传感传输技术已在结构健康监测系统中应用。

(1)光纤传感技术

光纤传感器是一种以光纤为媒介的检测装置。光在光纤中传播时，光纤的全部或部分所在环境（物理量、化学量等）的变化会带来光传输特性的改变。通过监测光传输特性的改变，就可以测出相应的环境物理或化学量的改变。光纤传感技术同时具有对外界（被测量）信号的感知和传输两种功能。与普通的机械、电子类传感方式相比，光纤传感方式的主要优点包括：质量轻、体积小、灵敏度高、不受电磁干扰、回路可复用（即一条回路可以串联多个传感器）、耐久性好等优点，因而被认为是未来结构健康监测系统的最有应用前景的传感技术之一。光纤的感测原理一经提出，对其研究进展迅速，已开发出多种用途的光纤传感器（图10.25，图10.26），目前已经进入应用阶段。

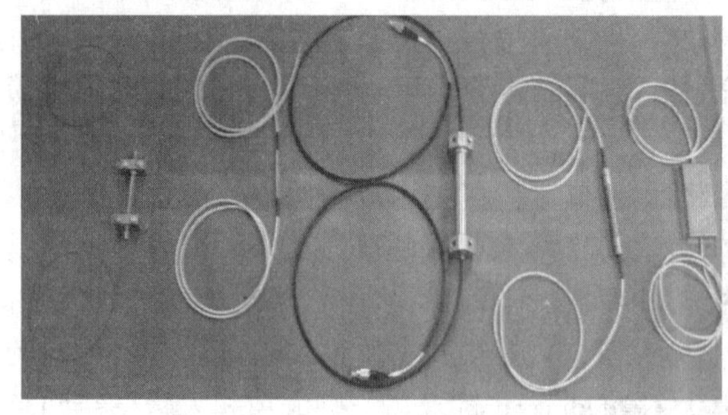

图10.25　各类应变、温度光纤传感器

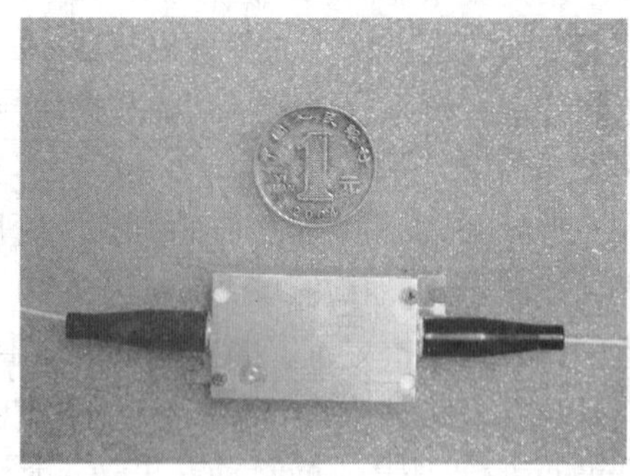

图10.26　新开发的加速度光纤传感器

(2)GPS技术

对于超高层建筑、大跨度桥梁等大尺度结构，测量其几何形变是一个比较困难的问题。因为参考点与被测点距离过远，传统的光学方式测量精度难以满足要求。全球定位系统（GPS）是现代卫星定位技术的代表，在过去的15年左右被广泛地应用于各个领域，它为桥梁结构健康监测中位移形变的测试提供了新的可能手段。

全球卫星定位系统由24颗卫星组成,它们分布在间距为60度的6个轨道上,每个轨道面上均匀分布4颗卫星。卫星的地面高度为2万km。这样分布的卫星星座,可以保证任意时间任意位置的接收机可同时收到4颗以上卫星的信号,以便进行瞬时的定位观测。

定位是通过测量被测点和已知点之间的位置差分进行的。如图10.27所示,如果A和B两点在同一时间内观测了相同的一组卫星(至少四颗),A是一个已知点,则可通过某种数据链,把原始信息传到B点,就可以确定B点的位置。

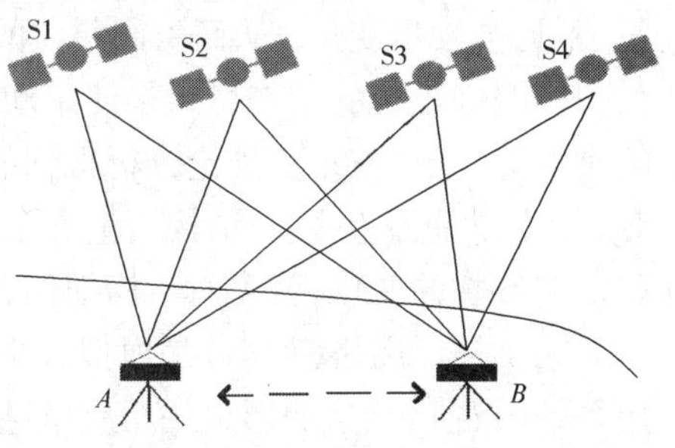

图10.27　差分GPS示意图

GPS传感技术目前在国内外的许多桥梁结构的监测中已有运用,如日本明石海峡大桥,我国香港的青马大桥、汲水门大桥和汀九大桥,我国内地的虎门大桥和东海大桥等。随着测量精度的进一步提高和价格的下降,GPS技术在土木工程结构健康监测中的应用会更加广泛。

(3)无线传感传输技术

传统的结构监测系统都是有线方式的,即通过导线传输信号。监测系统的信号传输通道数随着传感器数量的增大而相应地增加,这样各传感器与主机之间的电缆线的铺设工程量和成本也会愈来愈高。在健康监测系统的建设中,电缆线的安装时间要占整个系统的安装时间的75%以上,同时需要耗费大量的资金。有时,引出安装在结构内部的传感器导线的可能相当困难。因此,采用不需要传输线路的无线传感技术也成为目前健康监测系统的一个重要研究方向。

图10.28　无线传感器模型单元

随着微电子机械系统、无线通信和数字电路集成技术的进步,出现了尺寸较小并能短距离通信的低造价、低能耗、多功能的无线传感器。无线传感器包括检测单元、处理单元、无线收发单元和电源模块几个部分。图10.28为一个无线传感器模型。

无线传感器目前因在通信距离、电源供给等方面尚不完善,还未大规模应用于实际工程结构的健康监测系统。对无线传感技术的研究开发还在不断深入,并向智能化发展。新一代的无线传感器不仅能完成传统的测试和传输功能,还可以通过传感器之间的通信,对结构的损伤程度和位置进行自动判断,这种技术的成熟将会给结构健康监测技术带来革命性的变化。

3. 结构损伤识别技术

结构健康监测的目的是为了识别结构的损伤或退化。识别结构的损伤有两种思路:一是直接识别结构局部发生的损伤,这种方式需要对损伤部位进行直接的测量或观测,传统的结构状态目测或检测即属于这种方式;二是通过结构整体的某种特性变化来间接推断结构的损伤位置和程度,因为结构损伤发生之前,我们不知道损伤发生的位置,安装了传感器的位置不一定发生损伤,而发生了损伤的位置不一定就有传感器,所以想依靠有限的传感器去直接监测结构局部损伤的发生显然是很困难的。现代的结构健康监测系统是基于第二种思路的。

结构损伤识别需要解决损伤定位和损伤定量的问题。结构损伤识别方法主要可以分为三类:动力指纹法、模型修正法和人工神经网络等智能方法。

动力指纹法的基本思想是寻找与结构动力特性相关的动力指纹，就如同中医给病人号脉一样,脉搏就是反映人体健康状态的一种“指纹”。若结构发生损伤，则结构参数如刚度、质量、阻尼会发生变化，从而引起相应的动力指纹的变化。

模型修正法的基本思想是使用动力测试数据,通过条件优化约束,不断地修正计算模型中的刚度等参数分布,使理论分析得到的结构动态响应尽可能地接近测试值。当两者基本吻合时，即认为此组参数为结构当前参数。结构的损伤常反映为刚度的减小,因此比较当前参数和以前参数的变化,就可对结构损伤进行定位定量。

人工神经网络(ANN)是模拟人类神经元生物灵性的一种计算模型。神经元之间通过连接系数(权值)相连而形成一个完整结构。其用于损伤检测的基本原理是:首先对结构进行分析，获得结构在不同损伤状态下的动力特性，从而构造神经网络的学习样本集;然后将样本集送入神经网络进行训练，建立输入参数与损伤状态之间的映射关系，得到用于结构损伤检测的神经网络;将待检测结构的动力参数输入网络，就可得出损伤信息。这种方法与前两者不同,它没有涉及结构系统的物理参数,因此也被称为“非参数方法”。

目前,结构健康监测系统多停留在数据采集和简单数据分析阶段,对系统测得的大量数据与信息进行整合与解释仍存在较大困难。结构安全预警是结构健康监测系统的重要功能之一,如何通过监测得到的动静力数据进行结构安全状态的判别,仍处于研究探索阶段。目前,主要是通过上述的结构损伤识别方法对结构的损伤状态进行判别,将损伤结构状态与结构设计安全限值进行比较,作出预警判断。然而在实际工程中,由于存在诸如测量数据受到温度、车辆和风荷载以及测量噪声等影响因素,致使这些方法在实际结构健康监测系统中的运用效果不能令人满意。

4. 重大工程的结构健康监测系统实例

(1)东海大桥结构健康监测系统概况

东海大桥是我国真正意义上的第一座跨海大桥,是连接上海和洋山深水港的重要通道。东海大桥总长度约32km(图3.74),其中海上段约28km。它主要包括主通航孔、辅通航孔和海上引桥。主通航孔桥是主跨为420m的斜拉桥,辅通航孔桥为三座主跨分别为120m、140m、160m的预应力混凝土连续梁桥,海上段引桥为主跨60m、70m的多跨连续梁桥。

东海大桥健康监测系统由实时监测和人工检测两部分组成。斜拉桥实时监测内容有:风速、大气温度、结构温度、应变、伸缩缝位移、梁塔加速度、索力、梁塔位移、钢结构疲劳;混凝土桥实时监测内容有:墩台沉降、挠度、结构温度。人工检测包括:冲刷深度、墩台变位、裂缝、混凝土强度、混凝土碳化深度、氯离子侵蚀、钢管桩腐蚀、伸缩缝、水文波浪等。系统有478个传感器、11个采集工作站。图10.29为系统计算机软件的主界面,用户可以通过互联网直接掌握大桥工程的实时状态。

(2)深圳市市民中心结构健康监测系统概况

深圳市市民中心屋顶网架为大跨复杂空间结构,长486m,宽154m,最大悬挑长度近50m,展开面积约6万m^2(图10.30)。屋架整体通过12个牛腿支撑在两个塔状建筑物上。该网架是迄今为止世界上最大、形状最复杂的网架结构。

其结构健康监测系统共布设传感器100多个,其中有20个光纤光栅传感器,40路风压力

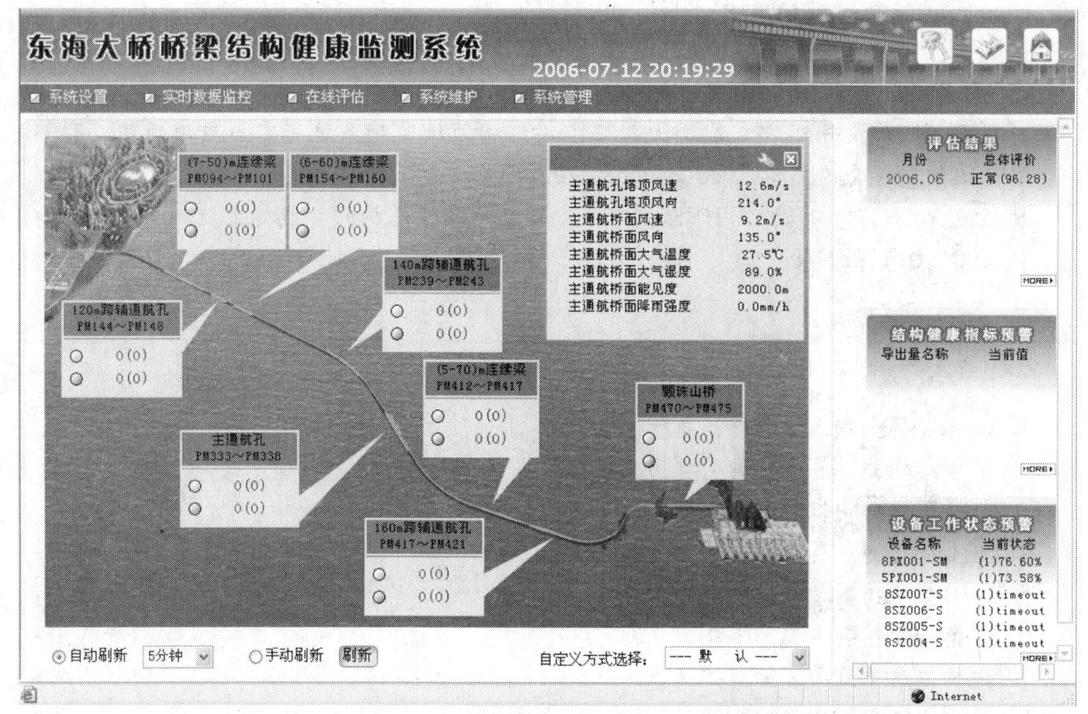

图 10.29　东海大桥健康监测系统主界面

传感器,2 个风速风向仪,其余为应变片。为了提高系统的采集频率和信号处理及分析结果的实时性,该智能监测系统采用了分布式数据采集的设计方法,信号采集尽量分布在不同的计算机上,减少单台计算机的负荷,监控中心共有 7 台计算机。

图 10.30　深圳市民中心屋顶网架

参考文献

[1] 江见鲸, 贺小岗. 工程结构计算机仿真分析. 北京:清华大学出版社, 1996.

[2] 欧进萍. 结构振动控制——主动、半主动和智能控制. 北京:科学出版社,2003.

[3] J. T. P. Yao. Concept of structural control. ASCE Journal of the Structural Division. Vol. 98, No. St7, 1972, pp. 1567-1573.

[4] G. W. Housner, et al. Structure Control: Past, Present, and Future. ASCE J. Engineering Mechanics. 123 (9), 1997, pp. 897-971.

[5] T. Kobori. Mission and perspective towards future structural control. Proc. of 3rd World Con-

ference on Structural Control. 2002, pp. 15-24.
[6] 张启伟,袁万城,范立础. 大型桥梁结构安全监测的研究现状与发展. 同济大学学报,第25卷(增刊),1997(4),pp. 76-81.
[7] 孙利民,孙智,淡丹辉,等. 我国大跨度桥梁结构健康监测系统研究与应用现状. 第十七届全国桥梁年会论文集,2006,pp. 663-670.
[8] 瞿伟廉,腾军,等. 风力作用下深圳市民中心屋顶网架结构的智能健康监测. 建筑结构学报,2006(01),pp. 1-8.

思考讨论题

1. 怎样理解土木工程中的高新技术?
2. 工程结构的计算机仿真有什么意义?
3. 怎样理解结构抗震实验中的缩尺效应?
4. 土木结构的主要动力荷载是什么?
5. 振动会给结构带来哪些危害?
6. 结构振动控制主要有哪些方式?
7. 结构健康监测系统都有哪些作用?
8. 结构损伤识别有哪些方法?

第十一章　工程美学

11.1　工程美学的基本范畴

1. 工程美学的研究对象及其定义

工程美学又可以称之为“技术美学”、“技术美的美学”、“设计美学”等。《美学百科全书》关于工程美学的定义是“研究物质生产和器物文化中有关美学问题的应用美学学科。这一名称的确立与这一学科研究的中心范畴——技术美具有直接的关系”。事实上,古希腊人就是具体地用技术(technique)来定义艺术活动的。

工程美学的研究对象是建筑、结构、公共工程和市政工程等的审美性及其设计艺术。正如美学是“对美的思考的艺术”一样,工程美学是探讨工程中的美学问题和艺术思考。一般认为:“工程是应用科学原理使自然资源最佳地转化为结构、机械、产品、系统和过程以造福人类的专门技术。工程是世界上最古老的专业之一。”[①]突出的问题在于，建筑和工程受到使用功能和技术经济条件的极大制约，美的要素和文化内涵因而不能得到随心所欲的表现。然而，美与文化内涵并非外在因素，而是建筑和工程的内在本质。由于工程美学涉及的面十分广泛，就本教材的对象和目的而言，主要针对结构与建筑物和构筑物的关系来讨论工程美学问题。

工程美学属于交叉学科,是社会科学和技术科学相互渗透、相互融合的产物。工程美学不仅涉及美学、社会学和心理学问题,而且涉及建筑学、文化学、符号学以及各种技术科学。人们往往把建筑看作是技术和艺术的结合,什么是技术、什么是艺术,它们之间有什么关系、区别和相互作用,这也是工程美学研究的主要内容。工程美学是美学原理在物质生产和生活领域,尤其是在工程中的具体化,同时又是设计观念在美学上的哲学概括。

2. 美学与工程美学

在哲学、美学和建筑之间,存在着一种古老的渊源关系,艺术甚至构成了哲学的主要关注对象。美学长期以来就一直以“美学”这个名称附属于哲学范畴。公元1世纪的古罗马建筑理论家曾告诫建筑师要“认真师从哲学家”。历史上有许多著名的哲学家,如古希腊科学家、哲学家亚里士多德(Aristoteles, 公元前384~前322年),法国数学家、哲学家笛卡尔(René Descartes, 1596~1650年),德国古典哲学家康德(Immanuel Kant, 1724~1804年),德国近代哲学家尼采(Friedrich Wilhelm Nietzsche, 1844~1900年),英籍奥地利哲学家、数理逻辑学家维特根斯坦(Ludwig Wittgenstein, 1889~1951年)在他们的重要文章中,都运用了建筑形象和

①不列颠百科全书国际中文版:第6卷.北京:中国大百科全书出版社,2002.70.

概念。著名的论断“建筑是凝固的音乐”就是德国古典哲学家谢林(Friedrich Wilhelm Joseph von Schelling, 1775～1854年)在他的《艺术哲学》(Philosophie der Kunst, 1801～1809年)书中的一段关于建筑艺术的论述。当代哲学家,如利奥塔特(Jean-FranÇois Lyotard,1924～1998年)、于尔根·哈贝马斯(Jürgen Habermas, 1929～)、德里达(Jacques Derrida,1930～2004年)等也都曾经从美学和哲学的角度讲述建筑。

美学是一门哲学的、批判的学科,作为艺术的哲学,美学经历了从古典美学向现代美学的发展,这一发展是与人类社会的进步和演变相适应的。1760～1860年,出现了以蒸汽机和机器的广泛应用为标志的第一次技术革命。这场革命带来了生产社会化,使生产力水平有了极大的提高,同时也引发了机器美学,机器无限地加强了人们的生理能力和可能性,实现了从人力到动力、从工具到机械的转变。但是,也使机器成为新的偶像。从19世纪70年代开始,兴起了以电力技术为标志的第二次技术革命,由此推动了产业革命,使人类社会由“蒸汽时代”进入“电气化时代”,导致工业社会的建立。

第二次世界大战以后,在现代科学革命的基础上,形成了以信息技术为标志的第三次技术革命。这场信息革命带来了科学技术的进步,加强了人的智力可能性,使科学技术更为人性化,带来了生态美学。生态美学要求人们从根本上将技术作为设计的对象,使技术更好地服务于其创造者。信息社会中最普遍的是日常生活的审美化,审美进入了社会的各个领域,而工程则不再是模仿,更多的是创造。一切原先非审美的东西都变成审美对象,或理解为美,美学思考不再忽略工程的技术问题。工程美学则贯串始终,并随之发生很大变化,更为重视人与技术的创造性,人类社会最终使技术成为文化的范畴,确立了技术的文化特征,体现了特定的工业文明的价值。

现代美学的基本法则是现代性和适宜性。现代性和适宜性是工程美学的基本法则,在机器美学时代,体系化、巨型建筑、安全、复杂的运作体系是被人们所推崇的,追求绝对的技术完美。机器时代的建筑美学信奉“装饰就是罪恶”、“少就是多”、“形式追随功能”。追求绝对的技术经济指标,以最少的投入获得最大的效益。而在生态美学时代,人们注重的是文化、生态、工程与环境的关系,注重人性化、节能和可持续发展。

3. 技术进步是工程美学的基础

技术进步对建筑和工程的影响是显而易见的,技术不仅带来了新的审美观念、新的形式和新的材料,技术更以其对社会生活的影响,带来新的功能需求,又推动了技术的进步。意大利工程师和建筑师奈尔维(Pier Luigi Nervi, 1891～1979年)曾经指出:“一个技术上完善的作品,有可能在艺术上效果甚差,但是,无论是古代还是现代,却没有一个从美学观点上公认的杰作而在技术上却不是一个优秀的作品的。看来,良好的技术对于良好的建筑来说,虽不是充分的,但却是一个必要的条件”。

就建筑和工程结构而言,圆满地实现造型与力的协调关系,创造合乎理性的美至关重要。在建筑世界里,结构技术的首要作用就是确保结构的安全性。建筑和工程结构与人的生命安全息息相关,建筑和工程结构又处处面对进步和创新。建筑师和工程师需要通力合作,英国结构工程师彼得·赖斯(Peter Rice,1935～1992年)曾经指出,当建筑师的工作具有创造性的时候,工程师的工作在本质上也是有创造性的。赖斯毕生都以饱满的激情在探求,在任何时候都认真研究建筑师的设计理念,在自己没有充分理解之前,不提任何建议和解决办法。工程技术设计人员必须是发明家,工程师的参与可以期待综合意义上的项目水平的提高。

丹麦建筑师伍仲(Jørn Utzon, 1918～)设计的悉尼歌剧院(The Sydney Opera House, 1959

~1973年)已经成为悉尼的标志,也是20世纪世界上最辉煌的建筑之一。但是,如果没有英国奥雅纳工程公司结构工程师的配合,这座建筑也许就不能建成面世。当初,伍仲将自己的自由造型的梦想随手描绘出来的时候,并没有解决工程结构问题。在实施时,他面对的是屋面结构、屋顶瓷砖饰面、大观众厅和小观众厅的室内装饰以及玻璃幕墙四大难题。屋面结构与屋顶瓷砖饰面问题是在与奥雅纳工程公司的密切合作中解决的。奥雅纳公司的结构工程师用了四年半的时间进行理论分析和模型试验,研究了从抛物线曲面的带肋壳体到双层壳方案、内部加钢架方案,又曾经考虑过预制方案,由于大量而且复杂的模板支撑以及曲面混凝土浇注的困难,且贴瓷砖的方法也无法解决,计划不得不搁浅。最终,在结构工程师的帮助下,伍仲采用了球面几何体的方案,然后根据曲面方案,进行屋顶预制预应力肋拱方案的施工图设计,从1959~1967年历经8年时间才完成了上部结构及铺设瓷砖的施工作业(图11.1)。

图11.1　悉尼歌剧院

4. 形式的产生

如同一般美学,工程美学的基本原理也涉及形式逻辑、形式与功能、形式与结构、形式与意义等。法国结构主义哲学家克洛德·列维·斯特劳斯在《结构人类学》一书中认为:“形式与内容属于同一性质,并且可以通过同一个分析得到说明。内容从其结构获得实在性,所谓形式就是内容所在的局部结构的‘结构化’”。内容和功能总是表现为一定的形式,形式与体系、功能相互关联。

形式来自于各种因素,建筑自有其与艺术或机械不同的形式逻辑,表现为下列关系:意识形态与形式:涉及世界观、价值观、生态观等;文化与形式:涉及宗教、图腾、礼制、传统、隐喻、象征等;社会经济与形式:涉及技术经济条件、生活方式等;自然条件与形式:气候、雨、雪、水、地方材料等;技术与形式:涉及科学知识的应用、结构、工艺、节点、细部、工具等;材料与形式:涉及物质性、透明性、表皮等;审美与形式:涉及功能与形式、形式逻辑及其他艺术的影响等。

建筑和工程结构受许多复杂因素的影响,也受社会思潮和观念的影响。就理性分析而言,建筑和工程结构形式的产生基本上可以归结为:功能产生形式、结构产生形式、技术产生形式、形式的逻辑产生形式、意义产生形式。技术对形式的作用具有决定性的意义,建筑中的技术与形式的关系表现在结构技术、施工技术、设备技术、材料技术等方面。

11.2　建筑和工程的发展概述

1. 中国古代的建筑工程成就

中国古代的匠师创造了辉煌的建筑和结构工程,形成了以木构架结构为主的结构方式,创造了与这种结构相适应的各种平面和造型,创造了丰富多彩的艺术形象和组群式布局。从原始社会末期起,一脉相承,形成了独特的风格。中国古代木构架有抬梁、穿斗和井干这三种不同的结构方式。

中国古代木构架系统具有许多优点，诸如承重结构与围护结构分工明确、适应不同的气候条件、减少地震的危害性、就地取材等。

早在东汉时期，中国建筑特有的结构构件——斗拱，就已经发展到相当成熟的阶段。中国古代的楼阁和木塔是世界上最早的高层建筑，创造了诸如河南登封县嵩岳寺塔（公元523年）那样的砖塔，塔高39.5m，底层直径10.6m。公元605～617年建造的赵州桥（河北赵县安济桥）无论在工程技术和建筑艺术方面都是一个重大的创造（图1.3）。中国现存最古老的木塔是山西应县佛宫寺释迦塔（公元1056年），这座楼阁式木塔高达67.3m，底层直径30.27m，造型雄壮华美。

2. 建筑的起源和历史上的建筑工程成就

建筑史认为原始草屋和“原木小屋”是一切建筑美的最初起源和建筑的纯粹本质，理想的建筑完全由真实的柱子建造，一切的建筑杰作都是在原始人质朴无华的“原木小屋”的基础上设计出来的。它们由4棵仍然在生长的树干作为支撑，圆木作过梁，上面的树枝形成斜屋顶，这是最原始的结构。原始的建筑是一种必然性的建筑，无论用何种结构和材料，都是极其完整而又极为简洁、决无累赘的因素，建造和施工意味着把材料和构件组合在一起。

建筑师和工程师创造空间的灵感往往来源于自然界，自然现象和生物界表现的形状与力的结合所产生的结构形式会令人们感到出奇的美妙。自古以来，人类社会创造了无数的伟大工程，至今仍令人叹为观止。历史上的每一个时期都出现了重要的技术进步，从古代欧洲西北部遗留下来的公元前2000年的“巨石阵”所表现的原始工程技术开始，建筑技术经历了巨大的变化（图11.2）。古代世界的七大奇迹代表了当时世界上最蔚为壮观的建筑技术，以及人类文明的进步。古埃及的巨大金字塔、古希腊神庙、用拱券技术建造的古罗马浴场和输水道都是古代建筑技术的奇迹。罗马人创造了拱、券和穹顶的技术，变革了希腊建筑的梁柱结构体系，从而建造出有室内空间的建筑，将室内空间用于公共活动，并将室内空间转化为一种全新的曲线美的世界。古罗马人在建筑中应用了火山灰混凝土，使以砖为骨料的混凝土塑造出壮丽的建筑，并达到了很大的跨度，实现了巨大的空间要求。公元2世纪建造的罗马万神殿的穹顶直径达到43.2m，应用了混凝土技术，开创了建筑的新时代（图11.3）。空间的规模和建筑的自由度从此发生了质的变化，这个穹顶直径的纪录一直保持到19世纪的钢架穹顶时代才被打破。万神殿是罗马建筑革命的伟大成就，开辟了一条从圣索菲亚大教堂、威尼斯的圣马可教堂、罗马的圣彼得大教堂、伦敦的圣保罗大教堂到华盛顿的国会大厦的漫长的道路。

图11.2 英国的巨石阵

中世纪的大教堂建筑也达到了极高的技术成就，中世纪的建筑师用尖券、肋拱和轻盈、开放、充满各色光线的结构，创造了光线的建筑和象征的建筑。中世纪的大教堂采用了拱券结构，创造了材料、结构与造型的艺术，以精致而又大胆的结构体系实现了石砌建筑更高、更轻快、更明亮的空间，实现了粗重的石材在与重力的抗争中获得了神秘性与透明感的奇迹（图 11.4）。

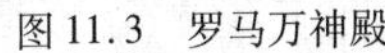

图 11.3　罗马万神殿

图 11.4　中世纪的大教堂

文艺复兴建筑师们从罗马建筑的结构技术中汲取了知识，依赖古典的主题，大胆地改造了中世纪的结构技术，使罗马建筑的原型在新的基础上得到新的生命。那些大教堂的穹顶解决了许多人类从未遇到过的工程和美学上的难题，数学理论、新的建筑施工技术和施工机械得到广泛的应用（图 11.5）。

图 11.5　佛罗伦萨大教堂

3. 自 19 世纪中叶以来的建筑工程领域的变革

自 18 世纪后半叶起，工业革命正在改变历史的进程，首先是在英国，以后又扩展到全世界，1850 年起，世界正在由农业社会进入工业社会。1851 年，伦敦万国博览会的“水晶宫”（Crystal Palace）是第一座运用当时的现代建筑材料建造的建筑，由英国园艺师约瑟夫·帕克斯顿（Joseph Paxton，1803 ~ 1865 年）设计，是第一座能够在同一天容纳十万人的大型建筑，是第一座使用成批工厂工艺建造的建筑。“水晶宫”是采用铸铁和玻璃作为主要材料，以传统温室结构为蓝本，采用便捷迅速的预制装配方式进行施工的大型展览建筑，是建筑史上第一座用工业化方法建造的建筑。水晶宫总长约 563m，宽 124m，建筑室内总面积为 92 000m^2，共动用了 18.9 万块平板玻璃，另外还有大约 87.47km 长的地下水管、3 300 根铸铁柱子、2 224 根大梁、1 128 根走廊支柱,以及大约 330km 长的木窗框和约 93.45m^3 的铺地板材等,建设工期仅 6 个月。

法国政府在筹备 1889 年纪念法国大革命 100 周年的巴黎世博会时,举办了纪念建筑的设计竞赛,征集了 100 多个方案,其中土木工程师古斯塔夫·埃菲尔(Gustave Eiffel,1832~1923 年)设计的 300m 高镂空结构铁塔方案中选。设计方案利用了关于金属拱和桁架在受力情况下发生变化的先进知识,预示了土木工程和建筑设计的一次革命。出于工程和美观上的考虑,铁塔的底部为四个半圆形拱,因而要求电梯沿曲线上升。工程师埃菲尔在当时的技术条件下,最大限度地使用了锻铁的性能,尽管当时钢结构技术已趋于成熟,埃菲尔仍然用 7 300t 的锻铁来建造这座铁塔,埃菲尔铁塔在建筑史上的意义是首次将外露的金属结构用于建筑上。1889 年,巴黎世博会的机械馆(Galerie des Machines)由费迪南·迪泰特(Ferdinand Dutert,1845~1906 年)和维克多·孔塔曼(Victor Contamin,1840~1898 年)设计。这座巨大的建筑物运用了当时最先进的钢制三铰拱结构和技术,使其跨度达到 115m,长度达到 420m,刷新了世界建筑的纪录(图11.6)。

图 11.6　1889 年巴黎世博会机械馆的三铰拱结构

由德国建筑师马克斯·贝格(Max Berg, 1870~1947 年)设计的布雷斯劳百年纪念堂(Jahrhunderthalle, Breslau, 1912~1913 年)有一个钢筋混凝土肋拱穹顶,穹顶直径为 65m,是当时历史上空间跨度最大的建筑(图11.7)。

图 11.7　布雷斯劳百年纪念堂的穹顶

20 世纪初,德国建筑师埃里希·门德尔松(Erich Mendelsohn, 1887~1953 年)在新科学理论的影响下,利用混凝土的塑性做出像爱因斯坦天文台(Einsteinturm, Potsdam, 1919~1921 年)那样夸张的形象,尽管建筑仍采用传统的方法建造,这幢建筑表现出流动性和连续性的统一,充满了生命力(图 11.8)。

20 世纪 20、30 年代,随着新建筑技术和新材料在建筑上的广泛应用,欧美盛行一种国际式建筑风格,试图把建筑任务还原为大尺度的工业设计。它关注的是最佳生产、优化生产,提倡一种服务良好、包装完美的非修辞性的功能主义,强调形式与内容的一致性,推广先验的乌托邦式纯净的造型。

德国建筑师路德维希·密斯·凡·德·罗(Ludwig. Mies. van. der. Rohe,1886～1969 年)设计的 1929 年巴塞罗那世博会德国馆(German Pavilion, International Exhibition, Barcelona,Spain,1981～1986 年重建)标志着现代建筑的诞生。这个展览馆创造了一种流动性的通用空间,除了建筑本身和家具外,没有其他的陈列品,是一座供人参观的大厅,建筑本身就是唯一的展品,表现了现代建筑"少就是多"的极简主义思潮(图 11.9)。

图 11.8 爱因斯坦天文台

图 11.9 巴塞罗那世博会德国馆

20 世纪 20 年代后期,摩天大楼的建造进入了一个繁荣的时期,由施里夫(Richmond Shreve)、兰姆(William Lamb)和哈蒙(Arthur Harmon)设计的纽约帝国大厦(Empire State Building, 1931 年)代表了这个时期,帝国大厦高 102 层,高度为 381m,在以后的 40 年间一直是世界上最高的建筑(图 11.10)。另一个标志性的建筑是约瑟夫·斯特劳斯(Joseph Strauss)设计的旧金山金门大桥(Golden Gate Bridge),这是一座悬索桥,跨度为 1 281m,建成于 1937 年,是这座桥把桥梁工程设计引入了现代化。

4. 第二次世界大战后的建筑工程技术

密斯·凡·德·罗设计的纽约西格拉姆大厦(Seagram Building, 1954～1958 年)是"国际式风格"的代表作,这是一幢具有玻璃和青铜外壳的摩天办公大楼,大楼有 38 层,内柱距为 8.4m,施工极为精细,整个建筑尽可能实现完美(图 11.11)。

二次大战以后,意大利工程师和建筑师奈维改良了自 20 世纪 30 年代开始使用的大跨度钢筋混凝土结构,为其增添了美学意蕴,代表作为罗马小体育宫(Palazzetto dello Sport, 1956～1957 年)和都灵的劳动宫(Palazzo del Lavoro, 1960～1961 年)。罗马小体育宫采用波形钢丝网水泥的圆顶薄壳结构,整个建筑在技术、结构和艺术上都最为重要的结构部分(包括圆顶、大看台、回廊以及边柱)由 2 500 个构件预制建造,施工周期仅 18 个月。这个方案的经济性以及它的不可忽视的艺术特征,来自预制结构在技术和建筑上的内在可能性(图 11.12)。

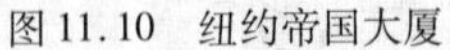

图 11.10　纽约帝国大厦

图 11.11　纽约西格拉姆大厦

战后也出现了一系列的造型新颖，运用混凝土技术及其流动性造型的建筑。例如纽约肯尼迪机场美国环球航空公司候机楼（TWA Terminal, Kennedy Airport, 1956 ~ 1962 年）、耶鲁大学冰球馆（David Ingallas Hockey Rink in Yale University, 1958 年）、华盛顿杜勒斯机场航站楼（1958 ~ 1962 年）等。

图 11.12　罗马小体育宫

1958 年，布鲁塞尔世博会标志着原子能时代的到来，展示了"技术乐观主义"的潮流。以"科学、文明与人性"为主题的 1958 年比利时布鲁塞尔世博会的标志是由工程师安德烈·瓦特金（André Waterkeyn）和建筑师让·波拉克（Jean Polak, 1920 ~ ）设计的原子塔（The Atomium）被列入改变了世界的 20 世纪建筑之一，同时被誉为是"地球上最令人感到震惊的建筑"，原子塔象征放大到 1 600 亿倍的铁分子（图 11.13）。

1958 年，布鲁塞尔世博会美国馆由美国建筑师爱德华·斯东（Edward Stone, 1902 ~ 1978 年）和哈登（P. G. Harden）设计。美国馆的屋盖采用直径为 92m 的圆形双层悬索结构，有 36 对钢柱支持，柱廊柱高 22m，覆盖直径为 104m 的展览馆（图 11.14）。屋盖中部有一个露天的圆形天井，建筑巧妙地利用了悬索结构所需要的内支承环，正对地面上的圆形水池，围绕水池布置展品。两个对称蝶形悬索结构的承重索与稳定索锚固在钢桁架边缘构件上，用于平衡屋顶重力的悬臂钢梁以 45°斜角外伸 65m。双向正交索网构成 1.3m 见方的正方格，上铺钢板，再做保温层及油毡防水层。外墙为钢化玻璃及聚酯塑料板，用钢管吊挂在屋顶边缘的构件上，对索网起预应力作用。该建筑是二战后悬索结构中最具表现力的建筑之一，这种结构体系也用在北京工人体育馆（1959 ~ 1961 年）的屋盖上。

布鲁塞尔世博会法国馆显示了法国建筑师和工程师在创作中的先锋意识,建筑师是纪尧姆·吉莱(Guillaume Gillet,1912 ~ 1987 年)。由于基地条件的限制,法国馆只能有一个支点支承 1 200m² 的建筑。结构工程师采用由一个支点出挑的巨大悬臂梁和平衡杠杆,支承起两个拼接的菱形双曲抛物面悬索屋盖,其平面形状如同飞蝶,产生了有力而又轻快的效果。

由现代建筑大师勒·柯布西耶设计的布鲁塞尔世博会飞利浦馆(Philips Pavilion)被誉为"电子诗篇",飞利浦馆采用扭壳拱墙屋顶结构,其平面由各种曲线构成,高低错落的墙面及屋顶均为 5cm 厚的扭壳,充分展现了混凝土的塑性表现力。建筑内部将色彩、声、光和音乐完美地结合在一起(图 11.15)。

图 11.13 原子塔

图 11.14 布鲁塞尔世博会美国馆

图 11.15 布鲁塞尔世博会飞利浦馆

美国工程师巴克敏斯特·富勒(Richared Buckminster·Fuller, 1895 ~ 1983 年)是数学家、科学家、诗人、哲学家、建筑师、工程师,曾被世界各国 43 所大学授予名誉博士学位。他主张"建筑是由小的结构体系构筑大的结构体系的技术"。他在 1948 年提出的短线网格穹顶(Geodesic dome)结构,就是"少费多用"原则的集中体现。从此以后,世界上出现了数十万个短线穹顶。1967 年,富勒应用他的穹窿结构体系,设计建造了加拿大蒙特利尔世界博览会的美国馆。该馆直径 76.2m,高 61m,这是一种覆盖小都市空间的革新性穹顶,整个建筑以较少的材料造成轻质高强的屋盖,轻巧地覆盖着整个展馆空间。由于采用了三角形金属穹顶结构,使杆件规格最少,结构用料最省,网肋规格相当整齐,便于施工和装配,很好地满足了世博会建筑的要求,成为该届世博会的标志建筑,同时也让全世界了解了网架结构的无穷潜力(图 11.16)。网架结构因其跨度与经济性已成为大规模空间的首选结构之一。

由罗尔夫·古特布罗德(Rolf Gutbrod,1910 ~)和弗赖·奥托(Frei Otto,1925 ~)设计的蒙特利尔世博会德国馆采用了索膜结构。弗赖·奥托被誉为索膜建筑与结构技术的先驱,他在这座展馆上,第一次创造性地大规模成功应用了索膜建筑技术。索膜建筑是伴随着当代电子、机械和化工技术的发展而逐步优化的。德国馆的屋面用特种柔性化学材料敷贴,呈半透明状。正是德国馆的成功引发了1972年慕尼黑奥运会体育场的结构和建筑造型。由于德国馆是一座临时性建筑,因此,慕尼黑奥运会体育场提出了更严格的装配、稳定和维护的要求。运动场结构系统的巨大拉力由深埋在起伏不平的地面下的坚固混凝土基础所平衡,在保持独特的帐篷式的自然形态与满足建筑寿命持久的需要之间,达到了理想的平衡。此外,带顶棚的各种运动设施完全相同的外观,不论是否全天候的需要,都意味着需要有复杂的零件来连接封闭空间的垂直玻璃幕墙系统(图11.17)。

图11.16　1967年蒙特利尔世界博览会美国馆

图11.17　慕尼黑奥运会体育场

5. 高技术建筑的工程美学

20世纪60年代,由于科学技术的又一次飞跃,为整个世界带来了普遍的技术乐观主义的态度。在大机械美学的影响下,各国建筑师和规划师提出了基于现代工程技术进步的未来城市设想,其中最富想像力的是英国建筑电讯派的插入式城市(1964年),这是一幢建筑在已有交通设施和其他各种市政基础设施上面的网状构架,一座对未来的高科技与乌托邦时代城市的设想。上面可以插入形似插座的房屋或构筑物,它们的寿命一般为40年,可以轮流地每20年在构架上用起重机拔掉一批或插上另一批(图11.18)。这一时期的未来城市设想还有空中城市、海上城市、仿生城市等。以巴黎的蓬皮杜中心(The Centre Pompidou, 1977年)代表了高技派建筑的出现,这是在新的技术条件和审美观念影响下对功能、结构、大规模生产技术、空间、辅助设施和灵活性的建筑表现(图11.19)。建筑师和工程师们关注新技术条件下如何拓展建构语言,如何使建筑方式更为精良。同时,在生态美学的影响下,也出现了既注重高技术,又强调人性化的建筑和工程。

英国建筑师理查德・罗杰斯(Richard Rogers, 1933~)设计的伦敦劳伊德大厦(Lloyd's of London, 1978~1986年)是高技派建筑的代表作之一,建筑师以设计一部机器的构思来设计这座大厦。建筑将所有的设备,包括电梯、厕所、机械设备、服务设施和结构柱等布置在主体建筑之外的六个塔楼中,形成无障碍的室内空间,管道和设备外露,塔楼用不锈钢板饰面,充分表现了技术自身的美感(图11.20)。

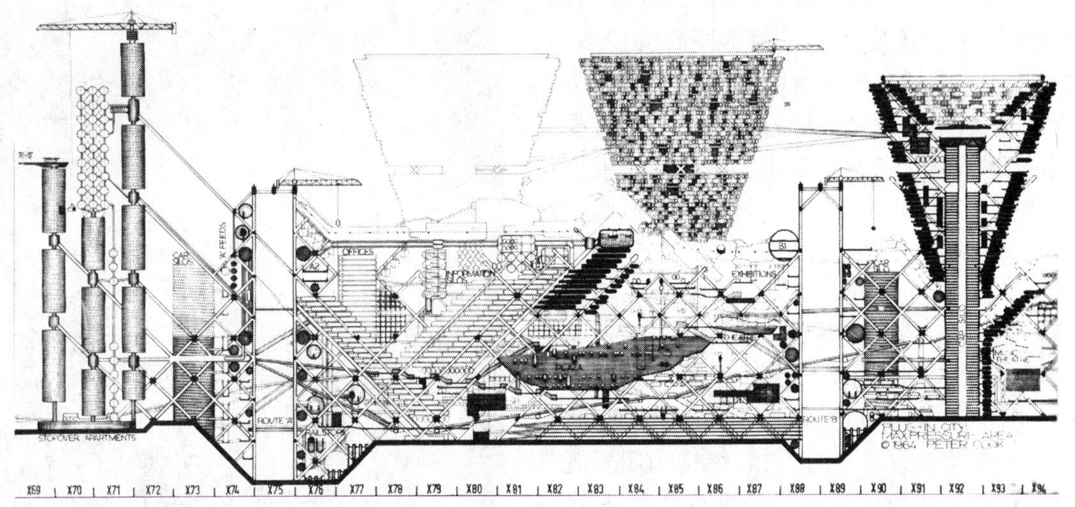

图 11.18　插入式城市

图 11.19　巴黎蓬皮杜中心

图 11.20　伦敦劳伊德大厦

6. 当代建筑工程技术中的工程美学问题

20 世纪 80 年代末,受哲学领域后结构主义的影响,建筑界出现了解构主义思潮,这是一个相互之间有很大差异性的建筑师群体。代表作是美国建筑师弗兰克 · 盖瑞(Frank Gehry, 1929 ~)设计的西班牙毕尔巴鄂的古根海姆博物馆(The Guggenheim Museum, 1993 ~ 1997 年),这座建筑曾被誉为改变了世界的建筑之一。建筑由曲面块体组合而成,外墙用西班牙石灰石和钛合金板饰面,建筑的造型仿佛雕塑,具有诗意般的动感。建筑师在设计过程中得益于航空设计中应用的计算机软件。这座建筑改变了整个城市的意象,也改变了以往建筑艺术语言的表达方式(图 11.21)。

英国建筑师格瑞姆肖(Nicholas Grimshaw, 1939 ~)为 1992 年西班牙塞维利亚世博会设计了英国馆(British Pavilion, Seville, Spain, 1992年)。这座建筑使用了三种不同的围护墙,东面是高18m、长65m的水墙,通过水循环把外墙上的热量带走,以达到降温的目的。西墙受强烈的太阳辐射,建筑师采用了装满了水的船用集装箱充当的高蓄热构件作为墙体,以吸收热量作为建筑的补充能源。在南、北墙上,采用外张拉结构,挂上白色的PVG织物遮阳,弯曲的桅杆上片片织物犹如白帆,充满了诗意。其耗能仅为同类建筑的四分之一(图11.22)。

图11.21 毕尔巴鄂古根海姆博物馆

日本建筑师坂茂(Shigeru Ban)为2000年汉诺威世博会设计了日本馆,结构采用了既具日本传统又体现可持续发展的纸建筑,其结构材料来源于回收加工的纸料,这些自然的材料在世博会后还将百分之百加以回收再利用,返回日本做成小学生的练习本。主厅拱筒形结构由440根直径12.5cm的纸筒呈网状交织而成,舒缓的曲面以织物及纸膜做内外围护,屋顶与墙身浑然一体。展馆长72m,宽35m,最高处达15.5m,全馆面积3 600m^2(图11.23)。

图11.22 塞维利亚世博会英国馆

图11.23 2000年汉诺威世博会日本馆

建筑工程技术的进步是包括了结构、设备、施工与材料方面的技术同步发展起来的,建筑工程技术的进步促进了新的建筑思想的成长。建筑工程技术也包括了工程理论、力学理论尤其是结构力学理论以及新的计算理论与方法的进步与突破,结构技术科学在解决复杂问题的方面具有重要的现实意义,如结构动力学、结构稳定等;新的建筑材料如钢筋混凝土,如果没有这种技术和材料上的突破,现代建筑的出现是无法想像的。对现代建筑来说,技术的综合发展是建筑工程技术发展的趋势,例如钢铁、铝合金、不锈钢、搪瓷钢板、玻璃、塑料的广泛应用已经成为最重要的技术因素之一。新的结构技术与新材料的结合,壳体结构、折板、网架结构等;新的设备技术也大大地促进了现代建筑的发展,如照明设备、空调设备、智能化设备及电梯等,如果没有这方面的技术进步,现代摩天大楼是不可能产生的;新的施工方法及技术,如预应力、预制装配、体系建筑等。科学技术的发展,如预制安装、机械化等,也会促进建筑工业化,并发展体系建筑。

今天的建筑技术更多地倾向于信息技术、绿色技术,更注重人性,成为与社会、生活和环境协调发展的技术,成为以人为本的技术。建筑师和工程师可以运用新的技术创造无限的可能性。建筑技术的演变模式表明技术的进步有不同的含义,技术与文化有着不可分割的关系。建筑技术的进步还表现在它使人们的思想中不断地注入技术意识,提高人们的技术素质。

11.3 功能与形式

1. 建筑形式的决定因素

美国建筑师保罗·鲁道夫(Paul Rudolph, 1918 ~ 1997 年)指出,有六个因素决定建筑的形式:第一是建筑物的环境;第二是建筑的功能;第三是人们所面临的特定宗教、气候、风景和自然的照明条件;第四是人们使用的特定材料;第五是对空间的特定心理需求;第六是时代的精神①。建筑和各类工程总是与功能有关,没有功能要求,就不成其为工程。而功能与形式的关系问题既是传统美学的基本范畴,也是现代美学的基础。美国著名建筑师菲利普·约翰逊(Philip Johnson,1906 ~)于 1954 年在他的论文《现代建筑的七个支柱》中把实用列为第三个支柱②。其他的支柱分别是历史、漂亮的绘图、舒适、廉价、满足业主的需要和结构支柱。

美国雕塑家和理论家格林诺夫(Horatio Greenough, 1805 ~ 1852 年)在他于 1853 年发表的《形式与功能》一文中提出了适合性法则,主张:"适合性法则是一切结构物的基本的自然法则……我们赞成用美这个字来表示形式适合于功能"、"形式适合功能就美"的适合性原则③。

对于物质产品,由于功能良好而显示的审美价值称为功能美。建筑物的类型和功能会影响其设计和形式,建筑的结构体系与建筑物的类型和功能相互关联。

2. 功能因素是建筑的最基本内容

建筑具有功能要求,功能是建筑的最基本内容之一,如何满足其功能要求是建筑设计的基本任务,可以说,功能是建筑得以存在的根本依据。从根本上说,功能意识就是目标意识,是建筑得以存在的本源。前面我们说过,功能性是建筑批评的主体性原则之一。无论是建筑师、社会学家,或是行为学家,无论是古代或是现代,人们对建筑的要求有很大的一致性,而这种一致性的基础就是功能。亚里士多德曾经指出:"我们在描述一种物体时,不仅可以用该物体的形状和材料来说明,也可以用它的功能来说明"④。

事实上,世界上的大多数事物都是用它的功能来命名的,诸如空调器、遮蔽物、计算机、公园等,而大多数建筑物也是用它的功能和作用来命名的,如法院、火车站、办公楼、旅馆、体育场、浴室等。公元前 1 世纪的建筑理论著作,古罗马军事工程师和建筑师维特鲁威(Vitruvius,公元前 1 世纪)的《建筑十书》为建筑的构成以及建筑的坚固、适用、美观的原则奠定了基础,为什么是均衡的比例等提供了标准。维特鲁威定义、宣布和判断建筑的形式,决定建筑艺术的

---

① 保罗·鲁道夫. 建筑形式的六个决定因素. 摘自查尔斯·詹克斯. 当代建筑的理论和宣言. 周玉鹏等译. 北京:中国建筑工业出版社,2005. 224-225.

② 菲利普·约翰逊. 现代建筑的七个支柱. 摘自查尔斯·詹克斯. 当代建筑的理论和宣言. 周玉鹏,等译. 北京:中国建筑工业出版社,2005. 218.

③ 格林诺夫. 形式与功能. 汪坦,陈志华主编.《现代西方艺术美学文选·建筑美学卷》. 沈阳:春风文艺出版社,辽宁教育出版社,1989. 3.

④ Aristotle: De Anima, 见 William J. Mitchell. *The Logic of Architecture, Design, Computation, and Cognition*. The MIT Press,1990. 183.

原则，把功能看成是建筑的一种基本性质，他在那本奠定了西方建筑科学的不朽著作《建筑十书》中指出："建筑还应当造成能够保持坚固、适用、美观的原则"。①

有一句流传最广的名言是美国建筑师沙利文（Louis Sullivan，1856～1924年）说的"形式追随功能"。意大利建筑理论家布鲁诺·赛维（Bruno Zevi，1918～2000年）在《现代建筑语言》一书中，提出了现代建筑语言的体系，并指出："按照功能进行设计的原则是建筑学现代语言的普遍原则。在所有其他的原则中它起着提纲挈领的作用"。② 要求建筑不受约束地为内容和功能服务。

3. 功能的概念

建筑的"功能"是一个系统的概念，建筑不仅要满足物质的功能需要，而且要满足精神的功能需要。可以说，功能就是建筑的目的。建筑的"功能"这一范畴在历史上是一个演化的概念，从原始的遮蔽物，只满足简单的功能需要，到满足复杂的、多层次的功能需要，这个过程是与人类社会的演变同时出现的。各种新的建筑类型的出现就是人类社会进步的佐证，就是建筑功能日益深化与多样化的结果。建筑类型的发展史也就是一部人类社会的演变史，建筑的功能最直接、最敏锐地反映了时代特征。由于建筑的功能无法用定量的方法表示，因而在建筑师从事设计的时候，所反映的是建筑师所掌握与理解，并且通过建筑师的创造性思维所体现的功能，这种功能经过了建筑师的过滤与加工。从一开始酝酿建造一栋建筑到最终建成，期间，对功能的理解，无论是出自建筑师的认识，或是建设单位以及社会对建筑的认识，都会经历一个深化、提炼以及转化的过程。其中，建筑师的经验和学识必然会影响到功能的实现程度，建筑师在设计过程中如果缺乏驾驭与平衡各种复杂的因素的能力，必然会使得所设计的建筑偏离原始的设计意图，偏离原先的功能目标。

建筑的功能也是一个空间的概念，现代建筑以空间作为本质，是空间变革的技术革命。功能始终是建筑的本质，从现代建筑运动开始，有强烈轴线的内部空间以及建筑的中心性走向解体，以后又逐渐形成匀质的空间。今天的发展显示出空间秩序的解体以及空间的匀质性与异质性并存的状况。建筑空间的变化反映了功能的演变，而且随着建筑功能与形式的渗透，建筑空间是功能的主要表现。

建筑的功能在许多场合下，往往表现为一种"礼制"的要求。例如，坟墓可以说是一个埋葬死者的空间，但是，埃及的法老却要建造如此庞大的金字塔，耗费成百吨石头去堆砌成100多米高的山峰。"礼制"可以说是功能的一种诗意的表达。建筑不总是被动地反映社会，有时候，它们也会设法塑造社会。正如英国评论家拉斯金所说的："所有的建筑都设法作用于人类的思想，而不仅是服务于人类的躯体"。

4. 当代建筑的综合功能

在当代社会，建筑功能的趋势是向多功能建筑的方向发展，建筑功能不再是单一的功能表现。建筑师和社会学家想到的是他们的创造会带来什么样的后果，会产生一连串的影响。因此，在创造未来生活方式的时候，建筑师们会将原来分散的建筑功能集中于一个建筑群或一幢建筑之中，组成混合型的建筑，这种集中和相互渗透的过程在有些国家和地区正在大规模地进行。这一趋势也使一些传统意义上的大型基础设施，如机场、码头、车站等有了新的概念，成为

---

① 维特鲁威. 高履泰译. 建筑十书. 北京：中国建筑工业出版社，1986. 14.

② 布鲁诺·赛维. 席云平，王虹译. 现代建筑语言. 北京：中国建筑工业出版社，1986. 7.

与生活密切相关的基础设施。例如，日本建筑师原广司(Hiroshi Hara，1936～)设计的京都火车站(Kyoto Station Building，1990～1997年)是日本最大的一座车站，在这座车站里综合了多种复杂的功能，总建筑面积为237 689m^2，地上16层，地下3层，总高度为60m。其中包含了铁路火车站、地铁车站、伊势丹百货公司、购物中心、一家有三个观众厅的剧院，其中有一个925座的大剧场、一座博物馆、一家有539间客房的旅馆以及一座面积为18 500m^2、占9层楼面可停1 250辆汽车的大型停车库等内容。其中，车站的面积仅占总面积的二十分之一，从总体上说，整栋建筑是一种"集合广场"(图11.24)。

图11.24　京都火车站

11.4　技术与形式

1. 建筑中的技术与形式的关系

建筑中的技术与形式的关系表现在结构技术、施工技术、设备技术、材料技术等方面，与建筑的技术革命、建筑类型的发展、社会的需要相适应，以实现适宜技术和先进技术为目标，表现在整体和细部，甚至节点上。大跨度、大空间以及复合功能的社会需求极大地推动了建筑技术的发展。建筑和工程依赖于技术的发展，但是，建筑潮流不仅是技术上的革新和变化，也是建筑理念和社会需求的发展变化。马柯夫斯基在《结构的确定》前言中指出："在一定程度上来说，摹想结构的过程乃是一种艺术，但是，功能方面的要求和结构方面的要求，却必须密切地结合起来。"结构工程师不仅要为建筑师从力学方面提供适合建筑师构想的造型的结构形式，同时也应当追求从建筑设计整体上发展的综合能力。以梦想为起点，从更高的层次上把握技术，结构工程师必须知道理论与数学分析，但是，又不能将它们作为自由发展的障碍，而应该作为手段加以利用。

未来的建筑师和工程师必然会面临日趋复杂的技术问题和结构问题，除了解决这些具体问题之外,建筑师和工程师还必须保持和发展自己的美学观念,为实现结构、施工和经济的综合任务寻找它们之间的相互关系,将技术上正确的工程变成一项建筑和工程结构艺术。技术从来就是文化的一部分,既涉及技术自身的问题,也涉及社会问题。技术是实现社会发展,改变和控制客观环境的手段和活动。德国建筑师、结构工程师弗赖·奥托(Frei Otto, 1925 ~)是悬挂结构的先驱,他曾经说过:“一个工程结构物的技术成就推动新创造是不多的。唯一可贵而使人精神鼓舞和意气风发的东西乃是包含在其中的美”。①

2. 结构与形式

建筑和工程结构总是与结构、材料和技术联系在一起的。实质上,就物理学的意义而言,在地球上形成空间的是结构,结构在建筑与工程中的重要作用是显而易见的。一个理想的结构具有自身的表现力,结构既是传递荷载、支撑建筑与工程的骨架,也是构成空间和环境的骨架,结构是一种具有“物”和“体”的状态的存在物。在建筑师和工程师看来,结构是通过细节到整体形态的组织,结构是通过其组成部分之间的关系而不是通过这些组成部分本身来定义的,这种关系可能包括拱或梁所承受的各种“力”的关系。对建筑材料的选用必须考虑到这些材料在其特定的空间位置所涉及的各种力学关系。

“结构”这一术语具有跨学科的意义,结构并不只是工程技术所专有的名词,结构也是社会学的术语。“结构”一词来源于拉丁文的 structura,意思是“排列”、“堆聚”、“建构”、“构造”、“建造”。自古希腊哲学家亚里士多德以来的文学理论家几乎都强调过“结构”的重要性。结构是由具有整体性的若干转换规律组成的一个有自身调整性质的图式体系,是一种模式建构的活动。这种活动先“拆散”其对象,然后用人为的方式将其重组。几乎每一位把“结构”作为关键术语使用的20世纪理论家都认识到,对于结构性这一概念而言,时间与空间的相互关系是至关重要的。一个结构是由若干成分所组成的,这些成分服从于能说明体系之所以成为体系特点的规律,具有内在的连贯性。

罗森策尔在《结构的确定》一书中说:“结构就是建筑物中尚未修饰的物质材料,而建筑师则正是建筑物的营造家。不懂得结构的内在含意,盲目地去运用结构,这是浅薄无知的,必然会导致毫无道理可言的形式主义,从而造成本来是可以避免的那些浪费”。

结构对于形式而言,就好比骨架,是一切与工程有关事物的基础。结构所覆盖的空间要与使用空间相趋近,同时使结构的形式又能满足建筑物和工程结构的采光、通风、排气、排水、声学,从结构体系考虑建筑的空间组合。

结构与形式的关系主要是力和力的传递。西格尔在《现代建筑中的结构与造型》中指出:“我们必须打破旧习陈见,更系统更广泛地深入到结构形式所据以发展的力学、静力学以及一些物理的规律中去。”结构科学的进步使人们日益深入地掌握了建筑结构的内在规律,建立了建筑结构的计算理论和方法,改变了依靠经验和直观的传统工程观念,实现了结构技术从宏观经验进入科学分析的时代,从而使工程结构成为科学。实验设施和科学实验方法的变革也推动了结构技术的进步,从而有效地改革原有的结构,创造新的结构。

意大利工程师奈维认为建筑是艺术 + 技术,他在《结构在建筑中的地位》一文中指出:“现在建筑设计所要求的新的、宏伟的结构方案,使得建筑师必须要理解结构构思,而且要达到这样一个深度和广度:使其能把这种基于物理学、数学和经验资料之上而产生的观念,转化为一

---

① 勿赖·奥托. 悬挂屋盖. 建筑工程部建筑科学研究院建筑结构研究室译. 北京:中国工业出版社,1963.3.

种非同一般的综合能力，转化为一种直觉和与之同时产生的敏感能力”。①

就结构造型而言，有两个要素：首先是力学形态要素，力学形态要素是指形状与受力的平衡而形成的形与力的结合形态；其次是几何学形态要素，其中最简单的就是球和圆柱体，利用切割、倾斜、连接及相贯等拼接方式而形成的各种形态及其变体。当今，也有一种脱离简单的几何曲面形式而向更自由的、有机的形态发展的趋势，其数理表现手法就是圆弧的组合。

结构与形式的关系在设计程序上表现为三种方式：一是从造型到结构的方式，也就是从所构思的空间出发，在建构、构成、材料和细部处理等方面追求结构上的合理性与美感；二是从结构到造型的方式，由于结构本身的美学潜力，以最佳的结构体系创造出建筑空间与结构完美地结合在一起的造型；三是从技术到造型的方式，利用材料及施工方法的特定技术条件，创造出蕴含美学表现的结构体系。其中，既有带普遍性的创造，也有充满个性的建筑师和工程师的创造。

结构处在自然空间和建筑空间之中，所以要同时考虑力的作用和建筑方面的各种要求，需要将推动结构的技术发展和推动建筑创作的进步协调一致。结构上的美感不像建筑和雕塑那样在视觉上显而易见，需要从技术经济因素方面加以评价，例如空间与结构的关系、力与结构体系、材料与构件、细部与节点、施工及其结构形式等。历史上优秀的作品都是建筑与结构完美结合的典范，埃菲尔铁塔就是结构付诸建筑以表现力、结构成为形式的典型范例。埃菲尔铁塔按照抗风设计，以四根叉开的支柱抵抗侧向风荷载产生的弯矩(图 11.25)。

力的形状往往可以以图示形象地表达，因此，与之相对应的形式往往是最直接的结构方式。我们经常可以看到与弯矩图的形态保持一致的建筑造型，例如乌拉圭建筑师维诺里(Rafael Viñoly, 1944 ~)设计的东京国际会议中心(Tokyo International Forum, 1989 ~ 1996 年)大厅顶部的悬吊拱的形状与弯矩图十分相似(图 11.26)。

图 11.25　埃菲尔铁塔

图 11.26　东京国际会议中心大厅

① 布正伟. 结构构思论——现代建筑创作结构运用的思路与技巧. 北京：机械工业出版社，2006. 29.

英国建筑师诺尔曼·福斯特(Norman Foster, 1935 ~)和奥雅纳工程咨询公司1996年设计的伦敦千禧桥(2001年)是从200个应征方案中脱颖而出的方案,造型也得到雕塑家的帮助。这座长325m、宽4m的桥将泰晤士河北岸的金融区与南岸的泰特现代美术馆连接起来,是架设在泰晤士河上唯一的一座人行专用桥,地理位置十分重要。千禧桥于2002年6月正式开通,桥身的纤细与优雅是前所未有的,然而晃动却迫使这座桥不得不关闭,直至设置了91个美国国家航空与航天局开发的黏性减振器才使千禧桥于两年后重新开放。说明必须借助现代科学技术的成就,通过多学科的交叉和合作才能创造出优秀的工程结构(图11.27)。

图11.27 伦敦千禧桥

3. 材料与形式

长期以来,建筑一直依赖于材料和加工工艺技术的发展,材料及其潜在的性能从一开始就形成了建筑和工程形式的基础。建筑的结构材料主要有三类:钢铁、混凝土和木材。每一种工程材料都有自身的力学性能、质感和表现形式,不同的加工方式、节点和结构体系,不同的工程材料在建构上的可能性是千差万别的,组合和混合的概念涉及到整个结构体系及其构件。最早的结构是按材料来划分其体系的,例如木结构、生土结构、砖石结构、钢筋混凝土结构、钢结构等。建筑材料发展的历史充满了来自其他领域的技术移植,为结构体系的演变带来了建筑施工方式和施工组织的根本变化。几乎所有的材料在投入使用时,都不再是其最初的自然形态,建筑材料的特性已经与加工方式和加工工艺密切相关。此外,材料技术还与材料的表面技术处理方式有关。

长期以来,建筑师和工程师都信奉这样的法则:真实地表现材料本身的自然性质。德国建筑师森佩尔说过:“任何艺术作品都应该以材质作为它的自然本质,并使观者对其一目了然……这样,我们便能够涉及木建筑风格、砖建筑风格和石建筑风格等”。然而,材料的表现力总是与一定的文化背景联系在一起。正如森佩尔所说:造型和特性“取决于由材料形成的理念而不是材料本身”。材料的自然纹理、色彩、光泽、质感对建筑形式的影响虽然只限于建筑的外部,但是对建筑风格的影响仍然具有重要的意义,表现了不同时代的审美观和时代对于材料的理念。

图11.28 1851年伦敦世界博览会的水晶宫

1845年,英国取消了征收玻璃税的政策,泰晤士平板玻璃厂如今一周的产量相当于从前全国的玻璃总产量。也正因为玻璃生产的发展变化,才使1851年伦敦世界博览会有可能建造水晶宫。水晶宫是证明铁和玻璃具有非凡潜力的实例,水晶宫动用了1.24m×0.25m统一规格的平板玻璃18.9万块,合8.36万m^2,重达400t,相当于1840年英国玻璃总产量的1/3(图11.28)。1889年巴黎世博会的埃菲尔铁塔由15 000个锻铁构件和105万个铆钉组成,成为新结构的代表。

现代建筑运动所提倡的新建筑与钢材和玻璃的关系十分密切,钢筋混凝土、玻璃和钢结构成为新的造型要素,它们所带来的创作可能性与现代主义建筑美学之间显然有着深层次的联系,现代建筑运动的大师们认为建筑的未来是与发挥材料的内在潜力紧密联系在一起的。

创造了无梁楼盖结构体系的瑞士工程师罗贝尔·马亚尔(Robert Maillart,1872 ~ 1940 年)指出:"仅仅创造新的形式并不那么困难。困难的是从根本上与材料的性质相结合,即创作出与物质的生命相结合的造型"。许多建筑师不遗余力地遵照材料的本质进行严谨而又蕴含诗意的设计,勒·柯布西耶认定混凝土真正的本质就是"粗糙",他最先摒弃了对混凝土的表面虚饰,应用自然状态的混凝土,显露出用木模板浇注后留下的丰富纹理(图 11.29)。对于混凝土和其他材料来说,预制方法为建筑提供了新的发展机会。

不同的材料有完全不同的建构方式,德国裔美国建筑师瓦克斯曼(Konrad Ludwig Qachsmann,1901 ~ 1980 年)对木构建筑和预制构件进行过长期的研究,设计过钢管胶合板结构体系建筑,他也对技术机械化及其潜在的可能性特别感兴趣,试图用变化最少的构件获得变化最大的组合。他认为:"运用最先进的技术方法开发一个结点,已变成一项基本任务,这将在很大程度上决定一个结构的最终特征"。

传统材料仍然大量地运用在新建筑中,传统材料的发展也极为迅速,不断地得到完善,出现了许多新型材料和材料组合。西班牙建筑师莫奈欧在设计梅里达国家罗马艺术博物馆时,以砖作为主要材料,重复性的砖墙和砖拱是为了唤起对古罗马时代的记忆,而表现手法却是现代的,不施灰泥的砖以无浆接缝保证了材料的纯粹性,并使墙体保持为一种近似抽象的元素(图 11.30)。

图 11.29 勒·柯布西耶设计的马赛公寓

在可持续发展的社会,今天的建筑师和工程师在考虑材料传统的结构、美学以及构造问题时,还必须考虑材料所包含的物化了的能量,如生产、运输和现场施工等过程,回收再利用的潜能以及能源的有机更新。

4. 设备技术与形式

美国建筑师路易·康(Louis Kahn, 1901 ~ 1974 年)在设计宾夕法尼亚大学理查德医学研究楼(Alfred Newton Richard Medical Research Building, University of Pennsylvania, 1957 ~ 1964 年)时,将主体空间和服伺空间加以区分,考虑了空间的特定用途,三座研究塔楼成为主体空间,并围绕一个设备中心。每个研究塔楼都有供疏散用的楼梯小塔楼和废气排放小塔楼,这些小塔楼都是一种服务性的空间构成。由此,将设备空间、管线空间和交通空间单独设置,创造了主次分明,生动丰富的建筑形式(图 11.31)。

现代建筑运动时期,建筑就被比喻为机器。由于是大工业化的产物,工业建筑、桥梁和构筑物成为建筑师和工程师所偏爱的题材。勒·柯布西耶就曾讴歌新精神所孕育的工业产品,将住房定义为:“住房是居住的机器”。工业建筑曾经将各种设备和管线露天装置,以方便检修和安装,节省空间和造价,例如发电厂就往往将平台、筒仓、烟囱、鼓风机、除尘器和管道等外露,甚至将锅炉也直接外露设置,形成独特的工业美。甚至轮船的桅杆、烟囱、天线、雷达、舰桥、铁锚、舷梯等都是表现技术美的元素。20 世纪初的意大利未来主义建筑偏爱那些表现速度、动力、垂直交通的构件,偏爱发电厂、水电站和立体城市等题材,认为这些就是表现未来的重要因素(图 11.32)。

图 11.30 梅里达国家罗马艺术博物馆

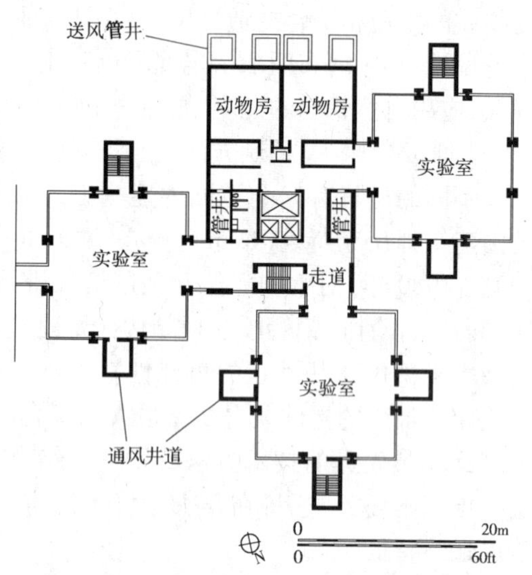

图 11.31 宾夕法尼亚大学理查德医学研究楼

现代建筑中的设备及管线是建筑和工程结构实现其功能目标的有效手段,尤其是许多现代建筑的功能十分复杂,设备及管线繁复,又出于灵活性的需要,往往将这些设备和管线设置在建筑外部专门的附属建筑或塔楼中,甚至直接暴露在建筑外部,成为丰富的造型元素,充分表现建筑的功能,既便于主体空间的灵活使用,又便于设备和管线的更新和维护。巴黎蓬皮杜中心突破了传统的设计手法,将结构、设备和管道等都暴露在建筑的外面,并涂上鲜明的色彩,使高技派建筑开始进入公众的意识。伦敦劳伊德大厦将电梯、设备、服务设施和结构柱等布置在主体建筑之外的六个塔楼中,塔楼的位置充分利用了不规则的基地的角隅。

垂直交通设施、结构构件和节点、设备与管线的外露是高技派建筑常用的元素和处理手法,未来主义式的构图、悬挂屋盖、拉索、天线、升降梯、天桥、塔楼、结构构架、设备与建筑技术成为重要的建筑语言和表达手段,表现建构的细部,表现材料的轻盈,表现建筑表皮的透明性和非物质性。应用金属结构构件的精密外观,纤细、挺拔的形象和冷艳的色泽,模仿并表现那种所谓武器工业般的精确,航空器般的轻盈形象,或者用鲜艳的色彩涂装,表现出与众不同的建筑性质。

图 11.32 未来主义建筑

在现代高技术生态建筑中，应用外露的电梯塔、遮阳板、调光装置、蓄热装置、水墙、双层幕墙、双层玻璃、太阳能光电装置、风塔、风力发动机等成为建筑表现的手段。

德国建筑师冯·格尔康（Meinhard Von Gerkan, 1924～）设计的德国莱比锡新会展中心玻璃大厅（Glass Hall, Neue Messe, Leipzig, 1995 年）长 243m，宽 79m，屋顶的跨度达 244m，是欧洲最大的钢与玻璃结构。结构采用一系列平行排列的格构式无铰钢拱，钢拱全部外露，其截面高度有意加以夸张，从而使拱显得更为轻巧，与点式连接的玻璃共同构成一个轻灵别致的大空间公共建筑的形象。从内部看，整个大厅就像是一个整体连续的拱形玻璃膜，非常轻盈而又精细，实现了透明性与优雅的造型的完美结合。钢结构与总数达 5 000 块相同尺寸的玻璃板通过十分精巧的"蛙趾"固定，展现了先进材料和结构技术手段。建筑师在设计中寻求最明显、最简单的解决办法，试图做到至精至简，清晰明了，不加修饰，以达到材料的极简而又统一的效果（图 11.33）。

德国建筑师韦伯和勃朗特事务所设计的德国亚琛理工大学医学院大楼（Medical Faculty, Technical University of Aachen, 1984 年）是一个巨型结构，建筑物内设有教室、阶梯教室、实验室、餐厅、办公室、研究室以及服务设施。整个建筑物由 24 座高 54m、安装设备和管道的塔楼构成建筑的主要形象。建筑的主体结构是现浇和预制钢筋混凝土，外露的管道和钢结构涂上亮黄色和金属的银灰色，栏杆、楼梯和雨篷涂上红色。在室内，金属结构的细部和鲜明的色彩吸引了人们的注意力，掩盖了单调的大体积混凝土结构的影响（图 11.34）。

图 11.33　德国莱比锡新会展中心玻璃大厅细部

图 11.34　亚琛理工大学医学院大楼

11.5　建筑和工程结构的创造性思维

1. 创造性思维

创造性思维来自于对技术与艺术的全面把握，建筑师和结构工程师奈维的许多作品都完美地将建筑技术与艺术综合为一个整体,在介绍他所设计的罗马小体育宫的预制结构时指出:“预制结构是一个极为有用的工具,聪明的设计师可以用它来取得富有变化的、统一和谐的效果。但要想利用它,就必须完整地掌握技术问题和施工方法,这样才能将独创性与敏锐的感觉结合起来。必须以这样的方式来进行以预制结构为基础的建筑创作,设计师必须懂得这些方法和其中的局限性,就如同一个音乐家必须知道各种乐器的能力和局限性一样,这样,他才能把灵感变成现实”。

创立了国际壳体及空间结构学会(IASS)的西班牙结构工程师爱德华多·特罗哈(Eduardo Torroja, 1899~1961 年)曾经说过:“执着地追求,不断地思考,有时在最后一瞬间突然闪现出意想不到的灵感”。科学技术及工程结构在一般情况下受自然法则、效率及可行性制约,然而在本质上给予工程师在构造和自由选择上很大的余地。历史上许多优秀的工程结构范例都是将“结构”这一技术提升到“艺术”的高度,实现建筑和工程结构的诗意。结构的表现是最真实的表现,不允许任何虚假。特罗哈认为:“可以看到的结构体必须是美的。即使是结构体被隐藏起来,作品整体美的价值也在某种程度上由内部结构的承载力、经济性体现出来。骨架本身虽然没有什么魅力,但是它是用自身所具有的间接的表现形式来提高整体建筑的诗意”。

斯洛文尼亚艺术和建筑专栏评论家米卡·奇莫里尼(Mika Cimolini,1971~)认为:“创造性来自真实的体验!建筑作为时尚,建筑自成系统等等,都是社会经济取向形成的僵化的、意识形态上沉重的定义。除了寻求宣言、出版有图片的书籍以外,应当研究日常生活的程序、社会经济变化的方式以创造多元的空间。无论我们是否要从其他学科寻找帮助以预示不远的将来,并创造与之适应的空间,还是寻找日常生活的共同模式,创造性的本质就是挑战传统空间,并创造新的空间。创造就是为建筑的使用者激发新的文化经验”。

2. 工程设计是创造性活动

设计就是创造现实中尚不存在的事物,在这个意义上可以说,设计是“无中生有”。当然,不是说设计的虚无主义,完全白手起家,而是建立在前人基础上的创造。设计中经常会遇到未知的东西,在材料和受力方面也有未知的部分,制作和施工也未必与设计师的专长相符。同时,这方面的技术也总是在不断地进步。创造就是去面临挑战,解决人类面临的工程难题,设计师的综合各方面的能力往往就是一种创造。

今天的世界建筑呈现出多元化的趋势,随着技术的发展,似乎工程技术可以解决一切问题,致使形式主义又在全球许多领域泛滥,到处都在兴建所谓的标志性建筑和形象工程,忽视经济性与实用性,违背工程结构技术的合理性。当代建筑理论家亚历山大·楚尼斯指出:“近年来在国际设计领域广为流传的两种倾向,即崇尚杂乱无章的非形式主义和推崇权力至上的形式主义”。

西班牙建筑师和结构工程师圣地亚哥·卡拉特拉瓦(Santiago Calatrava, 1951~)是世界上最著名的创新建筑师之一,也是备受争议的建筑师。人们赞誉他是“结构的艺术家”、“感性与技术的完美融合”等。形成作品核心的是卡拉特拉瓦精湛的建筑技术的理念,他多年来学习艺术、建筑、土木工程、城市规划与机械工程,并将这些领域的知识融会贯通,从而创造了理想的建筑和工程结构。由于拥有建筑师和工程师的双重身份,他对结构和建筑美学之间的互动有着准绳的掌握。他认为美态能够由力学的工程设计表达出来,而大自然中,林木虫鸟的形态美观,同时又有惊人的力学效率。所以,他常常以大自然和人体的平衡作为他设计时启发灵感的源泉。卡拉特拉瓦在设计中运用拟人化的表现手法,许多作品的灵感来自人体的力量、人体的形态、脊椎与肌肉的关系、人手张开站立的姿态，他的作品是动物的骨骼和流体力学的隐喻。

卡拉特拉瓦以桥梁结构设计与艺术建筑闻名于世，他为威尼斯、都柏林、曼彻斯特以及巴塞罗那等城市设计了桥梁，也设计了里昂、里斯本、苏黎世的火车站（图 11.35）。他设计的瑞典马尔默欧洲前卫住宅摩天大厦“旋转中心”（图 11.36），高 189m，共有 9 个区层，每段区层有 5 层，总共有 152 个单元，每个区层都旋转少许，使整栋大厦共旋转 90°。大厦最底下两个区层是办公室，其余 7 个区层共有 150 个豪华住宅单元，总面积 15 000m^2。卡拉特拉瓦表示，设计这座大厦的灵感来自一件身体扭动的人体雕塑。他说：“我希望建造与别人不同、技术上独一无二的东西。”他设计的 1992 年巴塞罗那奥运会电讯塔也受到人体平衡的力的启示。

图 11.35　葡萄牙里斯本的东方车站

图 11.36　瑞典马尔默摩天大厦“旋转中心”

他最近的作品是著名的 2004 年雅典奥运会主场馆。奥林匹克体育馆建筑群离市中心约 5km，这里除了举行奥运会开幕式、闭幕式外还举行自行车、游泳等项目的比赛。卡拉特拉瓦称此工程为“奥林匹克梦想”，它使有 20 年之久的老体育馆发生翻天覆地的变化。两只钢穹顶将横跨球场上方，半透明玻璃悬于座位区之上，可以让阳光进入又可以阻隔热气。卡拉特拉瓦希望这个有钢、混凝土、看得见风景且带着雅典之光的建筑能给人留下难忘的印象，并能激发出奥林匹克精神。这个设计的灵感来自拜占庭建筑，穹顶、蓝白基调源于爱琴海及其诸岛。

雅典奥运主场馆由已有 20 年历史的旧场馆加建而成。由于奥运会在酷热的盛夏举行，为了使大部分观众能舒适地欣赏比赛，把有盖座位尽量增加成为改建的主要目标。这项目由著名西班牙建筑师卡拉特拉瓦设计，主要是在原场馆上加上两条长 304m，高 80m 的大型拱梁，再用钢缆拉起总面积超过 10 000m^2、总质量 16 000t 的纤维板屋顶。这能容纳超过七万人的场馆改建之后，有盖座位由 35% 增加至 95%。和上届悉尼奥运会当时全新兴建以空间构架（Space Frame）为主结构的场馆比较，雅典场馆虽然座位较少，但其拱梁和屋顶结构的形态，却显然有着欧洲式的优雅。

对创造性的理解随时代的进步而有所不同，创造性必然与工程的社会责任有关。历史上曾经将形式的创造作为创造性的核心，建造了许多英雄式的建筑，造就了许多英雄建筑师。而今天，生态美学和社会政治伦理已经深入人们的意识，对创造性的理解也随之变化。英国当代建筑师齐普菲尔德(David Chipperfield, 1953 ~)主张："一名具有创造性的建筑师就是能够通过建成的作品建议、促进并激励更好的世界观"。环境保护的概念似乎很保守，就全球环境观而言，建设一个可持续发展的社会就是真正的创造性。

参考文献

[1] 汪坦，陈志华主编. 现代西方艺术美学文选·建筑美学卷. 沈阳：春风文艺出版社，辽宁教育出版社，1989.

[2] 罗小未主编. 外国近现代建筑史(第二版). 北京：中国建筑工业出版社，2004.

[3] 梅季魁，刘德明，姚亚雄. 大跨建筑结构构思与结构选型. 北京：中国建筑工业出版社，2002.

[4] 布正伟. 结构构思论——现代建筑创作结构运用的思路与技巧. 北京：机械工业出版社，2006.

[5] 久洛·谢拜什真. 新建筑与新技术. 肖立春，李朝华译. 北京：中国建筑工业出版社，2006.

[6] 理查德·韦斯顿. 材料、形式和建筑. 范肃宁，陈佳良译. 北京：中国水利水电出版社，知识产权出版社，2005.

[7] 斋藤公男. 空间结构的发展与展望——空间结构设计的过去·现在·未来. 季小莲，徐华译. 北京：中国建筑工业出版社，2006.

[8] Frei Otto, Bodo Rasch. Finding Form, Towards an Architecture of the Minimal. Edition Axel Menges, 2001.

[9] Sutherland Lyall. Masters of Structure: Engineering Today's Innovative Buildings. Laurence King Publishing, London, 2002.

思考讨论题

1. 历史上的建筑工程技术的推动因素是什么？
2. 什么是工程技术的创造性？
3. 新结构和新工程技术如何推动建筑的发展？
4. 为什么结构应当是美的，如何实现这种美？
5. 结构的形式因素与技术因素的关系是什么？

第十二章　土木工程专业人才的知识结构①

12.1　概　　述

在本书的第一章第1.1节中已经提到土木工程专业的培养目标和业务范围，通过以前各章的内容，也已经了解到土木工程各领域的过去、现在和将来的发展总貌，从而可以看到土木工程专业是一个业务范围十分宽广，职业去向十分多样的专业。土木工程专业毕业生的工作对象包括建筑工程、桥梁工程、岩土、隧道及地下工程、道路与机场工程、铁道工程、矿山建筑、港口工程、水利工程、海洋工程等；工作内容涵盖设计、施工、管理、咨询、监理、投资、教育、研究与开发等的技术或管理工作；工作性质包括工程技术、教学和研究工作等。在如此广阔的天地下，土木工程专业毕业生的择业范围是十分多样的；在一生中，几乎所有的人都会在工作对象、工作内容和工作性质中作出多种选择。

因此，土木工程专业的培养方案必须适应这一情况，作出符合教学规律的精心、细致、系统和全面的安排。

12.2　土木工程专业人才培养中的四要素

鉴于土木工程专业毕业生的工作对象较广且差别较大，工作内容多样且理论重点各异，工作性质更是截然不同，四年的学习年制是不可能采用一个对象、一个对象依次学习掌握的，必须按规律进行安排。从我国高等学校土木工程专业指导委员会编制的《高等学校土木工程专业本科教育培养目标和培养方案及课程教学大纲》[1]中，可以看出在土木工程专业高级专门人才培养的过程中，不论今后择业有何不同，都必须重视以下“四要素”的要求，并按照“四要素”的要求制订培养方案。“四要素”即为知识结构、实践技能、能力结构以及综合素质与创新意识。

知识结构是指土木工程专业毕业生必须掌握的知识，用“结构”两字是说明这些知识不是可以任意取舍、支离破碎的，也不应是互不相关的，而应该是组成土木工程专业的知识结构必不可少、不可或缺的。由这些知识组成的知识结构应能满足土木工程专业毕业生职业去向多样化的需要，也能为他们的今后发展提供坚实又宽广的理论基础，为他们向较高的综合素质与创新意识发展提供必要的理论知识上的保障。

土木工程专业是一个实践性非常强、工程性质十分明显的专业。为了土木工程专业的毕业生能够更好地为社会主义现代化建设做出贡献，必须培养他们具有较好的实践技能。否则，

---

①　本章内容是根据我国高等学校土木工程专业指导委员会制定的“土木工程专业本科教育（四年制）培养目标和毕业生基本规格”以及“土木工程专业本科（四年制）培养方案”的精神编写的。

本章12.6节中的1和2中融合了上海现代建筑设计集团总工程师、同济大学兼职教授汪大绥教授的观点。

这样的毕业生将会在实践上暴露出较大的缺陷，是一个不全面的工程技术人员。

能力结构是指土木工程专业毕业生必须具有的能力，用“结构”两字是说明这些能力应该是最基本的，也是最必需的。由这些能力组成的能力结构，应能为土木工程专业毕业生在工作中发挥很好的作用，并能为其向更高的综合素质与更强的创新意识发展，提供最重要也是最基础的能力上的保障。

因此，知识结构、实践技能和能力结构是人才培养的三个基础要素，用以支撑和发展综合素质与创新意识。综合素质与创新意识的高低则与三个基础要素休戚相关。四要素之间的关系可用图12.1表示。

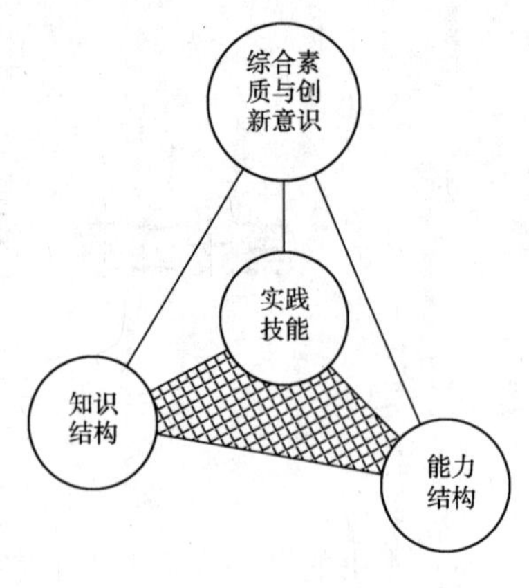

图12.1　土木工程专业人才培养四要素

12.3　土木工程专业的知识结构

1. 土木工程专业知识结构的总体描述

土木工程专业知识结构的具体组成可分为三个阶段：第一阶段为公共基础知识，第二阶段为专业基础知识，第三阶段为专业知识，可用图12.2作一总体描述。

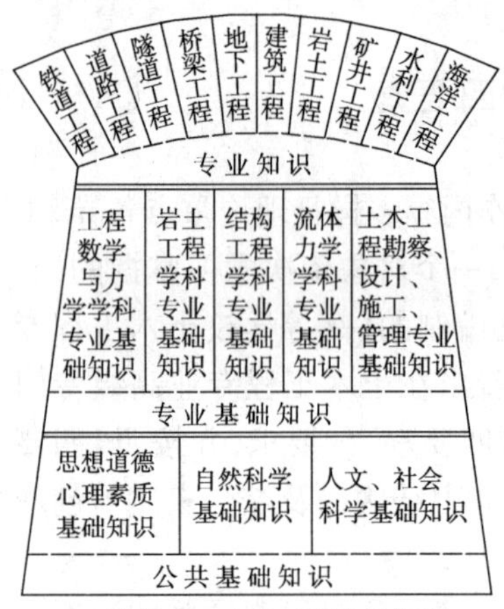

图12.2　土木工程专业知识结构的总体描述

从总体描述图中可以看出公共基础知识阶段、专业基础知识阶段和专业知识阶段之间的关系。公共基础知识是高级工程专门人才具有必要文化素质所需掌握的通用基础知识。在此基础上可以有效和扎实地学习专业基础知识。专业基础知识更是学习专业知识的基础。在专业知识阶段，学生可以修习1~2个具体工程对象的专业知识。学生毕业以后，当需要从事其他工程对象的技术工作时，可以运用专业基础知识、借鉴已学具体工程专业知识的方法和过程，举一反三，通过自学很快地掌握所需学习工程对象的专业知识。

公共基础知识阶段、专业基础知识阶段和专业知识阶段的这一关系和安排就构成了土木工程专业高级专门人才的知识结构。

2. 第一阶段——公共基础知识阶段

这一阶段的内容是根据作为一个工程师所必须掌握的知识而安排的，包括以下两个方面的内容：

(1)思想道德、心理素质及人文、社会科学基础知识

必修课有马克思主义哲学原理、毛泽东思想概论、邓小平理论概论、法律基础、土木工程建筑法规、大学英语等。选修课可由各院校自主决定开设，但宜覆盖以下学科门类：经济学(如政治经济学、经济学、工程经济学)、管理学、语言(如大学语文、科技论文写作)、文学和艺术、伦理(如伦理学、职业伦理、品德修养)、心理学或社会学(如公共关系学)、历史。

通过这些基础知识的学习，要求达到理解马列主义、毛泽东思想、邓小平理论的基本原理，在哲学及方法论、经济学、法律等方面具有必要的知识，了解社会发展规律和21世纪发展趋势，对文学、艺术、伦理、历史、社会学及公共关系学等的若干方面进行一定的修习，掌握一门外国语。

外国语对于土木工程专业是一种语言工具，可以用于阅读国外学术书刊等，了解国际最新动态，吸收国际先进技术；可以用于向国外刊物发表学术论文，将国内的先进技术介绍到国外；可以用于与国外的土木工程技术人员进行面对面的学术或技术交流。要达到这一要求，也就是通常说的要会"读、写、听、说"。对于一个土木工程专业的高级专门人才，应该尽可能向达到这一要求努力。在学习时应十分重视语言环境的营造，教师可以采用双语教学的方式提高学生"读"与"听"的能力；学生可以用外语提问和做作业，提高"写"与"说"的能力。同学之间可以约定在某些场合如寝室内采用外语交谈，提高"听"和"说"的能力。但是必须提出，外国语毕竟只是一种语言工具，决不能因为学习外国语而影响了公共基础知识和专业基础知识的学习，否则就得不偿失和本末倒置了。

必须指出，土木工程与法律的关系较其他类别的工程要密切得多。土木工程的每一项工作都会关联到法律的问题。以建筑法规为例，在进行建设项目策划及立项时，要符合城市规划法；在进行工程设计时，要符合招标投标法、工程勘察设计法、消防法和抗震减灾法等；在进行工程施工时，要符合建筑法、建筑工程合同管理法和建筑企业及从业人员资质管理条例等；在进行房地产管理时，要符合城市房地产管理法。除此之外，与工程有关的法规还有环境保护法、文物保护法、风景名胜区法规、城市市政公用事业法、村庄和集镇建设管理条例，等等。因此在学习土木工程专业有关的知识时，必须时时注意与有关法规的关系，养成自觉注意和遵守各项法规的意识和习惯。

(2)自然科学基础知识

必修课有高等数学、物理、物理实验、化学、化学实验、体育、军事理论等，选修课应覆盖以下学科门类：环境科学、信息科学、现代材料学、计算机语言与程序设计等。

通过这些基础知识的学习，要求达到掌握高等数学和土木工程专业所必需的工程数学，掌握普通物理的基本理论，掌握与土木工程专业有关的化学原理和分析方法，了解现代物理、现代化学的基本知识，了解信息科学、环境科学的基本知识，了解当代科学技术发展的其他主要方面和应用前景，掌握一门计算机程序语言。

计算机的发明，大大拓展了土木工程的设计理论；商用软件的面世，大大提高了土木工程的分析能力；互联网的出现，大大缩小了土木工程的信息世界。总之，计算机的出现和发展给土木工程带来了划时代的变化，这是不争的事实。但是计算机对于土木工程专业毕竟只是一种分析计算和信息收集的工具。土木工程要在设计理论、材料性能和施工技术等方面有所进展，一个土木工程项目要摆脱传统，应用新理论、新材料、新技术成为一个优秀工程项目，还得靠人的智慧和创造。因此在学习计算机技术的同时，千万不要轻信"计算机万能"、"学习计算机走遍天下都不怕"等言论，而放松了公共基础知识和专业基础知识的学习。

公共基础知识阶段一般安排在一、二年级。由于公共基础知识是工程类学科均必须掌握的，因而很少会接触到土木工程专业的知识。这一阶段其实极为重要，必须十分重视，一方面因为是工程类学科的公共基础知识，另一方面则是由高中学习阶段向大学学习阶段的过渡。大学学习阶段与高中学习阶段的最大区别在于大学以讲授原理为主，应用和练习较少，且进度快，同时课余时间较多。因此要能深刻和扎实地掌握教师所讲的知识，主要靠自学。这一阶段的学习必须学会自己安排时间，根据自己的实际情况，通过自己学习，掌握教师讲授的知识。这仅仅是最低要求，此外还应有意识地加深和扩大所学的知识。当在第一阶段完成了这一过渡，学会了大学阶段的学习方法，对于今后学习能力的提升将起十分重要的作用，即使毕业后踏上社会也将是终身受益的。

3. 第二阶段——专业基础知识阶段

在第12.1节中已经提到土木工程是一个业务范围十分宽广、职业去向十分多样的专业。为了适应这一情况，土木工程专业的毕业生必须具有较深入且宽广的基础理论。第二阶段的内容是根据作为一个土木工程师所必须掌握的专业基础知识而安排的，不仅为专业学习需要，而且也为今后的发展以及进入新领域提供必要的基础理论。

专业基础知识阶段按土木工程专业业务范围的需要，可分为几个不同学科的内容，包括工程数学、工程力学、结构工程学、岩土工程学和流体力学等学科，以及从事土木工程设计、施工、管理所必需的专业基础理论。必修课有：线性代数、概率论与数理统计、数值计算、理论力学、材料力学、结构力学、流体力学、土力学或岩土力学、工程地质、土木工程材料、画法几何、工程制图与计算机绘图、工程测量、荷载与结构设计方法、混凝土结构设计原理、钢结构设计原理、基础工程、土木工程施工、建设项目策划与管理、工程概预算等。选修课有弹性力学、水文学、砌体结构、组合结构设计原理等。

通过这些专业基础知识的学习，要求达到掌握工程力学学科包括理论力学、材料力学、结构力学的基本原理和分析方法；掌握岩土工程学学科包括工程地质和土力学或岩土力学的基本原理和实验方法；掌握流体力学的基本原理和实验方法；掌握结构工程学主要是工程结构构件的力学性能和计算原理和一般基础的设计原理；掌握相关学科包括土木工程材料的基本性能和适用条件、工程测量的基本原理和方法、画法几何基本原理、土木工程施工与组织的一般过程等。

专业基础知识阶段一般安排在二、三年级。由于这一阶段的知识是土木工程专业的基础理论，因而有关土木工程各类具体工程对象的内容不会很多，但必须看到，专业基础知识构成了土木工程专业共同的专业平台，为以后的专业知识学习和毕业后在专业的各个领域继续学习提供坚实的基础，可以认为这一阶段的学习是大学期间最为重要的。

4. 第三阶段——专业知识阶段

这一阶段的内容是要求通过对具体工程对象的分析，达到了解一般土木工程项目的设计、施工等基本过程，学会应用由专业基础知识阶段学得的基本理论，较深入地掌握专业技能，建立初步工程经验的目的，以适应当前用人单位对土木工程专业本科人才基本能力的一般要求。由于土木工程涵盖的具体工程对象类别繁多，如房屋建筑、桥梁、隧道、地下工程、道路与机场、铁路、矿山建筑、港口工程、水利工程及海洋工程等，在设计和施工方法上都有差别，在大学阶段不可能也不必要对每一种工程对象都要详细学习。学校对第三阶段即专业知识阶段可根据各自的特点进行安排。一般有以下几种：一主多辅模式、主辅组合模式、完全打通模式等。

一主多辅模式采用设立若干课群组，每一课群组集中对土木工程中某一类工程对象的勘察、设计、施工、管理等进行教学，要求学生系统修习某一课群组的基本课程，并修习其他课群组的若干门课程。主辅组合模式设立的课群组也可以以某一类工程对象为主，但配以若干门其他工程对象的课程,要求学生修习某一课群组。完全打通模式则不设课群组,但要求学生修习的课程能涉及土木工程较宽的范围。

通过专业知识的学习,要求达到掌握土木工程项目的勘测、规划、选线或选型、构造的基本知识;掌握土木工程结构的设计方法、CAD 和其他软件的应用、土木工程基础的设计方法、了解地基处理的基本方法;掌握土木工程现代施工技术、工程检测与试验的基本方法;了解土木工程防灾与减灾的基本原理及一般设计方法;了解本专业的有关法规、规范与规程以及本专业的发展动态等。通过这一阶段的学习,还应了解相邻学科知识,包括:土木工程与可持续发展的关系、建筑与交通的基本知识、给排水、供热通风与空调、电气建筑设备以及土木工程机械等的一般知识。

专业知识阶段一般安排在三、四年级。学生所学的专业知识涉及面应在土木工程领域内有一定宽度,至少应涉及土木工程领域中的建筑工程类、交通土建工程类、地下—岩土—矿井建设类中的两类。在这一阶段中,除了要学习土木工程中某一类工程对象的勘察、设计、施工、管理等专业知识外,学生更应学会怎样从由专业基础知识构成的土木工程专业共同的专业平台上,掌握某一类工程对象的专业知识的过程和方法,这样才能在需要进入另一类工程对象领域时举一反三,不致束手无策。

5. 知识的综合要求

在公共基础知识、专业基础知识和专业知识阶段,是主要以单一学科体系进行学习的。每门课程的学习均按照该门课程所属学科的严密体系由浅入深、由简到繁、循序渐进的方法进行学习。这是一种将自然界的现象和工程中的问题进行分析、按学科分解并归类、然后按学科体系进行学习的方法。从根本上说,这是一种以分析为主的学习方法,是分学科的学习方法。这种方法对于学习知识是有效的,也是科学的。但是,自然界的现象和工程中的问题本身却是综合性的,不同学科的问题错综复杂地交织在一起。解决问题时必须综合运用多学科的知识,针对问题的具体情况,理清头绪予以解决。

因此,可以这样说:学习知识应采用以分析为主的方法;解决工程问题应是多学科知识的综合运用。作为土木工程专业高级专门人才必须都要学会这两个方面。

怎样学习知识的综合运用呢?在大学学习阶段主要落实在实践教学环节,但是光靠学校的安排是不够的。更为重要的是靠自己有意识地学习和培养,采用的方法有以下几种:一种是根据不同的学习阶段注意阅读一些科技杂志,特别是在专业基础知识和专业知识学习阶段,更要安排固定时间阅读国内外有关土木工程的科技杂志,从文章中学习他人是怎样将知识综合运用于解决工程问题的,还可以对文章进行评论,提出问题或建议,并整理成文请教师指导;一种是积极参加各种设计竞赛,从中捉摸、学习和体会怎样综合运用知识才能进行设计、并能完成高质量的设计。只要能认真地、有意识地进行这方面的学习和培养,就会达到知识的综合要求,就会发现一片广阔的天地可供自由翱翔,就会感到学习的快乐,乐此不倦。

12.4 土木工程专业的实践技能

1. 需要培养的各种实践技能

土木工程具有极强的实践性。在工程项目选址时,需要了解拟选的建造场地是否会滑坡,是否属于地震断裂带，是否存在不适宜工程项目选址的其他地质因素等，这就需要掌握一定的地质勘测技能；在工程项目设计时，需要进行大量的计算和绘制大量的工程图，这就需要掌握制图技能、计算机 CAD 绘图技能和应用计算机及分析软件进行分析计算的技能；当工程项目采用新材料、新理论、新结构和新技术而需要进行试验时，则需要掌握材料、结构、工艺试验的技能；在工程项目施工时，需要按设计图纸将工程项目在建设场地正确无误地定位并建造起来，这就需要掌握工程测量技能；当需要对某一既有工程进行检测并对其承载能力或耐久性进行鉴定时，这更需要掌握结构检测技能，等等。

因此，土木工程专业需要培养的实践技能主要有：制图技能、计算机应用技能、地质勘测技能、工程测量技能、材料、结构、工艺试验技能、结构检测技能。

2. 如何培养实践技能

土木工程专业的实践技能是通过在公共基础知识阶段、专业基础知识阶段和专业知识阶段中的实践教学环节培养的。实践教学环节还具有培养学生各种能力，特别是工程能力和创新能力的作用。因此，实践教学环节在土木工程专业的教学中具有非常重要的地位，它的作用和功能是理论教学所不能替代的。

土木工程专业的实践教学环节有以下几种类别：计算机应用类、实验类、实习类、课程设计类和毕业设计（论文）等。有组织的科技创新活动等也应纳入实践教学环节。下面介绍各类实践教学所包括的实践技能和工程能力的培养要求。

（1）计算机应用类

计算机应用包括计算机语言与程序设计课程中的计算机上机实习，以及在各课程教学和设计类教学过程中的计算机运用操作等。通过计算机应用类的实践环节，要求学生了解计算机基础、算法与数据结构，掌握若干种计算机实用软件，掌握有关的工程软件应用方法，熟悉 CAD 制图。

（2）实验类

实验包括大学物理实验、化学实验、力学实验、材料实验、土工实验、结构实验和施工实验等。通过实验类的实践环节，要求学生了解所学课程的实验方法，能正确使用仪器设备，掌握一般结构实验的基本方法，初步具备结构检验的技能。通过实验类的实践环节，还应培养学生的实验动手能力、科学实验方法和创新意识。

（3）实习类

实习包括认识实习、测量实习、地质实习、生产实习和毕业实习等。通过实习类的实践环节，要求学生掌握各项实习内容及有关的操作和测量技能，能初步应用理论知识解决工程实际问题；了解土木工程师的工作职责范围，参与部分工作；了解土木工程的项目管理，正确使用我国现行的施工规范和规程。

（4）课程设计类

课程设计包括勘测或房屋建筑类课程设计、结构类课程设计、工程地基基础类课程设计、施工类课程设计等。通过课程设计类的实践环节，要求学生了解与土木工程有关的法规和规定；熟悉技术规程中与课程设计有关的主要内容；了解工程师的工作过程和工作职责；了解设计过程中各工种之间的配合原则。通过工程设计，学生应能综合应用所学基础理论和专业知识，具有独立分析和解决一般土木工程技术问题的能力；用书面及口头的方式清晰而准确地表达设计意图及各项技术观点。

(5)毕业设计(论文)

毕业设计(论文)在培养学生的工程能力和创新能力上有十分重要的作用。通过毕业设计(论文)要求学生在知识方面能综合应用各学科的理论、知识和技能,分析和解决工程实际问题,并通过学习、研究和实践,使理论深化、知识拓宽、专业技能延伸。在能力方面能进行资料的调研和综合,能正确运用工具书,掌握有关工程设计程序、方法和技术规范,提高工程设计计算、理论分析、图表绘制、技术文件编写的能力;或具有实验、测试、数据分析等研究技能,有分析与解决问题的能力;有外文翻译和计算机应用的能力。在素质方面能培养并具备正确的设计思想、严肃认真的科学态度和严谨的工作作风,能遵守纪律,善于与他人合作。

12.5 土木工程专业的能力结构

1. 需要培养的各种能力

土木工程是一个工程应用性的学科。工程技术人员要把在学校里学到的专业基础知识、专业知识和实践技能应用到工程项目中去,就要依靠他们自身的各种能力。一个缺少把专业知识综合运用到工程实践能力的工程技术人员,充其量也只能成为一部“活字典”、一个“信息源”。一个缺少把实践技能应用到工程项目能力的工程技术人员,充其量也只能成为一个“活工具”、一部“工具书”。

为了能够把所学的知识和实践技能灵活、有效并具创新性地应用于工程实践,一般需要培养以下各种能力:自学能力、工程能力、管理能力、科技开发能力、表达能力和公关能力,以及由这些能力衍生的创新能力。

(1)自学能力

顾名思义,自学能力就是自己学习的能力。但是自学能力又可细分为通过自学接受知识的能力、通过自学获取知识的能力以及通过自学在获取知识的基础上进行创新思维的能力。

在公共基础知识阶段(一、二年级),由于教学以讲授原理为主,应用和练习较少,因此这一阶段的学习,学生应着力于培养自己能通过自学掌握教师所讲授知识的原理及其灵活应用的方法,也就是培养自己通过自学接受知识的能力。

在专业基础知识阶段(二、三年级),由于土木工程的专业基础涵盖范围极为广泛,教学内容涉及许多学科,将会引发学生学习的兴趣和积极性,学生会根据各自的特点希望将教师所讲授的内容进一步拓宽和加深,这一要求只能靠自己学习解决。因此这一阶段的学习,学生应在已具有通过自学接受知识能力的基础上,进一步培养自己通过自学去掌握教师没有讲授而自己又希望能掌握的知识,也就是培养自己通过自学获取知识的能力。

在专业知识阶段(三、四年级),教学内容已涉及某些具体的工程对象,教师除了讲授有关勘察、设计、施工、管理等方面的基本知识、设计方法、施工技术、管理原理外,还会加大信息量,讲述一些新的科研成果、正在探索的新设计理论、结合新的工程材料和分析方法出现的新的结构形式和体系、计算机控制的新施工技术,等等。这些内容必将激发学生的许多遐想。学生可以在通过自学获取知识的基础上学习创新思维,提出一些新的想法以及付诸实施的理论依据和实现技术,也就是培养自己在通过自学获取知识的基础上进行创新思维的能力。

可以看出,自学能力是高级专门人才赖以持续发展和不断提高的一种能力,因此也是最根本和最重要的能力。

(2)工程能力

工程能力就是土木工程技术人员在从事土木工程工作时应用工程技术知识和技能的能力。对于土木工程专业技术人才,工程能力的培养是必不可少的。一个从事土木工程的技术人员,如果缺少必要的工程能力,将是一个不合格的土木工程师。

在大学阶段,工程能力的培养,主要在实习类实践教学环节、课程设计类实践教学环节和毕业设计实践教学环节中进行。各实践教学环节关于工程能力的培养要求,在前一节中已有所阐述。工程能力培养的总体要求应该是:具有根据使用要求、地质地形条件、材料与施工的实际情况,经济合理、安全可靠地进行土木工程勘测和设计的能力;具有解决施工技术问题和编制施工组织设计的初步能力;具有工程经济分析的初步能力;具有应用计算机进行辅助设计的初步能力。

(3)管理能力

土木工程是一种群体性的工作。对于土木工程专业高级专门技术人才,应进行必要的管理能力与意识的培养,包括人力资源管理、投资管理、进度管理、质量管理、安全管理、工程项目管理、各工种工作的协调等。

大学阶段管理能力的培养,主要在生产实习、毕业实习和毕业设计等实践教学环节中进行。此外,还可在各种社会活动中进行。

管理能力的培养要求是:具有进行工程项目管理的初步能力;具有进行工程监测、检测、工程质量可靠性评价的初步能力;具有一般土木工程项目规划或策划的初步能力;具有应用计算机进行辅助管理的初步能力。

(4)科技开发能力

科技开发能力是土木工程专业技术人才必须具备的一种重要的能力。科技开发能力就是在现有的设计方法和施工技术的基础上,对设计方法和施工技术提出改进设想并予以实施的能力。这一能力的培养除了要有自学能力、工程能力、管理能力外,还应在实验类实践教学环节和毕业设计(论文)实践教学环节中进一步培养。通过知识教学环节和实践教学环节,主要让学生掌握进行科技开发所需的必要知识和技能,但这并不等于科技开发能力。科技开发能力主要依靠自身有意识的培养,要在自学过程中养成提出问题、分析问题和解决问题的习惯。这种能力的培养需要有一个长期的过程,需要日积月累。如果在专业知识学习阶段能够发现有许多问题可以进一步改进或完善,并能提出正确的想法和建议或写成文章,这就说明有了一定的科技开发能力;否则,还需进一步培养。

(5)表达能力和公关能力

土木工程具有工种繁多,与政府行政部门联系多等特点,土木工程专业高级专门技术人才需要有良好的表达能力和公关能力。具体地说,就是要具有文字、图纸和口头的表达能力;具有社会活动、人际交往和公关的能力。

2. 各种能力间的关系

各种能力间的关系可用图12.3表示,图中反映了自学能力是最基本的能力,它是工程能力、管理能力和科技开发能力的基础,它的强弱将直接影响这些能力的培养。因此,在大学学习期间,自学能力的培养是一刻也不能忽视、一刻也不能松懈的。公关能力和表达能力与个人的性格、灵敏性和口才等有关,具有较多的先天

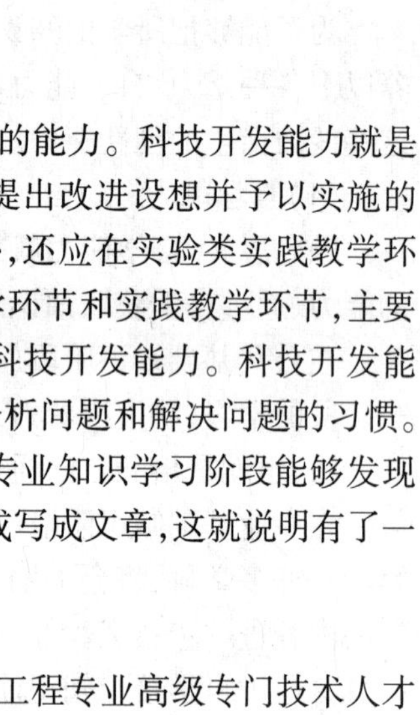

创新能力
公关能力
管理能力
工程能力
科技开发能力
表达能力
自学能力

图12.3 各种能力之间的关系

性因素,但也可以通过后天的努力加以改变和提高,这同样有赖于自学能力。创新能力则是各种能力综合发挥的结果,它可以有各种不同方向的创新,与工作对象、工作环境、工作条件有关。

12.6 培养土木工程专业人才的综合素质和创新意识

1. 从对土木工程师的要求看大学教育的作用和地位

土木工程师是土木工程专业的专门人才。土木工程师的工作具有十分重大的社会意义,由他们负责设计和建造的土木工程项目都应符合安全、经济和耐久的要求。如果工程项目由于安全问题导致破坏甚至倒塌,就会造成人民生命和财产的重大损失;如果工程项目的建设很不经济,导致浪费,同样会造成人民和国家经济的重大损失;如果工程项目的耐久性很差,用后不久就暴露出各种问题,包括安全问题,这样给业主和社会带来棘手的后遗症,造成人民和国家的经济损失。因此,土木工程师肩负重要的社会责任,社会对土木工程师也提出了各种要求。我国采用土木工程师注册制度来保证土木工程师能符合各种要求,这也是世界各国通行的方式。我国土木工程师注册制度按工作性质分为注册结构工程师、注册岩土工程师、注册建造师等。

以注册结构工程师为例,分一级和二级两个级别。一级注册结构工程师是以四年大学本科教育为基本条件,再加上至少四年的工程结构设计经验。二级注册结构工程师的基本教育条件比较低,中专和大专毕业都可以。一级和二级注册结构工程师在执业范围上是有区别的,如规定某种复杂程度或某种难度或某种规模的工作必须由一级注册结构工程师做,等等。

我国的结构工程师注册制度规定[2],要成为一级注册结构工程师,必须满足以下要求(详见附录):

第一,通过基础考试。基础考试最早可在大学毕业后进行。基础考试的目的就是检查该毕业生是否已掌握作为一个结构工程师必须具有的公共基础知识、专业基础知识和专业知识。

第二,通过至少四年的工程结构设计经验。结构工程师的工作具有以下特点:①实践性强;②设计对象的个性强;③社会责任大。因此,结构工程师应具备下列要求:①要深入实践;②要积累经验;③要有社会责任感,包括法律意识、环境意识、可持续发展观等。这些要求在大学教学中无法培养,只能在工程实践中不断加以培养。在此期间还必须接受继续教育和职业训练。

第三,通过专业考试。专业考试最早在具有四年工程结构设计经验后进行。专业考试的目的就是检查该设计人员是否已具备作为一个结构工程师必须具备的要求。

第四,二年有效期后的重新注册。我国对一级注册结构工程师实行注册后二年有效的制度,二年期满后必须重新注册。重新注册的要求是每年必须要接受不少于规定时数的继续教育,不断更新知识;二年内必须完成与一级注册工程师相适应的工程实践。如达不到上述要求,就不能重新注册,也就失去了注册结构工程师的资格;要想再次注册,必须重新通过考试。

上述所举注册结构工程师的例子说明我国对注册工程师的要求有两大方面。第一方面的要求是注册工程师必须具备合格的知识结构,具有一定的实践技能和能力结构。这方面的要求是在大学学习阶段进行的,是作为注册工程师必备的基础条件,或称之为门槛条件。第二方面的要求是注册工程师必须经过质和量均符合要求的实践锻炼,不断积累经验;要接受继续教育更新知识;要有良好的综合素质。这方面的要求主要在工作阶段完成。

因此,从对土木工程师的要求看,大学教育的作用和地位可用图12.4描述。图12.4采用拟人化的方法绘出了注册结构工程师的几个主要方面。

从图中可以看出,大学专业教育是一个十分重要的基础。基础是否打得深厚、宽广将最终影响"自身的形象"。深厚、宽广的基础,为高大形象的形成提供了条件;反之,如基础很窄很浅就很难形成高大的形象。工程实践及经验积累是建立在大学专业教育基础上并成为土木工程师的主体,只有主体结实才能使形象高大。主体只有在大学毕业后在工作中去形成。它与大学专业教育有相当的相连关系,但又是互相独立的两个方面。继续教育和职业训练是两个很重要的组成部分,支撑着主体的壮大。一个不重视继续教育、知识更新和职业训练的工程师,他的工作必将是墨守成规、凭经验吃老本,也就不可能形成高大的形象。

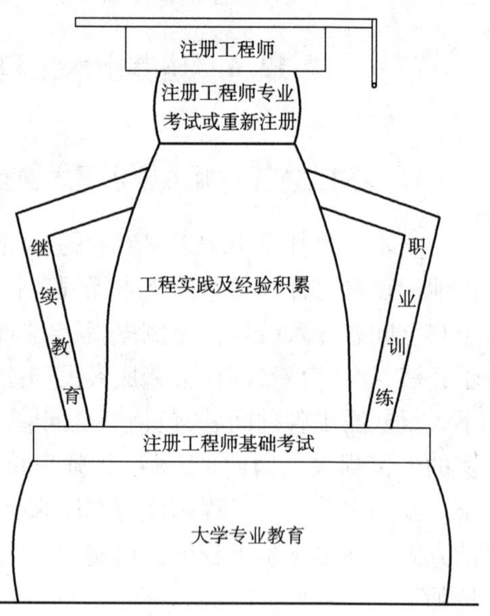

图12.4 从对土木工程师要求看大学专业教育的作用和地位

一个土木工程专业的学生应该十分重视大学阶段的公共基础知识、专业基础知识和专业知识的学习,应该重视实践技能和各种能力的培养,并在此基础上着力向良好的综合素质和创新意识发展。只有这样,才能为今后的发展形成深厚、宽广的基础,在工作阶段为经验的积累和工程的创新起到事半功倍的作用。

2. 如何培养学生的综合素质和创新意识

土木工程专业人才除了应有合格的知识结构、实践技能和能力结构外,还必须有良好的综合素质和创新意识。但是迄今为止,综合素质和创新意识指什么?在大学学习阶段如何培养?这些问题一直没有公认的说法。这里将作一些探索性的阐述。

(1)关于综合素质的培养

综合素质应由以下诸方面组成:①在个人素养方面,应热爱祖国、具有良好的思想品德、社会公德和文明礼貌的举止;②在人文、社会科学方面,应具有基本的和高尚的科学人文素养和精神,具有哲理、情趣、品位和人格方面的较高修养;③在心理和体魄方面,应具有健康的心理和体魄,能保持心态平和、乐观和积极向上,能形成良好的体育锻炼和卫生习惯,能够履行建设祖国的神圣义务;④在自然科学方面,应能了解当代科学技术发展的主要方面,初步学会科学思维的方法,能够采用合理的方法对事情作出正确的判断;⑤在土木工程专业方面,应按照对土木工程师的素质要求,不断培养和提高专业素质。对土木工程师的专业素质要求,最主要的是:a. 要有很强的社会责任感,对工程质量应有终身负责的意识和行为。这是由土木工程的外在特性所决定的。土木工程师的社会责任感将在本书第十三章中阐述,简要而言,除了应有工程质量第一的意识外,还应有基本的法律意识、环境意识和可持续发展意识,包括合理利用资源、开发和应用再生资源和绿色资源、节约能源、合理使用土地等。b. 要有深入实践的愿望和本领。这是由土木工程的内在特性所决定的,因为任何一个土木工程项目都是先在设计图纸上体现出来,然后拿到建设现场去实施。由于设计时考虑的建设现场和施工实施时的可能情况会与实际情况有一定差别,这就需要在现场深入了解情况,提出解决办法。c. 要有良好的职业道德,包括敬业爱岗、团结合作、严肃认真的科学态度和严谨的工作作风。d. 要有正确的设计思想和创新意识,能够把上述要求在设计中充分反映。

由上所述可见,综合素质主要由五方面的素质组成,因此不可能由一门课来讲授,也不可能在短期内养成。综合素质的培养实际上是一个系统工程。首先要掌握这些素质的内涵,即有哪些基本知识和要求;其次要在大学学习期间自始至终加以注意,在各个教学环节中加以培养;再次要教师和学生的共同努力。教师应以身作则,言传身教;学生应边学边用,自我培养。

因此,综合素质的培养需要学校在教学中精心安排,如开设一些课程让学生选修;请一些先进人物来校作心得体会的报告,加深学生的了解;在实践环节中,提出一些要求,让学生在实践中增强感性认识;学生也应在各教学环节中着意加深自身综合素质的培养。

(2)关于创新意识的培养

土木工程是工程学科中的一种。对于工程含义的理解,目前尚无统一的认识。李伯聪先生提出的"科学—技术—工程三元论"是工程、科学和技术三者相互关系的较为完整的说法[3]。三元论认为科学发现、技术发明和工程设计是三种不同的社会实践;科学活动的本质是反映存在,技术活动的本质是探寻变革存在的具体方法,而工程活动的本质则是创造一个世界上原本不存在的物,是超越存在和创造存在的活动。三元论提出的工程活动的本质就是创造的观点与20世纪著名流体力学家冯·卡门和现代著名桥梁专家邓文中的观点是一致的。冯·卡门认为科学家致力于发现已有的世界,而工程师则致力于创造从未有过的世界。邓文中认为一位桥梁工程师如果不试图在每项设计中尽可能地进行改进,那么他就没有尽到工程师应尽的义务[4]。这些至理名言都指出了创新和创造应是工程活动的本质,也是工程师的义务。这里指的工程当然也包含土木工程在内。因此可以认为创新意识和能力的培养是工程教育首要的核心任务。

创新意识是土木工程专业人才应该着力培养的,可是创新意识的培养并不简单,牵涉到教师的教学思想和学生的学习方法,以及他们对培养创新意识是他们教学工作的核心任务的认识。在12.2节中图12.1已经明确表示创新意识的基础是知识结构、实践技能和能力结构,脱离了知识结构、实践技能和能力结构就谈不上创新意识。因此,创新意识不可能孤立地培养。学生除了应有扎实的知识结构、良好的实践技能和完善的能力结构外,还必须结合各阶段的教学环节自觉地加以培养。

在各个教学环节中,教师的教学思想应有两方面的认识。第一,教师的教学重点应从单纯传授知识转变为在传授知识的同时,还应启发学生的思考,提出一些问题,营造一种得以让学生能够自由思考和探索的空间,激发学生对新知识进行探求的积极性,引导学生乐于思索的习惯。第二,教师的教学职责应从单纯传授好知识改变为不但要传授好知识,还应培养好学生的各种能力。应结合各种教学环节,包括理论教学和实践教学环节,采用各种不同的教学方式,如课堂或专题讨论、进行综合性或设计性实验、撰写实习报告和心得、进行设计方案的比较等,培养学生各种能力,特别是综合运用所学知识解决实际问题的能力。

在大学学习期间,学生应养成良好的学习方法。第一,学生应结合自己的特点、兴趣和志向,逐步明确今后的发展方向,选好学习课程,安排好学习时间。不少研究指出:知识的积淀和实践,加上艺术灵感火花的爆炸,就能产生创意。因为理工科专业往往过多强调逻辑思维,而艺术和音乐等则是着重创意思维和形象思维。两种方法的结合,往往是激发科技创新思维的很好途径。因此在安排学习时也应选修艺术和美学方面的课程,接受这方面的熏陶。第二,在12.5节中的图12.3中已经描述了学生应掌握的各种能力间的关系,同时也阐明了自学能力是其他各种能力的基础。因此学生在大学学习期间除了要学习各种知识外,还必须培养自己的自学能力,二者不可偏废;应该在学习的不同阶段,循序渐进地培养通过自学掌握知识的能力、通过自学获取知识的能力和通过自学在获取知识的基础上进行创新思维的能力。

3. 成才过程中应正确对待的几个关系

学生在大学学习期间,在成为土木工程专业高级专门人才的过程中,会遇到各种各样的困难和问题,在解决这些困难和问题时,下列一些关系是必须正确对待的:教师与学生的关系;接受知识与获取知识的关系;知识与能力的关系;自学能力与创新能力的关系;知识与综合素质的关系。这些关系在前面几节中都有涉及,这里再做一次汇总,前面已有详细阐述的就不再重复。

(1)教师与学生的关系

在大学里,经常会听到学生埋怨教师的言论,认为教师讲不清楚,影响了自己的学习。这里就牵涉到一个教师与学生的关系问题。

学生在大学学习成为土木工程专业人才的过程中,教师与学生的关系应该是:"入门靠教师,深造靠自己"。

在进入大学后,学生开始在各自不同专业学习。为了使学生能够成为土木工程专业高级专门人才,学校对四年的教学进行精心安排,并挑选教师按学习阶段的不同,逐步引领学生入门,进入土木工程不同教学阶段的学习。由于受到时间的限制,教师只能讲授最基本也是最重要的内容,而且进度比较快。这时,有些学生学懂了,可以跟着教师的节奏前进;有些学生一知半解,懵懵懂懂地跟着走。如果是后面一种情况,就需要认真思考:如果是自己上课不专心听讲,这就需要认真约束自己上课认真听讲;如果是自己的基础不够扎实,这就需要抓紧时间补基础;如果是不习惯于教师的思维方式,这就需要多看教科书和参考书,学懂教师讲授的内容,跟上步伐,并逐步适应教师的思维方式;如果是课外花的复习时间太少,这就要合理安排时间。只有这样才能跟上教师的节奏,完成某一门学科的入门。这个入门其实并不难,只要肯认真并抓紧时间是能够完成的。如果一味埋怨教师,就会在客观原因的借口下放松学习,不接受教师的入门引领,从而被遗落在学科的大门之外。

在入门之后就会发现在学科中还有许多教师没有讲授而自己又感兴趣的知识,对这类知识要想进一步加深和拓宽则需要靠自学。

(2)接受知识与获取知识的关系

在12.5节中曾对自学能力作了较为详尽的阐述。这里所说的接受知识和获取知识是与通过自学接受知识和通过自学获取知识相对应的。在自学能力中,前者属于低层次的能力,后者属于较高层次的能力。

通过12.5节对两个层次自学能力的解释,可以看出接受知识是被动的,掌握知识的多少取决于教师或别人讲授内容的多少;而获取知识是主动的,掌握知识的多少完全取决于个人努力,可以大大超越教师或别人的讲授内容。因此,两者具有如下的关系:"接受知识可以充实自己,获取知识才能发展自己"。

了解这一关系后,学生在大学学习期间必须在掌握通过自学接受知识能力的基础上,着重培养并掌握通过自学获取知识的能力,具体地说就是要能针对某一问题,具有查阅文献或其他资料、获得信息、拓展知识领域、继续学习并提高业务水平的能力。

(3)知识与能力的关系

在12.3节和12.5节中分别对土木工程专业的知识结构和能力结构作了详尽的阐述。知识和能力是不相同的,对于土木工程专业高级专门人才而言,都是必需、不可偏废的,但是二者又是密切相关的,知识要靠能力去运用,能力要以知识为支撑,学习知识归根结底在于提高能力。

了解这个关系后,学生在大学学习期间不但要掌握扎实的知识,而且更要重视在掌握知识的基础上对能力的培养。

在12.5节中已经提到,土木工程专业所需要的各种能力的培养主要在实践教学环节中进行,学生在学习期间必须十分重视实践教学环节。根据能力的特点,能力的培养除了要依靠学校对实践教学环节的精心安排外,更需要学生自身的努力。因此,学生在各个实践教学环节中,应该努力捕捉各种机遇,勇于实践,有意识地培养各种能力。

(4)自学能力与创新能力的关系

自学能力是其他各种能力,包括工程能力、管理能力和科技开发能力的基础,创新能力是各种能力综合发挥的结果。这个关系说明:"有自学能力一般易有创新能力,创新能力还需其他能力支持。"想通过捷径培养创新能力是不现实的。

(5)知识与综合素质的关系

在12.6节的2.中对综合素质的培养作了详细的叙述,由此可得出知识与综合素质的关系为"综合素质必须建立在有关知识的基础上,有关知识只有一直落实在行动上才能成为良好的综合素质"。

一个人的综合素质是很难一言以蔽之的,但是在与他接触的过程中,他的一言一行却又会明明白白地表露出来。这说明一个人的综合素质不光与他的知识有关,更主要的是由他的行动表达的。这就形成了上述知识与综合素质关系中的后一个关系。

土木工程专业人才应具有良好的综合素质,学生在学习期间要培养自己具有优良的综合素质,就必须注意将优良综合素质的内涵时时、处处、事事落实在行动上并成为一种习惯行为。

附录　注册结构工程师执业资格制度暂行规定

第一章　总　　则

第一条　为了加强对结构工程设计人员的管理,提高工程设计质量与水平,保障公众生命和财产安全,维护社会公共利益,根据执业资格制度的有关规定,制定本规定。

第二条　注册结构工程师资格制度纳入专业技术人员执业资格制度,由国家确认批准。

第三条　本规定所称注册结构工程师,是指取得中华人民共和国注册结构工程师执业资格证书和注册证书,从事房屋结构、桥梁结构及塔架结构等工程设计及相关业务的专业技术人员。

注册结构工程师分为一级注册结构工程师和二级注册结构工程师。

第四条　建设部、人事部和省、自治区、直辖市人民政府建设行政主管部门、人事行政主管部门依照本规定对注册结构工程师的考试、注册和执业实施指导、监督和管理。

第五条　全国注册结构工程师管理委员会由建设部、人事部和国务院有关部门的代表及工程设计专家组成。

省、自治区、直辖市可成立相应的注册结构工程师管理委员会。

各级注册结构工程师管理委员会可依照本规定及建设部、人事部有关规定，负责或参与注册结构工程师的考试和注册等具体工作。

第二章 考试与注册

第六条 注册结构工程师考试实行全国统一大纲、统一命题、统一组织的办法，原则上每年举行一次。

第七条 建设部负责组织有关专家拟定考试大纲、组织命题，编写培训教材、组织考前培训等工作；人事部负责组织有关专家审定考试大纲和试题，会同有关部门组织考试并负责考务等工作。

第八条 一级注册结构工程师资格考试由基础考试和专业考试两部分组成。通过基础考试的人员，从事结构工程设计或相关业务满规定年限，方可申请参加专业考试。

一级注册结构工程师考试具体办法由建设部、人事部另行制定。

第九条 注册结构工程师资格考试合格者，由省、自治区、直辖市人事（职改）部门颁发人事部统一印制、加盖建设部和人事部印章的中华人民共和国注册结构工程师执业资格证书。

第十条 取得注册结构工程师执业资格证书者，要从事结构工程设计业务的，须申请注册。

第十一条 有下列情形之一的，不予注册：

（一）不具备完全民事行为能力的。

（二）因受刑事处罚，自处罚完毕之日起至申请注册之日止不满 5 年的。

（三）因在结构工程设计或相关业务中犯有错误受到行政处罚或者撤职以上行政处分，自处罚、处分决定之日起至申请注册之日止不满 2 年的。

（四）受吊销注册结构工程师注册证书处罚，自处罚决定之日起至申请注册之日止不满 5 年的。

（五）建设部和国务院有关部门规定不予注册的其他情形的。

第十二条 全国注册结构工程师管理委员会和省、自治区、直辖市注册结构工程师管理委员会依照本规定第十一条，决定不予注册的，应当自决定之日起 15 日内书面通知申请人。若有异议的，可自收到通知之日起 15 日内向建设部或各省、自治区、直辖市人民政府建设行政主管部门申请复议。

第十三条 各级注册结构工程师管理委员会按照职责分工应将准予注册的注册结构工程师名单报同级建设行政主管部门备案。

建设部或各省、自治区、直辖市人民政府建设行政主管部门发现有与注册规定不符的，应通知有关注册结构工程师管理委员会撤销注册。

第十四条 准予注册的申请人，分别由全国注册结构工程师管理委员会和省、自治区、直辖市注册结构工程师管理委员会核发由建设部统一制作的注册结构工程师注册证书。

第十五条 注册结构工程师注册有效期为 2 年，有效期届满需要继续注册的，应当在期满前 30 日内办理注册手续。

第十六条 注册结构工程师注册后，有下列情形之一的，由全国或省、自治区、直辖市注册结构工程师管理委员会撤销注册，收回注册证书：

（一）完全丧失民事行为能力的。

（二）受刑事处罚的。

（三）因在工程设计或者相关业务中造成工程事故，受到行政处罚或者撤职以上行政处分的。

（四）自行停止注册结构工程师业务满2年的。

被撤销注册的当事人对撤销注册有异议的，可以自接到撤销注册通知之日起15日内向建设部或省、自治区、直辖市人民政府建设行政主管部门申请复议。

第十七条　被撤销注册的人员可依照本规定的要求重新注册。

第三章　执　　业

第十八条　注册结构工程师的执业范围：

（一）结构工程设计。

（二）结构工程设计技术咨询。

（三）建筑物、构筑物、工程设施等调查和鉴定。

（四）对本人主持设计的项目进行施工指导和监督。

（五）建设部和国务院有关部门规定的其他业务。

一级注册结构工程师的执业范围不受工程规模及工程复杂程度的限制。

第十九条　注册结构工程师执行业务，应当加入一个勘察设计单位。

第二十条　注册结构工程师执行业务，由勘察设计单位统一接受委托并统一收费。

第二十一条　因结构设计质量造成的经济损失，由勘察设计单位承担赔偿责任；勘察设计单位有权向签字的注册结构工程师追偿。

第二十二条　注册结构工程师执业管理和处罚办法由建设部另行规定。

第四章　权利和义务

第二十三条　注册结构工程师有权以注册结构工程师的名义执行注册结构工程师业务。

非注册结构工程师不得以注册结构工程师的名义执行注册结构工程师业务。

第二十四条　国家规定的一定跨度、高度等以上的结构工程设计，应当由注册结构工程师主持设计。

第二十五条　任何单位和个人修改注册结构工程师的设计图纸，应当征得该注册结构工程师同意；但是因特殊情况不能征得该注册结构工程师同意的除外。

第二十六条　注册结构工程师应当履行下列义务：

（一）遵守法律、法规和职业道德，维护社会公众利益。

（二）保证工程设计的质量，并在其负责的设计图纸上签字盖章。

（三）保守在执业中知悉的单位和个人的秘密。

（四）不得同时受聘于二个以上勘察设计单位执行业务。

（五）不得准许他人以本人名义执行业务。

第二十七条　注册结构工程师按规定接受必要的继续教育，定期进行业务和法规培训，并作为重新注册的依据。

第五章　附　　则

第二十八条　在全国实施注册结构工程师考试之前，对已经达到注册结构工程师资格水平的，可经考核认定，获得注册结构工程师资格。

考核认定办法由建设部、人事部另行制定。

第二十九条　外国人申请参加中国注册结构工程师全国统一考试和注册以及外国结构工程师申请在中国境内执行注册结构工程师业务，由国务院主管部门另行规定。

第三十条　二级注册结构工程师依照本规定的原则执行，具体实施办法由建设部、人事部另行制定。

第三十一条　本规定自发布之日起施行。本规定由建设部、人事部在各自的职责内负责解释。

参考文献

[1] 高等学校土木工程专业指导委员会. 高等学校土木工程专业本科教育培养目标和培养方案及课程教学大纲. 北京：中国建筑工业出版社，2002，1～10.

[2] 中华人民共和国建设部. 注册结构工程师执业资格制度暂行规定（建办设[1997]222号）.

[3] 杜澄，李伯聪主编. 工程研究. 第1卷. 2004.

[4] 尹德蓝. 邓文中与桥梁——中国篇. 2006.

思考讨论题

1. 您是否了解土木工程专业毕业生的主要职业去向？您是否对您今后的职业去向有所设想？

2. 您认为大学的教学方法与中学的有何不同？您是否已适应大学的教学方法？

3. 您对土木工程专业的知识结构、实践技能和能力结构是否已有所了解？您能理解这三者之间的差别和关系吗？

4. 土木工程专业所需的各种能力是十分重要的，它们的培养又是比较困难的，除了需要教师的引导外，更需要学生自己的努力。您认为这种提法是否合适，为什么？

5. 土木工程专业高级专门人才应有良好的综合素质和创新意识，您认为良好的综合素质和创新能力应采用什么方法培养最有效？

6. 在成才过程中是否还有一些关系需要正确对待，如有请加以说明。

第十三章　土木工程师的社会责任

土木工程师担负着房屋、桥梁、隧道、道路等重要基础设施的建设与维护重任，在研究自然规律获取工程知识的基础上要用其创造性的劳动成果为人类社会提供适宜的生活环境。因此，土木工程师在学习自然科学知识、掌握工程应用技术的同时，还应建立基本的法律意识、风险意识、环境意识和人文意识，并树立可持续的发展观，为和谐社会建设和人类可持续发展作出应有的贡献。

13.1　土木工程师的法律意识

1. 建设工程法律法规

一切建设活动必须依法有序地进行。为了调整国家及其有关机构、企事业单位、社会团体、公民之间在建设活动中发生的各种社会关系，国家权力机关或其授权的行政机关制定了一系列的建设工程法律法规。根据我国的立法体系，这些法律法规主要分五个层次。

(1)第一层次为建设工程法律，具有最高的法律效力。在我国，建设工程法律的立法机构是全国人民代表大会及其常务委员会。建设工程法律的主要内容包括建设工程方面的基本方针、政策，涉及建设工程领域的根本性、长远和重大的问题，以及建设工程市场管理的基本规范等。我国现行的建设工程法律主要有《中华人民共和国建筑法》、《中华人民共和国招标投标法》、《中华人民共和国安全生产法》等。

(2)第二层次为建设工程行政法规，一般是对法律条款的进一步细化，以便于法律的实施。在我国，建设工程行政法规是由国务院根据法律、法规和管理全国建设工程行政工作的需要而制定的。这些法规包括《建设工程质量管理条例》、《建设工程安全生产管理条例》等。

(3)第三层次为建设工程部门规章，由国务院各部委根据法律、法规发布。其中综合性规章主要由建设部发布，如《房屋建筑工程和市政设施工程竣工验收备案管理暂行办法》。

(4)第四层次为建设工程地方性法规，由地方(省、直辖市、自治区和经济特区等)人民代表大会及其常务委员会在与宪法、法律、行政法规不相抵触的前提下制定。地方性建设工程法规在管辖的行政区内具有法律效力，如《上海市城市规划条例》。

(5)第五层次为建设工程地方性规章，由各地方人民政府及人民政府所在地的人民政府根据法律和行政法规制定。地方性建设工程规章在其行政区内具有法律效力，但其法律效力低于地方法规，如《上海市城市规划管理技术规定》。

有关机构、社会组织(法人)、自然人(统称法律关系主体)在从事工程建设时享受法律赋予的权利，同时必须履行法律规定或约定的义务。工程建设法律关系主体在法定范围内，根据国家建设管理要求和自己业务活动的需要，有权进行各种建设活动。权利主体可要求其他主体作出一定的行为或抑制一定的行为，以实现自己的权利，因其他主体的行为而使权利不能实现时有权要求国家机关加以保护并予以制裁。工程建设法律关系主体必须按法律规定或约定承担相应的责任。义务主体如果不履行或不适当履行,就要承担相应的法律责任。如设计院在进行一项工程的设计时,其在设计过程中采用的新技术、新工艺以及所有的设计成果等知识产权受到法律的保护,他人不得侵占,但设计院必须在符合国家规定并满足使用要求的前提下,保证所设计的项目安全可靠,否则就要受到处罚甚至被取消设计资质。

2. 合同法律制度

当事人之间为了确立权利义务关系而签订的协议称作合同。合同是一种民事法律行为,是当事人意识表示的结果,以设立、变更、终止财产的民事权利为目的。合同依法成立,即具有法律约束力,如果当事人违反合同,就要承担相应的法律责任。但当事人间因不可抗拒事件的发生造成合同不能履行时,依法可免除违约责任。

建设工程合同是承包方进行工程建设,发包方支付价款的合同。主要有勘察合同、设计合同、施工合同、工程监理合同、物质采购合同、货物运输合同、机械设备租赁合同和保险合同等多种形式。

勘察合同是委托人与承包人就土木工程地理、地质状况的调查研究工作而达成的协议。我国法律对从事地质勘察工作的单位有明确、严格的要求。建设单位一般都要把勘察工作委托给专门的地质工程单位。

设计合同一般有两种形式。一种是初步设计合同,即在工程项目立项阶段,承包人为项目决策提供可行性资料设计而与建设单位签订的合同;另一种设计合同是在国家计划部门批准后,承包人与建设单位之间达成的具体施工设计合同。两者内容虽然有异,但法律关系共同。在我国,可以委托从事设计工作的必须是获得国家或省级行政主管部门的“设计资质证书”的法人组织。在签订设计合同时,建设单位应向承包人提供上级部门批准的立项和初步设计文件。

施工合同是建设单位(发包方)与施工单位(承包方)为完成工程项目的建筑安装施工任务而签订的协议。施工合同是工程建设中最为重要的合同,我国法律、法规对其有明确而严格的规定。对建设单位而言,必须具备相应的组织协调能力,实施对合同范围内工程项目建设的管理;对施工单位而言,必须具备相应的资质等级,并持有营业执照等证明文件。

工程监理合同是指建设单位和监理单位为了在工程建设监理过程中明确双方权利与义务关系而签订的协议。具有相应资质的监理单位依据国家有关工程建设的法律、法规,经建设主管部门批准的工程项目建设文件以及建设单位的委托工程监理合同,对工程建设实施专业化的管理和监督。

物质采购合同是指具有平等民事主体资格的法人、其他经济组织之间为实现工程建设项目所需物质的买卖而签订的明确相互权利义务关系的协议。**货物运输合同**是指由承运人将承运的货物运送到指定地点,托运人向承运人交付运费的合同。**机械设备租赁合同**是指当事人一方将特定的机械设备交给另一方使用,另一方支付租金并于使用完毕后返还原物的协议。**保险合同**是指投保人与保险人约定保险权利义务关系的协议。我国的工程保险主要有建筑工程一切险、安装工程一切险、建筑安装工程第三者责任险、人身意外伤害险、货物运输险等。

建设项目的实施过程实质上就是建设工程合同的履行过程。要保证项目按计划,正常、高效地实施,合同双方当事人都必须严格、认真、正确地履行合同。

3. 工程纠纷

建设工程的纠纷主要分为合同纠纷和技术纠纷。**合同纠纷**是指建设工程当事人或合同签订者对建设过程中的权利和义务产生了不同的理解而引发的纠纷。显然,对前节介绍的不同合同中的权利和义务的不同理解都会引发不同的纠纷。**技术纠纷**主要是指由于技术的原因造成工程建设参与者与非参与者之间的纠纷。如没有正确处理给水、排水、通行、通风、采光等方面的问题而引起的相邻关系纠纷;对自然环境造成了破坏(包括建设工程对相邻建筑物和其他相邻土木工程设施的破坏)引起的纠纷;施工产生的粉尘、噪声、振动等对周围生活居住区污染和危害而引起的纠纷;由于工程事故而引起的费用纠纷等。1994 年,位于上海市天目路的某厂房由于相邻高层办公楼基础开挖施工产生了严重破坏,且厂房内一条从国外引进的自动化生产线也被迫中断,图 13.1 给出了该厂房局部墙体和柱间支撑的破坏情况。为此,工厂和办公楼开发商间产生了纠纷,工厂将开发商告上法庭。

(a)墙体开裂情况

(b)柱间支撑被压弯

图 13.1　上海天目路某厂房的墙体和柱间支撑的损坏情况

建设工程纠纷的解决方法一般有**和解**、**调解**、**仲裁**和**诉讼**四种。**和解**是指建设工程纠纷当事人在自愿友好的基础上,互相沟通、互相谅解,从而解决纠纷的一种方式。建设工程发生纠纷时,当事人应首先考虑通过和解解决纠纷。**调解**是第三者(不是仲裁机构和审判人员)按照一定的道德法律规范和技术分析结果,通过摆事实、讲道理,促使当事人双方作出适当让步,自愿达成协议,以求解决纠纷的方法。**仲裁**是当事人双方在纠纷发生前或发生后达成协议,自愿将纠纷交给仲裁机构,由其在事实的基础上作出判断并在权利和义务上作出裁决的一种解决纠纷的方法。**诉讼**是指纠纷当事人依法请求人民法院行使审判权,审理双方间的纠纷,作出由国家强制保证实现其合法权益的判决,从而解决纠纷的审判活动。

纠纷解决的成功与否首先依赖于有充分的理由和事实。因此在建设工程项目的执行过程中应建立完善的资料记录和信息收集制度,认真、系统地收集项目实施过程中的各种资料和信息。对技术纠纷,有时应委托有资质的技术鉴定单位进行调查、检测、试验和计算分析,最终得出科学的结论,在技术层面上为纠纷的解决提供依据。在图 13.1 所示的实例中,上海市第二中级人民法院受理此案后,即委托同济大学对厂房破坏的现状和原因进行鉴定。同济大学接受委托后进行了现场调查检测和详细的计算分析,最终得出结论认为:施工单位在办公楼基坑开挖过程中对现场地质情况了解不够，采取的施工措施不当，引起相邻房屋地基产生较大的不均匀沉降，从而导致厂房和设备破坏。法院据此作出了公正的判决，解决了纠纷。

13.2 土木工程师的风险意识

1. 建设工程中的风险及评估

建设工程项目风险是指建设工程项目在设计、施工和竣工验收等各个阶段可能遭到的风险，可将其定义为：在建设工程项目目标规定的条件下，所有影响工程项目目标实现的不确定因素的集合。建设工程项目建设过程是一个周期长、投资规模大、技术要求高、系统复杂的生产消费过程，在该过程中，未确定因素大量存在，并不断变化，由此而造成的风险直接威胁工程项目的顺利实施和成功。现举两例说明。

[实例一] 江南某名寺28层型钢混凝土组合塔楼的建设

2006年5月25日上午11时10分左右，该塔底层佛殿在安装挑檐铜瓦时，焊接施工引燃了塔东北角木制挑檐，底层局部发生火灾，如图13.2(a)、(b)所示。12时50分左右，大火被扑灭。火灾后发现部分钢骨混凝土柱表面混凝土剥落、钢筋外露，压型钢板、钢梁变形，贵重楠木构件严重受损等现象，如图13.2(c)、(d)所示。火灾既造成了严重的经济损失，又耽误了建设工期。

[实例二] 上海市轨道4号线建设

上海市轨道交通4号线，又称明珠线二期，南起铁路上海站，北至外环线，全长22.3km。轨道交通4号线与已建成的轨道交通3号线相接成环，构成上海轨道交通系统中唯一的城市

(a) 火灾情况之一

(b) 火灾情况之二

(c) 火灾后情况之一

(d) 火灾后情况之二

图13.2 江南某名寺28层型钢混凝土组合塔楼施工过程的火灾情况

环线，也是第二条穿越黄浦江的地铁线路。

2003 年 7 月 1 日凌晨 4 时左右，正在施工中的地铁四号线（浦东南路 - 南浦大桥）区间隧道联络通道工程发生渗水事故，险情隧道区间处于黄浦江西侧下方 30m 的地下。事故使大量流沙涌入隧道，引起部分地面沉降，造成中山南路三幢地表建筑物发生倾斜、下沉和倒塌[图 13.3(a)、(b)]。当时，地铁上、下行隧道已贯通，正在运用冷冻法掘进长 7.8m 的隧道间联络通道，当掘至最后 0.75m 时，土层渗水，引发大量流沙涌入，酿成塌陷险情。随着流沙大量涌入地铁隧道，地面坍塌区不断扩大，董家渡外马路段长约 30m 的防汛墙陆续发生沉陷、开裂和倒塌，黄浦江水涌入[图 13.3(c)、(d)]，加重了险情。事故发生地紧邻上海重要的财税机关和交通干道，对上海的交通也造成了明显影响。

（a）房屋倒塌

（b）房屋倾斜

（c）黄浦江水涌入地面

（d）黄浦江水冲垮防汛墙

图 13.3 上海市轨道交通 4 号线事故及其造成的影响

建设工程项目的风险有以下特点：

(1) 建设工程项目风险具有客观性和普遍性。在工程建设中，无论是自然界的风暴、地震、洪灾，还是现实社会中的矛盾、冲突，甚至战争，都是不以人的意志为转移的客观实在；另外人类对自然的认知总是有限度的。因此，风险无处不在，无时不有。人类只能在有限的空间和时间内改变风险存在和发生的条件，降低其发生的频率，减少损失程度，而不能也不可能完全消除风险。

(2) 建设工程项目风险具有不确定性和可测量性。这表现在风险事件是否发生、何时发生、发生之后会造成什么样的后果等均是不确定的。但人们可以根据历史数据和经验，对建设工程项目风险发生的概率及其造成的经济损失程度做出统计分析和主观判断，从而对可能发生的风险进行预测与衡量。

(3)建设工程项目风险具有相对性。主要表现在两个方面:其一,风险主体是相对的。同样的风险事件对不同的主体有不同的影响,有些主体遭受很大损失,而有些主体却可能因同一风险而有相当大的获利机会。如图13.2所示的实例,由于施工阶段的火灾,使得承包人、保险公司都遭受了不同程度的损失,但材料供应商却因此又获得了一次盈利机会。其二,风险的大小是相对的。人们对于风险活动或事件都有一定的承受能力,但是这种能力因活动、人和时间而异。

(4)建设工程项目风险具有可变性。随着项目的进行,有些风险会得到控制,有些风险会发生并得到处理,同时在项目的每一阶段都可能产生新的风险。

(5)建设工程项目风险具有多样性和多层次性。工程建设项目周期长、规模大、涉及范围广、风险因素数量多且种类繁杂致使其面临的风险多种多样。而且大量风险因素之间的内在关系错综复杂、各风险因素之间以及与外界交叉影响又使风险显示出多层次性。如按风险产生的原因分类,建设工程项目风险可分为政治风险、社会风险、经济风险、自然灾害风险和技术风险等。图13.2和图13.3所示实例带来的风险均属技术风险。

为了减轻风险,在项目建设以前应进行风险评估,即在风险识别和风险估测的基础上把握风险发生的概率、损失严重程度,综合考虑其他因素得出项目系统发生风险事故的可能性及其危害程度,并与公认的安全指标比较,确定系统的危险等级,然后根据评估结果制订出完整的风险控制计划。风险评估的过程如图13.4所示。风险评估是评价建设项目可行性的重要依据。

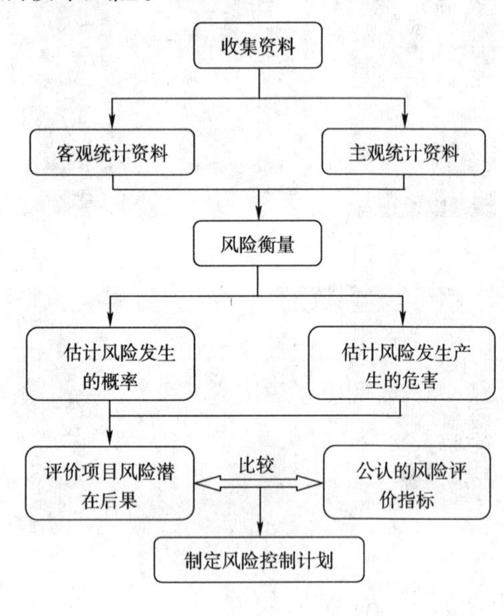

图13.4　风险评估过程

风险评估的方法主要有两种:定性评估法和定量评估法。定性风险评估法适用于风险后果不严重的情况,通常是根据经验和判断能力进行评估,它不需要大量统计资料,所采用的方法有风险初步分析法、系统风险分析问答法、安全检查法和事故树法等。定量风险评估法需要有大量的统计资料和数学运算,所采用的方法有可能性风险评估法、模糊综合评估法等。

风险评估首先应坚持科学性的原则。在评估中,风险评估体系的建立必须能反映客观事物的本质,反映影响建设项目安全状态的主要因素。其次,应坚持通用性的原则。评估选用的评判标准,必须是国际或国家认可的通用标准。再次,应坚持综合性的原则,必须综合整体评估体系中各子系统的风险情况,全盘考虑,不能因为一、两个较大的风险源而否定全系统。另外,还应坚持可行性的原则,控制风险的建议和要求必须实际、可行。

2. 减轻建设工程风险的措施

减轻建设工程风险的措施主要包括:风险减免、风险分割、后备应急措施和风险自留等。

风险减免是指在风险发生前采取预防措施,降低风险发生的可能性或减少风险发生所造成的损失。事前预防措施包括采取严格的安全管理制度、监督制度、保持规范的信息沟通和交流,建立系统的风险跟踪和控制机构等。

风险分割是指将项目的活动或作业内容在时间和空间上进行适当的区域划分。当风险发生时,其影响范围在空间上、时间上受到限制,从而缩小风险的影响范围,减少风险发生时的损失。

风险发生后,若事先考虑了**后备应急措施**,缩小风险影响的范围,降低风险损失的程度,或弥补已造成的损失,则风险的损失将会受到遏制。工程项目风险管理中的后备应急措施包括进度、技术(质量)和费用三个方面。

工程项目风险自留也称风险接受,是一种由项目主体自行承担风险后果的一种风险应对策略。这是项目主体出于经济性和可行性的考虑,将风险自留。采取风险自留应对措施时,一般需要准备一笔费用。一旦风险发生时可将这笔费用用于损失补偿,如果损失不发生,则这笔费用则可节余。

风险是一种潜在的可能性,但并不是所有的风险都是消极的。如果正确处置,加强管理,承担某些风险可以获得丰厚的利润回报,此即所谓的风险利用。但是,要利用风险就必须充分分析风险利用的可能性与价值、计算利用风险的代价,而不应该作无谓的冒险。一般而言,具有投机性质的风险通常是可以利用的。

上述风险减轻措施的拟定和选择需要结合项目的具体情况进行,同时还要借鉴历史项目的风险管理记录、管理人员的个人经验以及其他同类项目的经验等。因此,针对不同项目类型、不同风险类型应作具体分析,谨慎拟定和选择相应的措施。另外,采取任何形式的风险响应措施,都会有伴随新风险的产生。这也需要建设工程项目管理者和建设者认真考虑和研究。

13.3 土木工程师的环境意识

1. 环境与人

《中华人民共和国环境保护法》对环境的界定为:影响人类生存和发展的各种天然的和经过人工加工改造的自然因素的总体,包括大气、水、海洋、土地、矿藏、森林、草原、野生生物、自然遗迹、人文遗迹、自然保护区、风景名胜区、城市和乡村等。

对人类而言,人类环境是指人类赖以生存、从事生产和生活的外界条件,包括自然环境和社会环境两部分。所谓自然环境,是指由大气圈、岩石圈、水圈、土壤圈和生物圈所组成的相互渗透、相互制约和相互作用的庞大、独特、复杂的物质体系。社会环境主要指聚落环境,它以人群聚集和活动作为环境的主要特征和标志,是人类自己创造出来的人工环境。聚落环境根据其性质、功能和规模可分为院落环境、村落环境、城市环境等。此外,社会环境的概念还包括文化环境,大到社会制度、经济水平、政策法规、生产方式、宗教信仰、饮食文化、文学艺术、精神文明、医疗卫生、生活质量等范畴,小到博物馆、剧院、公园,甚至公厕的建设等方面,都包含着文化环境的内容。

人类是生态系统中的一员。人类与环境之间的相互关系,首先表现在人类的生存和发展必须依赖于自然界,离不开土地、空气、水和动植物。人类在漫长而艰苦的进化过程中,逐渐形成了对环境的适应能力,而这个适应是有一定的限度的。超过了这种限度,人就难以继续生存和发展,这是人的生物学特性的重要反映。但是,科学技术的发展往往掩盖这一生物学特性,其实那只是扩大或延伸这一生物学特性,却不是根本改变这一特性。

人类受制于环境,同时又给环境以巨大影响,人类与环境的关系是对立统一的关系,人类极力按照自己的理想和意愿来改造环境,但环境亦给予相应的反应。人类对环境的影响基本上表现在两个方面:一是对环境施加积极的建设性影响,提高环境质量,创造新的更适合于人类生活的人工生态系统;二是消极的破坏性影响,例如不合理利用土地资源造成的土地沙化、草原退化、水土流失等,以及对环境的污染和资源的破坏。

人类在地球上诞生初期,对环境的影响微弱,只是采集自然食物和捕食猎物,很少能有意识地去改造环境。当时的环境问题主要是由于人口的自然增长,乱采乱捕,滥用资源所造成的生态破坏。后来,人类逐渐学会了种植植物和驯化动物,开始了农业和畜牧业,这在人类社会发展史上是一次大革命。伴随着农业和畜牧业的发展,人类改造环境的作用也越来越大,与此相应地产生了一系列的环境问题,如刀耕火种引起的森林破坏、草原破坏、大规模的严重水土流失、土地沙化和沙漠化,由于兴修水利工程引起的土壤次生盐渍化及沼泽化等。随着人类社会生产力的进一步发展出现了现代化的大工业,人类改造自然的能力大大加强,深刻地改变了环境的结构和组成,改变了环境中物质循环的方式和强度,丰富了人类物质生活的内容和条件,但同时也带来了一系列新的环境问题。工业生产带来的"三废"引起环境质量的恶化;大量的矿物资源开采和土地等有限资源的不断利用使可用资源不断减少。就全球范围来看,20世纪50年代以后,世界人口猛增,都市化速度加快。1900年世界人口16亿,至1950年增加到25亿,目前世界人口已突破60亿大关。1900年拥有70万人口的城市,全世界有299座,到1951年则增至879座,其中百万人口以上的城市有69座,到20世纪90年代,世界上很多大城市的人口均在1 000万以上。世界人口的激增及其开发强度的增加,导致一系列全球环境问题的产生,诸如全球气候变暖、臭氧层破坏、地表水污染及淡水资源匮乏、湖泊富营养化、土地退化及沙漠化、水土流失等。

人类一直以环境的主人自居,一次又一次地向地球母亲、向环境索取,并且似乎每一次都"如愿"地获得"成功",因而自大地认为:"人定胜天"。然而现实是残酷的,正如恩格斯在100多年前就提出的警告那样:"我们不要过分地陶醉于我们对自然界的胜利。对于每一次这样的胜利,自然界都报复了我们" 。进入20世纪90年代,人们总结了历史发展的经验,积极采取各种措施,减少社会经济发展对环境的污染及生态的破坏。国际社会和各国政府都已经积极做出反应,将保护地球环境的问题纳入了主流发展日程。"环境与人"是现在,也是未来的永恒话题。

2. 工程项目对已有环境的影响

工程项目对已有自然环境的影响主要表现在自然资源的消耗、生态系统的改变、空气污染、水污染、噪声和废物等方面。

土木工程建设项目是自然资源的最大消耗者。以我国为例,每年人均混凝土的用量已超过$1m^3$,使得有些地区面临砂石短缺;黏土砖的大量使用荒废了大片可用耕地;对木材的需求导致森林被砍伐。另外在进行工程项目建设时还要耗费大量的电力、汽油等能源。工程项目建设在消耗自然资源的同时,还在某种程度上加快了土地的沙漠化。据统计,全球每年有600公顷的土地变为沙漠,中国、阿富汗、蒙古、巴基斯坦和印度是受沙漠化影响较重的国家。

大型土木工程项目的建设会导致生态系统的改变。因工程开垦、开挖会导致森林减少、植被破坏、水土流失、拆迁原有建筑物、占用耕地等,使得动物失去原来的栖息之处,严重的会引起物种灭绝,生物多样性减少,这将瓦解人类生存的基础。目前地球上生物多样性损失的速度比历史上任何时候都快,鸟类和哺乳动物的灭绝速度是它们在未受干扰的自然界中的100~

1 000倍。

工程项目建设工地最常见的空气污染物是尘埃。车辆进出、货物装卸、钻孔、切割、磨光、破碎、开挖、爆破、拆除等都会产生尘埃。另外,车辆和其他燃气动力设备还会向空中排放废气。工地烧煮沥青、露天焚烧建筑废料、塑料车胎、金属废料或任何杂物等也会污染空气。空气严重污染会引发温室效应,导致全球变暖。

当工程项目建设工地中的建筑材料、机械油污等经雨水冲刷扩散后,流入附近农田、河流,会产生水体污染。施工过程中产生的废弃物或生活废水,未经过处理直接排放也会造成水体污染。如一些施工单位在桩基施工中,把夹杂着地下土的泥浆直接排放到附近农田、河流、城市污(雨)水管,造成水污染。在施工和养护过程中,若有害物质进入土中还会污染地下水,导致地下饮用水和农业用水源的污染。

在旷野或相对边远地区,建设工程项目的噪声问题大多不是首先需要处理的环境问题。因为工地与民居有相当的距离,居民对噪声问题相对较容忍。但在一些人口密集的城镇,噪声问题往往是环境污染问题之中最受关注的问题之一。撞击式打桩工程的施工过程中,由打桩所产生的声浪可达 113 分贝(dB(A))至 135 分贝(dB(A))。一般的机械所产生的声级也可达到 90 ~ 128 分贝(dB(A))。噪声会诱发各类疾病,导致听力下降甚至耳聋,持续的噪声还会导致人类生理功能失调,从而影响正常生活、工作和学习。

工程项目建设工地产生的废物包括泥土、木料、铁料及塑料等,对整个社会的环境保护会构成相当大的压力。以香港为例,惰性建筑废物例如泥、石、砂,一般用作填海之用,收集该类建筑废物之处被称为公众卸泥区。但若某填海工程接近落成,其建筑废物吸纳量必然减少。因此,惰性建筑废物对公众卸泥区构成周期性的压力。另外,不宜倾卸于公众卸泥区的有机建筑废料如不能再使用,则弃置于策略性堆填区,但堆填区有一定的容量及寿命,长远来说不是解决废物的有效方法。2002 ~ 2005 年,由于多宗填海工程暂停或更改工期,填海工地对惰性废物的需求大幅下降。建设工地的废弃物还包括化学废物,如剩余白胶浆、润滑油、酸碱化学品、有机溶剂、石棉、油漆等,部分化学废物有高危险性。化学废物的不妥善弃置将会造成土地污染,修复期可能相当长。

工程项目对社会环境的影响主要涉及移民、拆迁和人文资源的保护等方面。大的土木工程建设项目有时会在相当大范围内展开,当建设范围内有众多的居民时,往往需要将其向异处迁移。如我国的三峡工程建设就有大批居民迁出,且被安置在我国的不同地区。远距离的移民,会改变村落环境,使居民离开自己熟悉的家园,面临新的挑战。城市居民区建设改造或市政建设时,往往也会拆除既有旧建筑,在城市的其他地方安置原建筑中的居民。和远距离的移民相比,城市内的迁移虽然改变了城市环境,但对居民的"冲击"要小得多。基础设施建设或其他大型项目建设过程中,可能会遇到历史文物、优秀保护建筑、名人名居、风景名胜等,如缺乏保护意识将可能破坏这些宝贵的人文资源。

3. 工程项目对未来环境的影响

工程项目对未来环境的影响主要体现在材料的持续污染、光污染、空气污染、噪声、振动、景观和生态的改变等方面。另外,由于工程项目建设引起的房屋拆迁、居民重新安置等问题,对城镇布局、农业耕作区等现有设施造成分割而引起不良影响也将是长远的。

土木工程材料中若含有有害物质,则其在土木工程设施的使用过程中会缓慢持续地释放,这将对未来的使用者及自然环境产生持久的危害。矿渣、炉渣、粉煤灰、花岗岩、大理石等材料中往往含有超量的放射性物质,生活在这样居室中的居民会长期受到放射性照射。近几年,修建穿越花岗岩地层的隧道时,也发现有放射性物质。

玻璃幕墙是一种美观新颖的建筑墙体装饰材料,在现代高层建筑中广泛应用。然而,由此造成的光污染却是人们始料不及的。玻璃幕墙光污染是指高层建筑的幕墙上采用了涂膜玻璃或镀膜玻璃,当直射日光和天空光照射到玻璃表面上时由于玻璃的镜面反射而产生的反射眩光带来的污染。光学专家研究表明:光照射到镜面建筑玻璃上时几乎全部被反射,夏日将阳光反射到居室中,会使室温升高4~6℃。长时间在白色光亮污染环境下工作和生活的人容易出现视力下降,产生头昏目眩、失眠、心悸、食欲下降及情绪低落等类似神经衰弱的症状。

道路、桥梁、隧道等运营期由于机动车尾气会造成空气污染。据国家环保总局测算,2005年我国机动车尾气排放在城市大气污染中的分担率达到79%左右。另外,这些基础设施运营过程中产生的橡胶末、碳氧化合物、盐类、燃料与润滑料的遗洒物等也会污染小溪、河流和湖泊。

微风压波是由于列车进隧道时产生的压缩波沿隧道传播,在到达出口的瞬间形成冲击压力,从隧道出口向周围区域辐射,产生突发性爆破声。微风压波造成的环境影响是使出口附近的建筑物受到强烈的振动和噪声干扰。从国内铁路运行的实际情况和国外相关资料可知:微风压波多为高速列车在隧道中行驶时产生。要发展高速铁路,需研究有关微风压波的发生机理和防治措施。

道路建设会对自然景观产生很大影响,尤其是丘陵、山区道路。道路建设中的深挖和高填路基、喷浆砌石护坡、直线形边坡形式等从某种意义上讲都是对自然景观的一种破坏。临近或位于风景区、城镇市区、郊区的隧道进出口或高架道路的匝道若处理不当,会造成与周围环境反差大,从而影响视觉效果,破坏景观协调和谐。例如图13.5原上海市延安路高架道路外滩出口就影响了上海外滩南北向景观的连续性,现已被拆除。

图13.5　原上海延安路高架道路外滩出口

建筑垃圾处理不当,会严重污染土地。长期使用带碎砖瓦砾的“垃圾肥”,土壤就会严重“渣化”;未经处理的有害废弃物在土壤中风化,淋溶后渗入土壤会导致土壤质量下降。由于车流量、车速、路宽的不断增加,对动植物的影响也随之增加,一条四车道的道路对森林中的中小哺乳动物所起的阻碍作用相当于2倍路宽的淡水分隔。

4. 工程项目与环境的和谐

讨论工程项目对环境的影响,并不是要限制工程项目的建设,而是要在工程项目建设中采取积极的态度和科学有效的方法努力实现工程项目与环境的和谐。下面以建筑为例,作简要说明。建筑行为对环境的影响主要表现在,建筑全寿命周期内消耗自然资源和造成环境污染以及建筑最后废弃处理带来的废弃物等。建筑不是从虚无之中构建出来的,而是基于对自然界的改造。为达到建筑与环境的和谐,在建筑的规划、设计、施工和使用全过程中应贯彻可持续的发展观。如“绿色建筑”、“生态建筑”、“节能建筑”、“材料的再利用”、“既有建筑的再利用”等,这些概念中都蕴涵了可持续发展的理念,并正逐渐被设计师、承包人、特别是业主所接受。与传统理念相比较,可持续发展的建筑设计、施工与使用更注重于考虑对环境的尊重与适应,如考虑如何更高效地使用可再生资源,减少不可再生资源的使用,如何考虑有效地利用既有建筑资源,同时营造出更舒适的居住和工作空间。这就要求设计师要基于高效使用资源和保护自然生态环境的原则进行设计,而不仅仅是满足功能和美观的要求;施工单位在进行施工时减少噪声、粉尘、排污、排废等对环境的影响,同时使用可再生的材料;建筑使用者在日常生活中加强对建筑的维护;建筑开发商在开发新项目时,尽量减少拆除、充分利用既有建筑。有关土木工程师的可持续发展观,本章有专门一节加以介绍,不再赘述。

13.4　土木工程师的人文意识

1. 工程项目与人文资源

所谓人文资源,一般是指人类为开辟、发展和完善自己赖以生存的环境,在改造利用自然、改造社会和塑造人类自身的长期实践过程中,所创造和积累的可供利用的物质文化遗产和精神文化遗产。人文资源是人类文明的结晶,是人类所创造的辉煌文明的载体,也是人类文明继续发展进步可汲取的营养资源。人文资源形成的特殊原因和它所具有的不可重复性与不可替代性,决定了它不能像矿产、森林等自然资源那样被用来进行生产,而只能用以展示、保存。但是,并非所有的人对于人文资源的价值都具有正确的认识。特别是在以经济建设为中心的政策推动下,人们在工程建设时往往大力提倡高科技、高技术,追求新颖、独特,而忽视了土木工程师应有的人文关怀和人文意识。

人类从为遮风避雨而有意识地建造房屋起,到今天已有数千年的历史。在漫长的历史中,建筑并不单纯是一项人类基本的物质生产活动,它也是人类文化活动的重要内容。建筑为人类所造,又表现人类自身。它反映人们的生活活动和社会特征,并影响着人类的文明和进步。例如意大利文艺复兴时期的许多府邸、别墅,无论在实用功能上还是在造型语言上,都与当时的人文主义思想指导下的世俗生活方式和观念形态同构。同样,中国不同时代的建筑、桥梁、水利工程和其他土木工程设施,如故宫建筑群、河北赵州桥、都江堰水利工程和万里长城等都反映了当时的政治、经济、技术和文化状况。因此,建筑物或其他土木工程项目不仅是一种巨大物体或空间,或仅仅是美丽的“艺术品”,而是一种人化的产物。其最根本的特征在于满足人的物质和精神需求,寓含人类活动的各种意义,并富含深厚的人文精神。进入工业化时代以来,随着科学技术的进步、经济的发展和社会结构的变革,土木工程项目中的人文精神得到不断的更新。土木工程师的任务并不单单在于寻求某个工程项目最好的技术解答或者经济解答,还要将它们转化为更合乎人们需要的解答,使所建设的工程更为人性化,并赋予人文意义;不仅要能增加经济效益,更重要的是可以保护和适应工程项目所处的人文环境,提高人们的精神境界。

中国作为一个文明古国,悠长的历史积淀了非常浓厚的社会文化和极为丰富的人文资源,这些都是我们今天弥足珍贵的财富。因此,无论是新兴工程项目的建设,还是对既有工程设施的维护和改造,土木工程师都应树立一种浓厚的人文意识,对作为人文资源的物质文化遗产和精神文化遗产予以保护,并赋予新意,从而使工程建设成为促进社会发展的一个重要资源。

2. 工程项目建设中的人文意识

任何一个工程项目的建设都包含很多过程,从项目立项开始,至采取相应的技术手段进行施工，到最后的验收交付使用，甚至还有后期的维护保养。在这一系列的过程中都不能忽视对于人文资源的保护和开发。

在项目建设中要做到对人文资源的保护和开发，首先要树立正确的价值观。既关心工程项目建设的经济性，又不遗忘对人文的关怀。其次要处理好科技所带来的便利性与传统人文环境的矛盾，在建设发展与人文环境的保护之间取得适度的平衡，是每个土木工程师和建筑师应当思考的问题。我国的很多地方和城市都有大量优秀历史建筑和历史文化风貌区，如西安、南京等地的古城墙，北京的古建筑群，上海市大量风格各异的近代建筑等。在这些地区的工程项目，从规划、设计到项目建设，都应在尊重历史的原则下进行，正确处理工程项目建设与历史建筑之间的关系。西安城区建设的成功做法是：根据历史建筑所处的环境位置和城市规划的总体思路对于新建筑按区域进行高度限制；重新整合历史建筑周边的空间构成；根据城市的现代功能需求对历史性标志性建筑进行风貌性现代化改造。一方面在追求土地开发利用价值的同时，注重社会文化效益，不割断历史；另一方面把建筑创作和项目建设放在一个动态系统中，利用现代的科学技术手段最大限度地挖掘历史环境的精神价值。按照这些原则，钟鼓楼广场的建设、大雁塔广场的建设以及南门广场的建设都给城市风貌增添了新的亮点；而陕西历史博物馆的建设因其具有强烈的历史文化内涵和个性特征，成为西安新的标志性建筑（图13.6和图13.7）。上海外滩也是正确处理工程项目建设（越江隧道、道路拓宽、防汛墙外移等）与优秀历史资源保护关系的成功实例之一（图13.8）。

图13.6　西安钟鼓楼广场

图13.7　陕西历史博物馆

图13.8　上海外滩优秀历史建筑群及黄埔江观光平台

3. 历史人文资源的保护

前面已经提到，人文资源的一个很重要的组成部分就是以物质形态表现出来的物质文化遗产。优秀历史建筑、历史文化风貌区和重要的人类工程（如埃及的金字塔、中国的都江堰水利工程和万里长城等），是一个国家、城市、地区历史的浓缩、文化的积淀，是难能可贵的物质文化遗产。这些成规模、有特色的优秀历史建筑、历史文化风貌区和人类工程不仅展示了其独具的文化和艺术价值，而且对促进社会的经济发展，丰富和满足社会精神文明需求发挥着独特的作用。然而，这类具有鲜明时代特征的绝大部分优秀历史建筑和人类工程已有几十年、上百年甚至上千年的历史,经历了时代变迁及不同使用人的需求变化,有相当数量的历史建筑和工程设施已残损,存在着影响安全的结构隐患。因此,对于土木工程师而言,如何有效地保护好、管理好、使用好、利用好这些人类优秀文化遗产,避免发生破坏,提高其可靠性,是社会发展的需要,市场发展的需要,也是保护人文资源的一项极有意义的工作。

二战以后,建筑遗产保护大规模普及发展,保护范围开始由少量的珍宝型建筑向大量的一般化建筑扩展,由单体向群体直至街区与城镇扩展。人们逐渐认识到,虽然福尔马林式的保护方式最大限度地冻结保有了建筑遗产,但仅仅将其主要作为观瞻的古董,只是一种消极的保存;建筑遗产完整、健康、充满活力的存在状态更在于其与社会经济文化发展密切关联的文化情感价值与物质功能价值的复兴。1964 年,国际古迹遗址理事会发布的《国际古迹保护与修复宪章》(简称《威尼斯宪章》)中指出,"为社会利益而使用文物建筑,有利于它的保护"。因此,从根本上讲,不存在不为了利用而进行的保护,保护就是为了利用。

4. 历史建筑的再利用

在某种意义上，人类开发利用建筑只有两种方式，那就是新建与再利用。形象而言，新建就是平地起高楼，而再利用就是在非全部拆除的前提下，全部或部分利用既有建筑的一种方式。建筑再利用在外延上包括三方面：一是建筑肌体的加固、修缮等；二是改建、增建等；三是部分既有肌体在新建筑中的循环利用。正视历史性建筑可以提供一定物质功能的基本建筑属性，并从城市建设和社会发展的战略角度积极地对之开发利用，是对保护和发展都具有生命力的保护策略。如何把历史建筑利用得更好，取得更大的社会效益，是现代生活对传统保护方针提出的新问题，也是给每一位从事历史建筑改造利用的土木工程师所提出的任务。

上海新天地

上海新天地是一个具有上海历史文化风貌的都市旅游景点,坐落在市中心淮海路南侧,黄陂南路和马当路之间三万平方米的地块上。这里原是一片拥有近一个世纪历史的代表了近代上海历史文化的石库门里弄建筑。然而随着城市的不断发展,昔日风光显赫的石库门早已不能满足居住需求而渐渐淡出历史舞台。因此,在满足保护要求的前提下,必须对其进行改造性的再利用。一方面,由于原有旧式里弄建筑建造质量差,且经过七八十年的使用,地层潮湿,上下水道不畅,木构件腐朽,故而花费比重新建筑大得多的力量和资金保留并修复这些石库门建筑的外皮。另一方面,通过改造内部结构和功能,创新地将原有的居住功能赋予其商业经营功能,使之适应办公、商业、展示、餐饮和娱乐等现代生活形态。经过修复的旧建筑重新焕发出光彩,外观历史感和内部的新内涵相映成趣,老建筑的历史感和新生活形态的文化品位结合在一起,使文化享受达到了新境界。上海新天地的旧城改造既有保存又有更新,不仅延续了历史文化的真实性,而且焕发了历史街区新的生命力(图 13.9)。

上海邮政大楼

上海邮政大楼(图 13.10)于 1922 年由外商思九生建筑事务所设计,华商余洪记营造厂承建,1924 年建成,是一幢英国古典式建筑,位于上海市虹口区北苏州路 276 号、四川路桥北面,平面呈"U"形;地上四层,地下一层,占地 6 400m^2,总建筑面积 25 294m^2。基础为钢筋混凝土箱形基础,主体结构和中部塔楼亦为钢筋混凝土结构。由于其独特的建筑形式,以及一直未予改变的使用功能,该建筑被列为国家级文物保护单位。

(a) 改造前的石库门旧城

(b) 改造后的新天地

图 13.9 上海新天地项目改造性再利用

在 80 余年的使用期内,上海邮政大楼经受了外界的各种荷载和环境的影响,许多梁板都开裂了,混凝土中不少钢筋都发生了锈蚀。2001 年,业主打算改变一些房间的用途,并在房屋中间增加一个玻璃屋顶形成一个展览空间,同时需要在房屋内部增设中央空调系统。结构性能的退化以及建筑功能的提升导致原有结构不能满足安全使用要求。另外,原建筑上安装了大量的广告牌,且相邻建筑和原建筑风格差异较大,严重影响了该文物建筑的整体形象[图 13.10(a)]。为此,在实验研究和科学分析的基础上,设计人员对主要结构构件进行了加固维

(a) 改造前

(b) 改造后

图 13.10 上海邮政大楼的改造性再利用

修、拆除了广告牌等附加物、改变了相邻建筑的立面风格,使整个建筑在新的使用要求下更可靠、特色更鲜明,充分发挥了该建筑的文化价值和使用价值[图 13.10(b)]。

13.5 土木工程师的可持续发展观

1. 土木工程与可持续发展

如第1章中所述,"可持续发展可在不牺牲后代并满足其需要能力的条件下,满足当前的需要"。20世纪50年代,人们热衷于发展繁荣,把工程奇迹看作是人类主宰地球的标志,把其对个人产生的不良影响看作是发展必须要付出的代价。20世纪50年代后,公众对于开展建设时必须保护好环境这一点有了清楚的认识,但对"可持续"这个词不是很熟悉,也不清楚工程师在可持续发展中能够发挥什么样的作用。面对世界范围内人口剧增、土地严重沙化、自然灾害频繁、温室效应日增、资源日渐枯竭、环境恶化等人类生存危机,人类不得不明白"我们只有一个地球"。为此,1992年联合国环境与发展大会明确提出了人类要走可持续发展之路,以实现人类发展与自然的和谐共生。目前可持续的发展理念正逐步溶入工程建设之中。

土木工程建造了维系人类生活方式的基础设施,对整个社会的可持续发展起到相当重要的作用。为了"在不牺牲后代并满足其需要能力的条件下,满足当前的需要",土木工程的可持续性主要涉及如下方面:第一是合理利用自然资源,包括节约能源、节约土地和既有土木工程设施的再利用等;第二是拓展现有的生存空间,包括向太空、向地下、向海洋和沙漠的拓展;第三是开发和利用再生资源和绿色资源,包括再生混凝土和其他绿色工程材料等。土木工程师虽然不是"可持续发展"政策的制订者,但却是"可持续发展"政策的实行者。尤其在工程项目的规划和设计阶段,土木工程师往往会起主导作用。因此,在工程建设的每一项专业活动中都应考虑到可持续性与可接受性。

2. 自然资源的合理利用

如前所述,为合理利用自然资源,在土木工程项目的建设、使用和维护过程中土木工程师应主动做到节能节地,并最大限度地发挥既有土木工程设施的作用。节能节地实际上就是节约大自然赐予我们的自然资源,即科学地、有效地、长远地利用自然资源。所谓节能,是指有效利用能源,并用太阳能、风能等新能源取代石油、天然气、煤炭、木柴等传统能源;所谓节地是指建设活动后最大限度少占地表面积并使绿化面积尽量少损失、不损失甚至增多。

以房屋建筑为例,可在多方面采取措施以达到节能的目的。首先是改进设计,如采用合理的房屋体型、房屋朝向和通风采光措施等。其次是采用新型材料,如选用铝合金单框双玻璃窗、木窗或塑钢窗等节能窗,尽量使用节能保温型的多孔砖或砌块或复合墙体作为墙体材料,使用新型屋面隔热保温材料等。第三是充分利用建筑绿化,图 13.11 所示为南通某居民楼的墙面绿化。热季实测,当西晒时绿化覆盖的灰砖墙面比无覆盖墙面的温度低 13~15℃。图13.12所示的为深圳一住宅的屋顶绿化。第四是开发新能源,如利用太阳能、地下热能、风能等。我国目前已能生产出多种型号的太阳能电池及热水器,正在逐步推广应用并不断有新产品出现。图 13.13 所示为珠海某住宅群采用的太阳能屋顶。

土木工程项目建设时,为达到节约土地的目的,应优化设计方案减少占地面积。另外,还应采取积极的措施,拓展已有的生存空间,这将在后面专门叙述。

图 13.11 南通某居民楼墙面绿化

图 13.12 深圳某居民楼屋顶绿化

当土木工程设施完成其原有使用功能时,一般有两种处理方法:一是将其拆除,二是使其转变功能,对其实施改造性再利用。第一种处理方法除了浪费现有资源外,还会因为建筑废料而带来对环境的影响问题。第二种处理方法可能会受到多种条件的限制,但却能最大限度地发挥既有土木工程设施的作用,在节约资源和减少对环境的影响两方面都有积极的意义,应是土木工程师首先考虑的方案。上海市近年来在既有建筑再利用方面取得了很多成功的经验:随着现代城市建设的发展,一大批位于市中心的工厂陆续迁出,留下了大量既有厂房,其中大部分的功能已经转变而被设计改造成展览厅、办公楼、艺术家工作室、娱乐城或IT产业园区等。经改造而再利用的建筑既符合现代使用要求,又保留着城市工业发展的烙印。

图 13.13 珠海某太阳能屋顶住宅

图13.14所示的为原上海汽车工业集团总公司下属的上海汽车制动器公司厂区老厂房的改造实例。上海汽车制动器公司厂区原位于上海市中心城区卢湾区建国中路8~10号,厂房占地面积7 000多平方米,总建筑面积12 000m^2,建于20世纪70年代,如图13.14(a)所示。

(a)厂房改造前外貌

(b)厂房改造后外貌

图 13.14 建国中路8-10号厂房改造性再利用

工厂搬迁后,原厂房在主体结构全部保留的基础上被改造成现代化的办公楼,充分利用了既有建筑资源,见图13.14(b)。

3. 生存空间的拓展

地球上可以居住、生活和耕种的土地和资源是有限的,而人口增长速度却在不断加快。联合国有关机构的报告预测,到2025年,世界人口将超过80亿。为了争取生存空间,土木工程师应有广阔的视野,不断发展新理论和新技术,使未来人类的生存空间向高空延伸,向地下发展,向海洋、沙漠拓宽,最终迈向太空。

本书第一章中给出的“空中城市”实例虽然仅为构想,但在未来很可能变成现实。

日本至少在26个城市中建造了不同规模的地下街146处,进出人数达1 200万。另外,还开发地下高速道路、停车场、排洪与蓄水的地下河川、地下热电站、蓄水的融雪槽和防灾设施等。美国纽约市地铁在世界上运营线路最长(443km),车站数量最多(504个),每天接待510万人次。典型的洛克菲勒中心地下步行道系统,在10个街区范围内,将主要的大型公共建筑在地下连接起来。纽约市的大型供水系统,完全布置在地下岩层中,石方量130万m^3,混凝土54万m^3。加拿大蒙特利尔300万m^2的地下综合区有商店、饭店、大学等。巴黎下水道被称为“巴黎地下城”,底部为水渠,上部有自来水管道、煤气管道、电缆管道等,下水道像小河一样可行船。还有许多可以通行汽车的地下街道,370个车站的地铁和可以容纳7万多辆汽车的地下停车场。目前世界上最大的地下街是日本东京八重洲地下街,共3层,建筑面积70km^2;最深的地下街是莫斯科切尔坦沃住宅小区地下商业街,深度在70~100m;最大的地下娱乐中心是苏格兰Varissu市地下娱乐中心,战时可掩蔽1.1万人。图13.15和图13.16所示的分别为莫斯科多功能地下空间和巴黎蓬皮杜中心地下商场采光廊及地面公园。我国也在积极发展城市地下交通,已有约20个城市进行了地铁系统的规划和具体实施。目前北京、天津、香港、上海、广州、台北等城市已建成并开通,已开通地铁的总长达215km,设有140个地铁站。同时地下空间技术也得到了飞速的发展和提高。

图13.15 莫斯科地下空间

图13.16 巴黎蓬皮杜中心地下商场采光廊及地面公园

我国已有不少成功的滩涂围垦实例,如上海南汇滩涂围垦和崇明东滩围垦等。从20世纪60年代至今,我国已经建成了鸡骨礁人工岛和张巨河人工岛。日本关西国际机场就建造在位于大阪府泉州冲海域的人工岛上(图13.17)。

要想向沙漠进军,必须将沙漠改造成绿洲。这首先需要水。沙漠地区的深层地下水是理想的水源。在缺乏地下水的沙漠地区,国际上正在研究开发使用沙漠地区太阳能淡化海水,该方案一旦付诸实施，将会导致毗邻海洋地区的沙漠大规模的建设工程，最先可能受益的地区包括墨西哥加利福尼亚半岛的南部、秘鲁和智利西海岸、中东、纳米比亚以及许多岛屿。这些工程的实现将会造就一批最具吸引力的经济开发区。我国也在沙漠输水工程和沙漠地区建设新绿洲等实践中取得了成功的经验。自行修建了第一条长途沙漠输水工程——甘肃民勤调水工程，顺利地将黄河水引入河西走廊的民勤县红崖山水库，建设了一些沙漠绿洲。根据1980年资料，新疆古尔班通古特沙漠西南边新绿洲面积比解放前增加了5.2倍。图13.18所示的为叶尔羌河畔新绿洲。但是沙漠开发远未真正成功。

图13.17　日本人工岛上的关西机场近景

美国科学家于1985年曾利用由阿波罗11号带回的月球上的尘土制成标准水泥，并建议利用在地球上携带的氢氧混合成水，在月球上制造混凝土，进而制作钢筋混凝土配件运入太空装配站形成太空结构。这是一个美好的设想，若能成功，将为实现太空人类化作出重要贡献。日本清水建设也曾提出月球基地设想图，它由许多六角形蜂巢式建筑组成，可以自由组成和接长，如图13.19所示。预计21世纪50年代以后，空间工业化、空间旅游（美国富翁蒂托已于2001年4月28日北京时间下午3时搭乘俄罗斯“联盟号”宇宙飞船于30日飞抵太空站，于北京时间5月6日下午1:41分返回地球，为人类首次实现了太空旅游）、空间商业化活动等可能会得到大的发展。但距太空人类化还十分遥远，太空人类化是全球性的大系统工程，费用十分昂贵，必须依赖全人类的共同努力和真诚合作。

图13.18　叶尔羌河畔新绿洲

图13.19　日本月球基地设想

4. 再生资源和绿色资源的开发与应用

发展再生材料和绿色生态材料是实现社会可持续发展的重要内容。与其他材料相比，钢材较为符合绿色建材的标准，应大力发展钢结构。然而在众多工程材料中，混凝土材料是使用最广的材料之一，随着世界水泥年产量和混凝土浇筑量的不断增加，其对资源、能源和环境会产生极其巨大的影响。因此，在现有混凝土材料的基础上进行再生资源和绿色资源的研究、开发和应用具有非常重要的意义,这也是土木工程师应担负的社会责任之一。

世界上每年拆除的废旧混凝土、工程建设产生的废弃混凝土、混凝土预制构件厂排放的混凝土等均会产生巨量的建筑垃圾,全世界从1991~2000年的10年间,废混凝土总量已超过10亿吨。我国每年施工建设产生的建筑垃圾达4 000万吨,产生的废混凝土就有1 360万吨,清运处理工作量大,环境污染严重。因此,将废弃混凝土作为再生骨料生产再生混凝土是一种新型的绿色建材。

另外,利用工业固体废弃物如锅炉煤渣、煤矿的煤石、火力发电厂的粉煤灰等工业废料作为骨料,变废为宝,采取一定技术措施制备的轻质混凝土,密度较小、相对强度高、保温、抗冻性能好,还降低了混凝土的生产成本,是另一种形式的再生混凝土。在混凝土中添加以工业废液如黑色纸浆废液为主要原料改性制造的各种外加剂,采用磨细矿渣、优质粉煤灰、硅灰和稻壳灰等作为活性掺和料等方法也可配制再生混凝土。再生混凝土的强度一般不高,可用于基础、路面和非承重结构,若能够严格控制混凝土配合比和再生骨料的掺和量,也可配置强度较高的再生混凝土,满足承重结构混凝土的要求。

传统混凝土材料的密实性使各类混凝土结构缺乏透气性和透水性,调节空气温度和湿度的能力差。大量钢筋混凝土建筑物和混凝土道路使绿化面积明显减少,降雨时不透水的混凝土道路表面容易积水,雨水长期不能下渗,使地下水位下降,土壤中水分不足、缺氧,影响植物生长,造成生态系统失调。水利、铁路、公路工程中的护坡广泛使用混凝土砌块,甚至直接用混凝土浇注成硬质斜坡或地坪,既不能长草,又不能下渗雨水,缺乏生态功能。另外,混凝土材料颜色灰暗,给人以粗、硬、冷、暗的感觉,缺乏艺术的美感。因此,还应开发应用既可作为建筑材料,又能与周围自然生态环境融为一体的新型生态混凝土材料。如利用一些金属废渣作为掺和料配制彩色混凝土,可以改善混凝土的观感,增加艺术效果;开发能够适应绿色植物生长,进行绿色植被的混凝土及其制品;研制可以吸收噪声和粉尘,满足吸声、保温等功能需求的混凝土等。根据使用功能的不同,目前开发的生态混凝土的品种主要有透水性混凝土、植被混凝土和景观混凝土等。图13.20所示即为植被混凝土的应用实例。生态混凝土的开发和应用在我国还刚刚起步,但已显示了美好的前景。

图13.20 植被混凝土

扎实的专业知识是合格土木工程师的基础,强烈的社会责任感是体现土木工程师社会价值的保障。愿大家在学习专业知识的同时,树立相应的社会责任感,将来更好地为国家、为社会工作、服务。

参考文献

[1] 李辉. 建设工程法规[M]. 上海:同济大学出版社, 2006.

[2] 罗吉·弗兰根, 乔治·诺曼著. 工程建设风险管理[M]. 李世蓉, 徐波译. 北京:中国建筑工业出版社,2000.

[3] 杨嗣信. 建筑工程与环境保护[M]. 北京：中国建筑工业出版社，2005.
[4] 高波. 铁路隧道工程环境影响及对策分析[J]. 铁路劳动安全卫生与环保，2005，23(1)：24-26.
[5] 杨筱平. 传承·发展·超越——关于西安历史文化名城保护与发展的思考[A]. 建筑与文化论集第八卷[C]，主编高介华. 北京：机械工业出版社，2006.
[6] 陆地. 建筑的生与死：历史性建筑再利用研究[M]. 南京：东南大学出版社，2004.
[7] 吕志涛. 新世纪的土木工程与可持续发展[J]. 交通运输工程学报，2002，2(1)：2-6.
[8] 丁大钧，蒋永生. 土木工程概论[M]. 北京：中国建筑工业出版社，1997.
[9] 朱震达，刘恕，吴正. 中国沙漠概况(修订版)[M]. 北京：科学出版社，1980.
[10] 周光召主编. 跨世纪的中国科技[M]. 南宁：广西科技出版社，1992.

思考讨论题

1. 如何处理工程纠纷？如何处理工程事故？
2. 土木工程师为何要担负一定的社会责任？
3. 如何对待土木工程中的风险？
4. 如何减轻土木工程项目对环境的影响？如何处理项目建设与环境保护之间的关系？
5. 如何理解工程项目建设中的人文意识？
6. 土木工程师可以在哪些方面对人类社会的可持续发展作出贡献？